LES

CARBURES D'HYDROGÈNE

1851-1901.

AUTRES OUVRAGES DE M. BERTHELOT.

OUVRAGES GÉNÉRAUX.

La Synthèse chimique, 7ᵉ édition; 1897, chez F. Alcan.

Essai de Mécanique chimique, 2 vol. in-8°; 1879, chez Dunod.

Sur la force des matières explosives d'après la Thermochimie, 3ᵉ édition, 2 vol. in-8°; 1883, chez Gauthier-Villars.

Traité élémentaire de Chimie organique, avec la collaboration de M. JUNG-FLEISCH, 4ᵉ édition, 1898, chez Dunod.

Traité pratique de Calorimétrie chimique, in-18; 1893, chez Gauthier-Villars et Masson.

Thermochimie : Lois et données numériques; 2 vol. in-8°; 1897, chez Gauthier-Villars.

Chimie animale : Principes chimiques de la production de la chaleur chez les êtres vivants, 2 vol. in-18; 1899, chez Gauthier-Villars et Masson.

Chimie végétale et agricole, 4 vol. in-8°; 1899, chez Gauthier-Villars et Masson.

Les Origines de l'Alchimie, in-8°; 1885, chez Steinheil.

Collection des Alchimistes grecs, texte et traduction, avec la collaboration de M. CH.-EM. RUELLE, 3 vol. in-4°; 1887-1888, chez Steinheil.

Introduction à l'étude de la Chimie des anciens et du moyen âge, in-4°; 1889, chez Steinheil.

Histoire des Sciences. — La Chimie au moyen âge, 3 vol. in-4°; 1893, chez Leroux.

> Tome I. *Essai sur la transmission de la Science antique.*
>
> Tome II. L'*Alchimie syriaque*, texte et traduction, avec la collaboration de M. RUBENS DUVAL.
>
> Tome III. L'*Alchimie arabe*, texte et traduction, avec la collaboration de M. HOUDAS.

La Révolution chimique : Lavoisier, in-8°; 1890, chez Alcan.

Science et Philosophie, in-8°; 1886, chez Calmann-Lévy.

Science et Morale, in-8°; 1897, chez Calmann-Lévy.

Renan et Berthelot : Correspondance, in-8°; 1898, chez Calmann-Lévy.

LEÇONS PROFESSÉES AU COLLÈGE DE FRANCE.

Leçons sur les Méthodes générales de synthèse en Chimie organique, in-8"; 1864, chez Gauthier-Villars.

Leçons sur la Thermochimie, professées en 1865, publiées dans la *Revue des Cours publics*, chez Germer-Baillière.

Même sujet, en 1880. — *Revue scientifique*, chez Germer-Baillière.

Leçons sur la Synthèse organique et la Thermochimie, professées en 1881-1882, publiées dans la *Revue scientifique*, chez Germer-Baillière.

OUVRAGES ÉPUISÉS.

Chimie organique fondée sur la Synthèse, 2 vol. in-8°; 1860, chez Mallet-Bachelier.

Leçons sur les principes sucrés, professées devant la Société chimique de Paris en 1862, in-8°, chez Hachette.

Leçons sur l'Isomérie, professées devant la Société chimique de Paris en 1863, in-8°, chez Hachette.

LES
CARBURES D'HYDROGÈNE

1851-1901.

RECHERCHES EXPÉRIMENTALES

Par M. BERTHELOT,

SÉNATEUR,
SECRÉTAIRE PERPÉTUEL DE L'ACADÉMIE DES SCIENCES,
PROFESSEUR AU COLLÈGE DE FRANCE.

TOME III

COMBINAISON DES CARBURES D'HYDROGÈNE AVEC L'HYDROGÈNE,
L'OXYGÈNE, LES ÉLÉMENTS DE L'EAU.

PARIS,

GAUTHIER-VILLARS, IMPRIMEUR-LIBRAIRE

DU BUREAU DES LONGITUDES, DE L'ÉCOLE POLYTECHNIQUE,

Quai des Grands-Augustins, 55.

1901

LIVRE V.

HYDROGÉNATION DES CARBURES D'HYDROGÈNE.

INTRODUCTION.

Les carbures d'hydrogène sont susceptibles d'être partagés en deux groupes : les carbures saturés et les carbures non saturés.

Les premiers constituent les *carbures forméniques*, c'est-à-dire le formène CH^4, dans lequel un atome de carbone est combiné avec quatre atomes d'hydrogène ; et les carbures qui en dérivent par substitution — à une molécule d'hydrogène H^2 — d'une molécule du formène lui-même CH^4 ; ou bien, ce qui revient au même, par substitution — à un atome d'hydrogène H — du résidu méthyle $CH^4 - H = CH^3$. On obtient ainsi les carbures qui renferment un nombre d'atomes supérieur à l'unité, par la substitution successive à l'hydrogène, à volumes gazeux égaux, de nouvelles molécules de formène, dans une première molécule réputée fondamentale,

$$CH^4 + CH^4 = H^2 = CH^2(CH^4) \text{ ou } C^2H^6 \text{ éthane;}$$
$$C^2H^6 + CH^4 - H^2 = C^2H^4(CH^4) \text{ ou } C^2H^8 \text{ propane, etc.}$$

Ou bien, ce qui revient au même, par la substitution symbolique du résidu forménique (méthyle) CH^3, à un atome d'hydrogène :

CH^4 engendre $CH^3(CH^3)$: éthane, ou hydrure d'éthyle ou d'éthylène ;

C^2H^6 engendre $C^2H^5(CH^3)$: propane, ou hydrure de propyle ou de propylène.

Tous ces carbures se comportent comme le formène ; c'est-à-dire qu'ils sont incapables de s'unir par voie d'addition, soit à l'hydrogène, soit au chlore, soit à l'acide chlorhydrique, etc. Au contraire, ils forment d'innombrables dérivés par voie de substitution : le chlore, l'oxygène, les hydracides et les divers corps composés entrant en action pour prendre la place d'un volume égal au leur d'hydrogène. Tout le système de leurs réactions peut être ainsi représenté, soit que l'on envisage la réaction comme exercée entre molécules réelles, H^2 étant remplacée par Cl^2, HCl, H^2O, ou $C^2H^4O^2$; soit que l'on préfère supposer chaque atome d'hydrogène substitué par un résidu ou radical équivalent, Cl, HO (hydroxyle), $C^2H^3O^2$ (acétyle), etc.

Il était nécessaire de commencer le Livre V en indiquant le principe de ces substitutions, pour mieux rendre compte de l'étude des réactions hydrogénantes que j'ai découvertes. Mais je n'entrerai pas davantage dans le développement de ces théories, non plus que dans celui des carbures isomères, dérivés de 2, 3, 4 carbures distincts, assemblés par voie de substitution, etc.

En définitive, les carbures saturés générateurs C^2H^6, C^3H^8, etc., étant ainsi construits, chacun d'eux est susceptible de produire par perte de 2, 4, etc., atomes d'hydrogène des *carbures non saturés,* ou carbures incomplets, tels que :

1° Les carbures incomplets du *premier ordre :*

$$C^2H^4 (—) \text{ éthylène,}$$

$$C^3H^6 (—) \text{ propylène, etc.,}$$

chacun étant susceptible d'engendrer deux espèces de dérivés, les uns formés par substitution à la façon de ceux des carbures complets ;

Les autres formés par combinaison directe, c'est-à-dire par addition d'une molécule d'hydrogène H^2, de chlore Cl^2, d'eau H^2O, d'acide chlorhydrique HCl, ou acétique $C^3H^4O^2$, etc.

2° Les carbures incomplets du *second ordre :*

$$C^2H^3 (—)(—) \text{ acétylène,}$$

$$C^3H^4 (—)(—) \text{ allylène, etc.,}$$

susceptibles d'engendrer de même à la fois des dérivés par substitution, et des dérivés par addition de H^2 et $2H^2Cl^2$ et $2Cl^2$, HCl et $2HCl$, H^2O et $2H^2O$; ou bien encore par H^2 et HCl simultanément, H^2 et H^2O simultanément, etc. Les combinaisons les plus avancées rentrent dans l'ordre des corps saturés.

Ce n'est pas tout : un certain nombre de carbures incomplets, ainsi engendrés, sont suceptibles d'éprouver une sorte de saturation interne, qui donne naissance à des corps isomères, *relativement saturés*, et appelés *carbures cycliques.* Ceux-ci ne tendent plus à se combiner aisément par addition directe d'hydrogène, de chlore, d'acide chlorhydrique, etc.; ou pour parler plus rigoureusement, ils ne s'y combinent que plus difficilement, et dans des conditions d'ordinaire exceptionnelles.

Les carbures cycliques sont d'ailleurs susceptibles de produire, à la façon des carbures saturés, des dérivés par substitution, et notamment des carbures dérivés, présentant vis-à-vis des carbures cycliques générateurs le rôle de carbures incomplets, en quelque sorte de seconde espèce. Je ne veux pas pousser plus loin cette exposition; mais elle m'a paru nécessaire parce que l'étude de l'hydrogénation des carbures incomplets proprement dits, dérivés des carbures forméniques;

L'étude des carbures incomplets, dérivés des carbures cycliques;

L'étude enfin des carbures cycliques eux-mêmes,

Et plus généralement l'étude des composés oxygénés, chlorurés, hydratés, azotés, etc., dérivés par substitution ou addition de chacun des carbures des groupes précédents, ont été l'objet de la vaste série d'expériences d'hydrogénation exposées dans le Livre V.

Les énoncés précédents montrent quels ont dû être l'étendue et l'ensemble de ces expériences.

Mes recherches ont compris également : la régénération des substances mères, ou carbures générateurs, dans chaque série dérivée tant de chaque carbure absolument saturé, ou carbure forménique, que de chaque carbure relativement saturé, ou cyclique;

La régénération du carbure forménique, correspondant à la saturation définitive de chaque carbure cyclique;

Enfin le dédoublement du carbure cyclique en carbures saturés relativement ou absolument, toutes les fois que ce carbure résulte de l'association de plusieurs générateurs, renfermant chacun un nombre d'atomes de carbone supérieur à l'unité, tels que les carbures générateurs acétyléniques, éthyléniques, propyléniques, amyléniques, benzéniques, par exemple.

Après avoir résumé les résultats généraux que j'ai obtenus, venons aux procédés par lesquels ont été accomplies de semblables hydrogénations.

En premier lieu, d'après mes expériences, la fixation d'hydrogène sur les carbures incomplets proprement dits peut avoir lieu directement avec l'hydrogène libre : ce qui était inattendu.

La fixation d'hydrogène a lieu aussi par l'intermédiaire des dérivés chlorés, bromés, iodés des mêmes carbures, soumis à différentes actions réductrices.

La fixation de l'hydrogène sur les carbures cycliques est également possible, mais par des méthodes moins directes que la première dont il vient d'être question, et avec un degré inégal de facilité pour les atomes successivement fixés. Non seulement il existe à cet égard des procédés particuliers; mais j'ai découvert une méthode universelle, applicable à la fois aux carbures d'hydrogène non saturés, aux carbures cycliques et même à toute espèce de composés organiques.

J'avais exécuté en 1855 les premières applications de cette méthode, et je l'ai développée et généralisée. Elle repose sur l'emploi de l'acide iodhydrique et des iodures alcalins. Elle a été mise en œuvre depuis par une multitude de chimistes et elle a fourni les résultats les plus fructueux.

Elle donne lieu non seulement à l'hydrogénation des carbures non saturés, mais au dédoublement d'un certain nombre d'entre eux en carbures plus simples, qui en dérivent et qui répondent à leurs générateurs synthétiques.

En conséquence, voici les divisions du Livre V :

Première Section : *Action de l'hydrogène libre sur les carbures d'hydrogène.* — Cette action a lieu directement, dans l'état gazeux, sous l'influence du temps. Elle donne lieu à divers phénomènes d'équilibre et de dissociation, sous l'influence de la chaleur, ou sous celle de l'effluve électrique. Elle comprend trois Chapitres.

Deuxième Section : *Substitutions inverses, opérées dans les dérivés chlorés, bromés, iodés, sous l'influence de l'hydrogène libre ou combiné.* Elle comprend deux Chapitres.

Troisième Section : *Méthode universelle pour réduire et saturer d'hydrogène les composés organiques* (onze Chapitres). — Cette méthode, fondée sur l'emploi de l'acide iodhydrique, sera appliquée d'abord à l'addition de l'hydrogène aux carbures non saturés, ainsi qu'aux carbures cycliques, tels que la benzine et ses dérivés. Puis elle servira à opérer la réduction des composés oxygénés de la série grasse, la réduction de ceux de la série benzénique, autrement dite série *aromatique;* la réduction des corps azotés ; la réduction des carbures complexes et polymères: la réduction des matières charbonneuses elles-mêmes : le charbon et les matières humiques étant changés pareillement en carbures de la double série des pétroles, série forménique et série cyclique.

Nous parvenons ainsi aux termes extrêmes de l'hydrogénation.

PREMIÈRE SECTION.

—•◦•—

CHAPITRE I.

ACTION DE L'HYDROGÈNE LIBRE SUR LES CARBURES D'HYDROGÈNE.
ÉTHYLÈNE. — ACÉTYLÈNE. — ÉQUILIBRES (¹).

———

J'ai trouvé que l'hydrogène libre réagit sur plusieurs carbures d'hydrogène vers la température rouge : il s'y combine directement, en donnant lieu à des phénomènes comparables à la dissociation. Les résultats les plus nets ont été observés avec l'éthylène, les autres carbures étant moins stables et dès lors sujets, le plus souvent, à des complications et décompositions secondaires.

I. — Action de la chaleur sur l'hydrure d'éthyle et sur l'éthylène mélangé d'hydrogène.

L'action de la chaleur sur l'hydrure d'éthyle et sur l'éthylène pur, ou mélangé d'hydrogène, peut être regardée comme le type d'une multitude de réactions pyrogénées.

1. *Combinaison de l'hydrogène avec l'éthylène.* — L'hydrogène libre réagit directement sur l'éthylène libre, vers le rouge naissant : les deux gaz se combinent à volumes égaux, avec formation d'hydrure d'éthyle, dont le volume est égal à la moitié de celui

———

(¹) *Annales de Chimie et de Physique,* 4ᵉ série, t. IX, p. 431; 1866.

des deux gaz combinés,

$$C^2H^4 + H^2 = C^2H^6.$$

Pour constater cette réaction, on mélange les deux gaz à volumes égaux, dans une cloche courbe en verre de Bohême, sur le mercure, et l'on chauffe cette cloche au moyen d'une lampe à gaz, à la température la plus voisine possible de celle qui détermine le ramollissement du verre. Au bout d'une heure, j'ai trouvé que 51 centièmes d'éthylène avaient disparu : la diminution du volume était précisément égale au volume de l'éthylène disparu; cette diminution égalait sensiblement celle de l'hydrogène. Enfin, l'éthylène et l'hydrogène disparus ont été trouvés remplacés en majeure partie par de l'hydrure d'éthyle, conformément à l'équation précédente.

Ajoutons, pour ne rien omettre, que la réaction principale représentée par cette équation est accompagnée, comme il arrive d'ordinaire en Chimie organique, par diverses réactions secondaires, lesquelles ne portent que sur des poids de matière beaucoup plus faibles. Ces réactions donnent lieu à une trace non mesurable d'acétylène, et à quelques traces de carbures goudronneux : elles s'expliquent par l'action propre de la chaleur sur l'éthylène pur, comme il a été dit dans le Tome II (p. 16, 40, etc.).

Analyse des gaz. — Voici comment j'ai procédé pour analyser les gaz produits dans la réaction précédente :

Après avoir constaté sur un échantillon l'absence de l'acétylène en proportion mesurable, j'ai traité le gaz par le brome et mesuré l'absorption (éthylène). Les analyses eudiométriques du gaz, avant et après l'action du brome, ont fourni, par leur comparaison, la preuve rigoureuse de la composition du gaz absorbé, conformément à la méthode générale que j'ai exposée il y a neuf ans ([1]). J'ai ainsi acquis la certitude que ce gaz était de l'éthylène.

La composition du gaz non absorbé par le brome pouvait être représentée, soit par un mélange d'hydrogène et d'hydrure d'éthyle à volumes presque égaux,

$$C^2H^6 + H^2,$$

soit par du gaz des marais, CH^4, contenant un peu d'hydrogène. Pour décider entre ces deux hypothèses, l'analyse eudiométrique

---

([1]) *Annales de Chimie et de Physique,* 3ᵉ série, t. LI, p. 59; 1857. — Tome I, p. 204, 254, etc.

est insuffisante. Mais on résout aisément le problème de la manière suivante :

On agite le mélange gazeux avec la moitié de son volume d'alcool absolu. Cet alcool doit avoir été préalablement purgé de gaz, en le faisant bouillir, puis refroidir dans une fiole, dont le tube à dégagement est soudé au col et engagé sous une couche de mercure pendant toute la durée de l'ébullition. On l'y maintient jusqu'au moment de l'emploi.

L'alcool dissout le carbure d'hydrogène, de préférence à l'hydrogène. Si ce carbure était du gaz des marais pur, l'alcool en prendrait au plus la moitié de son volume. Mais si c'est de l'hydrure d'éthyle, la proportion qui entre en dissolution est beaucoup plus considérable, même lorsque le gaz est mélangé avec son propre volume d'hydrogène. Ce caractère fournit tout d'abord une précieuse indication.

Quoi qu'il en soit, on sépare de l'alcool le gaz non dissous, au moyen de la pipette à gaz; on isole le dissolvant et on le porte à l'ébullition. Le carbure se dégage, mélangé seulement avec une petite quantité d'hydrogène et de vapeur alcoolique. On enlève cette dernière, à l'aide d'une goutte d'acide sulfurique concentré, et l'on soumet le nouveau gaz à l'analyse eudiométrique. Celle-ci fournit en général des résultats très voisins de ceux qui répondent à la composition du carbure d'hydrogène pur; c'est-à-dire du gaz des marais, CH^4, dans une hypothèse, ou de l'hydrure d'éthyle, C^2H^6, dans l'autre hypothèse. Les deux cas sont faciles à distinguer, car la combustion d'un volume de gaz des marais produit un volume égal d'acide carbonique, en absorbant deux volumes d'oxygène; tandis que la combustion d'un volume d'hydrure d'éthyle produit deux volumes d'acide carbonique, en absorbant $3\frac{1}{2}$ volumes d'oxygène.

C'est la dernière hypothèse qui s'est trouvée vraie dans le cas qui nous occupe.

Comme contrôle, on a agité une seconde fois avec son volume d'alcool le mélange gazeux déjà traité et privé de la majeure partie de l'hydrure d'éthyle qu'il contenait d'abord. On a isolé le résidu gazeux insoluble; on l'a débarrassé des vapeurs alcooliques, à l'aide de l'acide sulfurique; puis on l'a soumis à l'analyse eudiométrique. Celle-ci a indiqué de l'hydrogène, renfermant encore quelques centièmes d'un carbure forménique, C^nH^{2n+2}. On peut admettre que cette petite quantité de carbure est surtout formée par de l'hydrure d'éthyle échappé au dissolvant.

En procédant comme il vient d'être dit, l'hydrure d'éthyle est isolé, par l'intermédiaire de l'alcool, en nature et presque pur, ce qui ne laisse aucun doute sur son existence. Le carbure étant ainsi obtenu, la proportion en peut être calculée très exactement, si l'on suppose que le mélange primitif ne renferme aucune trace de gaz des marais. A la vérité l'absence absolue de ce dernier ne peut guère être démontrée avec certitude. Cependant, l'action dissolvante exercée par l'alcool indiquait que le gaz sur lequel j'ai opéré était formé principalement par de l'hydrure d'éthyle mélangé d'hydrogène.

L'expérience que je viens d'exposer démontre que l'hydrogène libre a la propriété de réagir par affinité directe sur les carbures d'hydrogène, et sans doute sur bien d'autres composés organiques. Mais avant d'insister sur les conséquences de ces premières observations, il est nécessaire d'entrer plus avant dans l'étude des phénomènes.

Ce qui m'a frappé d'abord dans les faits que je viens d'exposer, après la mise en jeu directe des affinités de l'hydrogène libre, c'est le caractère incomplet de la réaction. En effet, la moitié seulement de l'éthylène et de l'hydrogène sont entrés en combinaison, pour les circonstances définies plus haut : de telle sorte que, dans le mélange analysé, l'éthylène, l'hydrogène et l'hydrure d'éthyle se trouvaient contenus à volumes sensiblement égaux. Ces rapports de volume seraient tout à fait conformes aux faits et aux théories développés par M. Bunsen, dans ses *Recherches sur la combustion des mélanges de gaz* combustibles par une proportion d'oxygène insuffisante. Mais pour bien établir ce point de théorie, dans le cas actuel, il serait nécessaire d'exécuter de nouvelles expériences, prolongées pendant un temps variable, et poussées jusqu'à la limite des réactions; en supposant d'ailleurs que les phénomènes secondaires signalés plus haut n'interviennent pas d'une manière marquée, lorsque la durée des réactions devient très considérable.

Quoi qu'il en soit de ce dernier point, sur lequel je reviendrai, il y a lieu d'examiner si la réaction de l'hydrogène sur l'éthylène peut jamais devenir complète; ou bien si elle est limitée par quelque condition nécessaire de statique chimique. En effet, on peut supposer que la totalité de l'hydrogène et de l'éthylène, mis en présence, ne se sont pas combinés, parce que l'hydrure d'éthyle pur se décompose partiellement, et jusqu'à une certaine limite, à la température des expériences.

2. *Décomposition de l'hydrure d'éthyle.* — Pour éclaircir ce doute, j'ai chauffé dans une cloche courbe, de la même manière. l'hydrure d'éthyle pur (obtenu par l'électrolyse des acétates). Au bout d'une heure, ce gaz avait éprouvé une certaine décomposition et augmenté sensiblement de volume.

21 centièmes d'éthylène avaient pris naissance, par suite d'une réaction inverse de celle que j'ai exposée précédemment.

$$C^2H^6 = C^2H^4 + H^2.$$

En même temps se sont formées des traces d'acétylène et une proportion appréciable de carbures goudronneux.

En négligeant cette réaction secondaire, on voit pourquoi la formation de l'hydrure d'éthyle ne s'accomplit pas jusqu'au terme indiqué par les équivalents, dans la réaction de l'éthylène sur l'hydrogène. Ce sont là deux transformations réciproques, opérées toutes deux vers le rouge naissant et telles que chacune peut se développer de préférence à l'autre, suivant les proportions relatives des trois gaz mis en présence. L'hydrure d'éthyle pur, d'une part, commence à se décomposer en éthylène et hydrogène. Mais, d'autre part, l'hydrogène et l'éthylène purs commencent à se recomposer directement à la même température.

Il y a donc une limite d'équilibre, qui dépend des proportions relatives des gaz mélangés et de la température. Ce sont là des phénomènes tout à fait comparables à ceux de la dissociation. Au lieu de se produire entre deux corps simples et leur combinaison, par exemple entre l'hydrogène, l'oxygène et l'eau, comme dans les expériences de M. H. Deville, ils se manifestent entre deux carbures d'hydrogène et l'hydrogène lui-même.

Pour que l'une des réactions opposées pût devenir complète, il faudrait faire disparaître à mesure les composés qui résultent de cette réaction. J'ai essayé d'atteindre ce résultat, en faisant agir sur l'hydrure d'éthyle, à la température du rouge sombre, un corps oxydant, tel que le mélange d'oxyde de cuivre et de plomb préalablement fondus, que M. Peligot emploie dans certaines analyses gazeuses. J'espérais brûler avec cet agent l'hydrogène, de préférence aux carbures eux-mêmes : prévision qui s'est réalisée, car au bout d'un quart d'heure, une quantité considérable d'hydrure d'éthyle avait disparu, avec formation d'éthylène.

Toutefois la réaction n'a pas offert la simplicité que j'avais espéré, un volume d'acide carbonique égal au tiers environ de celui de l'éthylène ayant pris naissance simultanément, par suite d'une composition partielle du carbure ([1]).

Équilibre de dissociation des carbures d'hydrogène. — Mais revenons à l'équilibre que j'ai signalé entre l'hydrogène libre, les carbures qui peuvent lui donner naissance par leur décomposition, et ceux auxquels il peut se combiner. L'existence d'un semblable équilibre, entre les carbures d'hydrogène libre et l'hydrogène pur, ainsi que la réaction même de l'hydrogène libre sur les principes organiques, n'avaient pas encore été démontrées par expérience. Or de tels phénomènes méritent d'attirer toute notre attention, parce qu'ils jouent un rôle essentiel dans toutes les métamorphoses organiques accomplies vers la température rouge.

La réaction de l'hydrogène libre sur les principes organiques se manifeste principalement, comme on vient de le voir, sous l'influence du temps, et avec le concours d'une température que j'évalue à 600 ou 700 degrés. A cette température, la plupart des composés organiques deviennent actifs, c'est-à-dire susceptibles de réagir directement les uns sur les autres et sur l'hydrogène libre, comme le prouvent les faits cités dans ce Chapitre et les observations que je compte publier prochainement.

Cependant les composés formés, s'ils étaient seuls, se décomposeraient en partie, dans les mêmes conditions de température, et souvent avec reproduction des corps mêmes qui sont susceptibles de leur donner naissance. En raison de cette tendance simultanée à deux réactions inverses, il se développe fréquemment un équilibre, analogue à la dissociation et qui arrête la formation des combinaisons à un certain terme.

Mais ce terme ne représente pas un état définitif du système hydrocarburé mis en expérience. En effet, les produits les plus immédiats de ces réactions ne possèdent pas, en général, une stabilité suffisante pour subsister au delà de quelques instants ; à moins qu'ils ne soient soustraits par un refroidissement rapide à l'influence destructrice de la température qui leur a donné naissance. De là résultent des composés nouveaux, souvent plus condensés et moins hydrogénés que les corps formés tout d'abord.

Ces nouveaux composés étant fréquemment susceptibles de décompositions inverses, il en résulte entre leurs composés et

---

([1]) Cette expérience, pour le dire en passant, prouve que le mélange des deux oxydes ci-dessus ne peut pas être employé avec sécurité pour analyser un mélange gazeux renfermant des carbures d'hydrogène.

l'hydrogène d'une part, entre chacun d'eux et chacun des corps primitifs d'autre part, enfin entre chacun des composés de seconde formation et chacun des produits immédiats des premières réactions, un équilibre transitoire, plus durable que le premier, mais plus compliqué, quoique toujours comparable à la dissociation. Un refroidissement rapide mettrait ce nouvel équilibre en évidence.

Mais si les corps entre lesquels il s'est produit demeurent en contact à la même température, ils continueront à réagir peu à peu les uns sur les autres, en développant lentement de nouveaux composés. On conçoit dès lors que l'état observé de pareils systèmes puisse devenir fort compliqué, en raison de la formation graduelle, et avec des vitesses inégales, de composés susceptibles d'exercer à leur tour des actions réciproques. Cependant cet état compliqué est la conséquence de lois générales très simples et faciles à concevoir.

Quant à présent, je vais continuer à exposer mes observations relatives à l'action de la chaleur sur les mélanges d'hydrogène et d'acétylène, sur l'éthylène, sur l'amylène, et sur l'hydrure d'amyle.

II. — Action de l'hydrogène sur l'acétylène.

L'acétylène peut réagir sur l'hydrogène naissant, dans des conditions diverses que j'ai définies, de façon à engendrer l'éthylène

$$C^2H^2 + H^2 = C^2H^4,$$

ce carbure étant susceptible à son tour d'être hydrogéné et de produire l'hydrure d'éthyle,

$$C^2H^4 + H^2 = C^2H^6.$$

Je me suis demandé si les mêmes réactions pourraient être provoquées entre l'hydrogène libre et l'acétylène libre.

En chauffant dans une cloche courbe de l'acétylène mélangé avec son volume d'hydrogène, j'ai, en effet, obtenu, au bout d'une demi-heure, 12 centièmes d'éthylène, avec disparition d'une partie de l'hydrogène.

Mais la réaction est moins nette que celle de l'hydrogène sur l'éthylène et réclame une discussion approfondie. En effet, les gaz qui résultent de l'action de la chaleur sur un mélange de 100 volumes d'acétylène et de 100 volumes d'hydrogène offraient la composition suivante dans mon expérience :

$$
\begin{aligned}
&\text{Acétylène} \dots\dots\dots\dots\dots\dots\dots\dots\dots\dots\dots\dots\ 48\\
&\text{Éthylène} \dots\dots\dots\dots\ \dots\dots\dots\dots\dots\dots\ 12\\
&\text{Hydrogène (contenant une trace d'hydrure}\\
&\qquad \text{d'éthyle et autres carbures)} \dots\dots\dots\ 94
\end{aligned}
$$

Le volume de l'éthylène formé (12) est ici beaucoup plus petit que celui de l'acétylène disparu (52); mais il est plus grand que celui de l'hydrogène disparu (6). Ce fait ne permet pas d'admettre que la formation de l'éthylène, par suite d'une combinaison entre l'acétylène et l'hydrogène

$$C^2H^2 + H^2 = C^2H^4,$$

représente la réaction unique. Mais il s'explique parce qu'il s'est développé en même temps deux autres réactions : d'une part, la majeure portion de l'acétylène s'est changée directement en carbures polymériques et condensés, tels que la benzine C^6H^6; d'autre part, une petite quantité d'acétylène, ou plutôt des carbures polymères qui en dérivent, s'est résolue en carbone et hydrogène. J'ai en effet reconnu l'existence de ces deux ordres de réactions, par des opérations directes opérées sur l'acétylène libre, et qui ont été exposées dans d'autres Chapitres.

Or, 1° la transformation d'une partie de l'acétylène en polymères explique pourquoi le volume de l'éthylène produit est moindre que celui de l'acétylène disparu ;

2° La production de l'hydrogène libre, aux dépens d'une autre partie de l'acétylène, explique pourquoi le volume de l'hydrogène libre qui a disparu dans notre expérience est inférieur à celui qui s'est fixé sur une troisième portion de l'acétylène, pour le changer en éthylène. En effet, une fraction de ce dernier emprunte son excès d'hydrogène à une fraction correspondante d'acétylène,

$$2\,C^2H^2 = C^2H^4 + C^2.$$

En définitive, trois réactions simultanées se sont produites, savoir: la combinaison de l'acétylène avec l'hydrogène libre, la transformation de l'acétylène en polymères et corps condensés, enfin la transformation de l'acétylène en éthylène et carbone. C'est là un exemple relativement assez simple des réactions multiples qui peuvent se développer à la fois, lorsque l'on fait agir la chaleur sur un composé organique, réactions dont la complexité rend souvent si difficile l'interprétation des actions pyrogénées.

C'est ici le lieu de rappeler les équilibres qui se produisent entre l'acétylène, l'hydrogène et le carbone sous l'influence de l'étincelle électrique (t. I, p. 46). Ces équilibres appartiennent à un ordre de phénomènes bien différents de ceux que produit la chaleur, car ils exigent pour se produire que le carbone soit ramené à l'état gazeux.

Analyse des gaz. — Dans l'expérience qui vient d'être décrite, on obtient un gaz formé principalement d'acétylène, d'éthylène, d'hydrogène et d'un peu d'hydrure d'éthyle. Indiquons comment on peut effectuer l'analyse d'un semblable mélange.

On commence par opérer, à l'aide du brome, la séparation de l'acétylène et de l'éthylène, et l'on analyse par combustion eudiométrique le résidu gazeux, formé dans le cas actuel par de l'hydrogène presque pur. L'analyse eudiométrique indique d'ailleurs, par le calcul, combien ce gaz renferme d'hydrure d'éthyle.

Mais le point délicat, c'est de reconnaître les proportions relatives d'acétylène et d'éthylène. Quoiqu'une telle analyse ne puisse pas être effectuée avec une très grande rigueur, cependant on peut obtenir des résultats, certains au point de vue qualitatif, et approchés au point de vue quantitatif, en se conformant à la marche suivante.

On prend un certain volume du gaz primitif et l'on y ajoute, par quantités successives et ménagées avec soin, du chlorure cuivreux ammoniacal. De temps en temps, on enlève le gaz avec la pipette à gaz, on le transvase et on essaye s'il précipite encore en rouge le réactif. Quand il a cessé de le précipiter, tout l'acétylène est absorbé ; mais un peu d'éthylène, en outre, est entré en dissolution. On répète alors l'expérience, en profitant de ce premier essai pour employer le réactif cuivreux en quantité strictement nécessaire, ou plutôt en très léger excès.

On détermine cette fois l'éthylène dans le résidu, à l'aide du brome. D'ailleurs on contrôle le résultat par les analyses eudiométriques du gaz (privé d'acétylène au préalable), avant et après l'action du brome. On acquiert ainsi la certitude de l'existence de l'éthylène.

Pour en fixer la proportion absolue, il est nécessaire d'ajouter au chiffre qui résulte de l'action du brome une petite correction, correspondant à la quantité d'éthylène qui a pu se dissoudre dans le réactif cuivreux, en même temps que l'acétylène. Cette dernière correction ne s'éloigne pas beaucoup de celle qui répondrait à la solubilité du gaz dans l'eau pure, attendu que le sel cuivreux a été précipité au préalable par l'acétylène. Elle est d'autant moindre que le gaz analysé renferme moins d'éthylène, l'action du dissolvant étant proportionnelle à la quantité de chaque gaz contenue dans le mélange gazeux sur lequel il agit, toutes choses égales d'ailleurs. En tenant compte de ces circonstances, la correction relative à la solubilité de l'éthylène dans le réactif peut être rendue fort petite.

En tout cas, cette méthode est plus sûre, au point de vue qualitatif et même quantitatif, que celle qui consiste à faire l'analyse eudiométrique du mélange gazeux primitif, avant et après l'action du brome, mais sans faire intervenir le réactif cuivreux, puis à calculer la composition du gaz absorbé en éthylène et acétylène, d'après la seule comparaison des deux systèmes d'équations eudiométriques.

III. — Décomposition de l'éthylène ([1]).

L'action de la chaleur sur l'éthylène lui-même va fournir une autre preuve de la complexité des actions pyrogénées et permettre d'expliquer les légères irrégularités observées dans la réaction de l'hydrogène sur l'éthylène.

L'éthylène, en effet, chauffé dans une cloche courbe, à la température du ramollissement du verre, n'est pas absolument stable. Au bout d'une heure, une petite quantité de carbure, 13 centièmes, se sont trouvés décomposés. Il s'était formé une trace d'acétylène, quelques carbures goudronneux et une proportion notable d'hydrure d'éthyle, C^2H^6.

La formation de ce dernier est corrélative de celle de l'acétylène et des carbures goudronneux,

$$2\,C^2H^4 = C^2H^2 + C^2H^6,$$

tous corps moins hydrogénés que l'hydrure d'éthyle.

Il paraît évident que la décomposition propre de l'éthylène, chauffé en présence de l'hydrogène, c'est-à-dire dans les conditions où ces deux corps se combinent, doit être encore plus faible que lorsque l'éthylène est pur. Cependant il est important de la signaler, si l'on veut rendre compte des réactions secondaires qui se développent en même temps que la combinaison directe de l'hydrogène avec l'éthylène.

([1]) *Voir* aussi Tome II, p. 16.

IV. — Décomposition de l'amylène et de l'hydrure d'amyle ([1]).

Je me suis étendu avec un soin particulier sur les réactions que la chaleur exerce à l'égard de l'hydrure d'éthyle et de l'éthylène pur, ou mêlé d'hydrogène, parce que ces carburés offrent une composition simple et une grande stabilité, double circonstance qui permet d'éviter les réactions trop compliquées. Mais je dois dire que ces mêmes phénomènes me paraissent caractériser une multitude d'autres réactions pyrogénées, que leur complexité soustrait à une étude aussi précise.

J'ai examiné, par exemple, l'action de la chaleur, dans les mêmes conditions, sur un couple de carbures appartenant aux mêmes séries, à savoir l'hydrure d'amyle, C^5H^{12}, et l'amylène, C^5H^{10}, pur ou mêlé d'hydrogène.

Les résultats ont offert la même signification générale.

En effet, d'une part l'hydrure d'amyle a fourni un mélange de carbures éthyléniques, C^nH^{2n}, de carbures forméniques, C^nH^{2n+2}, et d'hydrogène; et d'autre part l'amylène pur, ou mêlé d'hydrogène, a fourni deux ordres de carbures tout à fait semblables.

Cependant, sans parler d'une trace d'acétylène et de carbures goudronneux, les carbures éthyléniques et forméniques obtenus dans ces réactions n'ont pas présenté la même simplicité de composition que pour l'éthylène et son hydrure.

En effet, dans un cas comme dans l'autre, j'ai trouvé parmi les gaz :

1° Des carbures facilement absorbables par le brome et par l'acide sulfurique, répondant à la formule C^nH^{2n}, tous carbures dont l'équivalent et la condensation étaient supérieurs à ceux de l'éthylène (de C^3H^6 à C^5H^{10});

2° De l'éthylène, C^2H^4, difficilement absorbable par l'acide sulfurique, mais facilement absorbable par le brome;

3° Des carbures C^nH^{2n+2}, très solubles dans l'alcool (C^5H^{12}, C^4H^{10}, C^3H^8);

4° Des carbures C^nH^{2n+2}, moins solubles dans ce dissolvant (C^2H^6, CH^4).

Au lieu de deux carbures définis, tels que l'un représente un hydrure de l'autre, on obtient donc cette fois une double série de

---

([1]) *Voir* aussi p. 62.

carbures homologues, offrant entre eux la même relation généralisée. Malgré leur complexité, ces résultats n'en méritent pas moins quelque attention, parce qu'ils ont été observés sur des substances simples et de composition bien définie.

Formation simultanée des carbures homologues dans les distillations sèches. — Je vais montrer que les faits précédents expliquent la formation simultanée des séries de carbures homologues dans les distillations sèches.

Examinons, par exemple, ce qui se passe dans la distillation sèche des sels des acides gras, tels que les acétates, les butyrates, les valérates, etc.

Les acétates, mêlés avec un excès d'alcali, fournissent comme produit principal du gaz des marais (formène), CH^4, obtenu en vertu d'une réaction régulière,

$$C^2H^3NaO^2 + NaHO = CH^4 + CNa^2O^3.$$

Mais la même régularité ne s'observe plus dans la décomposition des sels homologues à équivalent plus élevé, tels que les butyrates, les valérates, etc. Les butyrates, par exemple, devraient fournir de l'hydrure de propyle, C^3H^8,

$$C^4H^7NaO^2 + NaHO = C^3H^8 + CNa^2O^3.$$

Or, au lieu d'obtenir ce carbure à l'état de pureté, on obtient d'une part ses homologues, tels que l'hydrure d'éthyle, C^2H^6, et le formène, CH^4, mêlés eux-mêmes avec de l'hydrogène, H^2, et d'autre part les carbures moins hydrogénés, tels que l'éthylène, C^2H^4, le propylène, C^3H^6, etc. ([1]).

La formation simultanée de ces carbures multiples s'explique aisément par les expériences directes sur l'hydrure d'éthyle, sur l'hydrure d'amyle et sur l'amylène, que je viens d'exposer. En effet, l'hydrure de propyle, C^3H^8, produit normal de la réaction théorique, n'est pas stable à la température de la réaction. D'après les analogies de l'hydrure d'éthyle, l'hydrure de propyle se détruira donc en proportion plus ou moins considérable, en fournissant de l'hydrogène et du propylène

$$C^3H^8 = C^3H^6 + H^2$$

lesquels ont été réellement obtenus.

([1]) *Annales de Chimie et de Physique*, 3ᵉ série; 1857. — Le présent Ouvrage, T. II, p. 232.

Une autre partie de l'hydrure de propyle, d'après les analogies de l'hydrure d'amyle, son homologue, fournira de l'éthylène et du formène

$$C^3H^8 = C^2H^4 + CH^4,$$

c'est-à-dire deux carbures, l'un homologue, l'autre moins hydrogéné, lesquels ont été réellement obtenus.

Enfin l'éthylène formé dans cette dernière réaction agira pour son propre compte sur l'hydrogène formé simultanément et donne naissance à l'hydrure d'éthyle

$$C^3H^4 + H^2 = C^2H^6,$$

lequel a été réellement obtenu dans la décomposition des butyrates.

Sans pousser plus loin ces explications, on voit comment la formation simultanée des carbures homologues multiples, obtenus dans les conditions de substitutions réelles, peut être interprétée par des réactions régulières, observables sur les carbures d'hydrogène libres et entre ces carbures et l'hydrogène lui-même.

CHAPITRE II.

SUR L'UNION DE L'HYDROGÈNE LIBRE AVEC L'ÉTHYLÈNE (¹).

J'ai montré autrefois (*Annales de Chimie et de Physique*, 4ᵉ série, t. IX, p. 431; 1866) que l'hydrogène libre s'unit vers le rouge sombre avec les carbures d'hydrogène, et notamment avec l'éthylène (ce Volume, p. 7), mais la réaction est limitée par la décomposition inverse des hydrures, en vertu d'une véritable dissociation.

Le degré de cette dissociation varie, et même assez rapidement, avec la température. En effet, dans mes anciennes expériences, faites dans une cloche courbe, au voisinage de la température de ramollissement du verre (550°), 51 centièmes d'éthylène, sur la moitié seulement, avaient pu être transformés.

En opérant à une température plus basse et pendant un temps suffisant (trois heures), je suis parvenu, dans de nouveaux essais, à pousser la combinaison jusqu'aux 70 centièmes : elle était même plus nette, à cause de l'absence presque complète des produits secondaires. Peut-être réussirait-on à opérer une combinaison totale, en opérant à une température limite et pendant un temps suffisant. Mais il est difficile de régler avec précision des températures voisines de 500°.

(¹) *Annales de Chimie et de Physique*, 5ᵉ série, t. XXX, p. 539; 1883.

CHAPITRE III.

ABSORPTION DE L'HYDROGÈNE LIBRE PAR LES CARBURES D'HYDROGÈNE SOUS L'INFLUENCE DE L'EFFLUVE ÉLECTRIQUE (¹).

L'hydrogène pur est absorbé par diverses matières organiques sous l'influence prolongée de l'effluve; il l'est même plus rapidement que l'azote. Je citerai comme exemple la benzine et le térébenthène:

1. *Benzine.* — 1^{cc} de benzine a absorbé ainsi 250^{cc} d'hydrogène, soit 2 équivalents environ, ou plus exactement $1,9$; avec formation d'un polymère de C^6H^8:

$$n(C^6H^6 + H^2) = (C^6H^8)^n.$$

Le produit formé retenait encore un peu de benzine inaltérée. Après l'évaporation spontanée de celle-ci à l'air, il reste une substance solide, résineuse, analogue à un vernis desséché, douée d'une odeur forte et désagréable. Chauffée dans une petite cornue, cette substance se boursoufle sans fondre et se décompose, avec reproduction d'une trace de benzine, et d'un premier liquide volatil, soluble sans résidu dans l'acide nitrique fumant et dans l'acide sulfurique fumant. Ce dernier ne dégage pas d'acide sulfureux et produit un acide conjugué entièrement soluble dans l'eau. Puis vient un liquide pyrogéné plus épais, et il reste dans la cornue une substance charbonneuse très abondante, encore hydrogénée.

2. *Térébenthène.* — L'essence de térébenthine a absorbé de même, pour $C^{10}H^{16}$, jusqu'à $2,5$ équivalents d'hydrogène, avec formation de produits résineux, presque solides et polymérisés.

(¹) *Annales de Chimie et de Physique,* 5ᵉ série, t. X, p. 66; 1877. — *Voir* la figure des appareils, t. I du présent Ouvrage, p. 51 et 52.

L'essence de térébenthine, mélangée d'eau et soumise à l'effluve en présence de l'hydrogène, n'a pas fourni d'hydrate.

3. Le *carbone pur,* dans son état amorphe, soumis à l'action de l'effluve dans une atmosphère d'hydrogène, n'a fourni ni acétylène sensible, ni aucun autre carbure gazeux.

4. *Acétylène.* — L'acétylène, mélangé avec deux fois son volume d'hydrogène, s'est condensé à peu près comme l'acétylène pur; cependant un certain volume d'hydrogène, un cinquième environ de celui de l'acétylène, a disparu simultanément.

L'hydrogénation des carbures incomplets, sous l'influence de l'effluve électrique, est limitée par une action inverse de cette effluve, qui tend à séparer de l'hydrogène des carbures les plus hydrogénés. C'est ainsi que l'acétylène apparaît pendant une première période, lorsque les composés hydrocarbonés sont soumis à l'action de l'effluve (tome I, Livre Ier, p. 51). Mais cet acétylène ne saurait subsister indéfiniment, étant lui-même polymérisé par l'effluve (tome I, p. 117).

J'ai observé que, sous l'influence d'une réaction très prolongée de l'effluve, les carbures les plus hydrogénés tendent vers une limite intermédiaire ([1]). Le formène, CH^4, tend vers les rapports $C^{10}H^{18}$; l'éthane ou hydrure d'éthyle, vers la même limite; l'éthylène, le propylène et le triméthylène, vers les rapports fort voisins $C^{10}H^{17}$, etc.

L'allylène C^6H^4 se condense presque sans perdre d'hydrogène. Ce produit, répondant à peu près aux mêmes rapports que l'hydrogénation même de la benzine, c'est-à-dire à des rapports voisins de $C^{10}H^{18}$, on voit que le rapport du carbure à l'hydrogène n'est pas constant dans les produits condensés : leur constitution dépend de celle des carbures générateurs, en même temps que des conditions de durée et d'intensité de l'action de l'effluve. Ce sont là, d'après mes observations, autant de circonstances qui président à l'équilibre définitif.

([1]) *Annales de Chimie et de Physique,* 7e série, t. XVI, p. 32; 1899.

DEUXIÈME SECTION.

SUBSTITUTIONS INVERSES.

CHAPITRE IV.

SUBSTITUTIONS INVERSES : HYDROGÈNE, MÉTAUX, IODURES ([1]).

Les chimistes ont appris à remplacer l'hydrogène par le chlore, par le brome et par l'iode dans les substances organiques ; mais ils ne peuvent encore résoudre (1857) que dans un petit nombre de cas particuliers le problème inverse, qui consiste à régénérer le composé primitif au moyen du composé transformé.

Quatre procédés principaux ont été employés dans ce but :

1. M. Melsens a changé l'acide chloracétique, $C^2HCl^3O^2$, en acide acétique, $C^2H^4O^2$, et le perchlorure de carbone, CCl^4, en gaz des marais, CH^4, par l'action simultanée de l'eau et de l'amalgame de potassium ; mais cette transformation n'a pas réussi vis-à-vis des dérivés chlorés de l'éther chlorhydrique. L'emploi de l'amalgame de potassium ne paraît convenir que vis-à-vis des corps chlorés d'une décomposition assez facile ; dans les autres cas, son action s'exerce sur l'eau d'une manière exclusive.

2. M. Kolbe a également remplacé par l'hydrogène le chlore de l'acide chloracétique ; il opérait au moyen de la pile, le zinc étant

([1]) *Ann. de Chim. et de Phys.*, 3ᵉ série, t. LI, p. 48 ; 1857.

employé comme électrode: Il a, par le même procédé, opéré une substitution semblable dans une série fort curieuse d'acides particuliers, qui dérivent de l'action du chlore sur le sulfure de carbone. Observons que la pile ne peut guère agir que sur des composés solubles dans l'eau, ou dans un liquide conducteur.

3. Les éthers iodhydriques, CH^3I, C^2H^5I, C^3H^5I, attaqués par le zinc ou par le sodium, à une haute température, perdent leur iode sans substitution, et fournissent les carbures désignés sous le nom de *méthyle* $(CH^3)^2$, d'*éthyle*, $(C^2H^5)^2$, d'*allyle,* $(C^3H^5)^2$, etc. Mais si l'on opère avec le zinc en présence de l'eau, il se forme des carbures particuliers, dans lesquels l'iode de l'éther iodhydrique se trouve remplacé par de l'hydrogène : tels que l'hydrure de méthyle, autrement dit *formène* ou *gaz des marais,* CH^4; l'hydrure d'éthyle, C^2H^6; le propylène, C^3H^6; c'est l'exemple le plus étendu de substitution inverse que l'on connaisse : cette méthode est due aux travaux de M. Frankland.

4. Dans les recherches sur le propylène iodé que j'ai réalisées en commun avec M. de Luca (t. II, p. 368), j'ai remplacé l'iode par l'hydrogène à l'aide d'un procédé particulier, qui est devenu le germe du présent travail. Ce procédé consiste à faire réagir sur le propylène iodé, C^3H^5I, le mercure et l'acide chlorhydrique simultanément : d'où résulte, même à froid, la formation du propylène, C^3H^6, de l'iodure de mercure et du chlorure de mercure, tous corps dont aucun ne prendrait naissance à froid, sous l'influence des agents ci-dessus employés deux à deux. Mais ils résultent du concours de plusieurs affinités, s'appuyant les unes sur les autres; à peu près comme les chlorures de silicium ou de bore se produisent dans la réaction simultanée du chlore, du charbon, et des acides borique ou silicique, lesquels, pris deux à deux, n'exercent aucune action réciproque.

Les faits précédents comprennent tous les exemples connus de substitution inverse; on peut juger combien ils sont limités et restreints à des cas presque toujours individuels. Mes expériences relatives à la synthèse des carbures d'hydrogène m'ont conduit à étudier d'une manière plus générale les substitutions inverses; or dans tous les cas où j'ai tenté l'expérience, j'ai réussi, soit à remplacer par l'hydrogène le chlore, l'iode et particulièrement le brome, dans les carbures modifiés par substitution; soit à régénérer les carbures primitifs, après qu'ils avaient subi l'action des corps halogènes.

Les procédés que j'ai employés reposent tantôt sur l'emploi de l'hydrogène libre à une haute température, tantôt sur le concours de deux affinités simultanées, équivalentes à l'emploi de l'hydrogène naissant. Dans ce dernier cas, le temps est un élément essentiel du phénomène.

I. — Hydrogène libre.

L'hydrogène libre s'unit au chlore des chlorures de carbone vers la température du rouge sombre; en même temps le carbure d'hydrogène, correspondant au chlorure de carbone mis en expérience, se trouve régénéré. Une portion sensible est cependant détruite sous l'influence de la chaleur; mais une portion résiste et peut être recueillie. Ce procédé ne s'applique évidemment qu'aux substances très stables; mais par là même il convient aux composés dans lesquels tout l'hydrogène a pu être remplacé par du chlore, phénomène qui atteste une grande stabilité, et dans le carbure primitif et dans le chlorure de carbone qui en dérive.

Le détail de ces expériences a été exposé dans le Tome I, p. 222 et suivantes. Il suffira de rappeler ici que, dans ces conditions, le protochlorure de carbone, C^2Cl^4, et le sesquichlorure de carbone, C^2Cl^6, fournissent une proportion considérable d'éthylène, C^2H^4 :

$$C^2Cl^4 + 8H = C^2H^4 + 4HCl;$$
$$C^2Cl^6 + 10H = C^2H^4 + 6HCl.$$

Le perchlorure de carbone, CCl^4, a produit du formène, CH^4, mêlé d'éthylène. Le formène résulte d'une substitution inverse :

$$CCl^4 + 8H = CH^4 + 4HCl.$$

Quant à l'éthylène, il paraît tirer son origine de la décomposition connue, en vertu de laquelle le perchlorure de carbone chauffé au rouge se sépare en chlore et protochlorure :

$$2CCl^4 = C^2Cl^4 + 2Cl^2.$$

Le chlorure de carbone, $C^{10}Cl^8$ (naphtaline perchlorée), a reproduit de la naphtaline, $C^{10}H^8$ (t. I, p. 314) :

$$C^{10}Cl^8 + 16H = C^{10}H^8 + 8HCl.$$

Cette régénération de la naphtaline ne s'opère bien qu'au rouge vif. A une température plus basse, une partie du composé chloré traverse les tubes sans s'altérer.

II. — Hydrogène naissant.

J'exposerai d'abord les faits relatifs aux bromures d'éthylène, de propylène, etc., puis je passerai à divers autres composés. Ce sont les premiers corps qui m'ont conduit aux études dont j'expose ici les résultats.

1. Ayant isolé sous forme de bromures les carbures d'hydrogène alcooliques recueillis au sein des mélanges gazeux les plus complexes, j'ai fait des essais très variés pour régénérer chacun des carbures engagés dans la combinaison, afin d'en confirmer l'existence en l'étudiant séparément. La description succincte de ces essais pourra jeter quelque jour sur la nature des actions que l'on doit employer vis-à-vis des matières organiques.

J'ai d'abord tenté l'emploi des métaux isolés, tels que le sodium, le fer, le zinc, le mercure. Mais ces corps, chauffés à 100, à 200, à 300 degrés avec le bromure d'éthylène, $C^2H^4Br^2$, par exemple, ne régénèrent pas d'éthylène, C^2H^4, en proportion notable; tout au plus forment-ils de l'éthylène monobromé, C^2H^3Br.

Dès lors j'ai dû recourir à l'action de l'hydrogène naissant. Le zinc, chauffé avec de l'eau et du bromure d'éthylène, à 300 degrés, régénère de l'éthylène; mais la substitution est d'ordinaire incomplète, et de plus le gaz est mêlé avec une grande quantité d'hydrogène libre, ce qui rend dangereuse l'ouverture des tubes dans lesquels on a réalisé l'expérience. L'hydrogène libre est dû à la décomposition de l'eau par le zinc, décomposition produite en même temps que la réaction que l'on veut obtenir, et indépendamment de cette réaction même. Cette indépendance des deux phénomènes est une circonstance défavorable; elle s'oppose souvent à une substitution complète, la décomposition de l'eau se trouvant terminée avant la décomposition du composé bromé. Aussi me suis-je adressé de préférence aux métaux qui ne décomposent pas l'eau par eux-mêmes, mais qui m'ont semblé propres à la décomposer par affinité complexe, avec le concours simultané du bromure d'éthylène.

Le mercure, essayé tout d'abord, a dû être rejeté. En présence de l'eau ou de l'acide chlorhydrique, il n'agit guère au-dessous de 300 degrés, et à cette température, il donne lieu à des matières noires et à une destruction compliquée.

L'étain, le plomb, le cuivre ont été alors essayés, tantôt avec l'eau, tantôt avec la potasse, tantôt avec l'acide chlorhydrique. Ces deux derniers agents donnent lieu à des substitutions incomplètes, probablement par les mêmes raisons indiquées ci-dessus à l'occasion du zinc ; quant à l'eau, elle ne réussit bien qu'en présence du cuivre.

Le bromure d'éthylène, chauffé à 275 degrés avec de l'eau et du cuivre, perd son brome et fournit de l'éthylène, mélangé avec une certaine proportion d'hydrogène et avec de petites quantités d'oxyde de carbonè et d'hydrure d'éthyle. Mais cette réaction est extrêmement lente ; elle ne devient complète qu'au bout de trente ou quarante heures de contact des matières à 275 degrés.

J'ai cherché à la rendre plus rapide en tirant parti de l'instabilité bien connue de l'iodure d'éthylène. J'ai pensé que, si l'on se plaçait dans des conditions telles que ce composé tendît à se former, on réaliserait plus aisément la régénération de l'éthylène. A cet objet, j'ai fait réagir simultanément à 275 degrés le bromure d'éthylène, le cuivre, l'eau et l'iodure de potassium ; l'affinité toute spéciale de l'iode pour le cuivre devait encore concourir au résultat.

Dans ces conditions, en effet, la réaction est complète au bout de douze à quinze heures ; elle donne naissance à de l'éthylène, mélangé avec un peu d'hydrure d'éthyle et le plus souvent avec de l'hydrogène, de l'oxyde de carbone et même de l'acide carbonique. Ces derniers gaz résultent d'une décomposition spéciale, éprouvée par une portion du bromure d'éthylène ; leur présence, aussi bien que les faits qui vont suivre, prouve que la réaction est un peu plus compliquée que ne l'indiquent les considérations qui précèdent ; toutefois ces considérations représentent le sens général dn phénomène.

Après avoir réalisé ces expériences, j'essayai quels résultats produirait la suppression du cuivre : je fis réagir à 275 degrés un mélange de bromure d'éthylène, d'eau et d'iodure de potassium, et je reconnus que le bromure d'éthylène était encore décomposé avec mise en liberté d'une portion de l'iode de l'iodure de potassium. Seulement le gaz produit consistait surtout en hydrure d'éthyle, C^2H^6, mélangé avec une proportion variable d'éthylène, d'acide carbonique, et souvent d'hydrogène et d'oxyde de carbone.

Ainsi, sous l'influence de l'eau et de l'iodure de potassium, le brome du bromure d'éthylène se trouve remplacé par de l'hydrogène : résultat singulier, mais qui semble dû à des causes analogues à celles qui agissent dans les réactions précédentes. Une portion du composé organique lui-même remplace le cuivre et s'oxyde aux dépens de l'eau, comme l'atteste la formation de l'acide carbonique; en même temps l'eau décomposée fournit de l'hydrogène naissant qui enlève le brome et se substitue à lui dans le reste du bromure d'éthylène. L'iodure de potassium servirait d'intermédiaire à ce double phénomène, en vertu de sa tendance à éprouver une décomposition avec le bromure d'éthylène : d'où résulte de l'iode libre, lequel tend à agir à la fois sur les deux éléments de l'eau, et par suite à oxyder d'une part, à hydrogéner de l'autre le composé organique. Quelle que soit la valeur de ces explications, la transformation du bromure d'éthylène en hydrure d'éthyle, par la réaction simultanée de l'iodure de potassium et de l'eau à 275 degrés, n'en est pas moins un fait d'observation.

Je crois utile de donner quelques détails sur les manipulations à l'aide desquelles on peut réaliser ces diverses expériences :

Dans un tube de verre vert d'une capacité égale à 100 ou 150 centimètres et fermé par un bout, on introduit :

1° Huit à dix grammes d'iodure de potassium pulvérisé;

2° Une ampoule renfermant 1 à 2 grammes de bromure d'éthylène et fermée à la lampe;

3° Une ampoule renfermant 1 à 2 grammes d'eau et fermée à la lampe;

4° Une quantité suffisante de cuivre, laminé en feuilles très minces. Cette quantité dépend de l'épaisseur du cuivre, lequel n'agit guère que par sa surface.

Cela fait, on effile avec précaution le tube à la lampe, de façon à produire à son extrémité ouverte un renflement entre deux parties capillaires. Tout ce travail doit être fait en évitant de diminuer nulle part le rapport entre l'épaisseur du tube et son diamètre intérieur, mais plutôt de façon à l'augmenter.

On adapte à l'aide d'un caoutchouc le renflement avec un tube de plomb communiquant avec une machine pneumatique, et l'on fait le vide aussi exactement que possible; puis on ferme à la lampe le tube, dans l'effilure comprise entre le renflement et la partie principale. Cette fermeture doit se faire en conservant une pointe aussi fine que possible, pour permettre d'ouvrir plus tard le tube sans danger.

On agite vivement le tube, pour briser les ampoules et mélanger les substances qu'il renferme; puis on l'introduit dans un tube de fer à tête vissée et on le chauffe au bain d'huile à

275 degrés pendant 12 à quinze heures (¹). Cette température ne doit pas être notablement dépassée, sous peine de destruction partielle des carbures d'hydrogène.

Il ne reste plus qu'à ouvrir les tubes et à analyser les gaz.

On retire avec précaution le tube de verre du tube de fer qui le contient, puis on le glisse dans une éprouvette, disposée sur la cuve à mercure; le tube s'y élève rapidement et sa pointe est brisée par le choc; les gaz qu'il renferme se dégagent aussitôt. En opérant sur dix à douze tubes à la fois, on peut recueillir plusieurs litres de gaz et les soumettre à une étude complète.

En résumé, le bromure d'éthylène, $C^2H^4Br^2$, chauffé à 275 degrés avec du cuivre, de l'eau et de l'iodure de potassium, régénère principalement l'éthylène, C^2H^4, qui l'a formé. La nature du gaz obtenu a été vérifiée par des analyses eudiométriques rigoureuses.

Le bromure d'éthylène, chauffé avec de l'eau et de l'iodure de potassium, produit surtout de l'hydrure d'éthyle, C^2H^6, composé dans lequel le brome du bromure d'éthylène est remplacé par de l'hydrogène. L'hydrure d'éthyle a été isolé et sa composition établie par l'analyse eudiométrique. Ces réactions sont d'autant plus nettes que l'on opère plus lentement et à une température plus voisine de 275 degrés.

Le bromure de propylène, $C^3H^6Br^2$, présente des réactions analogues. En effet, ce corps chauffé à 275 degrés avec du cuivre, de l'eau et de l'iodure de potassium régénère principalement le propylène, C^3H^6, qui lui a donné naissance. La nature du propylène a été établie par l'analyse eudiométrique et contrôlée par l'étude de ces réactions.

De même pour l'hydrure de propyle, dont il va être question. En effet, le bromure de propylène chauffé avec de l'eau et de l'iodure de potassium produit surtout de l'hydrure de propyle, C^3H^8, composé dans lequel le brome du bromure de propylène est remplacé par de l'hydrogène.

Le bromure de butylène, $C^4H^8Br^2$, et le bromure d'amylène, $C^5H^{10}Br^2$, chauffés à 275 degrés avec du cuivre, de l'eau et de l'iodure de potassium ont également reproduit le butylène, C^4H^8, et l'amylène, C^5H^{10}, qui leur avaient donné naissance.

Ainsi, par les procédés que je viens d'exposer, on peut isoler les carbures alcooliques, éthylène, propylène, butylène, amylène, con-

---

(¹) Sur les précautions à prendre pour chauffer les corps en vase clos, voir *Journal de Pharmacie*, 3ᵉ série, t. XXIII, p. 351; 1853.

tenus dans un mélange gazeux, les séparer les uns des autres sous forme de bromures, puis les régénérer dans l'état gazeux qu'ils possédaient d'abord.

2. J'ai cherché à étendre l'application des mêmes méthodes à d'autres composés, tels que la liqueur des Hollandais, le chloroforme, le bromoforme, l'iodoforme, le perchlorure de carbone, le propylène bibromé, le bromure de propylène bromé, la tribromhydrine et la trichlorhydrine.

La liqueur des Hollandais ou chlorure d'éthylène, $C^2H^4Cl^2$, est beaucoup plus difficile à décomposer complètement que le bromure d'éthylène. Cependant si on la chauffe à 275 degrés, soit avec du cuivre, de l'eau et de l'iodure de potassium, soit avec de l'eau et de l'iodure de potassium, on régénère une certaine quantité de gaz oléfiant, C^2H^4; mais ce gaz est mélangé d'éthylène monochloré, C^2H^3Cl.

Le chloroforme, $CHCl^3$, le bromoforme, $CHBr^3$, l'iodoforme, CHI^3, décomposés soit par le zinc seul, soit par le cuivre, l'eau et l'iodure de potassium, soit par l'eau et l'iodure de potassium seulement, produisent un mélange de gaz des marais, CH^4, d'hydrogène, auquel s'ajoutent, dans les deux derniers cas, l'oxyde de carbone et l'acide carbonique. En même temps prend naissance en petite quantité un composé gazeux, ou très volatil, absorbable par le brome, dont la nature et l'origine n'ont pu être déterminées avec certitude.

Le perchlorure de carbone (formène perchloré), CCl^4, chauffé avec de l'iodure de potassium et de l'eau, a produit un mélange de gaz des marais, CH^4, d'oxyde de carbone, d'hydrogène et d'acide carbonique.

Le sesquichlorure de carbone (éthane perchloré), C^2Cl^6, et le protochlorure de carbone (éthylène perchloré), C^2Cl^4, chauffés avec du cuivre, de l'eau et de l'iodure de potassium, produisent un mélange d'oxyde de carbone et d'acide carbonique, renfermant une trace d'un gaz ou vapeur absorbable par le brome, et parfois de l'hydrogène. On a vu plus haut comment ces deux composés, traités au rouge sombre par l'hydrogène libre, peuvent régénérer le carbure d'hydrogène, C^2H^4, auquel ils correspondent.

Le propylène bromé, $C^3H^4Br^2$, le bromure de propylène tribromé, $C^3H^5Br^3$, et son isomère la tribromhydrine, chauffés séparément avec l'iodure de potassium, du cuivre et de l'eau, ont produit les mêmes substances, à savoir : un mélange de propylène, C^3H^6, d'hydrure de propyle, C^3H^8, et d'acide carbonique.

Enfin la trichlorhydrine, $C^3H^5Cl^3$, l'un des éthers chlorhydriques de la glycérine, corps isomère avec le chlorure de propylène chloré, étant chauffée avec de l'iodure de potassium, du cuivre et de l'eau, a produit du propylène, C^3H^6, de l'hydrure de propyle, C^3H^8, de l'hydrogène et de l'acide carbonique. On peut ainsi, par une nouvelle voie, passer de la glycérine, $C^3H^8O^3$, aux carbures d'hydrogène qui lui correspondent, C^3H^6, C^3H^8, et notamment enlever tout l'oxygène qu'elle renferme : il suffit d'éliminer tout cet oxygène sous forme d'eau, en remplaçant cette eau par de l'acide chlorhydrique :

$$C^3H^8O^3 - 3H^2O + 6HCl = C^3H^5Cl^3;$$

puis on substitue de l'hydrogène au chlore. On exerce ainsi, en définitive, une action réductrice, très remarquable par la simplicité de son mécanisme et probablement susceptible d'être généralisée.

L'ensemble des réactions qui précèdent jette un jour plus complet sur la constitution des composés chlorurés et bromurés ; il confirme, par voie synthétique, les analogies qui existent entre le groupement moléculaire de ces composés et celui des carbures d'hydrogène dont ils dérivent par voie de substitution.

CHAPITRE V.

DÉCOMPOSITION DE L'IODURE D'ÉTHYLÈNE PAR L'EAU ([1]).

J'ai fait connaître, il y a quelques années, divers procédés pour opérer la réduction des corps oxygénés par l'intermédiaire des composés iodurés. L'un des procédés, fondé sur l'emploi de l'iodure. de phosphore, c'est-à-dire de l'acide iodhydrique naissant (1855), permet de désoxyder un alcool triatomique, la glycérine, de façon à obtenir l'éther iodhydrique d'un alcool moins oxygéné. On sait que cette réaction a été généralisée depuis mes recherches, et appliquée soit à la réduction de divers autres alcools polyato- miques, soit à celle des acides à fonction mixte, tels que l'acide lactique, qui participent des alcools par certaines propriétés. L'autre procédé, fondé sur la réaction simultanée d'un bromure organique, de l'eau et de l'iodure de potassium (1857), conduit en général à fixer de l'hydrogène sur les carbures incomplets. Dès l'origine, j'avais expliqué ce dernier résultat par la formation préa- lable de l'iodure d'éthylène (ou d'un iodure analogue) et par sa réaction sur l'eau. Depuis, j'ai vérifié cette hypothèse à l'aide d'expériences directes. Voici ces expériences :

On introduit dans un tube l'eau et l'iodure d'éthylène, l'on fait le vide dans le tube et on le scelle à la lampe. La proportion d'iodure d'éthylène doit être telle que la pression des gaz qui vont se pro- duire ne dépasse pas 4 ou 5 atmosphères, à la température ordi- naire. On chauffe le tube à 275 degrés, pendant une quinzaine d'heures. Au bout de ce temps, on ouvre le tube sous le mercure et on recueille le gaz.

Ce gaz, traité par la potasse, diminue de 18 centièmes, par suite de l'absorption de l'acide carbonique. Le résidu ne diminue plus sensiblement de volume par l'action du brome. Soumis à l'analyse

---

([1]) *Annales de Chimie et de Physique,* 4ᵉ série, t. III, p. 211; 1864.

eudiométrique, il fournit exactement 2 fois son volume d'acide carbonique, en absorbant $3\frac{1}{2}$ fois son volume d'oxygène. Il est d'ailleurs assez soluble dans l'alcool, et le résidu d'une absorption incomplète est aussi soluble dans ce menstrue que les premières parties.

D'après ces faits, le gaz possède la composition suivante :

$$
\begin{array}{ll}
\text{Acide carbonique} \ldots\ldots\ldots\ldots\ldots\ldots & 18,00 \\
\text{Hydrure d'éthyle} \ldots\ldots\ldots\ldots\ldots & 82,00
\end{array}
$$

Le tube qui a fourni ce gaz renferme (avant le contact du mercure) un liquide brunâtre et une matière solide en suspension. Je n'y ai trouvé autre chose que de l'eau, de l'iode et de l'acide carbonique.

La réaction qui s'est produite ici, pour être bien comprise, doit être regardée comme la résultante de plusieurs réactions développées simultanément.

La réaction principale dérive de l'action de l'hydrogène naissant sur l'iodure d'éthylène :

$$
(1) \qquad C^2H^4I^2 + H^2 = C^2H^6 + I^2.
$$

L'hydrogène naissant provient de la décomposition de l'eau par le carbone de l'iodure d'éthylène,

$$
(2) \qquad C^2H^4I^2 + 4H^2O = 6H^2 + 2CO^2 + I^2.
$$

Les deux formules précédentes, réunies en une seule, représentent le phénomène réel produit dans l'intérieur du tube. Pour obtenir cette formule résultante, il suffit de remarquer que la réaction (2) exprime la formation de 12 équivalents d'hydrogène, formés aux dépens de 1 équivalent d'éthylène, et capables de se fixer sur 6 autres équivalents d'éthylène. Il faut donc mettre en évidence 7 équivalents d'éthylène :

$$
7\,C^3H^4I^2 + 4H^2O = 6\,C^2H^6 + 2CO^2 + 7I^2.
$$

Cette équation indique la formation de l'iode, celle de l'acide carbonique et celle de l'hydrure d'éthyle. Elle montre que le rapport des deux gaz doit être en volumes celui de $75:25$. Nous avons trouvé $82:18$; mais il faudrait tenir compte des gaz restés dissous dans l'eau, ce qui rétablirait le rapport normal.

Je n'insiste pas sur les applications de cette méthode; j'en ai développé ailleurs la généralité. Je me bornerai à renvoyer, soit à mes anciennes publications, soit à un nouvel Ouvrage que je viens de publier (¹) sous le titre de *Leçons sur les méthodes générales de synthèse en Chimie organique* (6ᵉ et 7ᵉ Leçons).

(¹) Un volume in-8°, chez Gauthier-Villars, libraire, successeur de Mallet-Bachelier; 1864.

CHAPITRE VI.

MÉTHODE UNIVERSELLE POUR RÉDUIRE ET SATURER D'HYDROGÈNE
LES COMPOSÉS ORGANIQUES. — PROCÉDÉS EXPÉRIMENTAUX.
ANALYSE DES GAZ. — CONDITIONS THERMOCHIMIQUES ([1]).

1. Par la méthode que je vais décrire, un composé organique quelconque peut être transformé dans un carbure d'hydrogène, renfermant d'ordinaire la même quantité de carbone, et le plus hydrogéné parmi ceux qui offrent cette composition. Depuis les alcools et les acides gras, jusqu'aux corps aromatiques ; depuis les carbures éthyléniques, presque saturés d'hydrogène, jusqu'aux carbures pyrogénés les plus riches en carbone, tels que la benzine, la naphtaline, l'anthracène, le bitumène ; depuis les principes hydrogénés, jusqu'à leurs dérivés perchlorurés ; depuis les amides et les alcalis éthyliques, jusqu'au cyanogène, et jusqu'aux corps azotés complexes, tels que l'indigotine et l'albumine, c'est-à-dire sur plus de cent corps différents, j'ai expérimenté cette méthode, sans rencontrer d'exception. Elle s'applique même aux matières noires, telles que l'ulmine, la houille, le charbon de bois, matières que l'on est habitué à regarder comme placées en dehors du domaine des réactions régulières : c'est cette extension illimitée qui m'a paru justifier le nom de *méthode universelle.*

([1]) *Annales de Chimie et de Physique,* 4ᵉ série, t. XX, p. 392 ; 1870.

2. Les résultats que je viens d'annoncer peuvent être réalisés par un seul et même procédé : ce procédé consiste à chauffer le composé organique à 275 degrés (température réelle), dans un tube scellé, pendant dix à vingt heures, avec un grand excès d'acide iodhydrique. L'acide doit être employé à l'état de solution aqueuse, *saturée à froid* et dont la *densité* soit *double de celle de l'eau.* J'évalue à une centaine d'atmosphères la pression développée dans ces circonstances. L'excès du réactif, sur le poids nécessaire pour produire la réaction théorique, est d'autant plus grand que le composé organique est plus pauvre en hydrogène. Ainsi 20 à 30 parties d'hydracide suffisent pour 1 partie d'un alcool, d'un aldéhyde ou d'un acide de la série saturée ([1]); tandis que les corps aromatiques et les composés cycliques exigent 80 à 100 fois leur poids du réactif; l'indigotine et les matières charbonneuses, encore davantage.

3. Le pouvoir réducteur de l'acide iodhydrique s'explique, parce que cet hydracide, en solution aqueuse, commence à se résoudre en iode et hydrogène, à la température de 275 degrés, et même au-dessous. En présence des principes organiques, la même décomposition se produit, et la plus grande partie de l'hydrogène qui en résulte se porte sur lesdits principes organiques, tandis qu'une autre partie de ce même hydrogène devient libre. Cette dernière portion varie beaucoup suivant les corps mis en présence de l'acide iodhydrique, toutes choses égales d'ailleurs. Les plus grandes quantités d'hydrogène libre que j'ai obtenues l'ont été dans la réduction des matières ulmiques et des carbures pyrogénés très riches en carbone.

4. Je rappellerai que la méthode exposée dans ce Chapitre dérive des procédés à l'aide desquels en 1855 et 1857 j'ai réussi à changer :

1° Les bromures d'éthylène et de propylène en hydrures correspondants, par la réaction simultanée de l'iodure de potassium et de l'eau seuls, à 275 degrés ([2]);

2° La glycérine, alcool triatomique, en l'éther iodhydrique d'un alcool monoatomique, par l'iodure de phosphore ([3]), et même en

---

([1]) Pourvu que l'acide ne soit pas trop riche en oxygène.

([2]) *Annales de Chimie et de Physique,* 3ᵉ série, t. LI, p. 54. — *Voir* le Chapitre précédent.

([3]) *Annales de Chimie et de Physique,* 3ᵉ série, t. XLIII, p. 257.

hydrure de propyle, à l'aide de la trichlorhydrine et de l'iodure de potassium (¹);

3° Le sulfure de carbone en gaz des marais, au moyen de l'acide iodhydrique gazeux (²).

Ces diverses expériences sont, si je ne me trompe, les premières qui aient signalé les composés iodés comme agents réducteurs en Chimie organique. Elles n'ont pas tardé à recevoir des applications plus étendues : je veux parler du procédé classique par lequel M. Lautemann (1860) a transformé l'acide lactique (³) en acide propionique, tant au moyen de l'iodure de phosphore et de l'eau que de l'acide iodhydrique. M. R. Schmitt (⁴) et M. Dessaignes (⁵) ont appliqué, chacun de son côté, le même procédé à la transformation de l'acide tartrique en acides malique et succinique. De là, une méthode générale pour ramener les acides à fonction mixte (acides-alcools), à l'état d'acides à fonction simple moins oxygénés. M. Kekulé (⁶) a reconnu depuis que deux phases successives peuvent être distinguées dans cette réduction. Pendant la première, il se forme un acide iodé (acides iodopropionique, iodacétique, iodosalicylique, etc.), décomposable ensuite par l'acide iodhydrique. Enfin, à l'aide de l'acide iodhydrique, MM. Erlenmeyer et Wanklyn (⁷) ont changé la mannite, alcool hexatomique, en l'éther iodhydrique d'un alcool hexylique. M. de Luynes a réussi à transformer de même en un éther de l'alcool butylique, monoatomique, l'érythrite, c'est-à-dire un alcool tétratomique (⁸).

Alcools polyatomiques et acides-alcools, tels étaient donc les principaux corps susceptibles d'éprouver l'action réductrice, et l'on avait même érigé cette remarque en une théorie générale, laquelle semblait imposer une limite très nette à l'action réductrice de l'acide iodhydrique.

Cependant cette limite n'existe pas en réalité. En effet, ayant repris mes premières expériences, en m'aidant des lumières apportées par les observations que je viens de rappeler; j'ai réussi

---

(¹) *Annales de Chimie et de Physique,* 3ᵉ série, t. LI, p. 58.

(²) *Annales de Chimie et de Physique,* 3ᵉ série, t. LIII, p. 145; 1858. — Tome I du présent Ouvrage, p. 212.

(³) *Annalen der Chemie und Pharmacie,* t. CXIII, p. 117.

(⁴) *Annalen der Chemie und Pharmacie,* t. CXIV, p. 106.

(⁵) *Comptes rendus,* t. L, p. 759; 1860.

(⁶) *Annalen der Chemie und Pharmacie,* t. CXXXI, p. 221; 1864.

(⁷) *Annales de Chimie et de Physique,* 3ᵉ série, t. LXV, p. 364; 1861.

(⁸) *Annales de Chimie et de Physique,* 4ᵉ série, t. II, p. 385; 1864.

à découvrir une nouvelle méthode de réduction, capable de donner
lieu à des effets infiniment plus intenses et plus généraux que
toutes celles qui avaient été décrites jusqu'à présent : c'est une
méthode qui forme le sujet du présent Chapitre.

5. Je me suis surtout attaché à étudier les produits extrêmes de
l'hydrogénation, comme les plus décisifs : ce sont des carbures
d'hydrogène et spécialement des carbures saturés, $C^n H^{2n+2}$. Mais il
est clair qu'en diminuant la proportion de l'acide iodhydrique, sa
concentration, ou la température des réactions, on doit pouvoir
réaliser toutes les réductions intermédiaires.

L'expérience a vérifié ces prévisions. Par exemple : l'acide succinique, $C^4 H^6 O^4$, avant d'être changé en hydrure de butyle, $C^4 H^{10}$,
forme d'abord l'acide butyrique, $C^4 H^8 O^2$;

Le phénol, $C^6 H^6 O$, produit d'abord de la benzine, $C^6 H^6$, puis des
hydrures de benzine et enfin de l'hydrure d'hexyle, $C^6 H^{14}$;

La naphtaline, $C^{10} H^8$, fournit tour à tour les hydrures $C^{10} H^{10}$,
$C^{10} H^{12}$, $C^{10} H^{14}$ et $C^{10} H^{22}$;

Le térébenthène, $C^{10} H^{16}$, donne successivement naissance aux
hydrures $C^{10} H^{18}$, $C^{10} H^{20}$ et $C^{10} H^{22}$.

L'étude de la série aromatique et celle des carbures complexes
fournissent une multitude de chaînes semblables de transformations. Chacune de ces transformations représente une méthode
spéciale, applicable à tous les cas analogues.

Les produits intermédiaires sont, comme on pouvait s'y attendre,
les plus aisés à réaliser, et il est de plus en plus pénible de les
saturer entièrement d'hydrogène. C'est ce que j'avais reconnu
tout d'abord sur les hydrures camphéniques, en constatant que
le dernier carbure, l'hydrure de terpilène $C^{10} H^{20}$, rappelle jusqu'à un certain point, par sa stabilité, les carbures absolument
saturés.

Les hydrures de benzine intermédiaires notamment, tels que
$C^6 H^8$, $C^6 H^{10}$, $C^6 H^{12}$, ont été isolés spécialement par les chimistes qui
ont répété mes premières expériences, et ils ont rencontré beau-
coup de difficultés en essayant de pousser l'hydrogénation jusqu'à
l'hydrure d'hexyle, $C^6 H^{14}$. Mais c'était faute d'avoir réalisé les conditions extrêmes d'hydrogénation que j'ai définies, comme température, concentration et proportions relatives d'acide iodhydrique,
ainsi que je le montrerai dans un Chapitre spécialement consacré
à cette vérification. En effet, si la benzine produit d'abord des hydrures, $C^6 H^8$, $C^6 H^{10}$, $C^6 H^{12}$, relativement saturés, elle finit par

passer, sous l'influence d'une réaction suffisamment intense et prolongée, à l'état de carbure entièrement saturé, C^6H^{12}.

6. La méthode générale d'hydrogénation réussit également avec les composés simples et avec les composés complexes, c'est-à-dire formés par l'association de deux composés plus simples et dont les résidus se manifestent dans certaines réactions.

Dans la réduction des composés simples ([1]), en effet, on observe des transformations extrêmement nettes : la totalité des corps mis en expérience éprouve le changement désigné par l'équation. Mais, la réduction n'ayant lieu qu'à partir d'une certaine température, il importe de faire remarquer qu'elle s'exerce seulement sur les produits qui subsistent à cette température.

7. Quant aux composés complexes, soumis à l'influence réductrice, ils se dédoublent en tout, ou en partie, en reproduisant les deux carbures qui répondent à leurs générateurs.

On tire de là une méthode nouvelle et générale de dédoublement, applicable soit aux composés complexes que l'on savait résoudre par les moyens connus, tels que les éthers et les amides ordinaires; soit aux alcalis dérivés des carbures ou des alcools unis à l'ammoniaque, enfin à certains carbures d'hydrogène.

La théorie des carbures complexes et celle des carbures polymères sont éclairées par là d'une vive lumière : soit que le carbure se dédouble sous l'influence du réactif ; soit qu'il donne naissance à un carbure unique, saturé d'hydrogène, et renfermant le carbone dans un état de condensation identique à celui du carbure primitif. L'étude du styrolène, de l'éthylbenzine, de la naphtaline, de l'anthracène, celle des dérivés polymériques de l'éthylène, du propylène, de l'amylène, du térébène, etc., fournissent à cet égard les résultats les plus catégoriques.

Jusqu'ici on n'avait guère su opérer de semblables dédoublements que par les procédés d'oxydation. Mais les dédoublements opérés par réduction sont plus nets et plus simples, comme il était facile de le prévoir. En effet, les corps oxydants attaquent à la fois le carbone et l'hydrogène et donnent lieu, en raison de l'attaque

---

([1]) J'appelle ici *carbures simples* les carbures engendrés par la combinaison successive de plusieurs molécules de formène, *ajoutées une à une*. Les *composés simples* sont engendrés par les carbures simples, réagissant sur les autres corps sans addition de carbone.

du carbone, à des destructions plus compliquées que celles qui devraient résulter d'un dédoublement régulier. Les agents hydrogénants eux-mêmes peuvent agir sur le carbone, toutes les fois qu'ils possèdent des propriétés alcalines : objection justifiée par l'étude des réductions opérées à l'aide de métaux alcalins à une haute température. L'acide iodhydrique, au contraire, est sans action directe sur le carbone.

Les résultats que l'on peut obtenir par la nouvelle méthode, dans les études analytiques relatives à la constitution des matières organiques, sont à peu près illimités ; car il n'est presque aucun problème général de Chimie organique qui ne doive attendre de cette méthode, soit des solutions inespérées, soit tout au moins une lumière inattendue.

8. Je partagerai l'exposition de mes expériences en cinq Parties distinctes, savoir :

1° Série des corps gras proprement dits ;

2° Série aromatique ;

3° Corps azotés ;

4° Carbures d'hydrogène complexes et polymères ;

5° Matières charbonneuses.

Mais, avant d'exposer ces résultats, il m'a paru convenable d'entrer dans quelques détails sur les procédés mis en œuvre, sur les méthodes d'analyse et sur les phénomènes thermochimiques qui se développent pendant les réactions.

I. — Procédés expérimentaux.

La méthode universelle de réduction ne fournit tous ses résultats, et spécialement ses résultats extrêmes, que dans les conditions suivantes, qu'il importe de préciser ; elles se rapportent :

1° A la concentration de l'acide et à la nature des corps réducteurs ;

2° A la proportion relative de l'hydracide ;

3° A la température des réactions ;

4° A leur durée ;

5° Au mode de chauffage ;

6° A la nature des vases.

1° *Agents réducteurs.*

1. En général, j'ai employé un acide iodhydrique saturé à froid, dont la densité était double de celle de l'eau. Cet acide est nécessaire pour produire les réductions extrêmes.

Un tel acide se prépare sans difficulté par la réaction de l'iode sur le phosphore rouge en présence d'une petite quantité d'eau (procédé Personne). On opère avec une proportion d'eau suffisante pour prévenir la formation de l'iodhydrate d'hydrogène phosphoré. Le gaz iodhydrique est dégagé soit immédiatement, soit avec le concours d'une douce chaleur; il traverse un premier flacon laveur contenant un peu d'eau distillée qui se sature d'abord, et agit ensuite pour arrêter les vapeurs d'iode. Puis vient un flacon, rempli à moitié d'eau distillée et entouré d'eau froide ou même glacée.

On opère la saturation sans autre précaution; mais si l'on opère sur des poids un peu considérables, il est bon d'attendre au lendemain pour la compléter, afin que la liqueur ait le temps de perdre la chaleur dégagée par la dissolution. On termine alors la saturation, en entourant le flacon avec de l'eau maintenue à zéro par des fragments de glace.

Pendant toutes ces opérations, on évite avec soin la lumière solaire et surtout la rentrée de l'air dans les appareils, l'acide iodhydrique n'étant altérable par la lumière qu'avec le concours de l'oxygène, ou d'un corps soit oxydant, soit réducteur, comme je m'en suis assuré. Le contact des substances organiques, telles que les bouchons, doit être également évité avec le plus grand soin.

Les chiffres suivants indiquent la densité et la concentration de deux échantillons, de 5 à 6 kilogrammes chacun, pris au hasard parmi ceux que j'ai employés dans mes expériences :

Premier échantillon. (Densité à 14 degrés : 2,026.)

	Acide iodhydrique réel.
10 grammes renferment....................	$5^{gr},95$
10 centimètres cubes....................	$14^{gr},10$

Iode libre : inférieur à 1 millième.

Second échantillon. (Densité à 12 degrés : 2,058.)

	HI.
10 grammes renferment....................	$7^{gr},09$
10 centimètres cubes....................	$14^{gr},60$

Iode libre : 2,3 millièmes.

L'acide iodhydrique à ce degré de concentration produit très nettement toutes les réactions que j'ai annoncées.

2. Un hydracide d'une densité égale à 1,8 ou 1,7 ou 1,50 peut encore produire certaines réductions intermédiaires; mais il est insuffisant pour la plupart des réductions extrêmes. La benzine, par exemple, n'est pas attaquée par un acide à ces degrés de concentration. On trouvera plus loin une théorie thermochimique qui explique cette différence entre l'activité des diverses solutions d'acide iodhydrique. Quoi qu'il en soit de la théorie, le fait est facile à vérifier.

3. J'en dirai autant de l'iodhydrate d'hydrogène phosphoré : dans des expériences inédites sur la réduction de l'acide citrique, la présence de ce composé m'a paru entraver les réductions, parce qu'il augmente la stabilité de l'acide iodhydrique.

4. Les causes qui entravent la réaction de l'iodhydrate d'hydrogène phosphoré sont rendues plus manifestes lorsqu'on opère avec l'iodhydrate d'ammoniaque. En effet, l'iodhydrate d'ammoniaque, même employé en grand excès, n'agit de façon à fixer l'hydrogène ni sur l'acide acétique, ni sur le phénol; il n'agit pas même vers 360 degrés, et bien qu'à cette température le sel soit dans un état de dissociation partielle.

Ces faits prouvent que la stabilité de l'acide iodhydrique est accrue par la présence d'un corps, tel que l'ammoniaque, ou l'hydrogène phosphoré, capable de former avec lui un composé défini à la température de l'expérience, ou même à une température plus basse. La thermochimie rend compte encore de ces différences, attendu que l'acide iodhydrique perd une portion de son énergie virtuelle sous forme de chaleur, en s'unissant soit avec l'ammoniaque, soit avec l'hydrogène phosphoré ([1]).

5. L'iodure de potassium, que j'avais employé en présence de l'eau, dans mes premières expériences de 1857, transforme en effet les bromures d'éthylène, de propylène, etc., en hydrures correspondants. Mais il semble ne réagir qu'à la condition de former au préalable un composé iodé. En effet, l'iodure de potassium n'agit à 280 degrés, ni sur les composés oxygénés très stables, tels que

---

([1]) *Thermochimie : Données et lois numériques*, t. II.

l'acide acétique, ni sur les corps bromés non susceptibles de double décomposition, tels que la benzine monobromée.

6. L'iodure de phosphore peut rendre de grands services. Mais il ne faudrait pas croire qu'il soit préférable, dans tous les cas, à l'acide iodhydrique libre et très concentré. En effet, dans mes expériences sur la glycérine, l'iodure de phosphore a produit seulement l'éther allyliodhydrique C^3H^5I; tandis que l'acide iodhydrique libre engendre, comme on l'a reconnu depuis, l'éther propyliodhydrique, C^3H^7I. Ces différences tiennent au concours de l'eau ou de ses éléments, nécessaires pour une décomposition régulière.

7. L'acide iodhydrique gazeux n'est pas non plus préférable à l'hydracide dissous, pourvu que l'on emploie ce dernier en solution saturée et en excès convenable. Non seulement le gaz agit moins parce que son poids sous le même volume est incomparablement moindre que dans l'état dissous; mais l'hydracide gazeux donne naissance à de l'iode libre, lequel exerce une action destructive et carbonisante, beaucoup plus intense que celle exercée par l'iode dissous dans un excès d'acide iodhydrique liquide.

En outre, les phénomènes thermochimiques ne sont pas les mêmes dans les deux cas; parce que la destruction d'une partie de l'acide iodhydrique dissous donne lieu à la dilution du surplus au sein de la liqueur aqueuse, phénomène qui est accompagné par un dégagement de chaleur considérable.

8. Il est nécessaire de tenir compte des réactions propres de l'iode. L'iode libre lui-même, chauffé avec divers composés organiques, détermine certaines actions réductrices : ce que j'explique par la formation préalable de l'acide iodhydrique, aux dépens de l'hydrogène d'une portion desdits composés organiques. Cette formation est en effet facile à constater.

Mais l'iode détermine en même temps la transformation polymérique des composés organiques, comme le montrent mes expériences sur le styrolène et sur divers autres carbures (¹). Cette transformation est accompagnée de déshydratation, quand elle a lieu sur des corps oxygénés.

(¹) *Annales de Chimie et de Physique*, 7ᵉ série, t. XII, p. 170 et 235. — Le présent Ouvrage, t. I, p. 112.

Le concours de ces divers phénomènes, déshydratation, déshydrogénation partielle et polymérisation, finit par donner lieu à la production de matières charbonneuses, aux dépens des corps mis en expérience.

Dans les épreuves faites sur la benzine, le toluène, les corps aromatiques et même sur l'acide acétique, en présence d'une quantité insuffisante d'hydracide et à 275 degrés, j'ai observé de nombreux exemples de ce genre d'altérations. Elles sont d'autant plus énergiques que l'on opère à une température plus élevée. Aucun composé organique ne résiste à l'action de l'iode libre au-dessus de 250° à 300°; pas même les carbures forméniques, tels que C^5H^{12} ou C^6H^{14}. Cependant, en présence d'un grand excès d'hydracide, ces carbures ne sont pas altérés par l'iode, au moins jusqu'à 300 degrés.

9. On peut éviter ces altérations, en ajoutant du phosphore rouge dans les tubes, de façon à régénérer à mesure l'hydracide aux dépens de l'eau de la dissolution. Toutefois, en opérant ainsi, on s'expose à un autre inconvénient, à savoir la formation plus ou moins abondante de l'iodhydrate d'hydrogène phosphoré, lequel entrave les réactions à cause des équilibres et actions inverses qui résultent de son existence. En outre, le dosage de l'iode mis à nu, c'est-à-dire de l'hydrogène employé, dosage précieux et facile à réaliser, devient impossible en présence de l'hydrogène phosphoré. Aussi, j'ai préféré opérer sans autre précaution que celle d'employer un excès d'hydracide; excès suffisant pour que l'iode, changé dans la liqueur en acide iodhydrique ioduré, perdît presque toute son activité.

2° Proportion relative de l'hydracide.

J'emploie un poids d'hydracide qui s'élève, dans certains cas, jusqu'à 80 ou 100 fois le poids du composé que l'on veut changer en carbure absolument saturé.

Une aussi forte proportion n'est pas indispensable, lorsqu'il s'agit des réductions intermédiaires, ou bien de la transformation des éthers iodhydriques en carbures d'hydrogène. Elle le devient, au contraire, lorsque l'on veut changer les acides en carbures d'hydrogène; j'en ai spécialement constaté la nécessité absolue dans mes expériences sur la benzine, sur les substances aromatiques et sur les carbures pyrogénés.

On comprend l'obligation d'employer une aussi grande quantité d'acide iodhydrique, en se rapportant aux faits relatés plus haut. En effet, si l'on opère avec des quantités relatives moins considérables, la destruction d'une portion de l'hydracide, par suite de la réduction commençante, ne tarde pas à abaisser le titre de l'acide qui reste jusqu'à un degré de dilution où toute réaction cesse.

Par exemple, la transformation de la benzine, C^6H^6, en hydrure d'hexyle, C^6H^{14}, exige théoriquement (pour chaque équivalent de benzine, C^6H^6) 8 équivalents d'hydrogène, c'est-à-dire d'iode, I; d'où il résulte qu'une partie de benzine détruit complètement un peu plus de 13 fois son poids d'acide iodhydrique sec, HI; c'est-à-dire 19 à 20 fois son poids d'une solution aqueuse saturée de cet hydracide.

Une partie de naphtaline détruit de même plus de 14 fois son poids d'hydracide sec; l'anthracène encore davantage.

Tous ces chiffres ont été vérifiés par le dosage direct de l'iode, mis en liberté dans mes expériences.

Si donc on veut que la réaction se développe jusqu'au bout, et sans que le titre acide de la liqueur tombe au-dessous de la limite d'activité, il faut employer un poids d'hydracide égal à 5 ou 6 fois environ le poids de celui qui serait strictement nécessaire d'après les équivalents; ce qui fait en définitive 80 à 100 parties d'hydracide pour 1 partie de substance organique.

3° Température de la réaction.

1. Les réductions opérées par l'acide iodhydrique commencent dès la température ordinaire avec certaines substances. D'autres réductions ont lieu à 100, à 150, à 200, à 250 degrés, etc. Ces températures doivent être déterminées pour chaque corps par une étude spéciale; étude féconde en résultats, attendu qu'elle conduit en général à découvrir toute une série de réactions intermédiaires.

Mais, lorsqu'on veut obtenir les réductions extrêmes et préparer les carbures tout à fait saturés, il faut opérer au moins vers 275 à 280 degrés.

Par exemple, à 250 degrés, la benzine n'est nullement attaquée par l'acide iodhydrique; l'acide acétique ne l'est pas davantage; tandis que ces mêmes corps sont entièrement changés en carbures saturés vers 275 degrés.

Certains carbures même, plus altérables que la benzine, tels que le térébène, demeurent en partie inaltérés, au bout de vingt heures de contact avec l'hydracide à 250 degrés.

Au contraire, les carbures pyrogénés, qui ne sont pas relativement saturés comme la benzine, éprouvent une première hydrogénation dès la température de 200 degrés (anthracène, naphtaline, etc.); parfois même vers 100 degrés (acénaphtène); sans pouvoir cependant être saturés d'hydrogène à des températures inférieures à 275 degrés.

Ce sont là des faits d'expérience. Ils s'expliquent parce que l'acide iodhydrique en solution aqueuse éprouve à peine un commencement de décomposition spontanée jusqu'à 270 degrés : ce n'est que vers ce terme que la décomposition commence à devenir considérable.

J'ajouterai qu'il s'agit de températures réelles, réalisées à l'aide de bains d'huile dont les différentes régions sont maintenues à des températures constantes à 2 ou 3 degrés près.

2. En général il faut se garder de dépasser 300 degrés, et même d'atteindre tout à fait cette température, parce que la décomposition spontanée de l'acide iodhydrique devient alors assez intense pour que l'hydrogène formé atteigne des tensions capables de briser les tubes les plus résistants. Alors même que les tubes ont résisté, la tension de l'hydrogène qui subsiste à la température ordinaire demeure souvent si grande, que l'ouverture de tels tubes est très dangereuse pour l'opérateur : j'ai été blessé deux fois dans ces conditions. Ce n'est pas qu'à la rigueur on ne puisse encore opérer jusqu'à ces conditions limites; mais il convient alors de restreindre les pressions en accroissant le volume des espaces vides dans les tubes, c'est-à-dire en diminuant outre mesure les poids de matière mis en expérience.

Enfin, vers le rouge sombre, l'iode mis en liberté carbonise et détruit complètement la plupart des carbures d'hydrogène. La limite de 280 degrés assignée ici aux réactions n'est donc point arbitraire.

4° Durée des réactions.

Un contact prolongé est nécessaire pour accomplir les réactions de l'acide iodhydrique. Au bout de deux ou trois heures par exemple, la benzine ne fournit qu'une petite quantité d'hydrures saturés; comme on peut le constater à l'aide de l'acide nitrique fumant, lequel dissout la benzine et respecte ces hydrures.

De même, les carbures camphéniques s'arrêtent d'abord à l'hydrure de terpilène, $C^{20}H^{20}$, composé fort stable et qui n'est changé entièrement en hydrure saturé, $C^{20}H^{22}$, que par un contact très prolongé avec un excès d'hydracide à 280 degrés.

Il faut donc prolonger les expériences pendant dix à douze heures, au moins, et souvent pendant vingt-quatre heures.

5° *Appareils de chauffage.*

Toutes mes expériences ont été exécutées avec des bains d'huile et dans les appareils que j'ai décrits ailleurs ([1]) : à l'aide de ces bains, on peut régler la température et la maintenir constante et uniforme dans toutes les parties de l'appareil, à quelques degrés près.

Ces conditions ne peuvent guère être remplies avec exactitude, ni dans les blocs de fonte, ni dans les bains d'air spéciaux, dont l'emploi tend aujourd'hui à se généraliser dans les laboratoires, à cause de quelques avantages secondaires de commodité et de propreté. En effet, il est facile de s'assurer, à l'aide de thermomètres placés convenablement, que la température peut varier de 40 à 50 degrés, dans de semblables bains d'air ou blocs de fonte, et cela en des points situés à quelques centimètres les uns des autres. La chose arrive surtout lorsqu'on opère à des températures élevées, vers 300 degrés par exemple.

Ces variations s'expliquent parce que les bains d'air dont il s'agit n'ont pas une masse suffisante pour acquérir dans toutes leurs parties une température constante et à l'abri des effets des rayonnements et refroidissements locaux. Les blocs de fonte sont également chauffés à l'intérieur et refroidis au dehors d'une façon peu régulière. Aussi ces divers bains ne conviennent-ils point, j'y insiste, pour les expériences faites à un degré précis et sur certaines masses de matière, telles que les réductions extrêmes opérées par l'acide iodhydrique.

6° *Vases.*

Pour opérer dans les conditions extrêmes que j'ai définies, les tubes de verre sont les seuls vases qui puissent être employés : les

---

([1]) *Leçons sur les Méthodes générales de synthèse en Chimie organique,* p. 107; 1864, chez Gauthier-Villars.

matras et objets analogues n'étant pas susceptibles de résister aux énormes pressions développées par les réactions.

Ces pressions sont faciles à imaginer. En effet, il s'agit de chauffer jusque vers 280 degrés une solution aqueuse renfermant 70 pour 100 de son poids de gaz iodhydrique; en outre, il se dégage de l'hydrogène libre, lequel possède parfois, à lui seul, une tension de 15 à 20 atmosphères, après que le tube a été ramené à la température ordinaire. La pression développée dans les tubes vers 280 degrés dépasse probablement une centaine d'atmosphères.

Cependant, il n'est pas très difficile de surmonter ces difficultés. J'ai trouvé en verrerie des tubes de verre vert suffisamment épais et résistants; j'en ai fait aussi fabriquer de grandes quantités, et pendant trois années consacrées aux expériences décrites dans le présent Livre, j'ai chauffé près de quinze cents tubes de ce genre qui ont résisté; la proportion des explosions n'a pas dépassé un cinquième des tubes mis en œuvre. Le travail de ces tubes exige des précautions spéciales, à cause de leur grande épaisseur et de la nécessité d'éviter la trempe des parties travaillées à la lampe; mais ces précautions sont trop connues des chimistes accoutumés à souffler le verre, pour y insister davantage.

II. — Méthodes d'analyse.

Je comprends sous ce titre les sujets suivants :

1° Introduction des matières mises en expérience dans les tubes, sous un poids connu ;

2° Ouverture des tubes; récolte des substances gazeuses, liquides et solides ;

3° Dosage de l'iode mis en liberté ;

4° Examen des gaz, etc.

1° *Remplissage des tubes.*

1. Soit d'abord le cas le plus général, celui où l'on fait réagir l'acide iodhydrique dissous sur un composé liquide.

Le tube est fermé par un bout, étranglé de l'autre et effilé en entonnoir, le tout en prenant le plus grand soin pour ne diminuer en aucun point le rapport primitif entre l'épaisseur du verre et son diamètre intérieur: car la résistance dépend uniquement de ce rapport.

La capacité d'un semblable tube sera de 40^{cc} à 50^{cc} au plus. On ne doit jamais lui donner une longueur supérieure à 20^{cc} ou 25^{cc}; autrement il deviendrait impossible de le maintenir entièrement au-dessous du niveau de l'huile du bain, condition indispensable pour que la totalité du tube soit portée et conservée à une température uniforme.

Au travers de l'étranglement, on fait descendre un tube capillaire étroit, lequel débite un courant d'acide carbonique. Cette opération a pour but de remplacer l'air contenu dans le gros tube par un gaz facile à absorber à la fin de l'expérience.

Cela fait, on verse dans le gros tube, à l'aide d'un entonnoir effilé, voire même directement, 5, 10, 20 ou 25 centimètres cubes d'acide iodhydrique dissous : cette proportion dépend des circonstances. Le tube ne doit pas être rempli à plus de moitié de sa capacité intérieure, afin de permettre aux liquides de se dilater.

On introduit alors un poids connu de la substance mise en expérience : 0^{gr},4 à 0^{gr},5, s'il s'agit d'une réaction extrême; ou bien 1 gramme, ou même 2 grammes, s'il s'agit d'une réaction qui exige moins d'hydrogène. Cette pesée peut être faite de diverses manières; par exemple par différence, en déversant le liquide placé à l'avance dans un vase taré. En opérant avec précaution, on peut déterminer, à quelques milligrammes près, le poids du liquide introduit dans le tube.

On scelle alors ledit tube à la lampe, en ayant soin de le terminer par une pointe très fine et très courte, placée à l'extrémité d'une portion un peu plus large et plus épaisse.

2. Dans les cas où l'on désire connaître avec plus d'exactitude le poids du liquide mis en expérience, on le pèse dans une ampoule, à la manière ordinaire; on scelle cette ampoule, et on l'introduit dans le tube, avant toute autre opération. On étrangle ensuite celui-ci; on le remplit d'acide carbonique, puis d'acide iodhydrique liquide; on le scelle. Enfin l'on brise les pointes de l'ampoule intérieure à l'aide de quelques secousses.

3. Les matières solides seront, de même, pesées et introduites à l'avance, toutes les fois qu'elles n'agiront pas immédiatement sur l'hydracide.

4. Veut-on faire réagir un gaz sur la solution aqueuse d'acide iodhydrique, divers cas peuvent se présenter. Supposons d'abord le gaz insoluble dans cette solution (oxyde de carbone) : on rem-

plit alors le tube vide avec ledit gaz par déplacement; puis on y
verse l'acide iodhydrique. Ce procédé ne permet pas de mesurer
exactement le gaz introduit, parce que la solution iodhydrique dégage une partie de l'hydracide sous forme gazeuse, pendant qu'on
l'introduit, en expulsant un volume correspondant du gaz mis en
expérience.

5. Aussi est-il préférable de remplir avec la solution iodhydrique
une grande ampoule, de 3 à 5 centimètres cubes, et de mesurer
exactement le volume extérieur de cette ampoule. On la scelle et
on la place dans un gros tube de verre vert, fermé par un bout. On
étrangle celui-ci, et on le remplit d'oxyde de carbone (ou de tout
autre gaz mis en expérience), par déplacement; en opérant d'ailleurs
à une température et sous une pression connues. Le volume de ce
dernier gaz sera déterminé, au commencement ou à la fin de l'expérience, par le jaugeage exact du tube de verre vert.

6. Le même mode expérimental s'applique fort bien aux gaz absorbables par la solution aqueuse d'acide iodhydrique, tels que le
cyanogène, ou l'éthylène.

7. On doit opérer d'une manière analogue avec certains solides
que l'acide iodhydrique altère immédiatement, tels que le cyanure
de mercure. Ces corps solides, réduits en poudre, sont introduits
dans une petite ampoule ou tube de verre mince, taré, à col
étranglé. On pèse, on scelle à la lampe le petit tube et on le place
dans le gros tube de verre vert, destiné à renfermer la solution
iodhydrique. Dans ce cas, il reste quelques dixièmes de centimètre
cube d'air au sein du petit tube qui renferme la matière solide. On
peut à la rigueur en tenir compte; mais on peut aussi négliger ce
petit volume de gaz étranger. Au besoin, dans des cas exceptionnels, on remplacerait l'air de l'ampoule par de l'azote, ou de l'acide
carbonique, avant de la sceller.

8. Supposons que l'on veuille faire agir le gaz iodhydrique sur
un corps solide ou liquide. Dans cette circonstance, il n'est plus
nécessaire d'employer des tubes aussi résistants; car la pression
ne saurait dépasser 3 ou 4 atmosphères. Aussi peut-on avoir recours à des tubes beaucoup plus grands et d'une capacité de
quelques centaines de centimètres cubes. Mais il faut choisir, dans
tous les cas, un verre aussi peu altérable que possible par l'acide

iodhydrique ; car cet agent attaque le verre. Il réduit spécialement les traces de sulfate de soude contenues dans le verre, avec formation d'hydrogène sulfuré : remarque déjà faite par M. Hautefeuille.

Ceci posé, on introduit le liquide, ou le solide, dans une petite ampoule ; en prenant un poids calculé d'avance, d'après le volume du gaz iodhydrique qui doit réagir sur lui (lequel doit être en général employé en grand excès). On scelle l'ampoule et on la coule au fond du gros tube, on étrangle alors ce dernier, on le remplit par déplacement avec du gaz iodhydrique (1), et on le scelle à la lampe.

9. Soit enfin la réaction entre deux gaz, tels que le cyanogène et l'acide iodhydrique gazeux. On introduit le cyanogène, par déplacement, dans une grande ampoule dont le volume soit égal au dixième ou au vingtième de celui du gros tube. On scelle cette ampoule ; on l'introduit dans le gros tube. On étrangle celui-ci ; on le remplit, par déplacement, avec du gaz iodhydrique et on le scelle à la lampe, au point étranglé. On brise enfin, par quelques secousses, les pointes de l'ampoule intérieure.

Les indications précédentes comprennent toutes les difficultés que j'ai eu occasion de résoudre dans mes expériences.

10. Les tubes de verre, une fois remplis, sont introduits dans de longs étuis de fer forgé, à tête vissée ; on place ces derniers verticalement dans un bain d'huile profond, entouré par un fourneau de briques et chauffé, à l'aide d'une forte lampe à gaz, munie d'un régulateur, à une température fixe, pendant un temps convenable.

La température du bain d'huile est indiquée par un thermomètre, plongé dans un étui de laiton, qui pénètre jusqu'au fond de l'huile.

Ce bain est entouré par des plaques de fer épaisses, fixées solidement, pour mettre l'opérateur à l'abri de tout accident.

Je renverrai à cet égard aux descriptions spéciales que j'ai données de mes appareils (*Leçons sur les méthodes générales de synthèse,* p. 107 ; 1864).

2° *Ouverture des tubes. — Récolte des produits.*

1. *Récolte des gaz.* — Le chauffage terminé, on retire du bain d'huile encore tiède les tubes de fer, et on les laisse refroidir pen-

---

(1) Ce gaz ne doit pas être séché sur le chlorure de calcium, parce qu'il en déplace l'acide chlorhydrique.

dant quelques heures. On en dévisse la tête, et l'on sort les tubes, en les faisant glisser avec précaution sur un linge. Cette opération doit être exécutée avec une extrême prudence, attendu que la pointe des tubes est excessivement fine et fragile.

Le tube de verre bien refroidi est alors introduit dans un mélange réfrigérant, afin de diminuer autant que possible la tension des carbures et autres gaz qu'il renferme.

Cela fait, on l'essuie, on le saisit à la main et on l'introduit rapidement dans une grande éprouvette, pleine de mercure et placée sur la cuve à gaz. On enveloppe cette éprouvette avec un linge plié en double. Cela fait, un léger choc, ménagé avec prudence, rompt la pointe courte et effilée du tube contre la paroi supérieure de l'éprouvette.

Cette manipulation inspire toujours quelque inquiétude aux opérateurs inexpérimentés, à cause du brusque dégagement des gaz, surtout quand la pointe est trop longue, ou mal effilée. Cependant, lorsque la manipulation est adroitement exécutée, les gaz se dégagent régulièrement et sans projection. C'est seulement dans le cas d'une rupture trop brusque et d'un tube trop chargé d'hydrogène, qu'il peut se produire des explosions : accident fort rare d'ailleurs, car je ne l'ai observé que cinq fois pendant le cours d'expériences dans lesquelles j'ai ouvert personnellement sur le mercure plus de cinq cents tubes. Même dans le cas d'explosion, il n'y a presque aucun risque pour l'opérateur, s'il a soin de recouvrir l'éprouvette d'un linge épais et de se placer sur le côté, un peu en arrière de l'éprouvette, dans laquelle le tube doit être ouvert. En effet, l'éprouvette, en se brisant, amortit le choc, et les fragments sont projetés en avant, en même temps que le mercure est lancé en arrière; mais la personne placée latéralement est à peu près complètement à l'abri.

L'ouverture des tubes sur la cuve à mercure est indispensable, toutes les fois que l'on veut mesurer les gaz des réactions.

Si l'on se borne à une analyse qualitative des gaz et à la récolte des liquides et autres produits, on peut opérer avec moins de risques. En effet, il suffit alors d'ouvrir la fine pointe des tubes (enveloppée d'un linge), en la présentant au jet d'une lampe d'émailleur : les gaz se dégagent par la pointe ramollie, sans danger d'explosion. En opérant adroitement, on peut transporter aussitôt sur le mercure le tube entr'ouvert et recueillir une portion des gaz qu'on analyse ensuite; mais ce procédé ne permet point d'en mesurer le volume total.

Supposons donc les gaz recueillis sur le mercure par le premier procédé, c'est-à-dire sans perte. Le gaz dégagé dans l'éprouvette ne représente qu'une portion de celui qui était contenu dans le tube avant son ouverture, attendu que ce tube demeure rempli de gaz, sous une pression indiquée par la hauteur du mercure dans l'éprouvette. Après avoir mesuré cette hauteur, on enlève le tube, en l'attirant par son extrémité inférieure et de façon à éviter le contact du mercure avec l'acide iodhydrique; puis on mesure avec les précautions ordinaires le gaz dégagé au sein de l'éprouvette. D'autre part, on jauge, au moyen d'une burette graduée pleine d'eau, le volume occupé par les gaz dans le tube lui-même. Ce volume, après les corrections convenables, doit être ajouté à celui des gaz mesurés directement, de façon à représenter le volume total des gaz obtenus.

Rappelons que ledit volume total ne représente pas seulement les gaz de la réaction, mais aussi l'acide carbonique introduit au début de l'expérience et le gaz iodhydrique dégagé par les solutions saturées. Il convient d'éliminer aussitôt ces gaz étrangers, afin de restreindre autant que possible la réaction du gaz iodhydrique sur le mercure; réaction plus lente d'ailleurs qu'on ne serait porté à le croire, à cause de la formation immédiate d'une pellicule d'iodure à la surface du métal. On mesure donc le gaz recueilli sur le mercure; on y introduit une goutte d'eau qui absorbe le gaz iodhydrique, puis un petit fragment de potasse, qui absorbe l'acide carbonique ([1]).

Il reste alors l'hydrogène, les carbures gazeux et, exceptionnellement, l'oxyde de carbone. On mesure le mélange de ces gaz réunis, avec exactitude, et l'on calcule aisément avec ces données le volume total produit dans la réaction.

2. *Récolte des liquides.* — Les tubes renferment en général deux couches liquides, savoir :

1° Une couche légère, formée par les carbures liquides contenant une trace d'iode en dissolution ;

2° Une couche pesante, formée par une liqueur aqueuse qui contient l'acide iodhydrique non décomposé, l'iode libre, les acides organiques, l'ammoniaque, etc.

1° *Carbures.* — Pour séparer la couche légère, on élargit

([1]) Elle absorbe aussi l'hydrogène sulfuré, produit en petite quantité par la réaction de l'hydracide sur le sulfate de soude du verre. Pour plus de rigueur, on peut absorber ce gaz avant l'acide carbonique, au moyen d'une goutte de sulfate de cuivre.

d'abord à la lime, avec précaution, l'ouverture du tube de verre, sans toutefois rendre son diamètre supérieur à quelques millimètres. On y verse de l'eau, à l'aide d'une burette graduée, de façon à faire remonter les carbures liquides jusque dans la partie étranglée.

A ce moment, on décante, à l'aide d'un tube très effilé, les carbures liquides : ce qui s'exécute avec une précision plus grande que l'on ne serait porté à le croire d'abord. On introduit aussitôt lesdits carbures dans un tube gradué, fermé par un bout, et on les réunit avec les produits semblables, fournis par la série des autres tubes de verre vert, dans lesquels on a effectué la même réaction.

On y dose l'iode libre, à l'aide d'une solution titrée d'acide sulfureux. La proportion de l'iode dissous par les carbures n'est un peu notable qu'avec les carbures incomplètement saturés d'hydrogène, tels que les carbures benzéniques, les hydrures de naphtaline, etc. Au contraire, les carbures, $C^m H^{2m+2}$, tout à fait saturés d'hydrogène, ne retiennent en dissolution que des traces d'iode.

Après avoir isolé les liquides carburés, on les distille.

Tantôt le carbure est unique, et sa rectification s'opère à point fixe. Mais il arrive parfois, surtout lorsqu'on traite par l'acide iodhydrique un carbure ou un alcali complexe, que l'on obtient un mélange de 2, 3, ... carbures distincts. On a recours alors à la méthode des distillations fractionnées et à l'emploi des réactifs appropriés, tels que l'acide nitrique fumant, l'acide sulfurique ordinaire ou fumant, le brome, etc. ([1]).

Un certain nombre de mes distillations fractionnées ont été exécutées à l'aide d'un petit appareil, que je crois devoir signaler ici, parce qu'il m'a beaucoup servi dans le cours des présentes recherches. Il permet d'exécuter les rectifications et les distillations fractionnées sur de très petites quantités de matière.

On sait que les plus petites cornues tubulées qui soient fournies par le commerce de la verrerie ont une capacité d'une dizaine de centimètres cubes. Si l'on introduit seulement 1 ou 2 centimètres cubes de liquide dans une telle cornue, la boule du thermomètre qui règle la distillation ne peut pas être plongée entièrement dans le liquide. Or, si l'on se borne à laisser la boule du thermomètre dans la vapeur, la température de la distillation ne peut pas être déterminée, même avec une approximation très grossière, parce

---

([1]) *Annales de Chimie et de Physique*, 4ᵉ série, t. XII, p. 165; et t. XVI, p. 176 et suivantes. — Le présent Ouvrage, *passim*.

que la masse de la vapeur est trop petite, par rapport à la masse du verre de la cornue et à la surface rayonnante que présente celle-ci. Tantôt l'air ambiant refroidit la cornue et, par suite du rayonnement, le thermomètre. Tantôt, au contraire, la flamme du bec de gaz, employée pour la distillation, donne lieu à des phénomènes de surchauffe. Enfin, les surfaces réunies de la cornue et de son col sont assez grandes pour amener la déperdition d'une portion de matière relativement considérable, je veux dire la portion par laquelle la cornue se trouve mouillée.

J'ai réussi à atténuer beaucoup ces inconvénients, en faisant construire des vases et des thermomètres proportionnés au poids des petites quantités de liquide sur lesquelles j'avais parfois à opérer. Il suffit, à cet effet, de prendre de minces tubes de verre, de dimensions minimes, fermés par un bout, et d'y souder latéralement, à la partie supérieure, un petit tube abducteur : le tout constitue l'équivalent d'une cornue tubulée, de forme cylindrique. J'ai fait construire une collection de tubes de ce genre, dont la capacité peut être aussi réduite qu'on le désire. En opérant avec ces cornues en miniature et avec des thermomètres à très petites boules ; en plaçant dans le liquide une parcelle de charbon de bois, destiné à régulariser l'ébullition ; en chauffant la cornue sur une flamme très petite et bien réglée ; enfin en disposant cette même cornue au centre d'une sorte de tuyau plus large, formé avec une feuille de clinquant roulée, lequel la préserve contre les courants d'air ; en opérant ainsi, dis-je, on peut exécuter des distillations fractionnées et des rectifications à point fixe, avec une grande exactitude, même lorsque l'on a affaire à quelques grammes de matière seulement.

2° *Substances contenues dans la liqueur aqueuse.* — Ces substances peuvent être soit des acides, soit des alcalis ; les autres principes solubles, tels que les alcools, les éthers, les aldéhydes et les amides, ne résistant guère à l'acide iodhydrique, dans les conditions décrites. L'ammoniaque est même le seul alcali définitivement stable que l'on retrouve au sein des produits qui ont subi l'action prolongée d'un excès d'acide iodhydrique, à une température de 280 degrés.

On isole les *alcalis* par les méthodes ordinaires, fondées, comme on sait, sur le déplacement des alcalis à l'aide de la potasse ; sur leur volatilité ou leur solubilité dans l'éther ; enfin sur leur transformation ultérieure en composés salins.

Les *acides* peuvent être fort divers. Je signalerai seulement les acides acétique et butyrique. Pour isoler ces deux acides, on change en acide iodhydrique l'iode libre, au moyen de l'acide sulfureux; on neutralise la liqueur avec le carbonate de plomb; on filtre : le liquide qui passe ne renferme plus guère que l'acétate (ou le butyrate) de plomb, avec une petite quantité d'iodure. On le traite par l'hydrogène sulfuré, pour séparer le plomb; on filtre, on fait bouillir un moment pour chasser l'excès d'hydrogène sulfuré. Cela fait, on sature la liqueur par le carbonate de chaux, et l'on évapore à cristallisation. Si l'acétate, ou le butyrate de chaux, demeurait souillé par un peu d'iodure, il faudrait le traiter par l'acide sulfurique étendu, agiter la liqueur avec de l'éther, qui dissout l'acide organique, et agiter à son tour l'éther avec de l'hydrate de chaux, pour régénérer le sel calcaire dans une liqueur aqueuse. On filtre celle-ci, on précipite par l'acide carbonique l'excès de chaux dissoute, on fait bouillir, on filtre, et l'on évapore, de façon à faire cristalliser l'acétate (ou le butyrate) de chaux.

3. *Récolte des solides.* — Les corps solides et insolubles dans la liqueur aqueuse peuvent être de deux natures : carbures solides, ou matières charbonneuses.

Carbures. — En faisant agir l'hydracide sur certains carbures pyrogénés, à une température de 180 à 200 degrés et en présence du phosphore rouge, on obtient des hydrures tantôt liquides, tantôt solides et cristallisés. Ces hydrures sont faciles à isoler par une simple décantation de la couche aqueuse, suivie de lavages à l'eau pure.

Matières charbonneuses. — Elles se produisent surtout dans les réactions de l'acide iodhydrique, employé en proportion insuffisante et à haute température. Elles résultent d'une action secondaire, exercée par l'iode qui devient libre au début des transformations. On les isole par des lavages à l'eau et à l'acide sulfureux. J'ai donné des détails plus circonstanciés sur ces matières dans le *Bulletin de la Société chimique*, 2ᵉ série, t. IX, p. 23 (¹).

3° Dosage de l'iode libre.

Les produits étant recueillis, il s'agit de soumettre la réaction à une étude plus précise. Le premier point essentiel, c'est de déterminer le poids de l'hydrogène fixé sur la matière, que l'on a

---

(¹) *Voir* le présent Volume, plus loin.

transformée. Or ce poids est facile à connaître ; car chaque atome d'hydrogène fixé résulte de la décomposition d'une molécule d'acide iodhydrique et répond, par conséquent, à la mise en liberté d'un atome d'iode. Cet atome d'iode ne contracte d'ailleurs aucune combinaison, dans les conditions de mes expériences ; il devient réellement libre, et son dosage fournit aux expériences un contrôle capital, contrôle qui fait défaut dans la plupart des réactions organiques.

Le dosage de l'iode mis en liberté dans ces conditions n'offre aucune difficulté. Après avoir ouvert la pointe des tubes et décanté à l'aide d'un tube effilé les carbures liquides, ou séparé les carbures solides, on verse le contenu de ces tubes dans une grande quantité d'eau distillée, et l'on titre aussitôt la liqueur, au moyen d'une solution étendue d'acide sulfureux.

Il convient d'employer une solution de ce dernier corps récemment préparée, afin d'en éviter l'altération par la lumière. On titre cette solution elle-même au moyen d'une liqueur titrée, constituée par un poids exactement connu d'iode, 1 gramme par exemple, dissous dans une solution convenablement concentrée d'iodure de potassium. Ces titrages sont bien connus des chimistes ; ils s'exécutent aisément, quand on a soin d'opérer avec des liqueurs suffisamment étendues et avec de l'acide sulfureux récemment préparé.

Au poids de l'iode ainsi trouvé, on ajoute les petites quantités de ce corps retenues en nature, soit par les carbures liquides, soit par les matières charbonneuses, quantités que l'on mesure également avec l'acide sulfureux.

L'iode mis à nu dans une opération représente l'acide iodhydrique décomposé et, par conséquent, l'hydrogène fourni à la matière organique, plus l'hydrogène devenu libre. Or le poids de celui-ci est connu, d'après le volume de l'hydrogène libre, lequel a été recueilli en totalité avec les gaz sortis du tube au moment de son ouverture, et déterminé par l'analyse de ces gaz.

4° *Examen et analyse des gaz.*

1. *Essais préalables.* — Supposons les gaz débarrassés des produits absorbables par la potasse, comme il été dit plus haut.

1° On recherche d'abord s'ils renferment quelque composé absorbable par le brome ou par l'acide sulfurique concentré : or ce cas ne se présente jamais dans les réductions opérées vers 275 degrés par l'acide iodhydrique. On ne rencontre non plus, dans cet ordre de réductions, aucune vapeur chlorée, bromée ou iodée : ce qui simplifie singulièrement les analyses.

2° On recherche ensuite l'oxyde de carbone, en traitant les gaz par une solution acide de chlorure cuivreux. Or la présence de l'oxyde de carbone est elle-même exceptionnelle. Elle ne s'observe qu'avec l'acide formique et les corps qui en dérivent (cyanures, acide oxalique, acide camphorique, etc.).

En général, les gaz obtenus se réduisent aux carbures forméniques, $C^n H^{2n+2}$, mélangés avec l'hydrogène libre.

Cependant les gaz peuvent être mêlés eux-mêmes avec la vapeur d'autres carbures liquides, tels que les carbures de la même série. Dans certains cas, ils renferment les vapeurs de la benzine $C^6 H^6$, et des carbures $C^n H^{2n-6}$. Ces derniers carbures seront aisément reconnus et séparés par l'emploi de l'acide nitrique fumant ([1]). Supposons-les donc absents ou éliminés, l'analyse se réduira aux carbures $C^n H^{2n+2}$, mêlés entre eux et avec l'hydrogène ([2]).

2. *Analyse eudiométrique.* — Supposons d'abord un seul carbure mêlé avec l'hydrogène. On brûle dans l'eudiomètre le mélange gazeux. Si le carbure est connu qualitativement, cette analyse suffit.

Par exemple, soit un mélange d'hydrure de propyle, $C^3 H^8$, et d'hydrogène, H^2; appelons x la proportion de $C^3 H^8$, et y celle de H^2, on aura

$$x + y = a \text{ (volume primitif)},$$
$$3x = b \text{ (volume de l'acide carbonique produit par la combustion)},$$
$$6x + \tfrac{3}{2}y = c \text{ (diminution totale du volume après la combustion et l'absorption de l'acide carbonique.}$$

Je n'insiste pas sur ces calculs, dont j'ai exposé les types dans le premier Volume ([3]).

Mais souvent le carbure n'est pas connu qualitativement. Or, dans ce cas, l'analyse eudiométrique ne suffit pas pour en révéler la nature. En effet, les divers carbures $C^n H^{2n+2}$, mêlés avec l'hydrogène,

---

([1]) *Annales de Chimie et de Physique*, 4ᵉ série, t. XII, p. 167, et t. XVI, p. 179.

([2]) * Et dans certains cas avec les hydrures de benzine.

([3]) *Annales de Chimie et de Physique*, 3ᵉ série, t. LI, p. 59 et 79: 1857.

peuvent fournir des résultats équivalents. Par exemple,

$$CH^4,$$
$$C^2H^6 + H^2,$$
$$C^3H^8 + 2H^2,$$
$$C^4H^{10} + 3H^2$$

fournissent les mêmes nombres à l'analyse.

3. *Méthode des dissolvants.* — Pour résoudre le problème, il faut avoir recours à la méthode des dissolvants, employée conformément aux préceptes que j'ai donnés en 1857 [1]. A cet effet, on agite le mélange gazeux avec un certain volume d'alcool absolu, bien purgé d'air.

On purge l'alcool, en le faisant bouillir dans une fiole dont le col a été étiré à la lampe, recourbé et engagé pendant l'ébullition sous une couche de mercure. On fait passer l'alcool de la fiole dans l'éprouvette qui contient le gaz, sur la cuve à mercure; sans mettre un seul instant cet alcool en contact avec l'air.

L'alcool absolu dissout les carbures d'hydrogène, de préférence à l'hydrogène; il dissout spécialement les carbures condensés, qu'il partage avec l'espace vide de l'éprouvette, conformément aux lois connues de la solubilité des gaz.

Ainsi, 1 volume d'alcool absolu, privé d'air et mis en présence d'un gaz pur, à la température ordinaire, dissout environ :

Formène, CH^4........................ $\frac{1}{2}$ vol. ou 0,5.
Hydrure d'éthyle, C^2H^6..... .... $1\frac{1}{2}$ » ou 1,5
Hydrure de propyle, C^3H^6............. 6 »
Hydrure de butyle, C^4H^{10}..... 12 à 15 vol. selon la
  température.

Les vapeurs d'hydrure d'amyle, C^5H^{12}, et celles des carbures plus élevés sont encore plus solubles.

D'autre part, d'après M. Bunsen, 1 volume du même dissolvant dissout environ :

Hydrogène, H^2.................... $\frac{1}{14}$ volume ou 0,07
Azote, Az^2..................... $\frac{1}{8}$ » ou 0,12

Ces nombres suffisent pour donner une idée de l'action dissol-

---

[1] *Annales de Chimie et de Physique,* 3ᵉ série, t. LI, p. 62.

vante exercée par l'alcool absolu sur les gaz précédents, purs ou mélangés ; mais il importe de développer la marche qu'il convient de suivre dans l'emploi de ce dissolvant.

4. *Répartition des gaz entre le dissolvant et l'espace vide. — Premier traitement alcoolique.* — Soit, par exemple, un mélange des carbures ci-dessus avec l'hydrogène et l'azote. Agitons ce mélange avec un volume d'alcool absolu, tel que, *après l'absorption, le volume de l'alcool soit égal au volume du gaz non dissous, sous la pression normale* (¹). Dans ces conditions, le rapport entre la portion de chaque gaz dissoute et la portion non dissoute est donné par le coefficient de solubilité.

Le *résidu gazeux* non dissous renfermera donc :

$\frac{2}{3}$ ou 0,65 du formène qu'il contenait d'abord,
$\frac{2}{5}$ ou 0,40 de l'hydrure d'éthyle, C^2H^6,
$\frac{1}{7}$ ou 0,14 de l'hydrure de propyle, C^3H^8,
$\frac{1}{16}$ ou 0,06 de l'hydrure de butyle, C^4H^{10}.

Mais, par contre, ce même résidu gazeux contiendra :

$\frac{14}{15}$ ou 0,93 de l'hydrogène,
$\frac{8}{9}$ ou 0,89 de l'azote.

D'autre part, l'*alcool* tiendra en dissolution :

$\frac{1}{15}$ ou 0,07 de l'hydrogène contenu dans le mélange primitif,
$\frac{1}{9}$ ou 0,11 de l'azote,
$\frac{1}{3}$ ou 0,33 du formène,
$\frac{3}{5}$ ou 0,60 de l'hydrure d'éthyle, C^2H^6,
$\frac{6}{7}$ ou 0,86 de l'hydrure de propyle, C^3H^8,
$\frac{15}{16}$ ou 0,94 de l'hydrure de butyle, C^4H^{10}.

Si le volume de l'alcool était double du volume final du résidu gazeux, le résidu renfermerait

$\frac{1}{31}$ ou 0,03 du C^4H^{10} primitif,
$\frac{1}{13}$ ou 0,08 du C^3H^8,
$\frac{1}{4}$ ou 0,25 du C^2H^6,
$\frac{1}{2}$ ou 0,50 du CH^4,

(¹) Il ne faudrait pas confondre cet énoncé avec tel autre, dans lequel il s'agirait d'*un mélange gazeux agité avec son volume d'alcool :* sous cette dernière forme les raisonnements et les calculs sont bien plus compliqués.

mais il contiendrait

$$\tfrac{7}{8} \text{ ou } 0,88 \text{ du } H^2,$$
$$\tfrac{4}{5} \text{ ou } 0,80 \text{ du } Az^2.$$

En général, soit m le volume de l'alcool, exprimé en centimètres cubes;

Soit n le volume du résidu final, après l'absorption;

Soit c le coefficient de solubilité d'un gaz quelconque contenu dans le mélange;

Sous la pression normale de $0^m,760$, ce gaz se trouvera distribué, entre le liquide et l'espace vide superposé, suivant les rapports $mc : n$. Le volume dissous sera donc les

$$\frac{mc}{mc + n}$$

du volume dudit gaz dans le mélange primitif, et le volume non dissous sera les

$$\frac{mc}{mc + n}.$$

Si la pression était H, au lieu de $0^m,760$, le coefficient de solubilité varierait proportionnellement, c'est-à-dire qu'il faudrait remplacer c par $c\,\dfrac{H}{760}$.

Développons les conséquences de ces formules, afin de montrer comment l'emploi des dissolvants doit être dirigé et quel parti on peut en tirer : il s'agit d'ailleurs des méthodes mêmes à l'aide desquelles j'ai exécuté les analyses des gaz que j'ai rencontrés dans les expériences actuelles.

5. *Examen de la partie non dissoute.* — *Procédé par épuisement.* — J'examinerai séparément la partie dissoute dans l'alcool et la partie non dissoute. Commençons par cette dernière.

Quel sera l'effet d'un second traitement alcoolique? En supposant que le rapport entre le volume de l'alcool et celui du résidu gazeux qu'il ne dissout pas soit de nouveau représenté par $\dfrac{m}{n}$; résultat qu'il est toujours facile de réaliser dans les expériences. La pression finale est d'ailleurs supposée égale à $0^m,760$.

Ceci posé, chaque gaz se distribuera entre le dissolvant et l'espace superposé, suivant les rapports $mc : n$; le volume non dissous sera donc une fraction $\dfrac{n}{mc + n}$ du volume total dudit gaz (après le premier traitement), c'est-à-dire qu'il sera représenté par la fraction $\left(\dfrac{n}{mc + n}\right)^{2}$ du volume total dudit gaz dans le mélange primitif.

Après N traitements semblables le volume dudit gaz sera réduit, dans la partie non dissoute, à la fraction

$$\left(\frac{n}{mc + n}\right)^{N} = \left(\frac{1}{1 + \dfrac{m}{n}c}\right)^{N},$$

du volume total qu'il occupait avant tout traitement. Comme la fraction $\dfrac{1}{1 + \dfrac{m}{n}c}$ est plus petite que l'unité, on voit que le volume absolu du gaz sur lequel on raisonne peut être réduit, après un nombre convenable de traitements, à une fraction aussi petite que l'on voudra de son volume initial.

Soit $m = n$, en particulier, la fraction ci-dessus devient

$$\left(\frac{1}{c + 1}\right)^{N}.$$

6. *Application aux carbures forméniques.* — Précisons davantage, en examinant ce qui se passera avec les carbures et autres gaz signalés plus haut.

Pour l'hydrure de butyle, $C^6 H^{10}$, $c = 15$ environ; donc

$$\frac{1}{c + 1} = \frac{1}{16}.$$

Deux traitements réduiront ce gaz, dans le résidu, à $\dfrac{1}{256}$.

Pour l'hydrure de propyle, $C^3 H^8$, $c = 6$ environ; donc

$$\frac{1}{c + 1} = \frac{1}{7};$$

Deux traitements réduiront ce gaz à $\dfrac{1}{49}$,

Trois   »   à $\dfrac{1}{343}$,   etc.

Pour l'hydrure d'éthyle, C^2H^6, $c = 1\frac{1}{2}$; donc

$$\frac{1}{c+1} = \frac{2}{5}.$$

Deux traitements réduiront ce gaz à $\frac{1}{6}$ environ;

Trois	»	à $\frac{1}{16}$	»
Quatre	»	à $\frac{1}{40}$	»
Cinq	»	à $\frac{1}{100}$	»
Six	»	à $\frac{1}{250}$	»	etc.

Pour le formène CH^4, $c = \frac{1}{2}$; donc

$$\frac{1}{c+1} = \frac{2}{3}.$$

L'épuisement sera bien plus lent qu'avec les gaz précédents. Le résidu renfermera :

Après deux traitements :	$\frac{4}{9}$ du formène primitif;
» quatre »	$\frac{1}{5}$ »
» six »	$\frac{1}{11}$ »	etc.

L'hydrogène diminuera plus lentement encore ; en effet, le résidu non dissous renfermera :

Après deux traitements :	$\frac{3}{4}$ de l'hydrogène primitif,
» quatre »	$\frac{1}{2}$ environ,
» six »	$\frac{3}{8}$, etc.

On voit par ces chiffres quels changements l'action dissolvante de l'alcool, employé méthodiquement, produit dans la composition d'un mélange gazeux renfermant des carbures d'hydrogène.

7. *Dissolvant employé d'un seul coup.* — Les changements seraient bien moins marqués, si l'on employait d'un seul coup le

même volume d'alcool, au lieu de l'employer en plusieurs fois. Pour nous rendre compte de la différence, remarquons d'abord que le volume d'alcool employé dans le second traitement est, par convention, égal au volume du résidu gazeux final ; il sera donc moindre que le volume d'alcool employé dans le premier traitement, puisque le résidu gazeux final va toujours en diminuant. La somme des deux volumes d'alcool est donc moindre que le double du volume de l'alcool employé la première fois. Le volume employé dans le troisième traitement sera encore moindre que celui du second traitement, etc.

Or, si l'on avait traité tout d'abord le gaz par un volume d'alcool double de celui qui a servi au premier traitement, l'hydrure de butyle aurait été réduit seulement à $\frac{1}{31}$; au lieu de $\frac{1}{256}$, réduction produite par un volume d'alcool inférieur au double de celui qui a servi dans le premier traitement, d'après ce qui vient d'être dit. De même, avec l'hydrure de propyle : un volume d'alcool double du volume employé dans le premier traitement réduira ce gaz seulement à $\frac{1}{13}$ de sa proportion primitive, au lieu de $\frac{1}{49}$, réduction produite par un volume d'alcool moindre, etc.

En général, la réduction produite par l'emploi méthodique de l'alcool, tel qu'il a été défini plus haut, suit une progression géométrique exprimée par une fraction dont le dénominateur est $(1 + c)^N$; tandis que les effets produits par le même volume total d'alcool, employé d'un seul coup, suivent une marche beaucoup plus lente, car elle est moins rapide que celle qui serait exprimée par une fraction dont le dénominateur $(1 + Nc)$ varie suivant une progression arithmétique. L'emploi méthodique de l'alcool est donc préférable, au point de vue de l'élimination des gaz les plus solubles, dont il abaisse rapidement la quantité absolue au-dessous de toute limite donnée.

8. *Comment varie le rapport entre les divers gaz dans le résidu.* — L'emploi méthodique de l'alcool, tel qu'il a été défini plus haut, est surtout avantageux, parce qu'il tend à modifier le rapport entre les gaz du résidu, en éliminant les gaz les plus solubles plus rapidement que les autres : résultat capital dans l'analyse.

C'est ce qui résulte de nos formules. En effet, soit le volume absolu d'un premier gaz dans le mélange initial représenté par A, et sa solubilité par c ;

Après N traitements méthodiques définis comme plus haut, le volume dudit gaz dans le résidu gazeux final sera

$$A\left(\frac{1}{c+1}\right)^{N}.$$

Soit B le volume absolu d'un second gaz dont la solubilité est c'; le volume de ce gaz, dans le résidu final, sera

$$B\left(\frac{1}{c'+1}\right)^{N}.$$

Le rapport entre les volumes des deux gaz, dans le résidu final, sera donc

$$\frac{B}{A}\rho^{N},$$

en posant

$$\rho = \frac{c+1}{c'+1}.$$

Observons que, si $c < c'$, $\rho < 1$; ce rapport, après un nombre convenable de traitements, pourra donc devenir plus petit que toute grandeur donnée. Son décroissement sera d'autant plus rapide que c et c' seront plus inégaux.

9. *Application aux carbures forméniques.* — Discutons ce décroissement pour les carbures que nous avons rencontrés dans nos expériences.

Soit le rapport entre l'hydrogène et l'hydrure de butyle :

$$c' = 15 \text{ environ}, c = \frac{1}{14}; \text{ donc}$$

$$\rho = \frac{1}{15} \text{ environ.}$$

Le rapport initial des volumes de ces deux gaz étant $\dfrac{B}{A}$,

$$\text{Après un traitement, il sera} \quad \frac{B}{A} \quad \frac{1}{15},$$

$$\text{» deux traitements, il sera} \quad \frac{B}{A} \quad \frac{1}{225},$$

$$\text{» trois traitements, il sera} \quad \frac{B}{A} \quad \frac{1}{3425}, \text{ etc.}$$

Soit $B = A$, pour préciser. Comparons le volume de l'oxygène

employé pour brûler l'hydrogène, dans la combustion eudiométrique, avec le volume d'oxygène employé pour brûler l'hydrure
de butylène; remarquons d'ailleurs que H^2 prend O, tandis que le
même volume de C^4H^{10} prend O^{13}, c'est-à-dire un volume treize fois
aussi considérable. Après trois traitements, le rapport entre le
volume de l'oxygène employé à brûler l'hydrogène et le volume
employé à brûler l'hydrure de butyle sera devenu $\frac{13}{3400} = \frac{1}{260}$,
quantité généralement négligeable dans les expériences. L'hydrure
de butyle pourra donc être regardé comme éliminé complètement
après trois traitements méthodiques.

Cette progression serait encore plus rapide, si l'hydrogène était
mêlé avec des carbures à molécule plus élevée que l'hydrure de
butyle.

Soit maintenant le rapport entre l'hydrogène et l'hydrure de
propyle :

$$c' = 6, \qquad c = \frac{1}{14}, \qquad \rho = \frac{2}{13} \qquad \text{ou} \qquad \frac{1}{6} \text{ environ.}$$

Le rapport initial des volumes étant $\frac{B}{A}$,

$$\text{Après un traitement, il sera} \qquad \frac{B}{A} \quad \frac{1}{6},$$

$$\text{» deux traitements, il sera} \quad \frac{B}{A} \quad \frac{1}{36},$$

$$\text{» trois » } \qquad \frac{B}{A} \quad \frac{1}{216},$$

$$\text{» quatre » } \qquad \frac{B}{A} \quad \frac{1}{1300}, \text{ etc.}$$

Soit $B = A$. Après quatre traitements, le volume de l'oxygène
employé pour brûler l'hydrure de propyle sera seulement $\frac{1}{130}$
du volume employé pour brûler l'hydrogène.

Supposons l'hydrogène et l'hydrure d'éthyle :

$$c' = 1\frac{1}{2}, \qquad c = \frac{1}{14}, \qquad \rho = \frac{3}{7} \qquad \text{ou} \qquad \frac{1}{2} \text{ environ.}$$

$$\text{Après trois traitements, le rapport sera} \quad \frac{B}{A} \quad \frac{1}{8},$$

$$\text{» six traitements, le rapport sera} \quad \frac{B}{A} \quad \frac{1}{64}, \text{ etc.}$$

Le décroissement du rapport entre le formène et l'hydrogène sera plus lent encore :

$$c' = \frac{1}{2}, \qquad c = \frac{1}{14}, \qquad \rho = \frac{3}{4}.$$

Soit encore un mélange de formène, CH^4, et d'hydrure de butyle, C^4H^{10} :

$$c' = 15, \qquad c = \frac{1}{2}, \qquad \rho = \frac{1}{11} \text{ environ.}$$

Après deux traitements, le rapport sera $\dfrac{B}{A} \dfrac{1}{120}$,

» trois traitements, le rapport sera $\dfrac{B}{A} \dfrac{1}{1300}$, etc.

Soit $A = B$. Après trois traitements, le rapport entre l'oxygène employé à brûler l'hydrure de butyle et l'oxygène employé à brûler le formène sera exprimé par $\dfrac{1}{400}$; c'est-à-dire que le volume du premier carbure sera devenu négligeable.

Soit le formène mêlé avec l'hydrure de propyle, C^3H^8 :

$$c' = 6, \qquad c = \frac{1}{2}, \qquad \rho = \frac{1}{5} \text{ environ.}$$

Quatre traitements suffiront en général pour éliminer l'hydrure de propyle.

Soient enfin le formène et l'hydrure d'éthyle, C^2H^6 :

$$c' = 1\frac{1}{2}, \qquad c = \frac{1}{2}, \qquad \rho = \frac{3}{5};$$

la séparation est plus lente.

Les nombres qui précèdent donnent une idée de l'épuisement progressif, opéré par l'alcool dans un mélange gazeux. Ils s'appliquent à un mélange quelconque, si compliqué qu'il soit; attendu que, dans nos raisonnements, nous avons envisagé chaque gaz séparément et indépendamment de tous les autres.

En général, le gaz le moins soluble s'accumule de plus en plus dans le résidu gazeux; par un nombre convenable de traitements, on l'obtient aussi pur qu'on le veut. L'existence de l'hydrogène libre, en particulier, dans les mélanges gazeux, peut ainsi être toujours démontrée avec pleine certitude.

10. *Comparaison des analyses eudiométriques.* — Il n'est même pas besoin de pousser jusqu'au bout les traitements. Il suffit, en effet, de comparer l'analyse eudiométrique du gaz primitif avec celle du premier résidu gazeux, en tenant un compte exact du volume dissous. A cette fin, on sépare l'un de l'autre l'alcool et le gaz non dissous, à l'aide d'une pipette à gaz. On mesure ensuite ce dernier, après l'avoir purgé de vapeur d'alcool au moyen de l'acide sulfurique concentré. Puis on le soumet à une nouvelle analyse eudiométrique, dont la comparaison avec la première donne par différence l'analyse eudiométrique du gaz dissous : j'ai exposé cette méthode il y a treize ans ([1]).

Dans le cas où l'on opère sur l'hydrogène mélangé avec un carbure unique et très soluble dans l'alcool, tel que l'hydrure de butyle ou l'hydrure de propyle, la nature du carbure dissous résulte immédiatement de la comparaison entre les deux analyses eudiométriques. Cependant, dans la pratique, il est bon de la contrôler en étudiant le gaz dissous lui-même, comme il sera dit tout à l'heure.

11. *Examen de la partie dissoute, procédé par ébullition et épuisement.* — En effet, nous allons maintenant procéder à l'examen de la portion dissoute par l'alcool, et voir quels sont les gaz qui tendent à s'y accumuler, et suivant quels rapports.

D'après les formules de la page 61, le volume dissous, pour un gaz déterminé dont le coefficient de solubilité est c, sera les

$$\frac{mc}{mc + n}$$

du volume de ce gaz dans le mélange initial, m et n étant les volumes relatifs de l'alcool et du résidu gazeux après l'absorption.

Supposons maintenant que l'on fasse passer l'alcool saturé de gaz dans une fiole renversée sur le mercure, sans le mettre en contact avec l'air. Adaptons à la fiole, toujours sous le mercure, un bouchon fin, muni d'un tube à dégagement; enlevons alors la fiole, retournons-la, sans y laisser pénétrer d'air, et portons à l'ébullition le liquide qu'elle renferme, de façon à dégager les gaz dissous.

Ces gaz pourront être traités de nouveau par l'alcool absolu, dans une proportion telle que le rapport entre le volume de l'alcool

---

([1]) *Annales de Physique et de Chimie*, 3ᵉ série, t. LI, p. 62 et 76; 1857.

et celui du résidu gazeux qu'il ne dissoudra pas soit précisément égal à $\frac{m}{n}$. Le volume dissous dans ces conditions sera les $\frac{mc}{mc + n}$ du volume gazeux sur lequel on opère, c'est-à-dire les

$$\left(\frac{mc}{mc + n}\right)^2 = \left(\frac{1}{1 + \frac{n}{mc}}\right)^2$$

du volume du mélange initial; en supposant toutes les saturations et tous les dégagements gazeux parfaits.

Dégageons encore les gaz dissous dans ce second traitement et poursuivons de la même manière. Après M traitements pareils, le gaz dissous représentera une fraction

$$\left(\frac{1}{1 + \frac{n}{mc}}\right)^M$$

du volume qu'il occupait dans le mélange primitif. Cette fraction sera d'autant plus voisine de l'unité que le rapport $\frac{n}{mc}$ sera plus petit, c'est-à-dire que le coefficient c sera plus grand et que le volume de l'alcool m sera plus considérable par rapport au volume n du résidu gazeux.

12. *Comment varie le rapport entre les divers gaz dans la partie dissoute.* — Soit maintenant un second gaz de solubilité c', contenu dans le mélange primitif : que deviendra-t-il durant la même série de traitements? Après M traitements définis comme ci-dessus, ce gaz sera réduit à une fraction de son volume primitif représentée par

$$\left(\frac{1}{1 + \frac{n}{mc'}}\right)^M.$$

Posons

$$\rho_1 = \left(\frac{1}{1 + \frac{n}{mc}}\right) : \left(\frac{1}{1 + \frac{n}{mc'}}\right) = \left(\frac{1 + \frac{n}{mc'}}{1 + \frac{n}{mc}}\right).$$

Soient encore A et B les proportions des deux gaz contenus dans le mélange initial : leur rapport sera, au début,

$$\frac{A}{B},$$

et après M traitements

$$\rho_1^M = \frac{A}{B}\left(\frac{1 + \dfrac{n}{mc'}}{1 + \dfrac{n}{mc}}\right)^M.$$

Soit $c' > c$: le rapport ρ_1 étant plus petit que l'unité, ρ_1^M pourra devenir inférieur à toute grandeur donnée.

En suivant cette marche, on obtiendra donc le plus soluble des gaz dans un aussi grand état de pureté que l'on voudra. Si c et c' diffèrent notablement, le nombre des traitements nécessaires pour atteindre un tel résultat n'est pas très considérable.

13. *Application aux carbures forméniques.* — Soient, par exemple, l'hydrogène et l'hydrure de butyle, et soit $n = m$ pour simplifier, c'est-à-dire

$$\rho_1 = \frac{1 + \dfrac{1}{c'}}{1 + \dfrac{1}{c}}.$$

Ici

$$c' = 15, \quad c = \frac{1}{14}, \quad \rho_1 = \frac{1}{15} \text{ environ.}$$

Soit $\dfrac{A}{B}$ la proportion entre l'hydrogène et l'hydrure de butyle, dans le mélange initial. Après deux traitements, elle sera

$$\frac{A}{B}\frac{1}{225};$$

l'hydrogène sera donc devenu négligeable.

Soient encore l'hydrogène et l'hydrure de propyle :

$$c' = 6, \quad c = \frac{1}{14}, \quad \rho_1 = \frac{1}{13}.$$

Après deux traitements, la proportion relative de l'hydrogène sera

$$\frac{A}{B}\frac{1}{169}, \text{ etc.}$$

Soient l'hydrogène et l'hydrure d'éthyle :

$$c' = 1\frac{1}{2}, \quad c = \frac{1}{14}, \quad \rho_1 = \frac{1}{9}.$$

Après deux traitements, la proportion relative de l'hydrogène sera

$$\frac{A}{B}\frac{1}{81} \text{ environ, etc.}$$

Avec le formène et l'hydrogène, $\rho_1 = \frac{1}{5}$, la progression est plus lente, quoique encore assez rapide; car trois traitements amènent le rapport à la valeur

$$\frac{A}{B}\frac{1}{125}.$$

Avec le formène et l'hydrure d'éthyle, $\rho_1 = \frac{9}{5}$. J'ai eu occasion de séparer ainsi ces deux gaz.

$$\text{Avec } CH^4 \text{ et } C^2H^6, \rho_1 = \frac{2}{5} \text{ environ.}$$

$$\text{Avec } C^2H^6 \text{ et } C^3H^8, \rho_1 = \frac{7}{10}, \text{ etc.}$$

La séparation des carbures mélangés entre eux sera donc bien plus lente que s'ils sont mélangés avec l'hydrogène.

Ces conclusions s'appliquent au gaz le plus soluble contenu dans un mélange, si compliqué qu'il soit. Étant donné un mélange quelconque, on peut donc obtenir, à tel degré de pureté que l'on voudra : d'une part le gaz le plus soluble, et d'autre part le gaz le moins soluble.

Dans le cas où il s'agit d'un mélange renfermant de l'hydrogène avec un seul carbure, le problème pratique se [résout ainsi sans difficulté. La comparaison des équations eudiométriques fournies par le mélange primitif, par le résidu gazeux final et par le gaz le plus soluble (isolé à l'aide de deux ou trois traitements successifs), donne lieu à des vérifications si nombreuses, qu'aucun doute ne peut subsister sur la nature véritable des deux gaz.

S'il y a plusieurs carbures, il convient de discuter les équations eudiométriques fournies par l'analyse des mélanges gazeux que l'on obtient dans la suite des traitements méthodiques. Sans m'appesantir davantage sur la théorie, je fournirai plus loin des exemples de ce genre d'analyses. Mais auparavant il est nécessaire de signaler une légère variante opératoire, qui simplifie beaucoup les expériences.

14. *Procédé fondé sur le mélange de l'eau avec les dissolutions alcooliques.* — Au lieu de dégager par ébullition les gaz dissous au sein de l'alcool, ce qui entraîne des transvasements et des 'pertes, j'ai trouvé plus avantageux, dans le cas où l'on opère sur de petits volumes, de séparer l'alcool par la pipette à gaz, puis d'y ajouter, sur le mercure même, son volume d'eau pure et purgée d'air : la plus grande partie des carbures d'hydrogène se dégage aussitôt sous forme gazeuse.

J'ai été conduit à adopter cette manière d'opérer, tant par les raisons pratiques que je viens de signaler, que par la comparaison des coefficients de solubilité des divers gaz hydrocarburés dans l'eau et dans l'alcool. En effet,

		Rapport.
1 volume d'alcool dissout vers 15 degrés : hydrogène.....	0,067	3,5
1 volume d'eau.........................	0,019	
1 volume d'alcool dissout vers 15 degrés : formène.......	0,48	12,0
1 volume d'eau.........................	0,04	
1 volume d'alcool dissout : hydrure d'éthyle, environ.....	1,50	30,0
1 volume d'eau.........................	0,05	
1 volume d'alcool dissout : hydrure de butyle, environ.....	15,00	750,0
1 volume d'eau.........................	0,02	

Ainsi, la solubilité des carbures dans l'eau s'écarte beaucoup moins de celle de l'hydrogène, dans le même liquide, que la solubilité des mêmes carbures dans l'alcool ne s'écarte de celle de l'hydrogène dans ledit alcool. Pour comprendre l'importance de ce fait, il faut aller plus loin.

Or l'expérience m'a montré que l'action dissolvante exercée sur les divers gaz par un mélange d'alcool et d'eau se rapproche beaucoup plus de l'action dissolvante exercée par l'eau pure que de l'action exercée par l'alcool. C'est pourquoi les carbures et l'hydrogène doivent se dégager, et se dégagent en effet, par une addition d'eau à l'alcool, en formant un mélange dont la composition centésimale est très voisine de celle que présenterait le résidu gazeux, obtenu en mettant simplement l'eau pure en présence des gaz dégagés de l'alcool par une ébullition préalable. Mais les solubilités de l'hydrogène et des divers carbures dans l'eau ne diffèrent pas beaucoup entre elles, comme on peut le voir ci-dessus : il suit de là que l'action dissolvante de l'eau pure change peu la composition relative du mélange de ces gaz sur lequel elle s'exerce. Le résidu dégagé par une addition d'eau offrira donc à peu près la même composition centésimale que le gaz qui serait dégagé de l'alcool par ébullition.

Le gaz étant ainsi dégagé, on en fait l'analyse eudiométrique sur une portion; puis on vérifie sur une autre portion la solubilité dans l'alcool absolu. S'il est nécessaire, on dégage de nouveau le gaz contenu dans cette seconde dissolution alcoolique, pour le soumettre à une dernière analyse eudiométrique.

15. *Exemple tiré d'un mélange d'hydrogène et d'hydrure de propyle.* — Voici le tableau d'une analyse opérée sur un mélange d'hydrogène et d'hydrure de propyle, lequel avait été obtenu par la réaction de 20 parties d'acide iodhydrique et de 1 partie de térébenthène vers 250 degrés. Dans une première analyse eudiométrique :

I. — Gaz primitif.

100 volumes de ce gaz ont fourni :
129 volumes d'acide carbonique ;
343 volumes réprésentaient la diminution totale, après la combustion et l'absorption de l'acide carbonique.

Soient x la proportion de l'hydrogène, y celle de l'hydrure de propyle ; on a

$$x + y = 100, \quad 3y = 129, \quad 6y + \frac{3}{2}x = 343.$$

$$y = 43 = \text{hydrure de propyle,}$$
$$x = \underline{57} = \text{hydrogène.}$$
$$100$$

Mais le carbure gazeux était-il bien réellement de l'hydrure de propyle ? Pour décider la question, ce même mélange gazeux a été agité avec un volume d'alcool égal à la moitié du résidu gazeux final ; et j'ai analysé séparément le gaz non dissous et le gaz dissous, puis redégagé par ébullition, après les avoir privés tous deux de vapeur d'alcool, au moyen de l'acide sulfurique concentré.

II. — *Gaz dissous*.

		Rapports correspondant à C^3H^8 [1].
Gay employé.....................	14,5	1
CO^2 produit par la combustion......	43	3
Diminution totale du volume........	88	6

III. — *Gaz non dissous*.

Gaz employé..........	25
CO^2.................................	12
Diminution totale......................	52
Azote [2]................................	2

ce qui correspond à la composition suivante :

C^3H^8.................................	4
Hydrogène............................	19
Azote.................................	2
	25

L'hydrure de propyle soumis à l'anayse II possédait la solubilité normale de ce carbure ; car il s'est dissous à peu près entièrement dans le sixième de son volume d'alcool.

La marche précédente offre cet avantage que le gaz dont on admet l'existence est isolé en nature et dans l'état de pureté : ce qui donne une certitude complète aux conclusions. Le carbure d'hydrogène contenu dans la partie non dissoute a été calculé comme hydrure de propyle : c'est là une conséquence forcée de la composition du gaz dissous.

16. *Vérifications par les lois de solubilité.* — Elle est confirmée par un calcul fondé sur les lois de solubilité. Supposons, en effet, que le gaz combustible (partie non dissoute), au lieu d'être formé de :

C^3H^8.................................	4
H^2.................................	19
	23

---

[1] La théorie des dissolutions indiquerait un mélange dans le rapport de 16 vol. C^3H^8 et 1 vol. H^2.

[2] Cet azote a été introduit pendant les manipulations.

eût été formé par un mélange gazeux équivalent, tel que

$$C^2H^6 \ldots \ldots \quad 6 \qquad \text{ou bien} \qquad CH^4 \ldots \ldots \quad 12$$
$$H^2 \ldots \ldots \quad 17 \qquad\qquad\qquad\qquad H^2 \ldots \ldots \quad 11$$
$$\overline{23} \qquad\qquad\qquad\qquad\qquad \overline{23}$$

Ces divers mélanges auraient fourni les mêmes nombres dans l'analyse par combustion III. Mais ils répondent à des mélanges gazeux primitifs très différents.

Remontons en effet par le calcul jusqu'au mélange gazeux primitif. Ce mélange était formé par l'addition du mélange précédent avec les gaz qui ont été dissous, à l'aide d'un volume d'alcool égal à la moitié dudit mélange, en présence duquel cet alcool se trouvait saturé. L'alcool devait donc renfermer, d'après les lois de solubilité :

Dans l'hypothèse de C^3H^8 :   Dans l'hypothèse de C^2H^6 :

Carbure 12   Carbure 4,5

H^2 . . . . 0,7 H^2 0,6

Dans l'hypothèse de CH^4 :

Carbure 3

H^2 0,4

ce qui donnerait, pour la composition du gaz primitif, calculée d'après les lois de solubilité :

Première hypothèse.   Deuxième hypothèse.

C^3H^8 . . . . . 16 c'est-à-dire 45 C^2H^6 . . . . . 10,5 c'est-à-dire 38

H^2 20   »   56 H^2 17,5   »   62

$\overline{36}$ »   100 $\overline{28,0}$ »   100 .

Troisième hypothèse.

CH^4 15   c'est-à-dire 57

H^2 11,5   »   43

$\overline{27,5}\overline{100}$

Or la composition du gaz primitif a été déterminée expérimentalement par l'analyse eudiométrique I. En calculant, d'autre part, cette analyse dans les trois hypothèses, on trouve

Première hypothèse.   Deuxième hypothèse.   Troisième hypothèse.

C^3H8 . . . . . . 43 C^2H^6 . . . . . . 64,5 CH^4.

H^2 . . . . 57 H^2 35,5   Impossible.

$\overline{100}\overline{100,0}$

On voit que l'hydrure de propyle est seul conciliable à la fois avec les deux analyses eudiométriques et les lois de solubilité. On voit aussi comment la simple comparaison de l'analyse III avec l'analyse I et la connaissance du volume relatif de l'alcool suffisent à la rigueur pour établir que le carbure contenu dans le mélange est bien réellement l'hydrure de propyle, même sans recourir à la mesure effective du volume dissous.

C'est à l'aide de vérifications de ce genre que l'on peut reconnaître si l'on a affaire à un carbure unique, ou à deux, voire à trois carbures mélangés. Toutefois, à mesure que le nombre des carbures augmente, il faut faire intervenir un plus grand nombre d'analyses eudiométriques, exécutées sur les produits successifs que l'on obtient par l'action réitérée des dissolvants. De là résulte quelque incertitude; à moins que les carbures multiples ne soient contenus chacun en proportion considérable et comparable dans les mélanges examinés. J'ai rencontré des cas de ce genre dans la réaction de l'acide iodhydrique sur l'aldéhyde et sur l'acétone.

17. *Mélange d'hydrogène et de deux carbures.* — Indiquons par un exemple la marche qu'il convient alors de suivre. Soit un mélange d'hydrure de propyle, d'hydrure d'éthyle et d'hydrogène, tel que le suivant :

(I)	Hydrure de propyle...................	50
	Hydrure d'éthyle.....................	25
	Hydrogène...........................	25
		100

Les nombres fournis par l'analyse eudiométrique d'un tel mélange laissent quelque incertitude; car ces nombres pourraient être aussi représentés par :

(II)	Hydrure de propyle....................	50
	Formène.............................	50
		100

ou bien encore

(III)	Hydrure d'éthyle.....................	100

La composition qualitative de ce mélange est donc indéterminée, tant qu'on se borne à une simple combustion.

Traitons-le par un volume d'alcool égal à celui du résidu gazeux final. Les parties dissoute et non dissoute offriront la composition suivante :

		Partie dissoute.	Partie non dissoute.
(I)	C^3H^8	43,0	7,0
	C^2H^6	15,0	10,0
	H^2	1,5	23,5
		59,5	40,5

Si l'on avait eu affaire à un mélange d'hydrure de propyle et de formène, on aurait trouvé :

		Partie dissoute.	Partie non dissoute.
(II)	C^3H^8	43	7
	CH^4	17	33
		60	40

Enfin si l'on avait eu affaire à de l'hydrure d'éthyle, on aurait trouvé :

		Partie dissoute.	Partie non dissoute.
(III)	C^2H^6	60	40

Ces chiffres montrent à première vue que : *la détermination des coefficients de solubilité n'apprend rien de certain dans un cas de ce genre et ne résout pas le problème expérimental;* les volumes dissous étant sensiblement les mêmes dans les trois hypothèses. Mais il en est autrement de l'analyse eudiométrique, employée suivant ma méthode.

En effet, dans l'hypothèse (I),

> 59,5 volumes de gaz dissous fourniront
> 159,0 » d'acide carbonique (¹),

tandis que

> 40,9 volumes du gaz résidu fourniront
> 41,0 » d'acide carbonique.

Dans l'hypothèse (II),

> 60 volumes du gaz dissous fourniront
> 146 » d'acide carbonique,

(¹) Il est inutile de faire intervenir la troisième donnée eudiométrique, qui représente une équation de condition.

tandis que

$$40 \text{ volumes du gaz résidu fourniront}$$
$$54 \quad » \quad \text{d'acide carbonique.}$$

Enfin dans l'hypothèse (III),

$$60 \text{ volumes du gaz dissous fourniront}$$
$$120 \quad » \quad \text{d'acide carbonique,}$$

tandis que

$$40 \text{ volumes du gaz résidu fourniront}$$
$$80 \quad » \quad \text{d'acide carbonique.}$$

La comparaison entre les résultats du calcul et ceux des analyses eudiométriques est de nature à ne laisser aucune incertitude, spécialement l'analyse du gaz résidu.

18. *Formules générales.* — Voici des formules générales pour résoudre tous les cas analogues :
Soient

x la proportion de H^2 dans un mélange gazeux et
c son coefficient de solubilité dans l'alcool ;
y la proportion de CH^4 et c' son coefficient
z » C^2H^6 et c'' »
u » C^3H^8 et c''' »
v » C^4H^{10} [1] et c^{IV} »

Le volume du mélange sera

$$(1) \qquad x + y + z + u + v = A.$$

Brûlé dans l'eudiomètre, il fournira un volume d'acide carbonique [2]

$$(2) \qquad y + 2z + 3u + 4v = B.$$

Ce gaz, étant traité par un certain volume d'alcool absolu, éprouvera une absorption déterminée ; les volumes respectifs de l'alcool et du mélange gazeux seront alors représentés par les nombres m et n, quantités mesurables facilement par expérience [3]. A ce

---

[1] S'il y avait des vapeurs de $C^5H^{12}, C^6H^{14}, \ldots$, on ajouterait des inconnues correspondantes.

[2] La diminution totale du volume après l'absorption de CO^2 ne doit pas entrer en compte, car elle fournit seulement une équation de condition.

[3] Il faudra tenir compte de la tension de vapeur de l'alcool, laquelle change un peu la pression sous laquelle s'opèrent les dissolutions.

moment, le résidu gazeux offrira la composition suivante :

$$(3) \qquad \frac{1}{\frac{m}{n}c+1}x + \frac{1}{\frac{m}{n}c'+1}y + \frac{1}{\frac{m}{n}c''+1}z + \ldots = n;$$

et la partie dissoute :

$$\frac{\frac{m}{n}c}{\frac{m}{n}c+1}x + \frac{\frac{m}{n}c'}{\frac{m}{n}c'+1}y + \frac{\frac{m}{n}c''}{\frac{m}{n}c''+1}z + \ldots = A - n;$$

mais cette dernière équation est identiquement la différence entre (1) et (3).

Le résidu gazeux fournira par sa combustion un volume d'acide carbonique C :

$$(4) \qquad \frac{1}{\frac{m}{n}c'+1}y + \frac{1}{\frac{m}{n}c''+1}2z + \ldots = C;$$

la partie dissoute fournira de même, par combustion, un certain volume d'acide carbonique :

$$\frac{\frac{m}{n}c'}{\frac{m}{n}c'+1}y + \frac{\frac{m}{n}c''}{\frac{m}{n}c''+1}2z + \ldots = B - C;$$

mais cette dernière équation représente seulement une vérification expérimentale, car elle résulte identiquement des équations (2) et (4).

En définitive, nous avons quatre équations distinctes. Si donc le nombre des gaz ne dépasse pas quatre (trois carbures et l'hydrogène, par exemple), le problème est résoluble. Si le nombre des gaz dépasse quatre, il faudra traiter une seconde fois le résidu gazeux par l'alcool et brûler le résidu. On tire de là deux nouvelles équations, et ainsi de suite.

Le problème est donc toujours soluble algébriquement. Mais comme les erreurs inévitables des expériences tendent à s'accumuler, il ne faudra pas regarder comme valables les résultats du calcul, toutes les fois qu'ils conduiront à de très petites valeurs pour quelque inconnue. Spécialement en ce qui touche les carbures condensés, l'analyse de la partie soluble, simple vérification au point de vue de l'Algèbre, est au contraire capitale au point de vue des conclusions expérimentales. En somme, cette manière de procéder est d'autant plus exacte que le nombre de carbures mélangés est moindre.

III. — Conditions thermochimiques.

L'aptitude universelle de l'acide iodhydrique à réduire et hydrogéner les principes organiques semble, de prime abord, singulière et difficile à expliquer, tant qu'on a recours à des considérations purement chimiques. Aucun arrangement de formules similaires ne saurait la faire comprendre; car l'acide chlorhydrique et l'acide bromhydrique ne montrent rien de pareil. Au contraire, la Thermochimie rend compte de cette opposition entre les propriétés des divers hydracides; elle explique en même temps les phénomènes multiples et spéciaux qui se manifestent dans les réductions opérées par l'acide iodhydrique. Tous ces phénomènes résultent, comme je vais le montrer, des trois propriétés suivantes :

1º La réaction de l'hydrogène libre sur les substances organiques dégage de la chaleur.

2º L'hydrogène est fourni par l'acide iodhydrique, tantôt avec dégagement de chaleur, tantôt avec absorption de chaleur, suivant les circonstances. Cette absorption est très faible, quand on opère sur l'acide gazeux; elle augmente à mesure que l'acide est plus concentré; elle demeure toujours beaucoup moindre que celle qui répondrait à la décomposition des autres hydracides, toutes choses égales d'ailleurs.

3º L'acide iodhydrique commence à se décomposer spontanément vers 200 degrés, et surtout vers 275 degrés, en donnant lieu à des phénomènes d'équilibre entre les éléments mis en liberté et l'hydracide non décomposé.

Démontrons d'abord ces trois propriétés, puis nous en ferons l'application à nos expériences.

A. — Réaction de l'hydrogène libre.

La réaction de l'hydrogène libre sur les principes organiques dégage de la chaleur. Dans la pratique, cette réaction directe s'exerce surtout sur certains carbures d'hydrogène, tels que l'éthylène (¹). Mais, en théorie, elle doit être envisagée pour tous

---

(¹) *Annales de Chimie et de Physique*, 4ᵉ série, t. IX, p. 431. — Ce Volume, p. 7.

les corps susceptibles d'être transformés par les agents de réduction. Voici des exemples relatifs aux principales réactions que j'ai étudiées :

1° Carbures unis à l'hydrogène.

Éthylène changé en hydrure d'éthyle ; expérience réalisée :

$$C^2 H^4 + H^2 = C^2 H^6.$$

Chaleur dégagée (tous les corps étant à la température ordinaire) :

$$+ 37900 \text{ calories.}$$

La transformation de l'acétylène en éthylène ; expérience réalisée :

$$C^2 H^2 + H^2 = C^2 H^4,$$

répond à 43500^{cal}, et la transformation de l'acétylène en hydrure d'éthyle ; expérience réalisée :

$$C^2 H^2 + 2 H^2 = C^4 H^6,$$
$$\text{répond à } 81400.$$

Benzine changée en hydrure d'hexyle (tout gaz); expérience réalisée :

$$C^6 H^6 + 4 H^2 = C^{12} H^{14},$$
$$62000 \text{ environ.}$$

Térébenthène changé en hydrure de terpilène (liquide); expérience réalisée :

$$C^{10} H^{16} + 2 H^2 = C^{10} H^{20},$$
$$41000 \text{ environ,}$$

en admettant pour l'hydrure de terpilène la même chaleur de combustion que pour le diamylène.

2° Dédoublement des carbures.

Diamylène changé en hydrure d'amyle (liquide); expérience réalisée :

$$(C^5 H^{10})^2 + 2 H^2 = 2 C^5 H^{12},$$
$$= 43000 \text{ environ.}$$

Térébenthène changé en hydrure d'amyle (liquide); expérience réalisée :

$$C^{10} H^{16} + 3 H^2 = 2 C^5 H^{12},$$
$$76000 \text{ environ.}$$

B. — III.   6

3° *Alcools changés en carbures.*

Alcool méthylique changé en formène; expérience réalisée :

$$CH^4O + H^2 = CH^4 + H^2O : + 14,100 \text{ (tout gaz)},$$
$$» \qquad\qquad + 11,600 \text{ (alcool et eau liquides)}.$$

Alcool ordinaire, en hydrure d'éthyle; expérience réalisée :

$$C^2H^6O + H^2 = C^2H^7 + H^2O : + 20,600 \text{ (tout gaz)},$$
$$» \qquad\qquad + 22,400 \text{ (liquide)}.$$

Phénol, en benzine; expérience réalisée :

$$C^6H^6O + H^2 = C^6H^6 + H^2O : + 30,400 \text{ (liquide)}.$$

4° *Aldéhydes changés en alcools.*

$$C^2H^4O + H^2 = C^2H^6O : + 22,500 \text{ (liquide)}.$$

5° *Aldéhydes changés en carbures.*

Aldéhyde éthylique en hydrure d'éthyle; expérience réalisée :

$$C^2H^4O + 2H^2 = C^2H^6 + H^2O : + 34,000 \text{ (tout gaz)}.$$

L'acétone en hydrure de propyle; expérience réalisée :

$$C^3H^6O + 2H^2 = C^3H^8 + H^2O : + 33,100 \text{ (tout gaz)}.$$

6° *Acides monobasiques changés en carbures saturés.*

Acide acétique en hydrure d'éthyle; expérience réalisée :

$$C^2H^4O^2 + 3H^2 = C^2H^6 + 2H^2O : + 44,100 \text{ (liquide)}.$$

Acide butyrique en hydrure de butyle; expérience réalisée :

$$C^4H^8O^2 + 3H^2 + C^4H^{10} + 2H^2O : + 44,200 \text{ (liquide)}.$$

7° *Acides bibasiques changés en acides monobasiques.*

Acide oxalique en acide acétique (réaction théorique) :

$$C^2H^2O^4 \text{ (solide)} + 3H^2 = C^2H^4O^2 \text{ (solide)} + 2H^2O : + 57,600.$$

Le changement de l'acide succinique en acide butyrique, observé par expérience (avec l'acide iodhydrique),

$$C^4H^6O^4 \text{ (solide)} + 3H^2 = C^4H^8O^2 \text{ (liquide)} + 2H^2O : + 37,000.$$

8° *Acides bibasiques changés en carbures.*

Acide oxalique changé en hydrure d'éthyle, réaction réalisée par l'intermédiaire du nitrile :

$$C^2H^2O \text{ (solide)} + 6H^2 = C^2H^6 + 4H^2O : +101,600.$$

Le changement de l'acide succinique en hydrure de butyle; expérience réalisée :

$$C^4H^6O^4 - 6H^2 = C^5H^{10} + 4H^2O : +81,200.$$

9° *Éthers changés en carbures saturés.*

Éther acétique en hydrure d'éthyle; expérience réalisée :

$$C^2H^4(C^2H^4O^2) + 2H^2 = 2C^2H^6 + 2H^2O : +69,000 \text{ (liquide)}.$$

10° *Transformation des alcalis en carbures et ammoniaque.*

Méthylamine en formène; expérience réalisée :

$$CH^5Az + H^2 = CH^4 = AzH^3 : +21,200 \text{ (tout gaz)}.$$

11° *Amides changés en carbures.*

Nitrile formique (dérivé d'un acide monobasique) c'est-à-dire acide cyanhydrique, changé en formène et ammoniaque; expérience réalisée :

$$CH Az + 3H^2 = CH^4 + AzH^3 : +61,600 \text{ (tout gaz)}.$$

Nitrile oxalique (dérivé d'un acide bibasique), c'est-à-dire cyanogène, changé en hydrure d'éthyle et ammoniaque; expérience réalisée :

$$C^2Az^2 + 6H^2 = C^2H^6 + 2AzH^3 : +121,600 \text{ (tout gaz)}.$$

La transformation des amides en carbures dégage donc de la chaleur, de même que toutes les autres réactions hydrogénantes envisagées dans le cours de ce travail.

On sait encore que les réactions hydrogénantes changent d'abord l'acide cyanhydrique en méthylamine :

$$CH Az + 2H^2 = CH^5Az : +40,100 \text{ (tout gaz)}.$$

12° *Substitutions.*

La substitution de l'hydrogène au chlore, au brome, à l'iode, avec formation d'hydracides, donne lieu à un dégagement de chaleur, comme il résulte des exemples suivants, tous réalisées par expérience.

Formène chloré :

$$CH^3Cl + H^3 = CH^4 + HCl : +12,100 \text{ (tout gaz).}$$

Formène bromé :

$$CH^3Br + H^2 = CH^4 + HBr : +13,900 \text{ (tout gaz).}$$

Formène iodé :

$$CH^3I + H^2 = CH^4 + HI : +15,900 \text{ (tout gaz).}$$

Rappelons encore ici quelques résultats généraux, relatifs aux substitutions [1], lesquels trouvent de nombreuses applications dans les présentes recherches :

1° La substitution du chlore et du brome à l'hydrogène, avec formation d'hydracide, dégage de la chaleur; tandis que la substitution de l'iode à l'hydrogène, avec ou sans formation d'hydracide, *absorbe* de la chaleur. Aussi cette dernière substitution n'a-t-elle pas eu lieu directement et sans le concours de quelque énergie étrangère.

2° Au contraire, l'acide iodhydrique, réagissant sur les composés isolés, les décompose avec substitution de l'hydrogène à l'iode et mise à nu de ce dernier élément; *cette substitution inverse a lieu avec dégagement de chaleur.*

3° L'acide iodhydrique opère la substitution du chlore ou du brome par l'hydrogène, dans les composés chlorés ou bromés, avec dégagement de chaleur.

Par exemple, l'éther chlorhydrique, C^2H^5Cl, est ainsi changé en hydrure d'éthyle :

$$C^2H^5Cl + 2HI = C^2H^6 + I^2 + HCl : +5,400 \text{ (tout gaz).}$$

B. – – QUANTITÉS DE CHALEUR MISES EN JEU DANS LA DÉCOMPOSITION
DE L'ACIDE IODHYDRIQUE.

L'hydrogène, qui produit les réductions précédentes, n'est pas libre; mais il dérive de l'acide iodhydrique. Si l'on veut évaluer

---

[1] BERTHELOT et LOUGUININE, *Comptes rendus des séances de l'Académie des Sciences*, t. LXIX, p. 636 et 637; 1869.

les quantités de chaleur dégagées dans les réactions réelles, il faut ajouter aux quantités calculées pour l'hydrogène libre les quantités de chaleur correspondant à la décomposition de cet hydracide, dans les diverses conditions des expériences.

Tantôt j'ai opéré sur le gaz iodhydrique, dans des conditions et à une température telles que l'iode se séparait sous forme gazeuse (réduction de l'acide cyanhydrique, du sulfure de carbone, etc.). On peut aussi opérer sur le gaz iodhydrique, l'iode se séparant sous forme solide ou liquide, lorsque les réactions ont lieu à une température plus basse.

Tantôt j'ai opéré sur les solutions aqueuses d'hydracide à diverses températures, comprises depuis zéro jusqu'à 3oo degrés ; les solutions étant saturées, ou bien les solutions étant plus ou moins étendues. L'iode qui se sépare dans une même solution peut prendre la forme solide ; ou bien il peut s'unir avec l'excès d'hydracide, en produisant de l'acide iodhydrique ioduré. Enfin j'ai opéré parfois sur l'acide iodhydrique déjà engagé en combinaison. Examinons ces diverses circonstances.

1° Hydracide gazeux.

1. La décomposition du gaz iodhydrique en hydrogène et en iode gazeux, telle qu'elle a lieu au-dessus de 200 degrés par exemple, *absorbe* 4oo calories : ce qui montre que l'acide iodhydrique est formé avec dégagement de chaleur par la réaction directe de l'hydrogène sur l'iode.

Voici le calcul de cette quantité :

H + I, dans leur état actuel, forment HI en solution étendue avec dégagement de 13 2oo calories.

D'autre part, la dissolution de HI gazeux dans une grande quantité d'eau dégage 19610 calories.

D'où il suit que la formation de HI gazeux, par H et I solide, à la température ordinaire, absorbe — 64oo calories.

Mais ce n'est pas sous cette forme que la réaction a lieu : c'est entre l'iode gazeux et l'hydrogène. Il convient donc de rapporter la réaction à ces conditions, ce qui donne, tout calcul fait :

$$H + I \text{ gaz} = HI \text{ gaz} : + 4oo \text{ calories.}$$

2. Au contraire, la décomposition du gaz chlorhydrique en ses éléments gazeux absorbe : — 27 000 calories.

3. La décomposition du gaz bromhydrique en ses éléments gazeux absorbera 12 300 calories, pour H Br.

Les nombres relatifs aux trois hydracides gazeux, envisagés comme formés par l'union de leurs éléments gazeux, ne changeant guère avec la température, je négligerai les petites variations correspondantes.

4. A l'inspection des chiffres précédents, on comprend pourquoi l'acide iodhydrique gazeux est plus facile à décomposer que les autres hydracides, soit par la lumière, soit par la chaleur, soit par les réactifs. On comprend également pourquoi les moindres changements survenus dans l'état solide, liquide ou gazeux des corps mis en présence, ou dans leur état de dissolution, peuvent déterminer une réaction, en fournissant le faible travail positif qui doit être exécuté pour opérer la décomposition de l'acide iodhydrique.

2° Acide iodhydrique dissous.

1. *Acide étendu.* — La décomposition de l'acide iodhydrique, dissous dans une grande quantité d'eau et pris à la température ordinaire, *absorbe* ($HI = 128$ grammes) :

L'iode se séparant sous forme solide . . . . 20 000 calories;

L'iode se séparant sous forme gazeuse (comme il arrive, par exemple, lorsqu'il est entraîné par un courant gazeux).. 13 200 calories.

Enfin, il peut arriver : soit que l'iode demeure *liquide* à une température élevée; soit qu'il demeure *dissous* dans l'excès d'acide iodhydrique non décomposé. L'effet thermique correspondant à ces changements d'état n'est pas exactement connu; mais il ne saurait guère dépasser la chaleur de fusion de l'iode, évaluée à 1500 calories. Ainsi la décomposition, en donnant naissance à de l'iode liquide ou dissous, ne doit pas absorber plus de 13 500 calories.

Tous ces résultats s'appliquent à des solutions aqueuses très étendues.

2. *Acide concentré.* — Si l'on opère sur des solutions plus concentrées, la chaleur absorbée par la décomposition diminue, attendu que les solutions concentrées dégagent de la chaleur lorsqu'on les étend d'eau, et elles en dégagent d'autant plus qu'elles sont plus concentrées.

Cherchons entre quelles limites varie la chaleur mise en jeu, suivant la concentration.

Nous avons vu plus haut que l'on pouvait obtenir des liqueurs renfermant jusqu'à 70 pour 100 de leur poids d'acide iodhydrique et seulement 30 pour 100 d'eau. Dans une liqueur de ce genre, la décomposition des premières portions d'acide iodhydrique absorbe bien moins de chaleur que dans une liqueur étendue. L'effet sera d'autant plus atténué que, le poids de l'eau ne changeant pas, l'acide iodhydrique non décomposé éprouvera une certaine dilution, par suite de la décomposition du reste : dilution qui est accompagnée par un dégagement de chaleur.

Cet effet secondaire et inverse deviendra surtout marqué, au cas où l'on opérerait sur une dissolution saturée et en présence d'un excès de gaz iodhydrique, comme il arrive dans les tubes scellés renfermant une solution iodhydrique saturée à froid, puis chauffée à 280 degrés. L'acide iodhydrique, détruit dans une semblable dissolution, se trouve remplacé à mesure ; de telle façon que l'effet thermique tend à être réduit dans les premiers moments à ce qu'il serait, si l'on opérait la décomposition sur le gaz lui-même et non sur sa dissolution : observons en outre que dans ce cas l'iode se sépare à l'état dissous.

De là on peut déduire la limite extrême du phénomène thermique. En effet, la décomposition du gaz iodhydrique en hydrogène et iode gazeux absorbe 400 calories ; tandis que, si l'iode prend l'état solide, cette décomposition dégage au contraire environ 4900 calories. Or, l'état de l'iode dissous ne doit pas différer beaucoup de l'état liquide.

3. *Limites thermiques.* — En résumé la décomposition de l'acide iodhydrique dissous, avec formation d'iode dissous, absorbera au maximum 18500 calories, si l'acide est très étendu. Au contraire, cette même décomposition pourra dégager près de 4900 calories, si la liqueur est saturée d'hydracide et mise en présence d'un excès de gaz iodhydrique.

Il suit de là que les réactions hydrogénantes seront d'autant plus faciles que la solution iodhydrique approchera davantage du point de saturation.

4. *Dilution progressive.* — Cependant les chiffres précédents ne sont applicables qu'aux premières portions d'hydracide décomposées. Si l'agent réducteur continue à agir, la dilution de l'acide va sans cesse croissant. Lorsque l'on prend comme point de départ des dissolutions déjà très étendues, il ne paraît pas que cet accroissement dans la dilution change notablement la quantité de chaleur absorbée par la décomposition d'un même poids d'hydracide.

Au contraire, l'influence de la décomposition progressive est extrêmement marquée, lorsqu'on part d'une dissolution saturée. En effet, celle-ci traverse par degrés toutes les concentrations, jusqu'à ce qu'elle arrive à l'état de liqueur très diluée ; or, la décomposition d'un même poids d'acide iodhydrique dans ces circonstances dégage d'abord près de 3200 calories par équivalent ; puis une quantité nulle ; puis elle absorbe des quantités de chaleur croissantes depuis zéro jusqu'à 16000 environ. On tirera tout à l'heure de ces chiffres des conséquences fort importantes.

5. Tous les calculs ci-dessus ont été effectués à l'aide de données thermiques relatives à la température ordinaire, tandis que les réductions s'opèrent à des températures diverses et qui peuvent s'élever jusque vers 300 degrés. En outre, elles ont lieu le plus souvent dans des tubes scellés et dans des conditions telles que l'hydracide doit se séparer en partie de ses solutions aqueuses à l'état de gaz très condensé. Il n'est guère possible de tenir un compte tout à fait rigoureux de ces circonstances ; mais l'influence de la température et de la condensation gazeuse s'exerçant d'une façon analogue sur les composés initiaux et finaux, elle ne doit pas modifier beaucoup les résultats calculés. C'est pourquoi je pense que les raisonnements qui précèdent représentent la marche et le sens général des phénomènes ; leurs conséquences coïncident, en effet, avec l'ensemble des faits observés dans la réduction des principes organiques.

3° *Acide iodhydrique combiné.*

1. Il est nécessaire de faire encore le calcul thermique des réductions opérées avec l'acide iodhydrique déjà combiné, c'est-à-dire des réductions opérées avec l'iodhydrate d'ammoniaque et avec l'iodure de potassium.

L'iodhydrate d'ammoniaque réagit seulement par son acide iodhydrique : or, pour séparer le sel solide en ammoniaque et hydracide gazeux, il faut absorber 45600 calories. Tel est le travail supplémentaire qui doit être effectué pour que la réduction ait lieu. Les réductions par l'iodhydrate d'ammoniaque seront donc en général plus difficiles que les réductions opérées par l'acide iodhydrique seul, gazeux ou même dissous. Il ne saurait y avoir d'exception que pour des cas très spéciaux, où l'ammoniaque elle-même interviendrait par ses éléments.

2. L'iodhydrate d'hydrogène phosphoré, étant formé avec un dégagement de 24200 calories, donne lieu à une conclusion toute semblable.

3. Il en est de même de l'iodure de potassium, envisagé comme une simple source d'acide iodhydrique : il faut d'abord faire le travail nécessaire pour séparer l'hydracide de la potasse, soit 13600 dans les liqueurs étendues, et davantage dans les liqueurs concentrées.

4. En présence d'un acide qui dégage par son union avec la potasse une certaine quantité de chaleur, on doit tenir compte de la différence entre la chaleur ainsi dégagée et la chaleur absorbée par la décomposition de l'iodure alcalin en potasse et hydracide gazeux. Mais il en est tout autrement quand l'hydracide se sépare à l'état de dissolution étendue dans l'eau, ou dans un autre liquide; circonstance qui tend à rendre presque nulle la différence susdite avec les acides forts, mais qui est peu favorable aux réductions. L'iodure de potassium n'est donc pas préférable à l'acide iodhydrique dans les cas de ce genre.

5. L'attaque d'un composé chloré ou bromé par l'iodure de potassium se ramène aux cas précédents, en tenant compte de la chaleur qui se dégage, lorsque l'iodure alcalin se change en bromure, ou en chlorure, par substitution. Cette quantité s'élève vers 2000 ou 3000 calories; elle ne suffit pas en général pour compenser les conditions défavorables que présente l'emploi de l'iodure de potassium à la place de l'acide iodhydrique.

6. Dans les expériences que j'ai faites, il y a treize ans, sur la transformation du bromure d'éthylène en hydrure, la réaction de l'iodure de potassium est encore plus compliquée : en effet, le sel alcalin se change en bromure, et les éléments de l'eau interviennent pour donner naissance à de l'acide carbonique.

D'après l'étude que j'ai faite de cette réaction, l'iodure de potassium change d'abord le bromure d'éthylène en iodure :

$$C^2 H^4 Br^2 + 2 KI = C^2 H^4 I^2 + 2 K Br : + 25200,$$

et l'iodure d'éthylène réagit sur l'eau pour son propre compte, et suivant l'équation que voici ([1]) :

$$7\,C^2H^4I^2 + 4\,H^2O = 6\,C^2H^6 + 2\,CO^2 + 7\,I^2 : \; + 40\,500 \text{ calories.}$$

La métamorphose de l'iodure d'éthylène en hydrure par l'acide iodhydrique gazeux :

$$C^2H^4I^2 + 2\,HI = C^2H^6 + 2\,I^2, \text{ dégage} : \; + 20\,800;$$

mais le dernier agent développe une réaction plus nette, puisqu'il ne détermine pas la formation de l'acide carbonique.

7. En résumé, l'acide iodhydrique libre et gazeux, ou très concentré, est préférable dans tous les cas à l'hydracide déjà combiné.

C. — DÉCOMPOSITION SPONTANÉE DE L'ACIDE IODHYDRIQUE.

1. La grandeur des quantités de chaleur dégagées par l'action de l'hydrogène sur les principes organiques et la petitesse des quantités mises en jeu par le dédoublement du gaz iodhydrique ne suffisent pas pour expliquer l'efficacité singulière de ce réactif. Il faut encore faire intervenir sa décomposition spontanée, à la température des expériences, et la limite apportée à cette décomposition par la présence de l'hydrogène libre. En effet, l'acide iodhydrique commence à se résoudre en ses éléments entre 200 et 300 degrés. Il agit donc vers ces températures comme une source d'hydrogène naissant. Ce n'est pas tout : l'acide iodhydrique gazeux, en se décomposant, manifeste des phénomènes de dissociation ([2]). Entre l'iode, l'hydrogène et l'acide iodhydrique, il s'établit un certain équilibre, variable avec la température et diverses autres conditions. Cet équilibre a pour effet, soit d'arrêter la décomposition de l'hydracide à un certain terme, dans le cas où l'on opère sur l'acide préexistant; soit de limiter la combinaison de l'iode et de l'hydrogène au terme complémentaire, dans le cas où l'on opère sur les éléments libres.

2. L'hydrogène, qui tend ainsi à devenir libre, s'unit avec une extrême facilité aux principes organiques, soit pour les saturer

---

([1]) *Annales de Chimie et de Physique*, 4e série, t. III, p. 211.
([2]) HAUTEFEUILLE, *Bulletin de la Société chimique*, 2e série, t. VII, p. 203.

d'hydrogène, soit pour se substituer au chlore ou à l'oxygène. Mais, l'hydrogène étant absorbé, il tend à s'en produire une nouvelle proportion, et il en est ainsi jusqu'à ce que le principe organique ne puisse plus prendre aucune portion d'hydrogène. Celui-ci devient alors libre réellement et se met en équilibre définitif avec l'iode et l'hydracide, de façon à arrêter la décomposition. La réduction du principe organique et la décomposition de l'hydracide sont donc corrélatives.

3. Il en est autrement des réactions capables de dégager l'hydrogène sans limite, telle que celle des métaux alcalins sur les solutions aqueuses, ou bien celle du fer et du zinc sur les liqueurs acides. En effet, dans ces dernières réactions, tout l'hydrogène peut se trouver dégagé avant que le principe organique soit complètement réduit, les deux phénomènes étant indépendants. On conçoit donc que cette classe de réactions hydrogénantes soit moins efficace que celle de l'acide iodhydrique.

4. Ce n'est pas d'ailleurs la seule différence entre l'action de l'acide iodhydrique et celle des métaux alcalins. D'abord ceux-ci ne fournissent pas l'hydrogène par eux-mêmes au principe organique ; leur influence hydrogénante ne s'exerce qu'avec le concours de l'eau, ou bien encore aux dépens des éléments du principe organique. En outre, l'expérience prouve que les métaux alcalins, en agissant directement sur les principes oxygénés, à 200 degrés, et souvent dès la température ordinaire, déterminent la formation de divers acides organiques, et par suite la séparation du carbone sous des formes multiples. Au contraire, l'action de l'acide iodhydrique est essentiellement hydrogénante, sans complications accessoires.

5. Pour achever de définir l'état d'équilibre entre l'hydrogène, l'iode et l'acide iodhydrique, il est nécessaire d'ajouter que cette limite change avec la nature des corps étrangers mis en présence. C'est ce que j'ai observé dans les réductions de principes organiques différents, en opérant avec un même poids d'acide également concentré, renfermé dans des tubes de même nature et de même capacité, chauffés à la même température et pendant le même temps, enfin la quantité d'hydrogène cédé au principe organique étant la même. Par exemple, la quantité d'hydrogène qui devient libre est beaucoup plus petite lorsque l'on opère avec la

benzine, finalement changée en hydrure d'hexyle, que lorsque l'on opère sur le toluène, changé en hydrure d'heptyle, et sur les carbures homologues : tous ces carbures fixent cependant la même quantité d'hydrogène, 6 atomes. De même la réduction des corps de la série grasse met en liberté moins d'hydrogène que la réduction des carbures pyrogénés, toutes choses égales d'ailleurs. Ces circonstances semblent indiquer que la décomposition de l'acide iodhydrique est plus compliquée qu'une simple dissociation, l'hydrogène et l'iode mis en liberté à une haute température étant en proportion variable pour un même poids d'hydracide.

6. Une telle diversité prouve en outre que l'hydrogène et l'iode mis en liberté dans les conditions ci-dessus ne se recombinent pas en totalité pendant la période du refroidissement. La portion recombinée doit même être peu considérable, si l'on observe que la tension de l'hydrogène libre dans les tubes atteint et dépasse parfois 40 atmosphères, à la température ordinaire. A 280 degrés, le poids de l'hydrogène libre dans les mêmes tubes ne doit guère être plus grand, attendu que le poids précédent répondrait à une tension de 80 atmosphères environ à 280 degrés; tandis que la limite de résistance des tubes est voisine de 100 atmosphères. Il paraît donc que l'iode et l'hydrogène, en équilibre de dissociation avec l'acide iodhydrique vers 280 degrés, ne se recombinent guère pendant le refroidissement. J'attribue cette anomalie à l'union de l'iode avec l'hydracide lui-même et à sa dissolution dans la liqueur aqueuse : union et dissolution qui n'auraient pas lieu vers 280 degrés, mais seulement à une température plus basse et pendant la durée du refroidissement.

D. — RÉDUCTION DES PRINCIPES ORGANIQUES.

Montrons comment les faits précédents trouvent leur application dans l'étude de la réduction des principes organiques. Trois circonstances générales dominent cette réduction, savoir : la température, la concentration de l'hydracide, enfin le rapport entre le poids du principe organique et celui de l'hydracide nécessaire pour le réduire complètement.

1. *Température.* — La température varie suivant les réductions que l'on cherche à produire, depuis la température ordinaire jusqu'au rouge sombre. Mais les réductions extrêmes ne se produisent

guère avant 270 à 280 degrés : ce qui s'explique, car c'est seulement vers cette température que la décomposition spontanée de l'acide iodhydrique (commencée un peu plus bas) devient considérable.

2. *Concentration.* — C'est surtout l'hydracide au maximum de concentration qui produit les réductions et spécialement les réductions extrêmes, quoique les réductions intermédiaires puissent être obtenues avec un acide moins concentré. Par exemple, la transformation de la benzine en hydrure d'hexyle ne se produit guère qu'avec une solution d'hydracide saturée à froid, d'une densité double de l'eau et employée en grand excès ; un acide dont la densité est seulement égale à 1,7 demeure sans action sensible.

Or cette différence entre les réactions de l'acide iodhydrique, suivant la concentration, résulte évidemment de la différence entre les quantités de chaleur absorbées dans sa décomposition. Nous avons vu que la décomposition d'une solution très étendue d'hydracide absorbe jusqu'à 16000 calories par équivalent ; tandis que la décomposition du gaz, en présence d'une solution saturée, n'absorbe que 400 calories. A mesure que la solution devient plus étendue, le travail nécessaire pour opérer la décomposition de l'hydracide augmente continuellement. Mais les réductions directes n'ont point lieu en général avec absorption de chaleur ; il faut donc que l'action réductrice produite par l'hydrogène dégage une quantité de chaleur d'autant plus grande que la solution d'hydracide est plus étendue ; cette quantité devra même dépasser 16000 calories pour chaque atome d'hydrogène emprunté à une solution très étendue. Au contraire, dans une solution saturée et en présence d'un excès de gaz, les effets thermiques dus à la décomposition de l'hydracide concourent avec ceux qui sont dus à l'action de l'hydrogène (supposé libre) sur le principe organique.

3. *Proportion relative.* — De là résulte une nouvelle conséquence pratique : la nécessité d'employer, pour opérer les réductions, un grand excès d'hydracide, relativement à la quantité nécessaire d'après les équivalents théoriques. En effet, à mesure que l'acide se détruit par le fait même de la réaction, la richesse de la solution aqueuse en hydracide diminue ; si l'on n'emploie pas un grand excès de réactif, cette richesse ne tarde pas à s'abaisser au-dessous de la proportion indispensable pour la réaction.

La nécessité d'un tel excès résulte encore des conditions spéciales d'équilibre entre l'hydrogène, l'iode et l'acide iodhydrique, puisque l'iode mis en liberté par suite d'une décomposition commençante s'oppose à la décompositien ultérieure. Non seulement l'iode exerce cette influence parce qu'il tend à s'unir avec l'hydrogène libre, mais l'iode tend aussi à s'unir avec l'hydrogène combiné dans les corps organiques pour reproduire l'acide iodhydrique.

La réaction entre l'acide iodhydrique et le corps organique s'arrêtera donc, en général, si l'on n'emploie pas un certain excès d'acide iodhydrique. Elle s'arrêtera, toutes choses égales d'ailleurs, d'autant plus vite que le rapport entre le poids du corps attaqué par l'hydracide et le poids de l'hydracide lui-même sera plus voisin de celui qui répondrait à une réaction théorique exprimée par les seuls équivalents. Un excès plus ou moins grand, mais toujours considérable, de l'hydracide devra être employé dans les réductions.

L'expérience confirme ces inductions :

Par exemple, 12 parties en poids d'une solution saturée à froid d'acide iodhydrique suffisent pour changer une partie d'alcool en hydrure d'éthyle ;

Tandis que 50 à 60 parties d'hydracide sont nécessaires pour obtenir le même carbure avec 1 partie d'acide acétique ;

60 à 80 parties d'hydracide sont nécessaires pour accomplir l'hydrogénation de 1 partie de benzine ;

80 à 100 parties d'hydracide sont nécessaires pour 1 partie de naphtaline ;

Cette dernière proportion est à peine suffisante avec l'acénaphtène, l'anthracène et l'indigo ;

Enfin la même proportion ne produit plus qu'une transformation partielle (60 à 70 centièmes) avec les matières ulmiques, la houille et le charbon de bois.

Les chiffres qui précèdent établissent la nécessité d'un excès notable d'hydracide pour opérer les réductions ; ils montrent en même temps que cet excès varie suivant les corps mis en expérience.

4. Précisons ces considérations par quelques calculs numériques. Comparons d'abord les métamorphoses des corps oxygénés, alcools, aldéhydes et acides.

1° La transformation de l'alcool en hydrure d'éthyle,

$$C^2H^6O + H^2 = C^2H^6 + H^2O,$$

exige 2 atomes d'hydrogène; elle dégage 22500 calories. Il faut donc, pour que la réaction soit possible (abstraction faite des conditions spéciales de dissociation), que la décomposition de chaque équivalent d'hydracide dissous n'absorbe pas plus de 11200 calories, lesquelles en absorbent 13200, l'iode supposé solide, et un chiffre presque identique avec l'iode dissous. La réduction n'est donc pas praticable avec des solutions étendues. Mais la concentration correspondant à ce chiffre 11200 n'est probablement pas excessive, ainsi que nous allons le vérifier.

En effet, cette concentration représente, non le titre initial de la solution iodhydrique, mais son titre final : autrement, la réaction ne pourrait pas aller jusqu'au bout. Or la transformation d'une partie d'alcool en hydrure d'éthyle répond à la destruction de $5\frac{1}{2}$ parties d'acide iodhydrique anhydre, c'est-à-dire de 8 parties d'une solution saturée à froid. Par conséquent le titre des 12 parties de la solution mise en expérience (*voir* plus haut) a dû s'abaisser des deux tiers environ, en tenant compte de la richesse initiale de cette solution.

2° La transformation de l'aldéhyde en hydrure d'éthyle,

$$C^2H^4O + 2H^2 = C^2H^6 + H^2O : +39,900 \text{ (tout gaz)},$$
$$\text{»} \qquad\qquad\qquad : +44,800 \text{ (aldéhyde et eau liquide)},$$

dégage 38000 calories pour 4 atomes d'hydrogène, soit 9500 par atome. Pour cette réduction, il faudra donc employer un hydracide un peu plus concentré que pour la précédente, et tel que la chaleur dégagée lors de la dissolution du gaz iodhydrique ne dépasse pas 9500 calories.

3° La transformation de l'acide acétique en hydrure d'éthyle réalisée par expérience :

$$C^2H^4O^2 + 3H^2 = C^2H^6 + 2H^2O : +44,100 \text{ (acide et eau liquide)},$$

dégage 50000 calories, soit 7400 par atome d'hydrogène.

L'acide butyrique liquide changé en hydrure de butyle (réaction expérimentale) dégage 45200 calories, soit 7500 par atome d'hydrogène.

Enfin l'acide succinique solide changé soit en acide butyrique (par expérience) liquide +137000, soit en hydrure de butyle gaz (par expérience) dégage +81800, c'est-à-dire presque la même quantité de chaleur par chaque atome d'hydrogène, soit +6200 et +6800 respectivement.

Toutes ces réductions devront être opérées avec un acide de

concentration assez considérable pour que la dissolution de chaque équivalent d'hydracide gazeux n'ait pas dégagé plus de 5000 calories environ. On comprend donc qu'il faille employer un acide beaucoup plus concentré pour ces réductions que pour celles des alcools.

La concentration initiale devra être plus grande encore qu'il ne le semblerait d'abord; attendu que les raisonnements ci-dessus, s'appliquent à la concentration finale : autrement, la réaction ne pourrait pas être poussée jusqu'au bout. Or la transformation d'une partie d'acide acétique en hydrure d'éthyle détruit environ 13 parties d'acide iodhydrique anhydre; ce qui abaisse le titre de la solution de près d'un tiers, dans le cas où l'on met 50 à 60 parties d'hydracide saturé à froid en présence d'une partie d'acide acétique.

5. Mêmes raisonnements pour l'hydrogénation comparée des divers carbures d'hydrogène.

1° Les changements de l'acétylène en éthylène,

$$C^2H^2 + H^2 = C^2H^4 : +43500$$

et de l'éthylène en hydrure d'éthyle,

$$C^2H^4 + H^2 = C^2H^6 : +37900$$

dégagent 21700; soit 19000 respectivement pour chaque atome d'hydrogène fixé. Ils seront donc possibles, même avec des solutions étendues d'hydracide.

2° Soit, maintenant, la transformation de la benzine en hydrure d'hexyle, réalisable par expérience,

$$C^6H^6 + 4H^2 = C^6H^{14} \text{ (tout liquide)},$$

elle dégage 61700 calories, soit 7700 par atome d'hydrogène; elle exigera donc l'emploi d'un hydracide très concentré. Rappelons qu'il s'agit toujours ici de la concentration finale des liqueurs. Or le changement de la benzine en hydrure d'hexyle détruit, comme nous l'avons établi plus haut, 14 parties d'hydracide sec; ce qui réduit à peu près d'un quart le titre de la solution, en supposant que l'on ait employé 80 parties de ladite solution saturée.

Cette concentration doit être à peu près la même, soit pour la benzine, soit pour les acides acétique et butyrique.

Au contraire, il y a une grande différence entre l'aptitude de la benzine et celle de l'acétylène à être saturés d'hydrogène, différence d'autant plus remarquable que les deux carbures ont la même composition centésimale et que le poids absolu de l'hydrogène fixé est $1\frac{1}{2}$ fois plus grand pour un certain poids d'acétylène que pour le même poids de benzine. Il est facile de vérifier par expérience cette inégalité, en étudiant comparativement la réaction de l'hydracide soit sur la benzine, soit sur l'iodhydrate d'acétylène, lequel est réduit bien plus aisément.

3° La métamorphose de la naphtaline en hydrures saturés détruit 16 à 18 fois son poids d'hydracide; ce qui diminue d'un cinquième le titre de la liqueur (en supposant que l'on emploie 100 parties de celle-ci au début).

4° La proportion d'hydracide détruit par l'anthracène et l'acénaphtène est à peu près la même, sous le même poids, qu'avec la naphtaline. Cependant l'expérience montre qu'il faut augmenter la proportion de l'hydracide, c'est-à-dire élever le titre final que la dissolution doit conserver à la fin de la réaction, pour que celle-ci s'effectue complètement.

Cette élévation du titre final est plus marquée encore avec l'indigo et les matières ulmiques ou charbonneuses.

6. Dans ce qui vient d'être dit, nous n'avons pas tenu compte de l'hydrogène libre, qui se produit dans le cours des expériences et dont la formation diminue encore le titre final de la solution iodhydrique. Mais cette formation ne change rien au sens des résultats généraux qui viennent d'être énoncés; elle tend plutôt à les exagérer. En effet, on peut observer par expérience que la proportion d'hydrogène libre est ordinairement d'autant plus grande, pour un même poids d'hydracide mis en expérience, que le corps organique exige lui-même une plus grande quantité d'hydrogène pour être saturé. Ces faits sont très dignes d'intérêt; ils concourent à montrer qu'en général le titre iodhydrique de la solution, à la fin de l'expérience, doit être d'autant plus élevé, et par conséquent la proportion initiale de l'excès d'hydracide d'autant plus considérable, que le composé mis en expérience doit fixer un nombre plus considérable d'équivalents d'hydrogène pour être saturé.

7. Les remarques précédentes s'appliquent spécialement aux carbures pyrogénés; elles s'accordent avec les conditions générales de leur formation. J'ai montré (¹), en effet, que la production de la

---

(¹) *Ann. de Chim. et de Phys.*, 4ᵉ série, t. XII, p. 80. — *Voir* les nombres donnés au Tome II du présent Ouvrage, p. 6.

benzine au moyen de l'acétylène est accompagnée par un dégagement de chaleur considérable +163000 (état gazeux). Il en est de même dans la formation de la plupart des carbures pyrogénés (¹), tels que le styrolène, la naphtaline, l'anthracène, l'acénaphtène, obtenus par la réaction directe des carbures plus simples et spécialement par la réaction de l'acétylène sur la benzine (styrolène), sur le styrolène (naphtaline), sur la naphtaline (acénaphtène); par la réaction de la benzine sur le styrolène (anthracène), etc. Toutes ces réactions directes entre l'acétylène et les autres carbures sont accompagnées par des dégagements de chaleur. Une telle conclusion est corroborée par la stabilité croissante des carbures condensés; car les composés sont d'ordinaire d'autant plus stables, toutes choses égales d'ailleurs, que la quantité de chaleur dégagée dans leur formation a été plus grande.

Par suite, la saturation des carbures pyrogénés par l'hydrogène et leur changement en carbures saturés doivent répondre à des dégagements de chaleur de plus en plus faibles, à mesure que lesdits carbures deviennent plus compliqués. Ces dégagements de chaleur seront moindres, dans tous les cas, que les dégagements qui répondraient à la saturation hydrogénée des carbures plus simples, tels que l'acétylène, attendu que ces derniers sont capables de fournir les carbures complexes par synthèse directe et avec production de chaleur.

On comprend dès lors, en se reportant aux considérations développées plus haut, qu'il faudra un excès croissant de la solution concentrée d'acide iodhydrique pour saturer d'hydrogène la naphtaline, l'anthracène et l'acénaphtène; ce que l'expérience vérifie.

8. Les mêmes considérations s'appliquent aux matières ulmiques et charbonneuses.

* D'après les recherches que j'ai faites avec M. Matignon (²), la transformation du sucre en acide humique, pour citer un exemple précis, est accompagnée par un dégagement de chaleur; il en est probablement de même des autres réactions analogues, dans lesquelles les matières ulmiques prennent naissance, en vertu d'une déshydratation et d'une condensation moléculaires simultanées.

(¹) *Ann. de Chim. et de Phys.*, t. IX, p. 472, et surtout t. XII, p. 94. — Tome II du présent Ouvrage, p. 6.

(²) *Ann. de Chim. et de Phys.*, 6ᵉ série, t. XXV, p. 408-411; 1891.

Il résulte de là que la chaleur de combustion des matières ulmiques doit être en général moindre que celle des corps moins condensés dont ils dérivent par déshydratation. il en résulte encore que le retour des composés ulmiques aux composés saturés d'hydrogène doit être de plus en plus difficile, parce que la réaction de l'hydrogène sur les composés ulmiques est de moins en moins capable de dégager la quantité de chaleur nécessaire pour décomposer l'acide iodhydrique étendu. Ainsi s'explique la nécessité d'employer 100 parties, et au delà, de la solution saturée d'hydracide, pour transformer en carbures saturés l'ulmine, la houille, le charbon de bois.

On voit par les développements précédents comment il est possible de rendre compte, à l'aide de considérations thermochimiques, des circonstances générales que j'ai observées en étudiant les réactions de l'acide iodhydrique sur les matières organiques.

9. Je pourrais entrer dans plus de détails et examiner non seulement les résultats définitifs des réactions, mais aussi les produits successifs auxquels elles donnent naissance. En effet, on observe des résultats assez différents, suivant la marche graduelle des réductions. Tantôt les réactions successives d'hydrogénation dégagent progressivement la somme des quantités de chaleur qui correspondent à une saturation totale d'hydrogène.

Tantôt, au contraire, la première réaction de l'acide iodhydrique donne lieu à un dégagement de chaleur très considérable, et qui représente un chiffre presque égal à la somme totale des dégagements successifs. Ces phénomènes se présentent, lorsque l'on fait agir l'acide iodhydrique sur les corps transformables en substances ulmiques par les acides, par exemple sur les sucres ou sur le ligneux ; ou bien encore sur les carbures susceptibles de polymérie, par exemple sur le térébenthène. Enfin, il arrive que les premiers composés iodés, formés avec dégagement de chaleur, sont susceptibles de dissociation, lorsqu'on les porte à la température de 280°, condition dans laquelle l'hydrogénation ultime n'est exothermique qu'à partir des produits de cette dissociation initiale.

Dans les cas de cette espèce, il est bien plus difficile de saturer d'hydrogène le produit formé tout d'abord. Il est clair que cette difficulté ne saurait être appréciée exactement, tant que l'on se borne à établir une relation directe entre le corps primitif et le produit final saturé d'hydrogène. Il est d'ailleurs facile de vérifier l'exactitude des relations que je signale dans un certain nombre de faits spéciaux, bien que nous manquions, dans la plupart des cas, des données nécessaires au calcul rigoureux de ces effets successifs et des prévisions qui en sont les conséquences. Aussi suffira-t-il d'avoir indiqué la marche générale des phénomènes.

Le moment est venu d'exposer les résultats fournis par la méthode universelle d'hydrogénation. Je rappellerai que ces résultats et les expériences qui y conduisent ont été publiés avec développement dans le *Bulletin de la Société chimique de Paris,* où ils occupent plusieurs centaines de pages (*Série grasse,* t. VII, p. 53; 1867; et t. IX, p. 14, 1868. *Série aromatique,* t. IX, p. 16 et 61; t. X, p. 192; 1868. *Corps azotés,* t. IX, p. 178; et t. X, p. 192. *Carbures complexes et polymères,* t. IX, p. 265; 1868; t. XI, p. 4; 1869. *Série camphénique,* t. XI, p. 15, 98, 187; 1869. *Matières charbonneuses,* t. XI, p. 279). Cette publication a été complétée par l'exposé détaillé des méthodes d'analyse et des considérations thermochimiques présentées dans les *Annales de Chimie et de Physique,* 4ᵉ série, t. XX. Le tout est reproduit dans le présent Ouvrage.

CHAPITRE VII.

HYDROGÉNATION TOTALE DE LA BENZINE ET DES COMPOSÉS AROMATIQUES ([1]).

1. J'ai fait connaître, il y a dix ans, une méthode universelle pour réduire et saturer d'hydrogène les composés organiques. Cette méthode est fondée sur l'emploi de l'acide iodhydrique en solution aqueuse saturée à froid, employé en grand excès, à une température de 275 à 280 degrés, pendant un temps très considérable.

J'ai montré que cette méthode, appliquée aux composés de la série aromatique, aussi bien qu'aux composés de la série grasse, fournit la suite des termes d'une hydrogénation successive, jusqu'à la limite extrême des carbures forméniques ou saturés, limite plus difficile cependant à atteindre avec les composés de la série aromatique. C'est ainsi ([2]) que la benzine, pivot fondamental de la série aromatique, a pu être transformée en un carbure saturé, sensiblement unique, volatil à 69 degrés, et dont la composition et les propriétés sont les mêmes que celles de l'hydrure d'hexyle retiré des pétroles d'Amérique par MM. Pelouze et Cahours.

$$C^6 H^6 + 4 H^2 = C^6 H^{14}.$$

Ce résultat a été contrôlé par la détermination de l'iode mis en liberté, c'est-à-dire de l'hydrogène fixé sur la benzine (*voir* plus loin).

2. La formation de l'hydrure d'hexyle au moyen de la benzine est précédée par celle de divers termes intermédiaires que j'avais signalés brièvement et sans m'y attacher, étant principalement occupé de définir la limite extrême de l'hydrogénation.

([1]) *Ann. de Chim. et de Phys.*, 5ᵉ série, t. XV, p. 150; 1878.
([2]) *Bulletin de la Société chimique*, t. IX, p. 17. — Le présent Volume, plus loin.

Un passage aussi net de la série aromatique à la série grasse a paru difficile à concevoir pour plusieurs chimistes, en raison des idées théoriques qu'ils s'étaient faites sur la constitution exceptionnelle de la benzine et de ses dérivés. Deux théories précises ont même été successivement formulées à cet égard. D'après l'une d'elles, les carbures benzéniques (et leurs dérivés) pourraient seulement fixer une dose d'hydrogène proportionnelle au nombre d'équivalents méthyliques qui sont venus s'ajouter à la benzine. Ainsi :

La benzine........... C^7H^6 ne pourrait fixer d'hydrogène.
La méthylbenzine..... C^7H^8 en fixerait 2 atomes.......... $C^{14}H^8.H^2$
La diméthylbenzine... C^8H^{10} en fixerait 4 atomes... ...... $C^{16}H^{13}.2H^2$
La triméthylbenzine... C^9H^{18} en fixerait 6 atomes.... .... $C^{18}H^{12}.3H^2$

Mais ce dernier terme constituerait une barrière infranchissable, l'hydrogène et le méthyle ayant garni symétriquement les six sommets de l'hexagone conventionnel, sur lequel ces théoriciens répartissent les éléments de la benzine.

Les auteurs de cette théorie n'ont évidemment pas appliqué les méthodes d'hydrogénation d'une façon suffisamment énergique. Aussi la théorie a-t-elle été abandonnée au bout de peu de temps, à la suite d'expériences poussées plus avant.

Une autre théorie, exposée plus récemment, ne reconnaît pas la même gradation; mais elle prétend également assigner 6 atomes d'hydrogène comme la limite suprême de l'hydrogénation, limite réputée applicable cette fois à la benzine elle-même; les auteurs n'ayant pas réussi à la franchir en traitant les carbures aromatiques par l'acide iodhydrique; insuccès qui résulte, comme je vais le démontrer, d'une application insuffisante de la méthode.

3. Dans cet état des choses, il m'a paru utile de faire de nouvelles expériences, afin de préciser davantage les degrés successifs et les conditions exactes de l'hydrogénation des carbures aromatiques. Je me suis attaché à la benzine, noyau fondamental de cette série; c'est, en outre, l'un des corps qui résistent le mieux aux agents réducteurs comme aux agents oxydants; j'ai d'ailleurs ménagé les effets, en faisant varier les proportions relatives d'hydracide et les conditions des expériences, de façon à obtenir les produits intermédiaires. Je décrirai mes expériences avec quelque détail, en raison de l'importance du sujet.

4. J'ai disposé un certain nombre de tubes, renfermant chacun 20 centimètres cubes d'acide iodhydrique saturé (densité $= 2,05$) et $0^{cc},6$ de benzine cristallisable. On a chauffé à 270 degrés pendant vingt heures.

Cela fait, ces tubes ont été ouverts, le carbure décanté, puis agité à froid avec 3 à 4 volumes d'acide azotique fumant. Cette opération a réduit le produit aux deux tiers environ.

On l'a fait digérer ensuite à une douce chaleur sur de l'étain, en présence de l'acide chlorhydrique étendu, afin de séparer les dernières traces de nitrobenzine; puis on a rectifié le carbure; on l'a séché avec un fragment de potasse fondue, et distillé une dernière fois.

L'analyse de ce produit a fourni :

$$ \left. \begin{array}{l} C\dots\dots\dots\dots\dots\dots\dots\dots\dots\; 86,5 \\ H\dots\dots\dots\dots\; \dots\dots\dots\dots\; 13,7 \end{array} \right\} 100,2 $$

Cette composition est intermédiaire entre celle des deux carbures C^6H^{10} et C^6H^{12} :

$$ C^6H^{10} \left\{ \begin{array}{l} C\; \dots\dots\; 87,8 \\ H\dots\dots\dots\; 12,2 \end{array} \right. \qquad C^6H^{12} \left\{ \begin{array}{l} C\dots\dots\dots\; 85,7 \\ H\dots\dots\; .\; 14,3 \end{array} \right. $$

5. L'action étant demeurée incomplète, le produit a été traité par le brome pendant quelques instants, de façon à attaquer les carbures les plus altérables; l'excès de brome enlevé, en agitant avec de l'acide sulfureux dissous; le carbure séché par la potasse solide, et le produit rectifié avec un thermomètre.

Ce produit s'est, en effet, comporté comme un mélange, qui distillait depuis $68°,5$ jusqu'à 77 degrés. La portion volatile entre $68°,5$ et 72 degrés s'élevait à plus de moitié de la masse. Elle a fourni dans deux analyses :

$$ \left. \begin{array}{l} C\dots\dots\; 85,5 \\ H\dots\dots\; 14,8 \end{array} \right\} 100,3 \qquad\qquad \left. \begin{array}{l} C\dots\dots\; 85,3 \\ H\dots\dots\; 14,8 \end{array} \right\} 100,1 $$

Ces nombres sont très voisins de la composition C^6H^{12}; cependant le carbure qui les fournit est accompagné par un corps moins hydrogéné. En effet, la seconde partie, volatile entre 72 et 77 degrés, et qui s'élevait au quart de la masse, a fourni :

$$ \left. \begin{array}{l} C\dots\dots\dots\dots\dots\dots\dots\dots\; 86,35 \\ H\dots\dots\dots\dots\dots\dots\dots\dots\; 13,49 \end{array} \right\} 99,84 $$

6. J'ai rassemblé la matière qui restait après ces essais; je l'ai

réunie au produit d'une nouvelle opération, exécutée avec la benzine et l'acide iodhydrique. Le tout a été distribué dans des tubes, avec de l'acide iodhydrique saturé à froid, puis chauffé une seconde fois vers 280 degrés, pendant un jour entier.

Les produits ainsi obtenus ne cèdent plus rien à l'acide azotique fumant. La rectification les sépare encore en diverses portions, volatiles depuis 68°,5 jusqu'à 75 degrés. La portion qui distille entre 68°,5 et 70 degrés a fourni, dans deux analyses :

$$C\dots\dots 85{,}05 \atop H\dots\dots 15{,}19 \Big\}\ 100{,}24 \qquad C\dots\dots 84{,}94 \atop H\dots\dots 15{,}01 \Big\}\ 99{,}95$$

Cette composition est intermédiaire entre $C^{12}H^{12}$ et C^6H^{14}.

$$C^6H^{12}\dots \Big\{ {C\dots\dots 85{,}7 \atop H\dots\dots 14{,}3} \qquad C^6H^{14}\dots \Big\{ {C\dots\dots 83{,}7 \atop H\dots\dots 16{,}3}$$

Le produit résiste à une réaction de courte durée, exercée tant par l'acide azotique fumant que par le brome. L'acide sulfurique fumant l'altère lentement, mais très sensiblement.

7. L'ensemble des carbures obtenus dans l'opération précédente a été réuni et traité une troisième fois par l'acide iodhydrique en solution saturée à froid. On a chauffé les tubes à 280 degrés, pendant vingt-quatre heures. Le carbure obtenu cette fois passait entièrement entre 68°,5 et 70 degrés. Son analyse a donné (dans deux déterminations) :

$$C\dots\dots 84{,}32 \atop H\dots\dots 15{,}70 \Big\}\ 100{,}02 \qquad C\dots\dots 84{,}21 \atop H\dots\dots 15{,}69 \Big\}\ 99{,}90$$

Cette composition est trop voisine de celle de l'hydrure d'hexyle C^6H^{14}, et trop éloignée de celle du carbure $C^{12}H^{12}$, pour laisser place à un doute. Cependant le carbure obtenu renfermait encore une petite quantité d'un corps moins hydrogéné ([1]).

8. La réduction de la benzine donne donc réellement naissance au carbure saturé C^6H^{14}. Mais cette réduction s'opère en passant par des termes intermédiaires, tels que C^6H^8; C^6H^{10}; C^6H^{12}; termes qui répondent aux divers chlorures de benzine et de toluène signalés jusqu'ici par les auteurs.

([1]) Peut-être y a-t-il là quelque limite d'équilibre entre l'hydrogène dégagé de l'acide iodhydrique et l'hydrogène fixé sur le carbure.

Je rappellerai d'ailleurs que j'ai moi-même réussi à fixer 2 équivalents d'hydrogène sur la benzine, au moyen de l'effluve électrique, le carbure résultant se transformant à mesure en polymères ([1]). Ces hydrures de benzine et leurs homologues se retrouveront probablement dans certaines huiles de schistes et de pétrole. Leurs points d'ébullition sont intermédiaires entre celui de la benzine, 80 degrés, et celui de l'hydrure d'hexyle, 69 degrés.

Ces divers carbures sont d'autant plus stables qu'ils renferment une dose d'hydrogène plus considérable. Les carbures non saturés qui dérivent de la benzine se distinguent même des carbures isomères, acétyléniques $C^n H^{2n-2}$, et éthyléniques $C^n H^{2n}$, par une résistance bien plus grande à l'action du brome, aussi bien qu'à l'action des acides azotique et sulfurique fumants. Dès l'origine de mes recherches sur la méthode universelle d'hydrogénation, et dans mes premières publications j'avais signalé de tels caractères ([2]) pour l'hydrure de terpilène, $C^{10} H^{20}$, dérivé de la série camphénique. M. Landolph, au cours de ses essais exécutés dans mon laboratoire sur l'essence d'anis et sur les carbures $C^n H^{2n-2}$ qui en dérivent, a rencontré des hydrures intermédiaires du même genre. Mais leur étude a été poursuivie principalement par M. Wreden, dans ses recherches sur les carbures $C^n H^{2n}$, dérivés de l'acide camphorique et de la naphtaline.

* Depuis ce sujet a été fort approfondi par M. Baeyer, et divers autres chimistes ([3]).

9. Si la formation de ces hydrures de benzine successifs, de plus en plus stables, de plus en plus voisins des carbures complètement saturés, semble difficile à concilier avec la formule hexagonale de la benzine, elle s'explique, au contraire, aisément par la *Théorie des saturations relatives* ([4]), théorie qui rend compte, de la façon la plus précise, des limites de saturation propres à la benzine, au

---

([1]) *Annales de Chimie et de Physique,* 5ᵉ série, t. X, p. 66. — Le présent Ouvrage, t. II, p. 341.

([2]) *Bulletin de la Société chimique,* t. XI, p. 19.

([3]) *Voir* les déterminations thermochimiques relatives à ces hydrures de benzine, dans ma *Thermochimie : Données et lois numériques,* t. II, p. 415 et 416; 1899. — Tome II du présent Ouvrage, p. 6.

([4]) *Bulletin de la Société chimique,* t. VII, p. 315. — Le présent Ouvrage, t. I, p. 92, 98, 102; t. II, p. 180, 512 et *passim.*

styrolène, à la naphtaline, et aux autres carbures pyrogénés. Je rappellerai qu'elle consiste à envisager, dans un carbure complexe, le carbure fondamental qui tend à être saturé, soit par l'hydrogène, soit par des carbures subordonnés.

Prenons, comme point de départ de nos raisonnements l'expérience qui consiste à faire la synthèse de la benzine par la condensation directe de 3 molécules d'acétylène,.

$$3\,C^2H^2 = C^6H^6,$$

et envisageons la benzine comme dérivée d'une molécule fondamentale d'acétylène, carbure incomplet du second ordre qui se trouve saturé par deux autres molécules d'acétylène ; celles-ci étant subordonnées à la première, au même titre que l'hydrogène dans le tétrahydrure d'acétylène (autrement dit *hydrure d'éthylène*) :

Acétylène...............	$C^2H^2(-)[-]$.
Tétrahydrure d'acétylène ..	$C^2H^2(H^2)[H^2]$.
Benzine	$C^2H^2(C^2H^2)[C^2H^2]$.

La molécule fondamentale étant ainsi saturée au sein de la benzine ([1]), on s'explique pourquoi ce corps se comporte à la façon du formène dans la plupart des réactions.

Je dis *dans la plupart,* et non dans *toutes.* En effet, les 2 molécules d'acétylène subordonnées peuvent à leur tour et séparément fixer soit de l'hydrogène, soit du chlore, en engendrant les quatre carbures suivants et leurs dérivés :

$C^2H^2(C^2H^2)[C^2H^4]$	ou	$C^6H^8,$
$C^2H^2(C^2H^2)[C^2H^6]$	ou	$C^6H^{10},$
$C^2H^2(C^2H^4)[C^2H^6]$	ou	$C^6H^{12},$
$C^2H^2(C^2H^6)[C^2H^6]$	ou	$C^6H^{14}.$

Tous ces carbures doivent offrir les mêmes caractères de stabilité et de saturation relatives que la benzine, la molécule fondamentale d'acétylène s'y trouvant pareillement complétée par deux carbures

---

([1]) Observons que l'on a supposé ici 1 molécule d'acétylène fondamentale et 2 molécules subordonnées, pour la commodité du raisonnement. Mais il est facile de concevoir aussi que les 3 molécules d'acétylène puissent jouer un rôle symétrique, chacune d'elles étant envisagée comme saturée par les deux autres. Cette conception semble même mieux en harmonie avec les isoméries des dérivés de la benzine : elle ne changerait rien au fond aux déductions développées dans le texte sur la possibilité de compléter séparément 3 molécules d'acétylène, réunies dans la benzine, en les combinant avec H, 2 H², 3 H² et 4 H².

. complémentaires. Mais le corps inscrit sur la dernière ligne est le seul dans lequel les deux molécules subordonnées se trouvent aussi complétées par de l'hydrogène : c'est donc le seul qui puisse jouer le rôle de carbure absolument saturé.

10. Quoi qu'il en soit, les expériences que je viens de décrire prouvent que l'action suffisamment intense et prolongée de l'acide iodhydrique ramène tous ces carbures à la composition des carbures absolument saturés, tels que l'hydrure d'hexylène C^6H^{14}, volatil vers 69 degrés : composé que j'avais signalé dès mes premiers travaux comme le terme ultime de l'hydrogénation de la benzine. Ce terme de saturation est identique, d'ailleurs, pour la série grasse et pour la série aromatique.

CHAPITRE VIII.

REMARQUES SUR LA MÉTHODE UNIVERSELLE D'HYDROGÉNATION ([1]).

Les recherches dernières, relatées dans le Chapitre précédent, avaient été précédées par la publication de deux Notes dans le *Bulletin de la Société chimique* en 1868 et 1876. Il me paraît utile de résumer ces Notes, pour montrer les difficultés que présente cet ordre de recherches, et comment on est exposé à n'obtenir que des résultats incomplets, en n'appliquant pas mes méthodes dans toute leur rigueur.

Je me permettrai d'ajouter qu'en 1868 ([2]) M. Baeyer m'a fait l'honneur de m'écrire qu'il n'avait jamais prétendu avoir répété mes expériences et obtenu des résultats contradictoires. Loin de là ; ayant reproduit, sur mon désir, les expériences relatives à l'hydrogénation totale de la benzine, dans les conditions mêmes que j'ai décrites, il reconnaît être arrivé aux mêmes résultats : j'ai reproduit ses déclarations dans le *Bulletin de la Société chimique*.

La méthode que j'ai fait connaître comporte trois ordres de résultats généraux dans l'étude des carbures d'hydrogène, savoir :

1° La formation des hydrures relatifs, qui sont produits par l'union des carbures primitifs avec 2, 4, 6, etc., atomes d'hydrogène. Tels sont l'hydrure de styrolène, les hydrures de naphtaline, les hydrures de térébenthène, etc.

2° La formation des hydrures absolus ou saturés $C^n H^{2n+2}$, renfermant le même nombre d'atomes de carbone que les carbures primitifs. Tels sont l'hydrure d'hexyle préparé avec la benzine, l'hydrure d'heptyle, préparé avec le toluène, etc.

3° Le dédoublement en carbures plus simples : tels sont les dédou-

---

([1]) *Bulletin de la Société chimique*, 2e semestre, nouvelle série, tome X, p. 435 ; 1868. — Tome XXVI, p. 146 ; 1876.

([2]) Même Recueil, t. XI, p. 4, note.

blements du styrolène en hydrure d'hexyle et hydrure d'éthyle, ceux de la naphtaline en hydrure d'octyle ou en hydrure d'hexyle et hydrure d'éthyle, etc.

Aucun de ces résultats n'avait été obtenu jusqu'ici avec l'acide iodhydrique, avant mes expériences. Ils sont, pour la plupart, d'une extrême netteté. Par exemple, la transformation de la benzine en hydrure d'hexyle, celle de l'alcool et de l'acide acétique en hydrure d'éthyle et une multitude d'autres sont des transformations totales et atomiques. Peu de réactions sont aussi simples et aussi complètes en Chimie organique.

Depuis la première publication que j'ai faite de ces résultats, plusieurs savants sont entrés dans la même voie, comme on devait s'y attendre. Ils ont réussi sans difficulté à former des hydrures relatifs, analogues aux hydrures de styrolène, de naphtaline et de térébenthène que j'avais préparés l'an dernier. La formation de ce genre de composés est en effet la plus aisée de toutes, parce qu'elle exige une température moins élevée et un acide moins concentré.

On est également parvenu d'une façon générale aux hexahydrures de la série benzénique, composés isomères avec ceux de la série éthylénique, mais plus stables. J'en avais déjà obtenu un terme, l'hydrure de terpilène $C^{10}H^{20}$ et j'avais pris soin de signaler la grande résistance de ce carbure aux agents d'addition (*voir* plus loin). Mais les autres hydrures benzéniques n'avaient pas fixé mon attention, parce que je m'étais attaché à réaliser tout d'abord les conditions d'une hydrogénation extrême : conditions plus difficiles et plus dangereuses à atteindre et que d'autres expérimentateurs n'ont pas toujours réussi à accomplir, parce qu'ils n'ont pas observé les mêmes précautions, soit de températures, soit de proportions relatives, soit de concentrations ; ainsi qu'il résulte de la description même qu'ils ont donnée de leurs propres essais.

Qu'il me soit permis d'insister d'abord sur un point : c'est au *Bulletin de la Société chimique* (janvier, février, mars, avril 1868), et là seulement que doivent s'adresser les personnes qui voudraient connaître mon travail et lire l'ensemble de mes recherches, soit sur la benzine (p. 16), soit sur le toluène (p. 91), soit sur toute autre des substances que j'ai étudiées. Un usage malheureusement trop commun tend à s'établir : beaucoup de savants se bornent à lire les résumés, souvent mutilés, dans lesquels un auteur annonce ses premiers essais ; parfois même on se contente des résumés de ces résumés, devenus insignifiants à force de brièveté, que publient

certaines revues scientifiques. La plupart des opérateurs ne prennent
point connaissance des Mémoires complets, dans lesquels se trouvent
décrits les détails des expériences et leurs résultats définitifs.

Pour en revenir à la méthode universelle de réduction, elle ne
fournit tous ses résultats que dans les conditions suivantes, préci-
sées avec soin dans mes Mémoires, et qu'il semble utile de reproduire. Elles ont été développées et discutées plus haut. Il suffira
de les rappeler ici brièvement :

1° *Emploi d'un acide iodhydrique dont la densité soit au moins
double de celle de l'eau.* — Pour préciser encore davantage, je dirai
que l'échantillon d'acide employé en dernier lieu et dont le poids
s'élevait à près de 4 kilogrammes, avait pour densité 2,026 à 14°.
10 grammes de cette liqueur renfermaient 6^{gr},71 d'acide iodhydrique réel et 10 centimètres cubes, 13^{gr},6 dudit acide. Cet acide
produit très nettement toutes les réactions que j'ai annoncées.

Au contraire, les réductions extrêmes ne peuvent pas être
réalisées avec un acide dont la densité égale 1,7 (40 centièmes
environ), ou même 1,8. La benzine, notamment, n'est pas attaquée
par un acide de cette dernière concentration.

J'en dirai autant de l'iodhydrate d'hydrogène phosphoré : ce
composé entravant les réductions extrêmes en augmentant la stabilité de l'acide iodhydrique (p. 89). On le conçoit en observant
que, dans la formation exothermique d'un semblable composé, l'hydracide perd une partie de son énergie.

L'iodure de phosphore lui-même est un réducteur moins énergique que l'acide iodhydrique concentré. En effet, dans mes expériences sur la glycérine, l'iodure de phosphore produit l'éther
allyliodhydrique C^3H^5I; tandis que l'acide iodhydrique engendre,
comme on l'a reconnu depuis, l'éther propyliodhydrique C^3H^7I.
La théorie rend compte de ces différences (p. 43); mais je ne
veux pas la discuter ici.

On ne réussit pas mieux, en se bornant à chauffer un carbure benzénique avec dix fois son poids d'acide iodhydrique et du phosphore
rouge, vers 180 ou 240 degrés, comme l'a fait M. Wreden ([1]).

En effet, le phosphore rouge se dissout complètement dans l'acide
iodhydrique, en le décomposant pour son propre compte, à la température nécessaire pour accomplir les hydrogénations les plus
profondes. C'est pourquoi ce corps tend à limiter l'action de l'hy-

---

([1]) *Berichte der D. chem. Berl.*, t. VI, p. 1379-1382.

dracide au-dessous du terme indispensable pour réduire les carbures d'hydrogène (*voir* p. 44). J'ajouterai que, d'après mes études, l'emploi du phosphore rouge ne comporte pas ces températures extrêmes, parce qu'il donne lieu à des dégagements de gaz si considérables que je n'en ai jamais pu, soit conserver, soit ouvrir, — après qu'il avait résisté au chauffage dans le bain d'huile, — un tube dans lequel l'acide iodhydrique en solution aqueuse saturée s'était trouvé en présence du phosphore rouge à 280°..

J'insiste fortement sur ce point : quiconque emploie du phosphore rouge ne peut réaliser les conditions de température et autres nécessaires pour les hydrogénations totales.

2° *Proportion d'hydracide égale à 80 ou 100 fois le poids du composé que l'on se propose de changer en carbures absolument saturés.* — La nécessité d'un tel excès d'acide a été constatée dans mes expériences sur la benzine et les substances aromatiques:

Une partie de benzine, d'après l'expérience et conformément au calcul, exige, pour une réduction complète, un peu plus de 13 fois son poids d'acide iodhydrique, HI, c'est-à-dire 19 à 20 fois son poids d'une solution aqueuse saturée de cet hydracide.

Ces mesures et ce calcul indiquent la quantité totale de l'hydracide qui est détruite; mais cette dose est fort inférieure à celle qui doit être mise en réaction. En effet, une semblable limite ne saurait être atteinte pour la totalité de l'hydracide introduite dans les tubes : attendu que l'hydracide dissous cesse d'agir au-dessous d'un certain degré de concentration.

Il faut donc maintenir le titre acide de la liqueur au-dessus de la limite d'inactivité; ce qui exige d'après mes études un poids d'hydracide égal à cinq fois environ le poids de celui qui serait strictement nécessaire d'après les équivalents.

Or un expérimentateur cité plus haut avait employé, vis-à-vis du xylène, seulement dix fois son poids d'hydracide : proportion très insuffisante. A la vérité, il avait cherché à y suppléer par l'addition du phosphore rouge. Mais ce corps, ainsi que je l'ai montré tout à l'heure, tend à limiter la réaction, en concourant à partager l'hydrogène avec le carbure d'hydrogène en formant de l'hydrogène phosphoré et de l'hydrate d'hydrogène phosphoré.

C'est en raison de cette insuffisance de la proportion d'acide iodhydrique et de la température que M. Wreden a obtenu seulement un rendement de 80 pour 100 pour l'hexahydroxylène, chiffre qui suffirait à lui seul pour établir que la réduction n'a pas été complète et qu'une partie du xylène est demeuré soit inaltéré, soit plutôt détruit, par une réaction d'un autre caractère, telles que celles que j'ai réalisées en employant une dose d'hydracide insuffisante.

Dans ces conditions, il se forme soit du charbon, soit des matières goudronneuses dont l'auteur n'a pas parlé. Or, dans mes conditions d'hydrogénation totale, accomplie sur la benzine et sur toluène (*voir* plus loin), la totalité du carbure éprouve l'hydrogénation, sans qu'il y ait formation de charbon ou de goudron. En outre les mesures exactes que j'ai faites et signalées ont établi que, dans mes expériences, *le poids de l'hydrure recueilli surpasse* le poids du carbure aromatique mis en expérience.

3° *Température de* 275° *à* 280°. — A 250°, la benzine n'est nullement attaquée par l'acide iodhydrique; l'acide acétique ne l'est pas davantage; tandis que ces mêmes corps sont entièrement changés en carbures saturés vers 275° à 280°. D'autres carbures éprouvent une première hydrogénation dès 200°; certains même dès 100°.

La diversité de ces expériences s'explique, en raison d'une double dissociation accomplie sous l'influence d'une élévation de température, savoir d'une part :

La dissociation des hydrates d'acide iodhydrique en eau et hydrates plus concentrés, s'ils sont très étendus;

En acide iodhydrique anhydre et hydrates moins concentrés, s'ils sont saturés à froid;

Et d'autre part, la dissociation de l'acide iodhydrique en hydrogène et iode; ce dernier formant d'ailleurs, avec l'hydracide dissous, divers periodures, également dissociables.

En raison de ces phénomènes, il s'établit des équilibres, spéciaux pour chaque température et concentration : les réductions accomplies répondent à tel ou tel équilibre, suivant les corps mis en œuvre.

En somme, il est indispensable que l'acide iodhydrique en solution aqueuse éprouve un commencement de décomposition en iode et hydrogène. Or il résiste assez bien jusque vers 270°. Ce n'est que vers ce terme et au-dessus que la décomposition commence à devenir considérable et susceptible de produire les effets réducteurs dans toute leur intensité.

Ajoutons, comme je le dirai tout à l'heure avec plus de développement, que les appareils de chauffage les plus usités pour tubes scellés dans les laboratoires n'indiquent les températures qu'avec fort peu de précision.

4° *Durée de* 24 *heures environ.* — Un contact prolongé est nécessaire pour accomplir les réactions de l'acide iodhydrique. Au bout de 2 ou 3 heures, par exemple, la benzine ne fournit qu'une petite quantité d'hydrures. Certains des carbures benzéniques homologues sont un peu plus faciles à réduire; mais leurs hexahydrures sont plus résistants.

5° *Appareils de chauffage*. — Toutes mes expériences ont été exécutées avec des *bains d'huile* et dans des appareils que j'ai décrits ailleurs ([1]); appareils à l'aide desquels on peut régler la température et la maintenir constante et uniforme, dans toutes les parties de l'appareil, à quelques degrés près.

Or ces conditions ne me paraissent pas pouvoir être remplies dans les bains d'air spéciaux, ou bien dans les masses de fonte forées de trous pour loger les tubes, appareils souvent employés comme plus commodes; mais la température n'y est rendue que très difficilement constante et uniforme.

Pour opérer dans les conditions que j'ai définies, il faut employer des *tubes de verre* extrêmement résistants, car les pressions développées sont énormes et par suite les explosions fort dangereuses : soit au cours du chauffage, soit et surtout au moment où l'on ouvre les tubes sur le mercure. Un tube qui contient 40 fois son volume d'hydrogène, après refroidissement, tel que je l'ai observé plus d'une fois, fait presque toujours explosion au moment où l'on en casse la pointe, à moins de précautions exceptionnelles. Ces circonstances ont sans doute arrêté plus d'un chimiste.

Dosage de l'hydrogène fixé. — Disons enfin, pour terminer, que mes conclusions ont été tirées, non seulement de l'étude des propriétés, des réactions et de l'analyse centésimale des carbures formés, comme je l'ai indiqué, mais surtout d'une preuve analytique à laquelle j'attache la plus haute importance, et que les auteurs qui se sont occupés depuis lors de la question ont tous négligés, je veux dire du *dosage exact de l'hydrogène fixé* sur le carbure aromatique. Ce dosage résulte immédiatement du dosage de l'iode mis en liberté, et je l'ai consigné avec le plus grand soin dans tous mes Mémoires (voir *Bulletin de la Soc. chim.*, t. IX, p. 19; p. 92, etc., etc.); en particulier sur la benzine et sur le toluène.

Cette preuve analytique, tirée du dosage de l'hydrogène fixé, n'est pas moins décisive dans la réduction de l'acide camphorique. En effet, dans cette circonstance, je trouve 3 atomes d'hydrogène

---

([1]) *Leçons sur les méthodes générales de synthèse*, p. 107.

fixés, la décomposition s'opérant nettement suivant la formule :

$$C^{10}H^{16}O^4 + H^3 = C^7H^{18} + 1\tfrac{1}{2}CO^2 + \tfrac{1}{2}CO + \tfrac{1}{2}HO^2.$$

L'oxyde de carbone mis à nu d'après cette formule a été recueilli et dosé expressément. Si la réduction s'était arrêtée à l'hydrure C^8H^{16}, comme il paraît être arrivé dans les expériences de M. Wreden, on aurait dû obtenir le tiers seulement de l'hydrogène observé; ou même pas du tout, s'il n'y avait pas eu formation d'oxyde de carbone.

Mais pour doser l'hydrogène réellement fixé, il faut, à la fin de l'expérience, prendre soin d'extraire des tubes et de recueillir la *totalité* des gaz mis en liberté; il faut en faire l'analyse exacte. Enfin il est indispensable de recueillir la totalité des produits liquides demeurés dans les tubes, et d'y doser exactement l'iode. Je crois être à peu près le seul à exécuter cette analyse complète; c'est là ce qui donne à mes expériences toute leur certitude.

CHAPITRE IX.

MÉTHODE UNIVERSELLE D'HYDROGÉNATION. — RÉDUCTION
DES COMPOSÉS IODÉS, BROMÉS, CHLORÉS [1].

Rappelons d'abord le point de départ. La transformation du bromure d'éthylène en hydrure d'éthyle s'effectue de la manière la plus nette en chauffant le bromure d'éthylène avec de l'eau et de l'iodure de potassium, à 275°, pendant dix heures, dans un tube scellé à la lampe. Cette réaction se ramène à celle de l'iodure d'éthylène sur l'eau, laquelle donne lieu à la formation de l'hydrure d'éthyle dans des conditions identiques. L'hydrogène nécessaire à la réaction est emprunté aux éléments de l'eau, dont l'oxygène brûle, en même temps, une partie du carbone; le tout répond à l'équation suivante que j'ai vérifiée par expérience :

$$7\,C^2H^4I^2 + 4\,H^2O = 6\,C^2H^6 + 2\,CO^2 + 7\,I^2.$$

La décomposition de l'eau est produite ici sous l'influence simultanée de l'iode [2] et du carbure d'hydrogène; elle ne peut guère s'expliquer sans admettre une formation, au moins momentanée, d'acide iodhydrique. Cette conjecture m'a conduit à essayer l'action directe de l'acide iodhydrique sur l'iodure d'éthylène.

1. J'ai introduit une solution aqueuse très concentrée (densité $= 1,9$), d'acide iodhydrique avec de l'iodure d'éthylène dans un tube de verre scellé que j'ai chauffé à 100°. Dans ces conditions, on n'observe d'autre réaction que la décomposition connue d'une

---

[1] *Bulletin de la Société chimique*, 2ᵉ série, t. VII, p. 63; 1867.

[2] L'iode et l'eau à 275°, dans les mêmes conditions que ci-dessus, ne donnent lieu à aucune réaction. Il faut donc faire intervenir dans l'explication un jeu d'affinités complexes, analogue à celui qui se manifeste dans la formation du chlorure de silicium par la réaction du chlore sur un mélange de charbon et de silice.

partie de l'iodure d'éthylène en iode et éthylène :

$$C^2H^4I^2 = C^2H^4 + I^2.$$

Si l'expérience dure quelques heures, il se forme en même temps une trace d'éther iodhydrique,

$$C^2H^4 + HI = C^2H^5I,$$

par suite de l'union du carbure avec l'hydracide.

À 200°, il y a formation d'éther iodhydrique et dépôt d'iode.

Ce n'est qu'en portant la température à 275° que l'on observe la réaction attendue. Dans ces conditions, qui sont les mêmes que celles de la réaction de l'iodure d'éthylène sur l'eau, l'acide iodhydrique cède à l'iodure d'éthylène la quantité d'hydrogène nécessaire pour le changer en hydrure d'éthyle :

$$C^2H^4I^2 + 2HI = C^2H^6 + 2I^2.$$

L'hydrure d'éthyle, produit dans cette réaction, est complètement exempt d'éthylène, ou d'acide carbonique.

J'ai cherché à généraliser cette réaction, elle s'applique également et avec la même netteté au bromure d'éthylène et au chlorure d'éthylène.

2. Le bromure d'éthylène, en effet, chauffé avec l'acide iodhydrique, à 275°, se change en hydrure d'éthyle :

$$C^2H^4Br^2 + 4HI = C^2H^6 + 2HIBr + 4I^2.$$

3. De même le chlorure d'éthylène fournit de l'hydrure d'éthyle :

$$C^2H^4Cl^2 + 4HI = C^2H^6 + 2HCl + 4I^2.$$

Il est bien entendu que ces réactions exigent le concours d'un grand excès d'acide iodhydrique, lequel dissout l'iode mis à nu par la réaction.

4. L'action réductrice de l'acide iodhydrique ne s'étend pas seulement à l'iodure d'éthylène et à ses homologues; elle s'applique aussi aux combinaisons iodhydriques proprement dites. Ainsi le diiodhydrate d'acétylène, chauffé à 275° avec l'acide iodhydrique, est transformé en hydrure d'éthyle :

$$C^2H^2(2HI) + 2HI = C^2H^6 + 2I^2.$$

Il se comporte donc exactement comme son isomère, l'iodure d'éthylène.

5. L'éther iodhydrique est également réduit et changé en hydrure d'éthyle, à 275°, par l'acide iodhydrique :

$$C^2H^5I + HI = C^2H^6 + I^2.$$

Je l'ai constaté par l'analyse eudiométrique des gaz obtenus. Cette dernière réaction, d'ailleurs, pouvait être prévue, d'après les détails que j'ai donnés plus haut sur celle de l'acide iodhydrique et de l'iodure d'éthylène. En effet, dans la dernière réaction on observe, comme je l'ai dit, la formation intermédiaire de l'éther iodhydrique, lequel ne se retrouve plus dans le produit final.

6. L'éther allyliodhydrique se comporte d'une manière analogue à l'éther iodhydrique ordinaire. Chauffé à 275° avec l'acide iodhydrique, il se transforme en hydrure de propyle :

$$C^3H^5I + 3HI = C^3H^8 + 2I^2.$$

L'hydrure de propyle est mélangé avec un sixième environ d'hydrogène libre. On peut isoler le carbure dans un état de pureté plus complète, en agitant le mélange gazeux avec son volume d'alcool absolu, préalablement bouilli, lequel dissout le carbure de préférence ; puis on soumet cet alcool à l'ébullition.

On peut encore ajouter à l'alcool saturé par le gaz son volume d'eau bouillie ; ce qui dégage environ la moitié du carbure dissous. Dans tous les cas, on sépare celui-ci du liquide, qu'il surnage, à l'aide de la pipette à gaz, et on le débarrasse des vapeurs d'alcool, au moyen d'une goutte d'acide sulfurique concentré. Puis on analyse le gaz dans l'eudiomètre.

La réaction que je viens de décrire constitue la méthode la plus expéditive pour préparer l'hydrure de propyle, carbure gazeux que j'ai découvert et obtenu isolé pour la première fois, en 1857, dans la réaction du bromure de propylène sur l'iodure de potassium et l'eau, ainsi que dans la réaction de l'acide sulfurique concentré sur l'acétone.

7. Enfin l'action réductrice de l'acide iodhydrique s'exerce même sur les composés perchlorurés. Ainsi le sesquichlorure de carbone (chlorure d'éthylène perchloré), — composé que je n'avais pas réussi jusqu'ici à changer par la voie humide en hydrure corres-

pondant, — le sesquichlorure de carbone, dis-je, chauffé à 275°
avec l'acide iodhydrique, donne naissance à une certaine quantité
d'hydrure d'éthyle :

$$C^2H^6 + 12\,HI = C^2H^6 + 6\,HCl + 6\,I^2\,;$$

je l'ai constaté par l'analyse eudiométrique des gaz obtenus.
C'est là une des substitutions inverses les plus profondes que l'on
puisse observer.

Les résultats que je viens d'exposer ne concernent pas seulement
les composés chlorurés, bromés, iodurés ; il est facile de voir
qu'ils s'appliquent également, et d'une manière immédiate, aux
carbures, aux alcools et aux autres séries de composés organiques.

Carbures d'hydrogène non saturés.

En effet, tout carbure d'hydrogène capable de s'unir directement
avec l'acide iodhydrique, c'est-à-dire tout carbure éthylénique
C^nH^{2n}, acétylénique C^nH^{2n-2}, etc., est susceptible d'être changé
dans un hydrure correspondant, par la réaction que je viens
d'exposer. Mis en présence d'un grand excès d'acide iodhydrique,
tout carbure de ce genre se transforme d'abord, comme je l'ai démontré, en un iodhydrate, sur lequel s'exerce ensuite l'action réductrice de l'acide iodhydrique.

Aussi, dans les réductions opérées par l'acide iodhydrique, à
275°, n'observe-t-on jamais ni carbure absorbable par le brome, ni
vapeur iodée, bromée ou chlorée : ce qui simplifie singulièrement
les analyses. Les carbures forméniques, C^nH^{2n+2}, sont les seuls
composés hydrocarburés qui prennent naissance, lorsqu'on traite
par l'acide iodhydrique les dérivés des alcools ou des acides gras.

Les carbures de la série aromatique, soumis à l'action de l'acide
iodhydrique, donnent lieu à des complications plus grandes.

CHAPITRE X.

MÉTHODE UNIVERSELLE : SÉRIE GRASSE PROPREMENT DITE (¹).

Je comprends dans cette série les carbures homologues du formène, de l'éthylène, de l'acétylène, ainsi que les alcools, les
éthers, les aldéhydes et les acides qui en dérivent.

I. — Carbures d'hydrogène.

1. *Carbures éthyléniques* : $C^n H^{2n}$. —Ces carbures sont transformés d'abord, soit à froid, soit plus rapidement à 100°, en éthers
iodhydriques. Soit l'éthylène, par exemple, il s'unit directement à
l'hydracide

$$C^2 H^4 + HI = C^2 H^5 I;$$

les éthers iodhydriques sont ensuite changés en hydrures, c'est-
à-dire en carbures forméniques. Par exemple, l'éther iodhydrique
ordinaire se transforme entièrement en hydrure d'éthyle. Ce gaz a
été recueilli par l'ouverture des tubes et analysé.

$$C^2 H^5 I + HI = C^2 H^6 + I^2,$$

la réaction totale est donc la suivante :

$$C^n H^{2n} + 2 HI = C^n H^{2n+2} + I^2.$$

2. *Carbures acétyléniques* : $C^n H^{2n-2}$. — Ces carbures sont
changés d'abord en iodhydrates. Soit l'acétylène. Ce gaz, traité à
froid par l'acide iodhydrique, en solution aqueuse saturée, s'y
combine rapidement, en donnant un diiodhydrate isomérique
avec l'iodure d'éthylène,

$$C^2 H^2 + 2 HI = C^2 H^2 (2 HI);$$

(¹) *Bulletin de la Société chimique,* 2ᵉ série, t. IX, p. 11; 1868.

puis cet iodhydrate se change en hydrure (carbure forménique),

$$C^2H^2(2HI) + 2HI = C^2H^6 + 2I^2.$$

La réaction totale est donc la suivante :

$$C^nH^{2n-2} + 4HI = C^nH^{2n+2} + 2I^2.$$

L'hydrure d'éthyle a été recueilli, isolé, analysé dans l'eudio-mètre.

3. *Carbures forméniques* : $C^{2n}H^{2n+2}$. — Ces carbures étant saturés d'hydrogène, ne sont pas modifiés par l'hydracide : ce que j'ai vérifié en fait sur les 2ᵉ, 5ᵉ, 6ᵉ et 10ᵉ termes de la série.

Cette résistance s'observe également sur les carbures des pétroles, et sur les prétendus radicaux, isomères ou identiques avec les carbures forméniques. Par exemple l'hydrure d'éthyle, C^2H^6 (préparé au moyen de l'éther iodhydrique et de l'acide iodhydrique) et l'hydrure d'amyle, C^5H^{12} (extrait des pétroles) résistent parfaitement. En ouvrant les tubes, le gaz recueilli a été traité par l'alcool, de façon à le séparer de l'hydrogène, etc. L'alcool, porté à l'ébullition, régénère le carbure primitif, avec sa composition initiale, comme on a pu le constater par l'analyse eudiométrique sur l'hydrure d'éthyle mêlé d'oxygène et sur l'hydrure d'amyle, vaporisé dans un excès convenable d'oxygène. On sait que cette dernière combustion exige un volume d'oxygène 8 fois aussi considérable que celui du carbure gazéifié et produit un volume d'acide carbonique quintuple.

$$C^5H^{12} + 8O^2 = 5CO^2 + 6H^2O.$$

Le diméthyle (préparé par l'électrolyse des acétates) n'est pas attaqué davantage que l'hydrure d'éthyle dérivé de l'éther iodhydrique. On sait du reste que le diméthyle est regardé comme identique avec l'hydrure d'éthyle.

Le dibutyle

$$C^4H^8(C^4H^{10}) = C^8H^{18},$$

carbure isomère avec l'hydrure d'octyle et qui se produit dans l'électrolyse des valérianates, a résisté de même à l'acide iodhydrique à 280°. Il n'a engendré aucun gaz carboné, et il a conservé son point d'ébullition et ses propriétés originelles.

J'ai fait les mêmes observations sur l'hydrure d'hexyle, C^6H^{14}, préparé par l'hydrogénation ultime de la benzine, carbure qui semble identique avec l'hydrure d'hexyle extrait des pétroles.

J'ai opéré avec l'hydrure d'hexyle, régénéré par ébullition de sa solution alcoolique, puis gazéifié dans un excès d'oxygène et brûlé dans l'eudiomètre :

$$C^6H^{14} + 9\tfrac{1}{2}O^2 = 6CO^2 + 7H^2O.$$

Il produit 6 fois son volume d'acide carbonique, en consommant $9\tfrac{1}{2}$ fois son volume d'oxygène.

Enfin je n'ai observé aucune transformation du carbure, en faisant réagir l'acide iodhydrique sur l'hydure de décyle $C^{10}H^{22}$, préparé au moyen de la naphtaline ; bien que ce carbure saturé soit probablement un hydrure de diéthylhexyle,

$$C^2H^4(C^2H^4[C^6H^{14}]),$$

distinct de l'hydrure de décyle normal. Les propriétés du carbure et son point d'ébullition sont demeurés les mêmes.

Ces faits démontrent que les carbures saturés, quelle qu'en soit la constitution intime, résistent à l'acide iodhydrique. Je montrerai plus loin qu'il en est tout autrement des carbures non saturés, simples ou complexes, c'est-à-dire dérivés de l'association immédiate de résidus méthyliques ; ou bien résultant de l'association de résidus éthyliques, propyliques, etc.

II. — Alcools.

La méthode de réduction que je viens de développer s'applique évidemment aux alcools ; car l'acide iodhydrique les change en éthers iodhydriques, ultérieurement réductibles par l'excès de l'hydracide ; le résultat des expériences est donc facile à prévoir.

1. L'alcool ordinaire, type des *alcools monoatomiques*, étant chauffé à 275° avec une solution très concentrée d'acide iodhydrique (densité $= 1,9$), a fourni, en effet, de l'hydrure d'éthyle ; la transformation étant totale ou sensiblement. Elle a été constatée en recueillant la totalité des gaz et en faisant l'analyse eudiométrique du mélange sur une autre portion. On opère la séparation de l'hydrogène excédant au moyen de l'alcool ; l'ébullition de ce dernier dégage enfin le gaz préalablement dissous, qui est de l'hydrure d'éthyle presque pur. La relation entre l'alcool et le produit final de la réaction peut donc être représentée par l'équation suivante :

$$C^2H^6O + 2HI = C^4H^6 + H^2O + I^2.$$

Mais il y a dans l'intervalle formation momentanée d'éther iodhydrique.

2. Les *alcools polyatomiques* sont transformés de même en carbures (avec réductions intermédiaires), d'après la réaction totale suivante, que j'ai réalisée expérimentalement sur la glycérine :

$$C^3H^8O^3 + 6HI = C^3H^8 + 3I^2 + 3H^2O.$$

Elle a fourni de l'hydrure de propyle, mêlé avec un quart environ d'hydrogène (provenant de l'acide iodhydrique décomposé séparément).

On a séparé cet hydrure du mélange au moyen de l'alcool; puis on l'a régénéré par ébullition et soumis à l'analyse eudiométrique.

Il y a d'ailleurs formation intermédiaire d'éthers iodhydriques, qui disparaissent complètement à la fin de l'expérience.

De même, le glycol, traité par l'acide iodhydrique, fournit d'abord de l'iodure d'éthylène, conformément à une observation de M. Wurtz :

$$C^2H^6O^2 + 2HI = C^2H^4I^2 + 2H^2O.$$

Puis l'iodure d'éthylène se change en éther iodhydrique, dès une température inférieure à 200°; comme je l'ai reconnu spécialement, en recueillant cet éther iodhydrique :

$$C^2H^4I^2 + HI = C^2H^5I + I^2.$$

C'est-à-dire que l'alcool diatomique (ou son dérivé) est changé en alcool monoatomique (ou son dérivé).

Enfin l'éther iodhydrique devient à son tour de l'hydrure d'éthyle :

$$C^2H^5I + HI = C^2H^6 + I^2;$$

j'ai constaté ce carbure final par une expérience directe faite sur le glycol, avec une dose convenable d'acide iodhydrique :

$$C^2H^6O^2 + 4HI = C^2H^6 + 2H^2O + 2I^2.$$

Tous ces résultats sont d'une extrême netteté, et ce ne sont pas des réactions secondaires ou accessoires. Au contraire, elles représentent la transformation intégrale des corps mis en expérience, toutes les fois que ces corps, pris isolément, ne sont pas détruits par la chaleur à une température inférieure à celle qui est nécessaire pour provoquer la réduction totale par l'acide iodhydrique.

Or l'alcool, la glycérine, les éthers iodhydriques, les composés chlorés et bromés dont j'ai parlé jusqu'à présent sont dans ce cas; ils se changent complètement en carbures gazeux correspondants. Aussi est-il nécessaire d'opérer sur des poids très limités de matière, si l'on veut éviter les explosions et les accidents. 4 à 5 décigrammes de matière, tel est le poids qu'il convient de ne pas dépasser lorsqu'on opère sur un corps oxygéné.

Le volume de l'acide iodhydrique correspondant doit s'élever à 6 ou 8 centimètres cubes (12 à 15 grammes). La tension de cet acide à 275 degrés est énorme, ce qui exige l'emploi de tubes de verre très résistants.

Mais revenons à l'exposé des réactions.

III. — Éthers composés.

La réaction de l'acide iodhydrique sur les éthers composés se ramène à la réaction du même acide sur les composants prochains de ces éthers.

Les éthers dérivés des oxacides, par exemple, sont d'abord décomposés par l'hydracide, avec régénération de l'oxacide et d'un éther iodhydrique, correspondant à l'alcool. Ceci résulte de mes anciennes expériences relatives à la décomposition des éthers par l'acide chlorhydrique ([1]). Or, j'ai défini plus haut l'action réductrice de l'acide iodhydrique sur les éthers iodhydriques, et j'exposerai tout à l'heure cette même action sur les acides organiques envisagés isolément.

Commençons par les *éthers formés par les hydracides.* — Dans mes expériences, les éthers dérivent d'alcools monovalents : Ainsi

L'éther méthyliodhydrique C^2H^3I a été changé entièrement en formène............................ CH^4;

L'éther éthyliodhydrique C^2H^5I en hydrure d'éthyle.................................. C^2H^6;

L'éther allyliodhydrique C^3H^5I en éther isopropyliodhydrique.............................. C^3H^7I:

Puis en hydrure de propyle....................... C^3H^8.

Les deux premiers éthers échangent 1 atome d'iode contre

([1]) *Ann. de Chim. et de Phys.*, 3ᵉ série, t. XLI, p. 444; 1854.

1 atome d'hydrogène ; le troisième fixe en outre 2 atomes d'hydro-gène.

Venons aux éthers d'alcools polyvalents. J'ai dit comment :

L'iodure d'éthylène .... $C^2H^4I^2$
le bromure d'éthylène .... $C^2H^4Br^2$
et le chlorure d'éthylène............................. $C^2H^4Cl^2$
sont tous pareillement changés en hydrure d'éthyle ... C^2H^6

par suite de l'échange de 2 atomes du corps halogène contre 2 atomes d'hydrogène.

J'ai dit aussi que cette réaction est applicable aux dérivés per-chlorurés. Ainsi :

Le chlorure d'éthylène perchloré .... C^2Cl^6
échange jusqu'à 6 atomes de chlore contre
6 atomes d'hydrogène, en formant de l'hydrure
d'éthyle .... C^2H^6.

La réaction de l'acide iodhydrique sur les éthers iodhydriques commence à 200 degrés, et même au-dessous. Elle est d'autant plus lente que l'on opère à une plus basse température. Ce ralentisse-ment est tel que je me suis demandé si la réaction totale ne serait pas précédée, aux températures les moins élevées, par une réaction incomplète et dans laquelle il y aurait équilibre entre les deux transformations contraires, celle de l'éther iodhydrique et de l'hy-dracide en carbure et iode, et celle du carbure et de l'iode en éther et hydracide. Mais cette idée n'a pas été vérifiée par l'expérience. En effet, dans mes essais, les carbures saturés, tels que l'hydrure d'amyle, C^5H^{12}, et l'hydrure d'hexyle, C^6H^{14}, chauffés à 100, à 150 et à 200 degrés, tant avec l'iode pur qu'avec l'iode et l'acide iodhydrique concentré, n'ont fourni aucune trace d'éther iodhy-drique.

A 200 degrés et au-dessus, l'iode pur mis en présence des carbures d'hydrogène donne cependant lieu à la formation d'une certaine proportion d'acide iodhydrique : mais cette formation est corré-lative avec celle de carbures polymères, oléagineux, peu abondante d'ailleurs, et surtout avec la formation de matières charbonneuses.

Sans entrer dans plus de détails, je crois suffisant de rappeler les faits suivants :

J'ai observé que les éthers d'oxacides étaient dédoublés en deux carbures, correspondant à l'acide et à l'alcool.

Ainsi en opérant avec l'éther méthylacétique, j'ai obtenu du formène, CH^4, correspondant à l'alcool méthylique, CH^4O, et de l'hydrure d'éthyle C^2H^6, correspondant à l'acide acétique, $C^2H^4O^2$:

$$CH^2(C^2H^4O^2) + 8\,HI = CH^4 + C^2H^6 + 2\,H^2O + 4\,I^2.$$

Ces gaz ont été constatés par l'analyse eudiométrique d'une partie du produit total. Puis on a opéré une séparation partielle au moyen de l'alcool qui a dissous l'hydrure d'éthyle, en proportion plus forte que le formène, etc. (ce Volume, p. 63, 67).

Il est superflu d'insister.

Je citerai comme exemple individuel d'une transformation d'éther composé dans laquelle les décompositions propres de l'acide et de l'alcool peuvent être aisément discernées, en raison de la résistance exceptionnelle de l'oxyde de carbone, le fait suivant :

L'éther méthylformique, $C^2H^2(CH^2O^2)$, traité par l'acide iodhydrique, se décompose avec production d'oxyde de carbone et de formène :

$$C^2H^2(CH^2O^2) + 2\,HI = CO + CH^4 + H^2O + I^2.$$

Ces deux gaz ont été constatés par l'analyse eudiométrique d'une portion du mélange. Puis on a séparé l'oxyde de carbone à l'aide du chlorure cuivreux acide et analysé le formène qui restait.

L'oxyde de carbone répond à la décomposition isolée de l'acide formique :

$$CH^2O^2 = CO + H^2O;$$

et le formène à la réduction de l'éther méthyliodhydrique, c'est-à-dire de l'alcool méthylique :

$$CH^4O + 2\,HI = CH^4 + H^2O + I^2.$$

IV. — Aldéhydes.

Les aldéhydes fournissent des résultats intéressants. J'ai opéré sur l'aldéhyde ordinaire, correspondant primaire d'un alcool normal, et sur l'acétone ou aldéhyde secondaire, dérivé de l'alcool isopropylique [1].

---

[1] *Leçons sur les méthodes générales de synthèse*, p. 482; 1864.

1. L'aldéhyde ordinaire a fourni de l'hydrure d'éthyle, mélangé avec de l'hydrogène, et probablement avec une certaine quantité de formène, provenant d'une action secondaire. La formation de l'hydrure d'éthyle, gaz principal, répond à l'équation suivante :

$$C^2H^4O + 4HI = C^2H^6 + H^2O + 2I^2.$$

Ce carbure peut être isolé à peu près pur, en agitant le mélange avec son volume d'alcool absolu bouilli, puis en dégageant par ébullition le gaz ainsi dissous.

Quant à la partie non dissoute, elle renferme encore de l'hydrure d'éthyle, dont un nouveau traitement alcoolique pourrait extraire une portion; elle contient également de l'hydrogène. Mais les nombres que j'ai obtenus pour les coefficients de solubilité de ce résidu me paraissent y établir l'existence du formène. On sait que l'analyse eudiométrique seule ne décide rien quant à la nature qualitative de semblables mélanges.

Voici les données auxquelles j'ai eu recours pour résoudre la difficulté. Je crois utile de les rappeler, en raison de leur application à l'étude des réactions qui vont suivre.

J'ai établi précédemment (p. 65 et suiv.) :

1° Qu'un gaz traité à deux reprises successives par son volume d'alcool absolu ne contient plus qu'un volume d'hydrure de butyle inférieur au centième de la proportion de ce carbure dans le gaz primitif;

2° Qu'un gaz traité à trois reprises successives par son volume d'alcool absolu ne contient plus qu'un volume d'hydrure de propyle inférieur aux deux centièmes de la proportion de ce carbure dans le gaz primitif;

3° Qu'un gaz traité à quatre reprises successives par son volume d'alcool absolu ne contient plus qu'un volume d'hydrure d'éthyle voisin du quarantième de la proportion de ce carbure dans le gaz primitif.

Mais il contient encore après ces quatre traitements le cinquième de la proportion du formène contenue dans le gaz primitif.

Ce sont là des données qui peuvent être utilisées dans un grand nombre de circonstances; bien que les mélanges renfermant plusieurs carbures forméniques offrent des difficultés très grandes à l'analyse, toutes les fois que l'un des carbures n'est pas assez prédominant pour pouvoir être isolé à peu près pur, à l'aide d'un dissolvant.

Dans le cas actuel, j'ai cependant réussi à opérer par cette voie la séparation de l'hydrure d'éthyle et du formène à peu près purs et je les ai soumis chacun à une analyse eudiométrique, de façon à en vérifier la nature.

L'hydrure d'éthyle produisait 2 fois son volume d'acide carbonique en consommant $3\frac{1}{2}$ fois son volume d'oxygène

$$C^2H^6 + 3\tfrac{1}{2}O^2 = 2CO^2 + 2H^2O;$$

Et le formène produisait son volume d'acide carbonique en consommant 2 fois son volume d'oxygène

$$CH^4 + 2O^2 = CO^2 + 2H^2O.$$

Le formène résulte ici d'une réaction secondaire, exercée aux dépens de l'aldéhyde. Peut-être convient-il de la rattacher à la condensation préalable d'une portion de l'aldéhyde en produits polymères, sous les influences simultanées de la chaleur et de l'hydracide. Des phénomènes analogues s'observent avec les autres aldéhydes, tels que l'acétone et l'essence d'amandes amères.

2. L'*acétone,* traitée de même par l'acide iodhydrique, fournit de l'hydrure de propyle :

$$C^3H^6O + 4HI = C^3H^8 + H^2O + 2I^2.$$

C'est une nouvelle preuve, après tant d'autres, pour établir que l'acétone appartient à la série propylique.

L'hydrure de propyle, formé dans cette réaction, peut être isolé dans un état très voisin de la pureté complète, en agitant le gaz avec son volume d'alcool absolu bouilli, en faisant passer le dissolvant dans une fiole, à l'abri du contact de tout gaz étranger, puis en portant le liquide à l'ébullition. On recueille le gaz qui se dégage et l'on fait arriver dans l'éprouvette une petite quantité d'alcool, lequel redissout de préférence l'hydrure de propyle. On décante cette dernière couche liquide, à l'aide de la pipette à gaz, et on la mélange avec son volume d'eau bouillie : l'hydrure de propyle, moins soluble dans un mélange d'eau et d'alcool que dans l'alcool absolu, se dégage : on peut vérifier toutes ses propriétés fondamentales.

Cependant en opérant ainsi, on constate que l'hydrure de propyle, formé aux dépens de l'acétone, n'est pas pur, pas plus que l'hydrure d'éthyle formé aux dépens de l'aldéhyde.

Non seulement il contient de l'hydrogène (produit par la décomposition spontanée de l'hydracide), mais aussi certains carbures forméniques, moins solubles dans l'alcool que l'hydrure de propyle : ce qu'indique la série des coefficients de solubilité obtenus par l'étude d'un semblable mélange.

Sans entrer ici dans plus de détails, il me suffira de dire que le mélange gazeux fourni par l'acétone renferme certainement de l'hydrure d'éthyle et probablement du formène : on voit que c'est l'un des cas les plus difficiles de l'analyse.

Je suis porté à attribuer la formation de ces deux carbures secondaires à quelque réaction secondaire, développée aux dépens de produits de condensation.

Cette réaction secondaire représente sans doute un dédoublement d'une grande importance théorique, car elle est générale pour les aldéhydes et acétones que j'ai étudiés.

D'après les faits que je viens d'exposer, et en se bornant à la réaction principale, on voit que les aldéhydes se comportent à l'égard de l'acide iodhydrique comme les alcools et donnent naissance aux mêmes carbures. Ce fait n'a rien de surprenant, si l'on observe que les aldéhydes peuvent être changés en alcools par une simple addition d'hydrogène, et que l'acide iodhydrique se comporte comme un très puissant agent d'hydrogénation.

V. — Acides.

L'action de l'acide iodhydrique sur les acides organiques est l'une des plus remarquables.

En effet, les acides organiques, tant monobasiques que bibasiques, sont ramenés par l'acide iodhydrique à l'état de carbures forméniques, contenant la même quantité de carbone; bien entendu pourvu qu'ils soient suffisamment stables pour résister à la température de 275° ([1]).

En outre, les acides bibasiques, s'ils sont suffisamment stables, passent par l'état intermédiaire d'acides monobasiques.

Je commence par les *acides monobasiques* :

1. L'acide acétique chauffé à 275° avec une solution saturée

([1]) Je ne parle ici que des acides gras proprement dits, devant revenir plus loin sur les acides aromatiques.

d'acide iodhydrique (¹) est changé en hydrure d'éthyle :

$$C^2H^4O^2 + 6HI = C^2H^6 + 2H^2O + 3I^2.$$

L'hydrure d'éthyle est mêlé avec une très petite quantité d'hydrogène (provenant de l'hydracide); mais il ne contient aucun autre carbure. Sa nature et sa proportion ont été constatées par l'analyse eudiométrique et vérifiées par l'emploi de d'alcool comme plus haut.

Le volume de l'hydrure d'éthyle formé répond d'ailleurs à une transformation intégrale de l'acide acétique; car 3 décigrammes d'acide ont fourni plus de 150ᶜᶜ d'hydrure d'éthyle.

2. L'acide propionique, $C^3H^6O^2$, a été changé de même en hydrure de propyle C^3H^8. J'ai constaté la nature de ce gaz par l'analyse eudiométrique et je l'ai vérifiée par l'emploi de l'alcool, puis d'une nouvelle analyse eudiométrique du gaz dissous et redégagé.

3. L'acide butyrique se comporte exactement de la même manière. Un demi-gramme de cet acide a fourni une centaine de centimètres cubes d'hydrure de butyle, exempt d'autre carbure, mais mêlé avec son dixième d'hydrogène; il restait d'ailleurs dans le tube quelques gouttelettes liquides du même carbure, lesquelles se sont vaporisées rapidement par la chaleur de la main. Ces détails montrent que la transformation de l'acide en carbure est intégrale. Je l'ai constaté par l'analyse eudiométrique et vérifié par l'action dissolvante de l'alcool, puis d'une nouvelle analyse eudiométrique du gaz dissous.

La réaction répond à la formule suivante :

$$C^4H^8O^2 + 6HI = C^4H^{10} + 2H^2O + 3I^2.$$

4. L'acide formique, premier terme de la série, ne présente pas une stabilité suffisante pour pouvoir être porté à la température de la réaction normale. Chauffé en tube scellé, à 275°, avec l'acide iodhydrique, il est détruit avec formation d'eau et d'oxyde de carbone, lequel ne se réduit pas. En fait les gaz obtenus sont exempts de formène, mais mélangés d'hydrogène, provenant de la décomposition spontanée de l'hydracide.

Cependant on peut changer l'acide formique et même, par son

(¹) 3 décigrammes d'acide acétique pour 8ᶜᶜ de solution iodhydrique.

intermédiaire, l'oxyde de carbone en formène; mais c'est à la condition de transformer d'abord cet acide en nitrile formique (acide cyanhydrique), CH Az, comme il sera dit plus loin.

Disons en terminant que le succès de ces réactions exige l'emploi de 60 à 80 parties d'hydracide en solution saturée à froid, pour 1 partie d'acide acétique ou butyrique. Sinon il y a formation de matières charbonneuses et réduction incomplète, comme je l'ai vérifié.

5. L'oxyde de carbone et l'acide carbonique purs n'éprouvent pas davantage de réaction de la part de l'acide iodhydrique, à 275°.

6. Si l'on opère en présence de l'eau, le sulfure de carbone est détruit avec formation d'hydrogène sulfuré et d'oxyde de carbone (dérivé de l'eau qui dissout l'hydracide),

$$C^2S^2 + 2\,HI + H^2O = CO + 2\,H^2S + I^2,$$

mélangés d'hydrogène.

Au contraire, j'ai observé dès 1858 que le sulfure de carbone et l'acide iodhydrique *gazeux,* dirigés ensemble à travers un tube chauffé au rouge sombre, fournissent du formène :

$$CS^2 + 6\,HI = CH^4 + 2\,H^2S + 3\,I^2\,(1).$$

7. J'arrive aux *acides bibasiques.* J'ai pris comme type l'acide succinique, le plus simple parmi les acides à 4 atomes d'oxygène qui présentent une stabilité suffisante pour résister à la température de 275°.

J'ai observé que l'acide succinique, chauffé à 275° avec un *grand excès* d'acide iodhydrique saturé, se change, comme l'acide butyrique, en hydrure de butyle :

$$CH^6O + 12\,HI = C^4H^{10} + 4\,H^2O + 6\,I^2.$$

Le gaz était mêlé seulement avec un sixième d'hydrogène.

J'en ai fait l'analyse eudiométrique sur une fraction. Puis j'ai fait agir l'alcool sur le reste, de façon à dissoudre l'hydrure de butyle, qui a été redégagé et soumis à l'analyse eudiométrique.

8. L'acide oxalique $C^2H^2O^4$ n'a donné lieu à aucune réaction

---

spéciale, comme on pouvait le prévoir, en raison de son instabilité. Il a fourni seulement de l'acide carbonique et de l'oxyde de carbone mêlés d'hydrogène, mais exempt de carbure. Mais son nitrile (cyanogène) peut être transformé en hydrure d'éthyle (*voir* plus loin).

9. A défaut de l'acide malonique, $C^3H^4O^4$, dont je ne possédais pas un échantillon suffisant, j'ai opéré sur l'acide tartronique,

$$C^3H^4O^5,$$

à l'aide d'un échantillon que M. Dessaignes, auteur de la découverte de ces curieux acides, avait bien voulu me donner, il y a quelques années. L'emploi de l'acide tartronique équivaut, d'ailleurs, dans le cas présent, à celui de l'acide malonique ; car on ne saurait douter que le premier acide ne soit changé dans le second par la réaction initiale de l'acide iodhydrique. J'ai donc chauffé l'acide tartronique avec l'acide iodhydrique à 275°. J'ai obtenu de l'acide carbonique et de l'hydrure d'éthyle, constatable par l'analyse eudiométrique. La formation de ces corps s'explique si l'on remarque que l'acide malonique est changé par la chaleur, au-dessous de 275°, en acide carbonique et en acide acétique.

$$C^3H^4O^4 = C^2H^4O^2 + CO^2.$$

C'est donc en réalité sur l'acide acétique que l'action réductrice de l'acide iodhydrique a dû s'exercer.

Conclusions.

Tels sont les résultats que j'ai observés sur les corps de la terre grasse et dont je vais poursuivre la généralisation. Je me bornerai à faire observer dès à présent que ces faits fournissent une méthode générale pour reproduire le carbure d'hydrogène fondamental de chaque série carbonée, au moyen de tous les corps de la série grasse. Ainsi, par exemple, l'hydrure d'éthyle

$$C^2H^4(H^2)$$

engendre par la substitution à l'hydrogène (H^2) d'un volume gazeux égal de chlore, de brome, d'iode, les composés

$$C^2H^4(Cl^2); \quad C^2H^4(Br^2); \quad C^2H^4(I^2).$$

Le même carbure engendre, par la substitution à l'hydrogène d'un volume gazeux égal d'acide ou d'eau.

Les éthers tels que $C^2H^4(HI)$, et l'alcool $C^2H^4(H^2O)$.

Enfin la substitution de l'hydrogène par un volume gazeux égal d'oxygène engendre l'acide acétique monobasique, $C^2H^4(O^2)$, et l'acide oxalique bibasique, $C^2H^2(O^2)$.

En partant du carbure C^4H^{10}, on obtient l'homologue bibasique $C^4H^6O^4$.

Or, tous ces composés si divers éprouvent, comme je viens de l'établir, une substitution inverse [1] sous l'influence réductrice de l'acide iodhydrique, et reproduisent le carbure fondamental.

Les composés incomplets dérivés de la série grasse se comporteront, d'ailleurs, à cet égard, comme les composés complets, parce que la première réaction de l'acide iodhydrique les ramène à cet état de composés incomplets.

L'acide iodhydrique devient ainsi un réactif propre à caractériser tous les corps d'une série organique, en les transformant tous dans un seul et même carbure d'hydrogène.

La réaction est si nette et si régulière qu'elle peut être effectuée sur quelques décigrammes de matière et servir, dès lors, à établir la nature d'une substance inconnue, ou la constitution d'un composé nouveau.

Cette réaction est féconde en applications multiples. Par exemple, on revient, par elle, d'un acide $C^nH^{2n}O^2$ à son alcool $C^nH^{2n+2}O$, le carbure C^nH^{2n+2}, dérivé de l'acide, étant transformable par le chlore, dans son éther $C^nH^{2n+1}Cl$, et celui-ci en alcool.

Cette même réaction permet de changer d'une manière générale et nette un carbure forménique, C^nH^{2n+2}, dans son homologue supérieur.

$$C^{n+2}H^{2n+4}.$$

Par exemple, l'hydrure d'éthyle :

$$C^2H^6 \quad \text{ou} \quad C^2H^4(H^2),$$

traité par le chlore, fournit un éther chlorhydrique,

$$C^2H^4(HCl)$$

transformable lui-même au moyen du cyanure de potassium en,

---

[1] L'acide oxalique se comporte autrement, par défaut de stabilité; mais l'acide succinique reproduit la substitution normale.

éther cyanhydrique ordinaire,

$$C^2H^4(CH\,Az).$$

Or ce dernier peut être changé par les alcalis en acide propionique

$$C^3H^6O^2 \quad ou \quad C^2H^4(CH^2O^2),$$

et consécutivement en hydrure de propyle,

$$C^3H^8 \quad ou \quad C^2H^4(CH^4).$$

J'ai vérifié la réalité de toute cette chaîne de transformations, par des expériences directes. Je me suis même assuré qu'il suffit de traiter directement l'éther cyanhydrique ordinaire, dérivé de l'alcool, par l'acide iodhydrique, pour le changer entièrement et dans une seule expérience, en hydrure de propyle :

$$C^2H^4(CH\,Az) + 3\,H^2 = C^2H^4(CH^4) + Az\,H^3.$$

J'ai préparé plusieurs litres d'hydrure de propyle par ce procédé.

Ajoutons que cette réaction est précisément susceptible de transformer directement l'acide cyanhydrique.............. CH Az
en .... CH⁴,
dans des conditions spéciales et que j'exposerai plus loin.

On passe donc ainsi d'un carbure forménique libre, C^nH^{2n+2}, à son homologue supérieur $C^{n+2}H^{2n+4}$, par une chaîne régulière de réactions, fondées seulement sur la préparation de deux corps intermédiaires, savoir : un éther chlorhydrique et un éther cyanhydrique.

On voit avec quelle netteté la nouvelle méthode permet de résoudre les problèmes réputés jusqu'ici les plus difficiles, tels que :

Le changement d'un acide dans l'alcool qui renferme la même proportion de carbone.

Ou bien encore :

Le changement d'un carbure d'hydrogène dans son homologue supérieur.

Les *acides bibasiques*, $C^nH^{2n-2}O^4$, traités par l'acide iodhydrique, éprouvent deux transformations successives.

1° Ils sont changés d'abord en *acides monobasiques* :

$$C^nH^{2n-2}O^4 + 3\,H^2 = C^nH^{2n}O^2 + 2\,H^2O.$$

J'ai réalisé ce changement sur l'acide succinique, en le chauffant à 270 degrés avec vingt fois son poids d'acide iodhydrique saturé. J'ai obtenu une grande quantité d'acide butyrique, parfaitement pur :

$$C^8 H^6 O^8 + 3 H^2 = C^8 H^8 O^4 + 2 H^2 O^2.$$

La pureté de cet acide a été reconnue par l'analyse complète du butyrate de chaux.

Il s'était produit en même temps une certaine proportion d'hydrure de butyle, en vertu d'une réaction plus avancée.

2° Sous l'influence d'un grand excès d'hydracide, les acides bibasiques sont changés en *hydrures*, comme les acides monobasiques. Ainsi, l'acide succinique, $C^4 H^6 O^4$, a fourni, dans mes expériences, l'hydrure de butyle, $C^8 H^{10}$.

Or, l'acide succinique est un dérivé régulier de l'hydrure d'éthyle et de l'éthylène, par l'intermédiaire du glycol dicyanhydrique :

$$C^2 H^4 \ + Cl^2 = C^2 H^4 Cl^2 = \ C^2 H^2 (H\,Cl)(H\,Cl)$$

Éthylène.   Glycol dichlorhydrique.

$$C^2 H^2 (H\,Cl)(H\,Cl) + 2\,C K\,Az = C^2 H^2 (CH\,Az)(CH\,Az) + 2\,H\,Cl.$$

Glycol dichlorhydrique.   Glycol dicyanhydrique.

$$C^4 H^2 (CH\,Az)(CH\,Az) + 4\,H^2 O = C^2 H^2 (CH^2 O^2)(CH^2 O^2) + 2\,Az\,H^3,$$

Glycol dicyanhydrique.   Acide succinique.

On voit donc que l'éthylène, CH^4, et l'hydrure d'éthyle, $C^2 H^6$, peuvent être changés méthodiquement en hydrure de butyle :

$$C^2 H^2 (H^2)(H^2)$$

Hydrure d'éthyle.

$$C^2 H^2 (H^2)(—)$$

Éthylène.

$$C^2 H^2 (CH^4)(CH^4)$$

Hydrure de butyle.

Voilà donc une méthode pour opérer la transformation régulière des carbures

$$C^n H^{2n} \quad \text{et} \quad C^n H^{2n+2}$$

en carbures

$$C^{n+4} H^{2n+6},$$

c'est-à-dire pour passer d'un carbure à un homologue plus élevé de deux degrés dans l'échelle.

Mais le succès de cette méthode exige que l'acide bibasique mis

en expérience soit suffisamment stable pour atteindre, sans se décomposer spontanément, la température à laquelle il peut être
attaqué par l'hydracide. L'acide oxalique, $C^2H^2O^4$, par exemple,
ne remplit pas cette condition; aussi n'a-t-il fourni que de l'acide
carbonique et de l'oxyde de carbone. L'acide malonique, $C^3H^4O^4$,
ne la remplit pas non plus, étant dédoublé d'abord en acides carbonique et acétique : aussi a-t-il fourni seulement de l'hydrure
d'éthyle, carbure dérivé de l'acide acétique.

J'ai réussi pourtant à changer l'acide oxalique lui-même, $C^2H^2O^4$,
en hydrure d'éthyle, C^2H^6; mais c'est par l'intermédiaire d'un dérivé azoté, le nitrile oxalique, C^2Az^2; j'exposerai plus loin cette
transformation; elle achève de généraliser la méthode.

Observons que l'acide carbonique résiste à l'hydracide au moins
jusqu'à 300 degrés. Vers le rouge, il peut fournir de l'oxyde de
carbone, mais point de carbure d'hydrogène.

Le sulfure de carbone est plus facile à réduire : le gaz iodhydrique le transformant en formène vers le rouge sombre (^{1}) :

$$CS^4 + 4\,H^2 = CH^4 + 2\,H^2S.$$

3. *Acides à fonction mixte.* — La réaction de ces acides sur
l'acide iodhydrique se ramène à celle des acides à fonction simple.
On sait en effet, par les expériences de M. Lautemann, que les acides
à fonction mixte, c'est-à-dire les corps qui participent à la fois des
propriétés des alcools et de celles des acides proprement dits, sont
désoxydés partiellement par l'acide iodhydrique, privés du caractère alcoolique et ramenés à l'état d'acides proprement dits. Tel
est l'acide lactique :

$$C^3H^4(H^2O)\,O^2 + 2\,HI = C^3H^6O^2 + H^2O + I^2.$$

Cette réaction a lieu au-dessous de 120 à 150 degrés. Mais jusqu'ici
personne ne paraissait avoir soupçonné que l'action réductrice de
l'acide iodhydrique pût s'étendre plus loin : c'est cependant ce que
je viens d'établir.

J'ai constaté par expérience que l'acide lactique est ainsi changé
définitivement en hydrure de propyle et j'ai confirmé la nature du
carbure d'hydrogène par l'analyse eudiométrique :

$$C^3H^4(H^2)\,O^4 + 8\,HI = C^3H^8 + 6\,H^2O + 4\,I^2.$$

(^{1}) *Annales de Chimie et de Physique*, 3ᵉ série, t. LIII, p. 142. — Tome I du
présent Ouvrage, p. 211.

VI. — Alcalis.

Pour compléter l'exposition des résultats relatifs à la série grasse,
je citerai la transformation extrêmement nette des alcalis éthyliques
en carbures forméniques; par exemple, celle de la méthylamine,

$$CH^5 Az,$$

en formène, CH^4 :

$$\underbrace{CH^2(AzH^3)}_{\text{Méthylamine.}} + H^2 = \underbrace{CH^2(H^2)}_{\text{Formène.}} + AzH^3,$$

la transformation de l'éthylamine, C^2H^7Az, en hydrure d'éthyle,
C^2H^6 :

$$\underbrace{C^2H^4(AzH^3)}_{\text{Éthylamine.}} + H^2 = \underbrace{C^2H^4(H^2)}_{\substack{\text{Hydrure} \\ \text{d'éthyle.}}} + AzH^3,$$

etc. J'ai réalisé, par expérience, les métamorphoses précédentes
avec l'acide iodhydrique, employé à 275°, et j'ai constaté la nature
des carbures régénérés par des analyses eudiométriques rigoureuses.

C'est donc là une nouvelle méthode générale pour dédoubler les
alcalis organiques et pour régénérer à la fois l'ammoniaque et le
carbure générateur. Plus nette et plus facile à réaliser que les méthodes d'oxydation, seules connues jusqu'ici, la nouvelle méthode
me paraît destinée aux applications les plus étendues et les plus
fécondes dans l'étude de la constitution des alcalis naturels.

Les résultats que je viens de signaler concernent surtout la série
des corps gras, c'est-à-dire la série des composés saturés, incapables
de s'unir par addition directe avec l'hydrogène, le chlore, etc.
Mais cette limite n'arrête point les applications de la méthode universelle de réduction que j'ai découverte. Loin de là : dans l'étude
des autres séries, les résultats sont même plus variés, parce que
l'on observe à la fois la substitution directe de l'hydrogène à l'oxygène, au chlore et aux autres éléments analogues, et la fixation,
ultérieure ou simultanée, dudit hydrogène sur le composé organique,
pour transformer ce dernier par degrés successifs en toute une
série d'hydrures relativement saturés et finalement, quoique avec
difficulté, en un carbure saturé.

Exposons les résultats observés, en commençant pas la série
aromatique.

CHAPITRE XI.

MÉTHODE UNIVERSELLE : SÉRIE AROMATIQUE.

SÉRIE AROMATIQUE (¹).

Je désigne sous le nom de *série aromatique* la benzine, ses dérivés chlorés, le phénol, l'aniline, les carbures homologues de la benzine et leurs dérivés, tels que l'acide benzoïque, l'essence d'amandes amères ou aldéhyde benzylique, etc. J'ai étudié la réaction de l'acide iodhydrique sur toutes ces substances. Commençons par la benzine, ce qui nous fournira l'occasion d'exposer avec détail les procédés mis en œuvre.

A. — Famille benzénique.

Je comprends par là plus spécialement la benzine, le phénol, l'aniline, ainsi que leurs dérivés chlorés et autres.

I. — BENZINE, C^6H^6.

La benzine est, comme on sait, la clef de voûte de l'édifice aromatique. Aussi ai-je étudié l'action de l'acide iodhydrique sur ce carbure avec un soin particulier. Cinq systèmes de conditions peuvent être observés dans cette réaction :

1° L'hydracide possède une densité égale à 2,0 ; il est employé à 280 degrés ; son poids est égal à 80 ou 100 fois celui de la benzine, et de plus l'action est prolongée pendant vingt-quatre heures au moins.

2° Dans les mêmes conditions de densité et de température, le poids de l'hydracide ne dépasse pas 20 ou 30 fois celui de la benzine.

3° L'hydracide possède une densité inférieure à 1,7 ;

(¹) *Bulletin de la Société chimique*, t. IX, p. 16, 91 ; 1868.

4° L'hydracide, quelle qu'en soit la densité, est employé à une température inférieure à 250 degrés.

5° On opère à 280 degrés, avec 30 ou 40 parties d'un hydracide au maximum de densité.

1° *Réaction d'un grand excès d'hydracide à 280°.*

La benzine, chauffée à 280 degrés, pendant vingt-quatre heures, avec 80 parties d'une solution aqueuse saturée à froid d'acide iodhydrique, se change en grande partie en hydrure d'hexyle, en fixant quatre fois son volume d'hydrogène :

$$C^6 H^6 + 4 H^2 = C^6 H^{14};$$

c'est-à-dire

$$C^6 H^6 + 8 HI = C^6 H^{14} + 4 I^2.$$

Le nouveau carbure, une fois isolé par distillation, bout à 69 degrés comme l'hydrure d'hexyle extrait des pétroles dont il offre la composition (*voir* p. 104). Il est de même inaltérable : par le brome froid, qui le dissout sans l'attaquer; par l'acide sulfurique ordinaire ou fumant, même tiède; par l'acide nitrique fumant; par le mélange de ces deux acides.

Cette expérience établit un passage direct entre la série aromatique et la série grasse. Son exposé doit être complété par les détails donnés à la p. 101 et suivantes.

Quand l'action est moins prolongée, ou produite à une température un peu moins élevée, on obtient successivement les hydrures inférieurs $C^6 H^8$, $C^6 H^{10}$, $C^6 H^{12}$, ce dernier surtout (*voir* p. 103). En même temps que l'hydrure d'hexyle formé dans les conditions extrêmes, on voit même apparaître une trace d'hydrure de propyle, dont l'analyse exacte va être donnée. La proportion de ce gaz varie un peu : je l'ai trouvée comprise entre le tiers et la moitié du volume total du gaz engendré dans la réaction et qui se dégage au moment de l'ouverture des tubes. Ce gaz résulte de la réaction suivante :

$$C^6 H^6 + 5 H^2 = 2 C^3 H^8,$$

laquelle s'exerce surtout dans des conditions de destruction partielle, observées en présence d'une moindre quantité d'acide iodhydrique, comme il sera dit tout à l'heure. Il est d'ailleurs produit directement aux dépens de la benzine. En effet l'hydrure d'hexyle, une fois formé, n'est plus attaqué à 280° par l'acide iodhydrique, comme je m'en suis assuré expressément sur un échantillon préparé au moyen de la benzine (p. 120).

Donnons maintenant quelques détails sur les expériences dont nous venons de résumer les résultats.

Pour pouvoir analyser les gaz de la réaction, on remplit à l'avance les tubes d'acide carbonique, avant d'y introduire l'acide iodhydrique et la benzine. On y verse ensuite les liquides, puis on effile le col de l'entonnoir qui termine le tube, de façon à obtenir une pointe très fine et très courte en même temps.

On place chaque tube de verre dans un tube de fer étiré à froid, et clos par un bouchon ou tête vissée. Le tube de fer étant disposé dans un bain d'huile, celui-ci recouvert de plaques de fer épaisses et solidement fixées pour protéger l'opérateur, on chauffe le tube à 275°-280° avec les précautions ordinaires. Quand la réaction est terminée, on laisse refroidir le tube; on le retire de son étui de fer avec précaution; puis on l'introduit dans un mélange réfrigérant, afin de diminuer autant que possible la tension de la vapeur du carbure liquide.

On saisit alors le tube, en le tenant à la main avec précaution, et on l'introduit la pointe en l'air dans une éprouvette pleine de mercure, placée sur la cuve et recouverte avec un linge plié en double. Un léger choc, ménagé avec prudence, rompt la pointe très effilée du tube contre la paroi supérieure de l'éprouvette. Les gaz se dégagent régulièrement et sans projection, quand cette manipulation est adroitement effectuée.

On retire ensuite le tube, sans le renverser; on en élargit un peu l'étroite ouverture, sans cependant rendre son diamètre supérieur à quelques millimètres. On y verse aussitôt un volume d'eau, mesuré à l'aide d'une burette graduée, de façon à déterminer le volume de gaz qu'il contient encore, en se gardant d'en faire sortir aucune trace des liquides qu'il renferme.

A ce moment on décante aussitôt à l'aide d'un tube très effilé le carbure liquide qui surnage (hydrure d'hexyle); ce qui s'exécute avec une précision plus grande que l'on ne serait porté à le croire à première vue, et l'on introduit aussitôt ce carbure dans un petit flacon, pour le réunir avec les produits semblables, fournis par la série des 20 ou 30 autres tubes, dans lesquels on a effectué la même réaction.

Ce carbure, après avoir été agité avec une solution d'acide sulfureux pour enlever une trace d'iode, puis distillé, consiste surtout en hydrure d'hexyle; si l'on a réalisé les conditions extrêmes d'hydrogénation, comme concentration d'hydracide, proportions relatives, température et durée de réaction. On le rectifie à point fixe et on l'analyse.

Cependant, dès que l'on a mis à part ce carbure et avant de procéder à sa purification, on dose l'iode mis à nu dans la réaction. A cet effet, on verse dans une grande quantité d'eau le contenu du tube, c'est-à-dire l'acide iodhydrique en partie décomposé, on rince le tube à plusieurs reprises à l'eau distillée, et l'on titre aussitôt la liqueur, au moyen d'une solution étendue d'acide sulfureux : je reviendrai tout à l'heure sur la proportion d'iode que l'on trouve dans ces dosages.

Quant au gaz recueilli sur le mercure, dès qu'il a été isolé, on y introduit un fragment de potasse et quelques gouttes d'eau pure, pour enlever l'acide carbonique (introduit avant le remplissage des tubes afin d'éviter l'action de l'air), ainsi que les vapeurs d'acide iodhydrique; puis on le mesure et on le soumet aux analyses.

D'une part on en brûle une portion dans l'eudiomètre; ce qui fournira les données d'un calcul rigoureux, pourvu que la solution qualitative du mélange soit connue.

D'autre part et afin d'établir cette dernière composition, on isole en nature les divers gaz produits dans la réaction, c'est-à-dire l'hydrure de propyle et l'hydrogène.

A cet effet, après avoir constaté que le mélange gazeux ne cède rien ni au brome, ni à l'acide sulfurique concentré, on l'agite avec son volume d'alcool absolu, préalablement bouilli dans un matras dont le col a été effilé, et recourbé de façon à en engager la pointe sous une couche de mercure contenue dans un verre à pied : ce qui permet de le purger complètement de l'air et des gaz dissous. Après ébullition suffisamment prolongée, on y laisse rentrer le mercure, en évitant absolument tout contact d'air, et l'on conserve le matras rempli d'alcool purgé et dont le col est clos par une couche de mercure. Pour s'en servir, on transporte le tout, matras et verre à pied, sur une grande cuve à mercure; on casse la partie effilée (sous le mercure) et l'on fait passer l'alcool dans une éprouvette pleine de mercure; puis on l'emploie suivant les besoins, sans qu'il ait eu à aucun moment le contact de l'air.

Ce dissolvant agit surtout sur les carbures d'hydrogène, et spécialement sur les carbures condensés, qu'il partage avec l'espace vide de l'éprouvette, conformément aux lois connues de la solubilité des gaz.

On mesure les volumes avant et après l'absorption, ainsi que le volume de l'alcool introduit dans les éprouvettes graduées; puis l'on sépare du gaz non dissous le dissolvant saturé de gaz, à l'aide d'une pipette à gaz.

Cela fait, on ajoute au dissolvant son volume d'eau pure et purgée d'air avec les mêmes précautions que ci-dessus : une grande partie du carbure dissous se dégage aussitôt sous forme gazeuse et dans un état presque complet de pureté.

C'est ce carbure dont on étudie les propriétés. On détermine d'abord sur le gaz pur sa composition eudiométrique. Dans le cas qui nous occupe, celle-ci a été trouvée répondre exactement à l'hydrure de propyle. Ce résultat m'a surpris d'abord; mais l'analyse eudiométrique ne m'a pas permis de le révoquer en doute.

En effet, un volume du gaz précédent a produit trois fois son volume d'acide carbonique, en absorbant cinq fois son volume d'oxygène. De plus, l'alcool absolu a dissous six fois son volume dudit hydrure de propyle. C'est la même solubilité observée dans des conditions semblables sur l'hydrure de propyle, préparé soit au moyen de l'acétone, soit de l'éther cyanhydrique, avec le concours de l'acide iodhydrique.

Dans le mélange primitif, avant l'action de l'alcool, il devait se rencontrer une certaine dose de vapeur d'hydrure d'hexyle. Mais cette vapeur ne saurait donner lieu à un dégagement gazeux d'hydrure de propyle pur; tout au plus s'y retrouve-t-elle mélangée en faible proportion.

Comme contrôle, on a traité à deux ou trois reprises successives le résidu gazeux, non dissous par l'alcool dans le premier traitement, par son volume d'alcool absolu. On a purifié le gaz restant par l'acide sulfurique; puis on l'a soumis de nouveau à l'analyse eudiométrique. Dans le cas précédent il ne restait que de l'hydrogène sensiblement pur ([1]).

La marche que je viens de décrire pour analyser les gaz de la réaction est indispensable, toutes les fois que l'on veut établir avec rigueur la nature réelle des gaz produits. En effet, un mélange d'hydrure de propyle et d'hydrogène peut fournir exactement les mêmes résultats eudiométriques que l'hydrure d'éthyle ([2]). Aussi était-il nécessaire d'isoler en nature l'hydrure de propyle, afin d'en déterminer la composition par l'analyse eudiométrique.

([1]) *Bulletin de la Société chimique*, t. VII, p. 60; 1867. — Le présent Volume, p. 63, 67 et suivantes.

([2]) $2\,C^6H^8 + H^2$ équivaut à $3\,C^4H^6$.

Telle est la marche que j'ai suivie dans l'étude de la réaction de l'acide iodhydrique sur la benzine.

Voici quelques chiffres plus précis, empruntés à l'une de mes expériences :

$0^{gr},44$ de benzine et 25 centimètres d'une solution saturée d'acide iodhydrique (densité : $2,0$) ont été introduits dans un tube très résistant et chauffés à 280°, pendant vingt-quatre heures. Au bout de ce temps, on a ouvert le tube.

Le volume total des gaz produits dans la réaction était égal à 55 centimètres cubes (à 0° et $0^{m},760$). Le volume de l'hydrure d'hexyle liquide recueilli était de $0^{cc},7$ environ.

Le gaz renfermait :

$$
\begin{array}{lr}
& ^{cc} \\
\text{Hydrure de propyle} \ldots \ldots \ldots \ldots \ldots & 20 \\
\text{Hydrogène} \ldots \ldots \ldots \ldots \ldots \ldots \ldots & 35 \\
\hline
\text{Total} \ldots \ldots \ldots & 55
\end{array}
$$

Le poids de l'iode mis en liberté a été trouvé : $6^{gr},10$.

$$
\begin{array}{lr}
\text{Or la transformation complète de la benzine en} & \\
\text{hydrure d'hexyle (à l'exception du poids qui} & \\
\text{répond aux } 20^{cc} \text{ d'hydrure de propyle ci-dessus)} & ^{gr} \\
\text{répond à un poids d'iode égal à} \ldots \ldots \ldots & 5,30 \\
\text{Les } 20^{cc} \text{ d'hydrure de propyle à} \ldots \ldots \ldots & 0,56 \\
\text{Les } 35^{cc} \text{ d'hydrogène libre à} \ldots \ldots \ldots \ldots & 0,40 \\
\hline
\text{Poids total de l'iode calculé} \ldots \ldots & 6,26
\end{array}
$$

Il résulte de ces observations que la benzine peut être saturée d'hydrogène et changée directement en carbure forménique par l'action de l'acide iodhydrique. C'est là un résultat d'une haute importance; car il établit le passage direct entre la série des corps aromatiques et la série des corps gras.

Pour concevoir le mécanisme qui préside à ce passage, il est nécessaire de se reporter à la synthèse de la benzine par la condensation de l'acétylène,

$$C^6H^6 = 3C^2H^2 = C^2H^2[C^2H^2(C^2H^2)].$$

Mais l'acétylène lui-même représente un résidu forménique doublé,

$$C^2H^2 = CH(CH);$$

car j'ai établi qu'il peut être obtenu, soit par l'action directe de la chaleur sur le formène,

$$2CH^4 = C^2H^2 + 3H^2;$$

soit en décomposant le chloroforme par le cuivre métallique au rouge sombre,

$$2\,(CHCl^3 - Cl^3) = C^2H^2.$$

La benzine résulte donc, en définitive, du résidu forménique CH, doublé d'abord sous forme d'acétylène, puis triplé par condensation polymérique,

$$C^6H^6 = [C^2H(C^2H)][C^2H(C^2H)][C^2H(C^2H)].$$

Cette filiation peut même être établie directement, en décomposant le formène tribromé par le cuivre au rouge sombre, ce qui donne lieu à une certaine quantité de benzine.

Cela étant posé, si nous saturons la benzine d'hydrogène, tous les résidus forméniques inscrits dans la formule précédente se compléteront en donnant naissance à l'hydrure d'hexyle,

$$CH^2\,|\,CH^2[CH^2(CH^2\,|\,CH^2(CH^4)\,|)]|.$$

C'est en effet ce que l'expérience confirme, comme on vient de le voir; mais à la condition, je le répète, d'opérer dans des limites extrêmes de température, de concentration, et d'excès énorme d'acide iodhydrique. Autrement l'hydrure d'hexyle sera mélangé avec une dose plus ou moins forte des hydrures de benzine proprement dits et surtout d'hexahydrure, comme l'ont depuis constaté divers expérimentateurs. J'ai vérifié leurs résultats et confirmé par des expériences méthodiques la transformation ultime de ces hydrures de benzine en hydrure d'hexyle (*voir* ce Volume, p. 101).

2° *Action d'une quantité insuffisante d'acide iodhydrique.*

Lorsqu'on fait agir sur la benzine une proportion d'acide iodhydrique notablement inférieure à celle qui a été signalée plus haut, c'est-à-dire notablement moins de 80 parties d'hydracide pour une partie de carbure en poids, les résultats changent de caractère. La nature des produits est modifiée; il se forme des hydrures inférieurs et même une proportion plus ou moins notable de benzine peut échapper à toute réaction. Il en est de même lorsque l'acide iodhydrique est plus étendu, ou déjà chargé d'iode libre. Pour peu que sa densité s'abaisse à 1,7, toute réaction notable cesse de se manifester.

J'ai surtout observé des résultats très nets, lorsque le poids de l'hydracide s'élève seulement à vingt fois celui de la benzine.

Dans cette circonstance et à 280 degrés, il se forme une matière charbonneuse, et une quantité considérable de gaz prend naissance. Suivant la durée et la température de la réaction, la benzine peut être ainsi complètement détruite, ou subsister en partie avec sa composition et ses propriétés normales.

J'ai observé que, dans les conditions de mes expériences, la portion détruite avait donné naissance à de l'hydrure de propyle, C^3H^8, et à du charbon, conformément à l'équation suivante, vérifiée par la pesée rigoureuse de tous les corps qui y figurent, comme on le prouvera tout à l'heure :

$$C^6H^6 + 3HI = C^3H^8 + 3C^2 + H + I^3.$$

Benzine.　　　　Hydrure
de propyle.

La réaction théorique serait la suivante :

$$C^6H^6 + H^2 = C^3H^8 + 3C.$$

Elle dégage $+42^{Cal}$ environ, soit $+21^{Cal}$ pour H^2 fixé ; au lieu de $+15^{Cal}$ environ pour H^2 fixé dans la formation de l'hydrure d'hexyle.

Cette réaction s'effectue en chauffant à 280°, dans un tube scellé, 1 partie de benzine avec 15 ou 20 parties d'acide iodhydrique. On doit maintenir la température pendant vingt-quatre heures au moins.

A de légères variations dans la proportion ou le degré de l'acide, ou bien encore dans la durée de la réaction, répondent des variations assez considérables dans l'intensité de ladite réaction. Tantôt la benzine est détruite complètement et l'équation posée plus haut est vérifiée sans réserve : je citerai tout à l'heure les nombres d'une expérience de ce genre. Tantôt, au contraire, la réaction est incomplète et il subsiste une portion de benzine plus ou moins notable et plus ou moins surhydrogénée.

Mais, dans tous les cas, la portion détruite se décompose d'après l'équation ci-dessus. Quant à la benzine qui subsiste dans les cas les plus nets, elle possède la propriété de se dissoudre sans résidu et sans dégagement de vapeurs nitreuses dans l'acide nitrique fumant, avec formation de nitrobenzine, pourvu que l'on évite toute élévation notable de température.

3° et 4° *Action d'un acide plus étendu.*

Si l'on opère avec un acide plus étendu, dont la densité s'abaisse à 1,7 ou au-dessous, ou bien à une température inférieure à 250°, toute réaction cesse de se manifester.

5° *Conditions intermédiaires.*

Au contraire, si l'on augmente notablement la proportion d'hydracide, par exemple si l'on opère avec 30 ou 40 parties d'hydracide pour une partie de benzine, on obtient encore du charbon et de l'hydrure de propyle. Mais on voit apparaître un mélange renfermant de l'hydrure d'hexyle, des hydrures de benzine moins hydrogénés, enfin des carbures condensés peu volatils et fort altérables par l'acide nitrique, par l'acide sulfurique et par le brome.

Ces carbures condensés offrent des caractères analogues aux polymères de l'amylène ou de l'hexylène, lesquels se forment, comme on sait, au contact desdits carbures et de l'acide sulfurique. Ils représentent évidemment une réduction incomplète, avec génération de carbures susceptibles de se polymériser sous les influences simultanées de l'hydracide et de l'iode libre, au contact desquels ils se sont produits d'abord ([1]).

Si l'on augmente notablement la proportion de l'hydracide, et la durée de l'action, à 280° toute la benzine, ou à peu près, se change en hydrure d'hexyle, commeil a été dit précédemment.

Je donnerai ici les nombres d'une expérience dans laquelle la destruction de la benzine a été complète, sans qu'il se soit formé d'hydrure d'hexyle.

$0^{gr},6$ de benzine ont été chauffés à 275° dans un tube avec 15 centimètres cubes d'acide iodhydrique, en solution aqueuse saturée. A la fin de la réaction, il n'existait plus de carbure liquide dans le tube. On l'a ouvert avec les précautions décrites plus haut. Le gaz produit a été mesuré : il occupait 255^{cc} à 0° et $0^m,760$.

On l'a analysé par les méthodes déjà décrites. On a trouvé qu'il était formé par un mélange exact de 2 volumes d'hydrure de propyle et de 1 volume d'hydrogène.

([1]) *Sur l'influence modificatrice que l'iode exerce à l'égard des carbures d'hydrogène,* voir mes expériences sur le styrolène (*Bulletin,* t. VI, p. 294; 1868) *et sur l'acénaphtène* (*Bulletin,* t. VIII, p. 252; 1867). — Le présent Ouvrage, t. II, p. 112.

B. — III.   10

Ce gaz contenait donc :

$$\text{Hydrure de propyle, } C^6H^8 \dots\dots\dots\dots \quad 170^{cc}$$
$$\text{Hydrogène, } H^2 \dots\dots\dots\dots\dots \quad 85^{cc}$$

Le poids de l'iode libre, renfermé dans la liqueur, a été déterminé par une liqueur titrée d'acide sulfureux et trouvé égal à $2^{gr},90$. Il faut ajouter à ce chiffre environ $0^{gr},20$ d'iode, comme il va être dit; ce qui fait en tout : iode libre, $3^{gr},10$.

En effet, le tube renfermait une matière charbonneuse, laquelle a été d'abord lavée à l'eau, puis séchée sur l'acide sulfurique. Elle pesait alors $0^{gr},470$; mais elle contenait encore une grande quantité d'iode (environ $0^{gr},200$), libre ou dans un état très voisin de la liberté. Je reviendrai tout à l'heure sur ce fait. Pour éliminer l'iode, j'ai cru devoir chauffer légèrement dans une capsule la matière charbonneuse, sans cependant la faire rougir, mais jusqu'à ce que tout l'iode eût disparu. Après cette opération, son poids était réduit à $0^{gr},270$.

Tels sont les nombres trouvés par mes expériences. Or, d'après l'équation

$$C^6H^6 + 3HI = C^3H^8 + 3C + H + I^3,$$

on aurait dû obtenir :

	Calculé.	Trouvé.
Benzine	$0^{gr},600$	$0^{gr},600$
Hydrure de propyle	180^{cc}	170^{cc}
Hydrogène	70^{cc}	85^{cc}
Iode libre	$2^{gr},90$	$3^{gr},10$
Charbon	$0^{gr},277$	$0^{gr},270$

Ces résultats sont aussi approchés qu'on peut l'espérer dans une expérience de ce genre. Ils ont été vérifiés par deux autres essais, dans lesquels on a pesé également les gaz, le charbon et l'iode; mais non la benzine, parce que la destruction de ce carbure n'était pas aussi complète que dans l'expérience citée plus haut. On s'est donc borné à déterminer les rapports entre les poids des quatre produits de la réaction; ces rapports ont confirmé l'équation précédente.

La formation de l'hydrure de propyle a été contrôlée spécialement dans ces expériences. A cet effet, on a dû prendre des précautions particulières pour éliminer la vapeur de la benzine. On y est parvenu (t. II, p. 288) en introduisant une partie du gaz dans un petit flacon très exactement rempli; puis on y a versé quelques gouttes d'acide nitrique fumant; on a fermé aussitôt. La vapeur de benzine a été absorbée complètement. On a rouvert sur l'eau, après quelques minutes, on a transvasé le gaz sur le mercure et on l'a traité par l'alcool absolu, de façon à dissoudre une portion de l'hydrure de propyle resté intact, laquelle a été dégagée ensuite par ébullition et analysée à l'état pur.

Les faits que je viens d'exposer méritent d'être discutés en détail, à cause de l'importance de la benzine, et aussi parce que des faits analogues se retrouvent dans la décomposition de la plupart des corps de la série aromatique par une quantité insuffisante d'acide iodhydrique. Nous nous attacherons surtout à deux points, savoir :

1° La production de la matière charbonneuse, phénomène singulier que l'on observe dans la plupart des réductions incomplètes des corps peu hydrogénés.

2° La formation de l'hydrure de propyle et les relations que ce carbure présente avec la constitution de la benzine.

1° *Matière charbonneuse.* — J'ai désigné plus haut cette substance sous le nom de *charbon* et je l'ai inscrite comme du carbone dans l'équation représentative de la réaction. Cependant, la substance brute, qui est formée dans la réaction de 20 à 30 parties d'acide iodhydrique sur la benzine, renferme 40 centièmes d'iode environ et une trace de matière extractive, soluble dans l'éther. Mais l'iode ne paraît pas s'y trouver dans un état de combinaison véritable. Je crois pouvoir l'affirmer d'après la contre-épreuve suivante, laquelle montre que l'état de l'acide de la matière charbonneuse est à peu près le même que celui qu'il possède dans un morceau de charbon de bois, que j'avais immergé et bien mouillé avec le même acide iodhydrique ioduré, au sein duquel plongeait la substance précédente dans mes expériences. En effet, si l'on enlève le morceau de charbon de bois, au bout d'une heure ou deux d'imbibition dans un tel acide, si on le lave avec de l'eau et si on le sèche à froid sur l'acide sulfurique, en opérant ensuite à froid de la même manière que ci-dessus, on trouve que ce charbon retient 30 à 40 centièmes d'iode, que les dissolvants enlèvent difficilement. Mais en chauffant légèrement dans une capsule le morceau de charbon de bois, l'iode se volatilise et le charbon reste. Or la matière charbonneuse formée aux dépens de la benzine se comporte précisément de la même manière, si ce n'est qu'elle dégage quelques traces de produits hydrogénés vers la fin de la calcination : le nom de *charbon* lui convient donc parfaitement.

Une fois formée, et soit avant, soit après la calcination, elle peut être chauffée de nouveau avec l'acide iodhydrique à 280°, sans être attaquée d'une manière sensible. Elle résiste mieux à cet agent que le charbon de bois légèrement calciné.

En réalité, la matière charbonneuse dérivée de la benzine me paraît représenter la limite d'une série de condensations avec perte graduelle de l'hydrogène, opérées aux dépens de la benzine et sous l'influence de l'iode. C'est là, du reste, une manière de voir que j'ai déjà appliquée aux divers charbons qui résultent de la destruction des matières organiques ([1]). Pour mieux concevoir la formation du charbon aux dépens de la benzine, il suffira de remarquer que le système réagissant, d'après l'équation de la page 146, est le suivant :

$$C^6 H^6 + 3 HI.$$

Ce système représenterait un iodhydrate correspondant au chlorure de Mitscherlich,

$$C^6 H^6 Cl^6.$$

Quoique je n'aie point réussi à manifester l'existence, même temporaire, d'un tel iodhydrate, je pense cependant que la réaction se rattache à sa formation virtuelle; c'est-à-dire qu'elle est déterminée par les mêmes forces qui seraient mises en jeu par la combinaison de l'acide iodhydrique et de la benzine..

Si un tel composé ne peut pas subsister, c'est sans doute parce que les composés organiques iodés ne résistent guère à l'influence d'une température de 280°.

Quant au mode de partage de ses éléments, on peut faire diverses hypothèses pour expliquer les résultats obtenus. Mais elles sont trop incertaines pour nous y arrêter. Il suffira de dire que, l'acide iodhydrique étant insuffisant pour saturer complètement d'hydrogène la benzine, les éléments de celle-ci se partagent en deux portions. D'une part, une moitié de carbone de la benzine passe de transformations en transformations jusqu'à ce qu'elle se trouve saturée sous la forme d'hydrure de propyle. D'autre part, les composés peu hydrogénés, dans lesquels se trouve engagée l'autre moitié du carbone de la benzine, se comportent, sous l'influence de l'iode libre contenu dans les tubes, comme les carbures pauvres en

---

([1]) Sur le charbon envisagé comme limite des condensations polymériques des carbures d'hydrogène et des autres composés organiques (voir *Bulletin de la Société chimique*, t. VI, p. 285; 1866). — Le présent Ouvrage, t. II, p. 253.

hydrogène, tels que le styrolène, le fluorène, l'anthracène, l'acénaphtène (¹), c'est-à-dire que ces composés se changent en dérivés polymériques de plus en plus élevés : la matière charbonneuse représenterait le terme de ces condensations.

2° *Hydrure de propyle*. — La formation de l'hydrure de propyle aux dépens de la benzine est un fait d'autant plus important que le même gaz se forme également, comme je le montrerai tout à l'heure, dans la réaction d'une quantité insuffisante d'hydracide sur la plupart des corps de la série aromatique : une semblable formation se rattache évidemment à l'attaque de la benzine, qui forme le noyau fondamental de la série. L'hydrure de propyle apparaît, même sans qu'il y ait formation de charbon, lorsqu'on fait agir un grand excès d'acide iodhydrique sur la benzine, comme nous l'avons signalé précédemment (p. 141). Bien que dans cette circonstance la production de l'hydrure de propyle n'ait lieu qu'en faible proportion, elle n'en présente pas moins une certaine importance à cause de la simplicité de la réaction qui l'engendre, une molécule de benzine donnant naissance à deux molécules d'hydrure de propyle, par une simple fixation d'hydrogène

$$C^6 H^6 + 5 H^2 = 2 C^3 H^8.$$

Benzine.   Hydrure
de propylène.

Ce fait tendrait à établir que la benzine dérive d'un résidu propylique doublé, tel que le résidu $C^3 H^3$,

$$(C^3 H^3)^2 = C^6 H^6.$$

Lorsque l'on sature l'hydrogène, les deux molécules génératrices peuvent reparaître sous la forme d'hydrure de propyle, $C^3 H^8$, au même titre que le diphényle, $C^{12} H^{10}$ ou $(C^6 H^5)^2$ reproduit la benzine sous l'influence ménagée de l'acide iodhydrique. J'établirai cette dernière réaction dans un autre Chapitre. Mais la reproduction de la benzine au moyen du diphényle est bien plus facile que celle de l'hydrure de propyle au moyen de la benzine. En général, les deux molécules accolées, $(C^3 H^3)^2$, demeurent soudées et se saturent d'hydrogène sans se séparer, ce qui donne naissance à l'hydrure d'hexyle, $C^6 H^{14}$.

La réaction d'une quantité insuffisante d'hydracide agit un peu

---

(¹) *Voir* le *Bulletin de la Société chimique,* t. VIII, p. 252; 1867. — Le présent Ouvrage, t. II.

différemment; elle détermine la séparation des deux résidus propyliques, sans doute parce qu'elle agit différemment sur ces deux résidus. L'un d'eux reparaît sous la forme de carbure saturé, c'est-à-dire d'hydrure de propyle; tandis que l'autre se trouve ramené, par une suite de condensations, à un état voisin de celui du charbon.

J'ai pensé qu'il serait utile de confirmer ces relations entre la benzine et la série propylique par des expériences synthétiques, et j'ai cherché à mettre à nu le résidu C^3H^3, dans l'espérance de le voir se doubler pour constituer la benzine. J'ai tenté l'électrolyse de l'aconitate de potasse et du benzoate, ce qui n'a pas fourni de benzine, mais seulement de l'acétylène mêlé d'oxyde de carbone (t. I, p. 64).

II. — Dérivés chlorés de la benzine.

Les dérivés chlorés de la benzine échangent leur chlore contre de l'hydrogène, sous l'influence de l'acide iodhydrique, au même titre que les dérivés de l'éthylène et des carbures homologues. Cette réduction peut être effectuée dans deux conditions distinctes, savoir : en présence d'un grand excès d'hydracide, ou bien en présence d'une quantité insuffisante. Je me suis attaché surtout à l'étude de cette dernière condition, afin de reproduire la benzine au moyen de ses dérivés chlorés. Ce fait étant démontré, il est évident que l'influence d'un excès d'hydracide se bornera à changer ladite benzine en hydrures, et finalement, dans les conditions extrêmes, en hydrure d'hexyle.

1. *Benzine monochlorée*, C^6H^5Cl.

Ce composé, chauffé à 280 degrés avec 10 fois son poids d'acide iodhydrique, a reproduit une grande quantité de benzine :

$$C^6H^5Cl + 2HI = C^6H^6 = HCl + I^2.$$

Une portion de la benzine s'est altérée, comme dans la réaction directe de ce carbure sur une quantité d'hydracide insuffisante; c'est-à-dire avec production d'un peu de charbon et d'un mélange d'hydrogène et d'hydrure de propyle, dont la nature a été constatée par les analyses eudiométriques. La même observation s'applique aux réactions suivantes :

2. *Benzine perchlorée*, C^6Cl^6.

Ce corps a reproduit la benzine, sous l'influence d'une quantité d'hydracide insuffisante :

$$C^6Cl^6 + 12\,HI = C^6H^6 + 6\,HCl + 6\,I^2.$$

J'ai constaté d'une manière rigoureuse la formation de la benzine et ses divers caractères, y compris la production de l'aniline et la coloration de ce dernier alcali par le chlorure de chaux.

Dans cette réaction, une portion de la benzine perchlorée demeure presque toujours inaltérée.

En présence de 100 parties d'hydracide, et dans des conditions extrêmes de température, la benzine perchlorée se change en hydrure d'hexyle, comme la benzine elle-même :

$$C^6Cl^6 + 20\,HI = C^6H^{14} + 6\,HCl + 10\,I^2.$$

Le chlorure de Julin (préparé au moyen du chloroforme) se comporte exactement comme la benzine perchlorée et reproduit, d'une part, de la benzine en nature et, d'autre part, de l'hydrure d'hexyle, suivant les proportions employées. C'est une nouvelle preuve de l'identité du chlorure de Julin et de la benzine perchlorée (t. I, p. 316).

3. *Chlorure de benzine*, $C^6H^6Cl^6$.

J'ai également reproduit la benzine avec le chlorure de Mitscherlich, en opérant avec une proportion insuffisante d'hydracide.

Cette régénération mérite quelque attention. Il semblerait, à première vue, que le chlorure de benzine devrait reproduire, non la benzine, mais un hydrure de formule correspondante, $C^6H^6(H^6)$, identique ou isomère avec l'hexylène. C'est en effet ainsi que se comporte le chlorure d'éthylène $C^2H^4Cl^2$, transformable par l'acide iodhydrique en hydrure d'éthyle, $C^2H^4(H^2)$.

Le chlorure de benzine réagit autrement, puisqu'il régénère d'abord la benzine, comme s'il perdait d'abord son chlore sans substitution.

Cependant je pense que la réaction s'explique autrement et sans qu'il soit permis de conclure que le chlorure de benzine possède une constitution essentiellement différente du chlorure d'éthylène. En effet, tout se comprend si l'on admet que le chlorure de benzine est d'abord dédoublé, par la chaleur et dans les conditions de l'expérience, en benzine trichlorée et acide chlorhydrique,

$$C^6H^6Cl^6 = C^6H^3Cl^3 + 3HCl,$$

avant d'être attaqué par l'acide iodhydrique. La réaction de l'hydracide s'exerce seulement sur la benzine trichlorée, et elle donne lieu au produit normal de la substitution du chlore par l'hydrogène dans ce composé, c'est-à-dire à la benzine.

III. — Phénol, C^6H^6O.

Le phénol et l'acide iodhydrique développent plusieurs réactions différentes, suivant les proportions rélatives des deux corps.

1° En présence d'une *quantité insuffisante* (10 *parties*) *d'hydracide,* on reproduit une certaine quantité de benzine :

$$C^6H^6O + 2HI = C^6H^6 + H^2O + I^2.$$

Du charbon et de l'hydrure de propyle prennent naissance simultanément.

2° *Si l'on augmente un peu la proportion de l'hydracide,* le phénol se réduit à peu près complètement en charbon et hydrure de propyle, comme la benzine elle-même. D'après la pesée des produits de cette réaction, elle a eu lieu en vertu de l'équation suivante :

$$C^6H^6O + 8HI = C^3H^8 + 2H^2 + 3C^2 + 4I^2 + H^2O.$$

Mais la proportion d'hydrogène libre doit varier avec les conditions de l'expérience.

3° *Si l'on augmente encore la proportion relative d'hydracide* jusqu'à la rendre extrêmement considérable, on voit apparaître les hydrures de benzine et finalement l'hydrure d'hexyle, précisément comme avec la benzine.

IV. — Aniline, $C^{12}H^7Az$.

L'aniline, C^6H^7Az, reproduit la benzine, à 275 degrés, sous l'influence de 20 parties d'acide iodhydrique (*voir* plus loin) :

$$C^6H^7Az + H^2 = C^6H^6 + AzH^3.$$

V. — ACIDE BENZINOSULFURIQUE, $C^6H^6SO^3$.

Le benzinosulfate de potasse, chauffé avec une proportion modérée d'hydracide, reproduit à 275 degrés la benzine, avec formation d'hydrogène sulfuré :

$$C^6H^6SO^3 + 4H^2 = C^6H^6 + 2H^2O + H^2S.$$

Avec un excès d'hydracide, on obtient les hydrures successifs et finalement l'hydrure d'hexyle, C^6H^{14}.

.B — FAMILLE TOLUÉNIQUE.

J'ai étudié la réaction de l'acide iodhydrique sur les corps suivants : toluène, acide benzoïque, aldéhyde benzylique, toluidine et ses isomères, tous corps renfermant 7 atomes de carbone.

I. — TOLUÈNE, C^7H^8.

Le toluène ou méthylbenzine, c'est-à-dire le premier homologue de la benzine, se comporte comme elle sous l'influence de l'acide iodhydrique.

1° Action d'un grand excès d'hydracide.

Chauffé avec 80 parties d'une solution saturée d'acide iodhydrique, à 280 degrés, le toluène se change en hydrures successifs. Dans les conditions extrêmes, on obtient un carbure saturé d'hydrogène, l'hydrure d'heptyle, C^7H^{16} ;

$$\underbrace{C^{14}H^8}_{\text{Toluène.}} + 4H^2 = \underbrace{C^{14}H^{16}}_{\substack{\text{Hydrure} \\ \text{d'heptyle.}}}$$

Tel qu'on le retire des tubes et sans autre purification ; c'est un liquide bouillant entre 94 et 96 degrés, semblable, par ses propriétés physiques et chimiques, au carbure des pétroles.

Il n'est altérable ni par l'acide sulfurique fumant, à une douce chaleur, ni par l'acide nitrique fumant à froid, ni par le mélange de ces deux acides, ni par le brome à froid.

La formation de l'hydrure d'heptyle est accompagnée par celle d'un volume énorme d'hydrogène pur, renfermant seulement des traces de la vapeur de cet hydrure.

Le volume de l'hydrogène libre, dosé dans l'une de mes expériences, répondait à 4 atomes environ pour une molécule de toluène.

Le poids de l'iode, mis en liberté dans la même réaction, répondait à 12 atomes. L'équation réelle de la réaction développée dans le tube était donc la suivante :

$$C^7H^8 + 12\,HI = C^7H^{16} + 2\,H^2 + 6\,I^2.$$

La quantité considérable d'hydrogène mis à nu dans la saturation totale du toluène contraste avec la faible proportion du même gaz qui prend naissance dans la saturation totale de la benzine. En effet, l'hydrogène libre, obtenu dans cette dernière circonstance et dans des conditions semblables, ne s'est élevé, dans l'expérience de la page 142, qu'à 35 centimètres cubes pour $0^{gr},44$ de benzine, soit à un demi-atome d'hydrogène pour une molécule de benzine.

Dans d'autres expériences faites sur la benzine, et que je n'ai pas citées en détail, l'hydrogène a été obtenu en proportion un peu plus forte, mais sans dépasser un atome, ou un atome et demi.

On voit clairement que la décomposition propre de l'hydracide est influencée dans une proportion considérable par les corps en présence desquels cette décomposition s'effectue. Du reste, la formation d'un volume considérable d'hydrogène libre, dans les expériences poussées jusqu'à la limite de réaction, accompagne la saturation totale de la plupart des corps aromatiques, celle des carbures hydrogénés, et plus généralement celle des corps pauvres en hydrogène. J'ai cru devoir y insister à l'occasion du toluène, parce que c'était la première fois qu'un pareil phénomène se présentait. Mais je n'y reviendrai plus dans la suite de ce Chapitre.

2° *Action d'une quantité d'hydracide insuffisante.*

Le toluène, chauffé avec une proportion d'hydracide beaucoup moindre que la précédente, n'éprouve pas une réduction complète. On observe divers phénomènes analogues à ceux que nous a présentés la benzine et qui varient suivant les proportions relatives du carbure et de l'hydracide.

Par exemple, on obtient un résultat très net, en opérant avec 20 parties de la solution d'hydracide pour une partie de toluène. En effet, dans cette circonstance, le toluène se résout en hydrure de propyle et en matière charbonneuse, sans qu'il se forme aucune substance liquide. La décomposition a lieu en vertu de l'équation suivante :

$$\underbrace{C^7H^8}_{\text{Toluène.}} + 2\,HI = \underbrace{C^3H^8}_{\substack{\text{Hydrure}\\ \text{de}\\ \text{propyle.}}} + 4\,C + H^2 + I^2.$$

On désigne ici comme carbone une matière charbonneuse toute semblable à celle qui se produit dans la destruction analogue de la benzine. Elle retient de même 4o centièmes d'iode, à la façon du charbon de bois qui a trempé dans un acide iodhydrique ioduré, et elle perd de même cet iode sous l'influence d'une douce chaleur.

L'hydrure de propyle a été isolé en nature, comme dans le cas de la benzine, c'est-à-dire au moyen de l'alcool absolu, puis régénéré par ébullition et analysé à l'état de pureté.

Il ne s'est pas formé la plus légère trace de benzine dans cette décomposition, même en l'arrêtant avant qn'elle fût devenue complète.

Voici les nombres de l'expérience qui m'a conduit à formuler l'équation réelle de la réaction :

o^{gr},5 de toluène et 5o grammes d'acide iodhydrique en solution saturée ont été introduits dans un tube très résistant et rempli à l'avance d'acide carbonique. On a scellé le tube et on l'a chauffé à 280°. Après réaction et refroidissement, on observait encore une partie du carbure inaltéré. On a ouvert le tube et analysé le gaz, en suivant la même marche que plus haut (¹). On a obtenu :

Hydrure de propyle...............	C^6H^8	52^{cc}
Hydrogène (ramené à o° et o^{m},76o)..		52^{cc}

Le poids de l'iode libre, contenu dans la liqueur, a été trouvé égal à o^{gr},65. La matière charbonneuse, lavée, séchée, puis calcinée doucement, a été trouvée égale en poids à o^{gr},120.

Ces faits étant établis, revenons aux nombres de l'expérience exposé plus haut. Comme le toluène n'a pas été entièrement détruit, ces nombres ne peuvent servir qu'à calculer des rapports entre les divers produits de la réaction. Or, d'après l'équation

$$C^7H^8 + 2\,HI = C^3H^8 + 4\,C + H^2 + I^2.$$

(¹) Il est essentiel de purifier le gáz de vapeur de toluène au moyen du brome, avant de l'analyser, ou d'en extraire l'hydrure de propyle.

On aurait dû obtenir :

Charbon		$0^{gr},120$	$0^{gr},120$
Hydrure de propyle	C^3H^8	55^{cc}	52^{cc}
Hydrogène	H^2	55^{cc}	52^{cc}
Iode libre		$0^{gr},635$	$0^{gr},65$

Ces nombres répondent d'ailleurs à la moitié environ du toluène mis en expérience. Nous avons admis pour les calculer que le toluène ne fournit pas d'autres produits que les corps signalés dans l'équation. C'est ce qui reste maintenant à justifier.

Pour m'en assurer, j'ai récolté le liquide inaltéré qui restait dans les tubes. Ce liquide possédait l'odeur et la volatilité du toluène. Distillé dans une petite cornue, il a passé entièrement au voisinage de 110°, autant que son faible poids a permis de le reconnaître. Il possédait également les caractères chimiques du toluène pur. En effet, il pouvait être agité avec l'acide sulfurique concentré sans être attaqué, du moins immédiatement ; caractère qui exclut la présence, soit à l'état pur, soit à l'état mélangé, de la plupart des carbures autres que les carbures benzéniques et forméniques. Au contraire, notre liquide, chauffé doucement avec l'acide sulfurique fumant, s'y dissolvait entièrement, sans donner lieu à une coloration sensible, ni à un dégagement gazeux, et sans que la liqueur étendue d'eau ultérieurement se troublât. Ces caractères sont encore ceux d'un carbure benzénique lequel forme immédiatement un dérivé nitré, avec simple élimination d'eau

$$C^{n+6}H^{2n+6} + AzO^3H = C^{n+6}H^{2n+5}(AzO^2) + H^2O.$$

Au contraire, ils excluent la présence d'un carbure forménique, éthylénique, acétylénique, terpénique, etc., même à l'état de mélange ; car les carbures de ces diverses catégories ne se dissolvent pas dans l'acide nitrique fumant, en vertu d'une simple substitution nitrée, étant au contraire oxydés par l'acide nitrique avec dégagement de vapeur nitreuse ; en effet, les carbures forméniques en particulier ne se dissolvent guère à froid et de suite dans l'acide nitrique fumant : il y faut l'influence du temps et d'une température élevée.

J'ajouterai que toutes les réactions précédentes peuvent être exécutées sur de très petites quantités de matière, si l'on prend soin de proportionner le volume des vases, dans lesquels on les réalise, au poids des substances réagissantes.

La dernière réaction opérée sur les produits mis en expérience a donné lieu à de nouvelles vérifications. En effet, la solution nitrique de notre carbure, après avoir été étendue d'eau, a laissé précipiter une huile jaune, à odeur d'amandes amères. C'était du nitrotoluène, lequel a été récolté et changé en toluidine, en se conformant aux précautions minutieuses que j'ai signalées pour la recherche de la benzine [1]. Or cet alcali, traité par le chlorure de chaux, n'a pas fourni le plus léger indice de coloration bleue. D'où il suit que le carbure examiné ne contenait point de benzine.

J'attache quelque importance à la constatation de ce dernier résultat, attendu que l'éthylbenzine, le styrolène et d'autres carbures encore reproduisent de la benzine, sous l'influence ménagée de l'acide iodhydrique, comme il sera dit plus loin. J'ai observé que cette propriété appartient, en général, aux dérivés éthylés proprement dits et analogues de la benzine. Au contraire, elle n'appartient point aux dérivés méthylés du même carbure, ce qui résulte de mes expériences sur le toluène, le xylène, le cumolène et le cymène. C'est là un résultat très essentiel, dans les études relatives à la constitution et à la théorie des carbures d'hydrogène.

La transformation du toluène en hydrure de propyle et charbon n'est pas moins remarquable. Sans insister sur le charbon, lequel représente sans doute ici, comme avec la benzine, le résultat extrême d'une suite de condensations, j'appellerai l'attention sur l'hydrure de propyle. Sa formation se rattache évidemment à la destruction du noyau fondamental, commun à la benzine et au toluène. Elle s'explique par des considérations semblables à celles qui ont été exposées plus haut, en parlant de la benzine.

II. — ACIDE BENZOIQUE, $C^7H^6O^2$.

L'acide benzoïque est, comme on sait, le produit normal de l'oxydation du toluène,

$$
\begin{array}{ll}
\text{Toluène} \dots\dots\dots\dots\dots\dots\dots & C^7H^6(H^2) \\
\text{Acide benzoïque} \dots\dots\dots\dots\dots & C^7H^6(O^2)
\end{array}
$$

Il doit donc fournir par hydrogénation, soit le toluène lui-même, soit les produits de la saturation successive du toluène par l'hydrogène; c'est-à-dire les divers hydrures et, finalement, dans les conditions extrêmes, l'hydrure d'heptyle. C'est, en effet, ce que l'expérience vérifie; mais avec certaines complications dues à ce

---

[1] *Bulletin de la Société chimique*, t. VI, p. 202; 1866.— Cet Ouvrage, t. I, p. 110.

fait que l'acide benzoïque éprouve, à 280°, dans les conditions de l'expérience, un commencement de décomposition spontanée, avec formation d'acide carbonique et de benzine. Voici mes observations :

1° *Action d'un grand excès d'hydracide.*

L'acide benzoïque, chauffé à 280°, pendant 24 heures avec 80 parties d'une solution saturée d'acide iodhydrique, se transforme entièrement en produisant, entre autres, des carbures forméniques et un grand volume de gaz.

Les gaz sont constitués par de l'hydrogène et de l'acide carbonique, dont le volume s'ajoute à celui de l'acide carbonique introduit dans les tubes avant l'expérience. Le volume de l'hydrogène libre répondrait sensiblement à 5 atomes de ce gaz, pour une molécule d'acide benzoïque dans une expérience.

Quant au liquide, il renferme un mélange d'hydrure d'heptyle, C^7H^{16}, et d'hydrure d'hexyle, C^6H^{14} ([1]). Ce dernier est le plus abondant.

J'ai isolé ces deux carbures, par deux séries de distillations fractionnées. Le premier bout entre 68° et 70°, le second vers 94°. J'en ai vérifié spécialement la composition. Ils offrent, d'ailleurs, les propriétés ordinaires des carbures forméniques : même résistance à l'action du brome, des acides nitrique fumant, sulfurique fumant et tiède, ainsi que de leur mélange.

L'hydrure d'heptyle est le produit normal de l'hydrogénation de l'acide benzoïque,

$$\underbrace{C^7H^6O^2}_{\text{Acide benzoïque.}} + 7\,H^2 = \underbrace{C^7H^{16}}_{\text{Hydrure d'heptyle.}} + 2\,H^2O.$$

Quant à l'hydrure d'hexyle, il dérive de la benzine formée dans la décomposition spontanée de l'acide benzoïque,

$$\begin{cases} C^7H^6O^2 = CO^2 + C^6H^6, \\ C^6H^6 + 4\,H^2 = C^6H^{14}. \end{cases}$$

La proportion relative de ces deux réactions peut être fixée, en dosant l'iode mis à nu. En effet, j'ai trouvé dans une expérience 15 atomes d'iode mis à nu pour 1 molécule d'acide benzoïque, le volume de l'hydrogène libre répondant à 5 atomes d'iode. Il résulte

---

([1]) *Et probablement des hydrures cycliques de benzine et de toluène.

de ces chiffres que d'une part la réduction d'une molécule d'acide benzoïque avait exigé 10 atomes d'iode. Mais d'autre part la formation de chaque molécule d'hydrure d'heptyle exigerait 14 atomes d'iode; celle de chaque molécule d'hydrure d'hexyle en réclamerait seulement 8. D'où il suit que 3 molécules d'acide benzoïque ont produit, dans les transformations extrêmes, 2 molécules d'hydrure d'hexyle et 1 molécule d'hydrure d'heptyle.

2° *Action d'une quantité d'hydracide insuffisante.*

L'acide benzoïque, chauffé avec 20 parties d'hydracide, se décompose, avec formation de carbures liquides et de gaz, dont la proportion n'est pas très considérable. L'acide benzoïque avait complètement disparu. Je n'ai pas observé de matière charbonneuse dans cette expérience.

Les gaz étaient formés principalement par de l'acide carbonique, en partie préexistant et en partie formé pendant l'expérience. Le résidu gazeux inflammable, qui demeurait après l'action de la potasse, ne s'élevait qu'à une trentaine de centimètres cubes, par gramme d'acide benzoïque employé.

Je me suis attaché surtout à l'examen des carbures liquides. Deux séries de distillations fractionnées m'ont permis d'extraire deux carbures qui en formaient la presque totalité. Le premier de ces carbures bout à 80°; c'est de la benzine. J'en ai vérifié toutes les propriétés essentielles. Elle est plus abondante que le corps suivant.

Le second carbure bout vers 110°, c'est du toluène. Il offre la composition et toutes les réactions de ce carbure d'hydrogène.

La formation du toluène représente ici la réaction normale, à savoir la substitution de l'oxygène de l'acide benzoïque par un volume égal d'hydrogène,

$$C^7H^6(O^2)\ldots C^7H^6(H^2),$$

c'est-à-dire

$$C^7H^6O^2 + 3H^2 = C^7H^8 + 2H^2O.$$

Cette réaction répond à la transformation observée plus haut (p. 129) de l'acide acétique, $C^2H^4(O^2)$, en hydrure d'éthyle, $C^2H^4(H^2)$, par l'acide iodhydrique.

Quant à la formation de la benzine, elle est indépendante de l'action réductrice et due uniquement à la décomposition spontanée de l'acide benzoïque, dans les conditions de l'expérience

$$C^7H^6O^2 = C^6H^6 + CO^2.$$

Acide   Benzine.   Acide
benzoïque.   carbonique.

En dosant la quantité d'iode mis à nu, j'ai pu reconnaître suivant quels rapports les deux décompositions que je viens de signaler s'étaient effectuées. J'ai trouvé, pour 1 molécule d'acide benzoïque détruit, 2 atomes d'iode mis en liberté. Ce chiffre indique que le tiers de l'acide benzoïque s'était transformé en toluène; tandis que les deux autres tiers s'étaient décomposés directement en benzine et acide carbonique. Les poids relatifs de toluène et de benzine que j'ai isolés, autant qu'on peut le faire dans des essais de cette nature, ne sont pas en désaccord avec ces nombres. Enfin ces nombres sont précisément les mêmes que ceux qui représentent le rapport entre l'hydrure d'heptyle et l'hydrure d'hexyle, dans l'expérience relative à la saturation totale de l'acide benzoïque par l'hydrogène. Cette dernière circonstance s'explique, en admettant que les formations du toluène et de la benzine précèdent celles de l'hydrure d'heptyle et de l'hydrure d'hexyle.

III. — Aldéhyde benzylique, C^7H^6O.

Je me suis borné à étudier la réaction de 20 parties d'une solution saturée d'hydracide sur 1 partie d'essence d'amandes amères. Il s'est formé des carbures liquides, une assez faible quantité de gaz et une proportion notable de matière charbonneuse. Les liquides ont été soumis à une double série de distillations fractionnées. Ils étaient constitués principalement par du toluène, bouillant à 110°, présentant la composition et les propriétés connues de ce carbure. Le toluène dérive de l'hydrogénation directe de l'aldéhyde benzylique,

$$C^7H^6O + 2H^2 = C^7H^8 + H^2O.$$

Aldéhyde   Toluène.
benzylique.

Ce n'est pas le seul produit de la réaction. En effet, le liquide primitif entrait en ébullition vers 118°, c'est-à-dire un peu plus bas que le toluène pur, et sa distillation s'est prolongée jusque vers 130°, c'est-à-dire un peu au delà. En isolant les premières gouttes et en les redistillant, j'ai vu leur point d'ébullition se rapprocher de celui de la benzine. La partie la plus volatile contenait, en effet, de la benzine : je m'en suis assuré en la changeant en nitro-benzine, puis en aniline, colorable en bleu par le chlorure de chaux.

Cette benzine n'est pas complémentaire d'une formation d'oxyde de carbone, comme on aurait pu le croire,

$$C^7 H^6 O = C^6 H^6 + CO.$$

En effet, je me suis assuré que les gaz dégagés ne renfermaient pas trace d'oxyde de carbone.

Il résulte de ces observations que la transformation de l'aldéhyde benzoïque en toluène est accompagnée par la production d'une faible dose de benzine.

En même temps, circonstance remarquable, il se forme une petite quantité d'un carbure qui bout vers 130° et au-dessus; comme je m'en suis assuré par une seconde rectification. Ce dernier carbure offre les propriétés ordinaires des carbures benzéniques, telles que : la résistance à l'acide sulfurique ordinaire; la solution totale dans l'acide sulfurique fumant, avec production d'un acide conjugué soluble dans l'eau; la dissolution immédiate, totale et sans déga-gement de vapeurs nitreuses dans l'acide nitrique fumant et froid, avec production d'un composé nitré liquide, doué d'une odeur faible d'amandes amères, etc. Je regarde cette substance comme formée surtout par une diméthylbenzine ou xylène,

$$C^8 H^{10};$$

peut-être avec quelques traces de carbures homologues plus élevés.

Il résulte de ces faits que l'aldéhyde benzoïque fournit, à côté du toluène, produit normal et principal, une faible proportion de carbures homologues du toluène, savoir un carbure inférieur, la benzine, et un carbure supérieur, tel que le xylène.

Ce sont là des résultats singuliers et difficiles à expliquer. Cependant j'ai cru d'autant plus essentiel de les signaler que j'ai fait des observations toutes semblables, en étudiant la réduc-tion de l'aldéhyde ordinaire et celle de l'acétone. Par exemple, l'aldéhyde éthylique, $C^2 H^4 O$, en même temps que l'hydrure d'é-thyle, $C^2 H^6$, produit normal, produit un peu de formène, CH^4, et aussi des carbures plus condensés que l'hydrure d'éthyle, de l'ordre de l'hydrure de propyle. Il y a là quelque réaction propre aux aldé-hydes; réaction liée probablement avec leur aptitude à se transformer en corps polymères. Au contraire, je n'ai rien observé d'analogue dans la réduction des alcools, des éthers, des carbures simples, des acides, des amides, non plus que dans celle des alcalis.

IV. — TOLUIDINE ET ISOMÈRES, C^7H^9Az.

1. Une partie de toluidine cristallisée, chauffée vers 270 degrés, pendant seize heures, avec 60 à 80 parties d'acide iodhydrique, s'est changée en hydrure d'heptyle et ammoniaque :

$$C^7H^9Az + 5H^2 = C^7H^{16} + AzH^3.$$

Le détail de l'expérience sera donné plus loin.

Avec 20 parties d'hydracide, et à 250 degrés, on a régénéré le toluène,

$$C^7H^9Az + H^2 = C^7H^8 + AzH^3.$$

Ce toluène ne renfermait pas trace de benzine.

2. La *pseudotoluidine* de M. Rosenstiehl a reproduit également du toluène, dans les mêmes conditions. Mais ce carbure était mêlé avec une petite quantité de benzine et d'un carbure complémentaire à point d'ébullition élevé; ce qui indique une constitution différente.

On sait que la toluidine et la pseudotoluidine se produisent simultanément, lorsqu'on change le toluène du goudron de houille en nitroluène, puis en alcali. J'ai vérifié que le toluène régénéré, soit de la toluidine, soit de la pseudotoluidine, a la propriété de reproduire les deux alcalis simultanément, dans les mêmes circonstances et précisément comme le toluène du goudron de houille. Il résulte de cette observation que l'isomérie des deux alcalis ne correspond pas à celle de deux carbures générateurs distincts, mais qu'elle prend naissance dans le cours des réactions ([1]). C'est une application très intéressante de la méthode universelle de réduction à l'étude de la constitution des substances organiques.

3. La *benzylamine*, troisième alcali isomérique, dérive immédiatement de l'alcool benzylique, c'est-à-dire de la substitution de l'ammoniaque dans le résidu méthylique constitutif de la méthyl-

---

[1] *Voir* pour plus de détails le *Bulletin de la Société chimique*, t. XI, p. 381, ainsi que les travaux remarquables de M. Rosenstiehl dans le même Recueil.

benzine. J'ai reconnu que cet alcali est aussi transformé par l'acide iodhydrique.

A 280 degrés et avec 20 parties d'hydracide, la benzylamine a fourni du toluène, mêlé avec une petite quantité de benzine et d'un carbure complémentaire peu volatil.

4. La *dibenzylamine*, $\left.\begin{array}{c} C^7H^6 \\ C^7H^6 \end{array}\right\}$ (AzH^3), ou plus exactement son chlorhydrate, a reproduit également du toluène, dans les mêmes conditions.

5. La *tribenzylamine*, $(C^7H^6)^3AzH^3$, s'est comportée à cet égard de même que la benzylamine.

Enfin j'ai constaté que le toluène des divers benzylamines, changé en nitrotoluène, puis en alcali, a reproduit, comme toujours, un mélange de toluidine et de pseudotoluidine.

6. La *méthylaniline*, quatrième alcali isomérique avec la toluidine et la benzylamine, se comporte tout autrement que ces deux bases. En effet, j'ai reconnu qu'elle se dédouble, sous l'influence de 20 parties d'hydracide, en benzine, formène et ammoniaque :

$$\left.\begin{array}{c} C^6H^4 \\ CH^2 \end{array}\right\} (AzH^3) + 2H^2 = C^6H^6 + CH^4 + AzH^3.$$

Avec 80 parties d'hydracide à 280°, la méthylaniline s'est décomposée en ammoniaque, formène et hydrure d'hexyle, C^6H^{14} (*voir plus loin*).

La formation simultanée de deux carbures, formène et benzine, ou formène et hydrure d'hexyle, est une conséquence de la constitution complexe de la méthylaniline. Elle montre qu'elle est un dérivé de l'aniline, c'est-à-dire de la benzine, et non du toluène.

On indiquera plus loin des expériences de dédoublements analogues, réalisées sur l'éthylaniline et l'amylaniline.

En résumé, d'après les expériences relatives à l'acide benzoïque, à l'aldéhyde benzylique, aux toluidines, à la benzylamine, le toluène, substance mère de toute la série, reparaît comme produit normal de la saturation ménagée de toute la série par l'hydrogène.

C. — AUTRES CARBURES HOMOLOGUES DE LA BENZINE.

J'ai expérimenté les diméthylbenzine (xylène), triméthylbenzine (cumolène), tétraméthylbenzine (cymène), extraites du goudron de houille. Leurs nombreux isomères se comporteraient sans doute d'une façon analogue. Je commencerai par le cumolène, que j'ai spécialement étudié; en donnant des indications plus sommaires sur le xylène et le cymène, et j'y joindrai quelques expériences sur les acides bibasiques dérivés de la diméthylbenzine.

I. — Cumolène ou triméthylbenzine, C^9H^{12}.

1° *Action d'un excès d'hydracide.*

Une partie de cumolène pur ([1]) a été chauffée avec 80 parties d'hydracide saturé, à 280° pendant 24 heures; il s'est changé en grande partie en hydrure de nonyle, C^9H^{20} ([2]) :

$$C^9H^{12} + 4H^2 = C^9H^{20}.$$

Cumolène.   Hydrure
de nonyle.

Ce dernier carbure bouillait entre 135° et 140°, comme le carbure des pétroles, dont il offrait la composition. Son odeur était de même citronnée et un peu camphrée. Il résistait à l'acide sulfurique fumant et tiède, à l'acide nitrique fumant et froid, au mélange de ces deux corps, enfin au brome.

La formation de ce carbure est accompagnée par le dégagement d'un volume énorme d'hydrogène, sensiblement pur. Ce gaz résulte de la décomposition isolée de l'acide iodhydrique. Dans une expérience où je l'ai mesuré, ce volume répondait à 7 atomes d'hydrogène libre pour 1 molécule de cumolène transformé. L'iode mis à nu s'élevait dans cette expérience à 15 atomes : ce qui répond à la production de 7 atomes d'hydrogène libre (constaté) et à la

---

([1]) Extrait du goudron de houille et bouillant vers 166°.

([2]) Mêlé sans doute avec un peu de carbures cycliques dont la proportion était aible d'après les dosages d'iode.

fixation de 8 atomes, nécessaires pour transformer le cumolène en hydrure de nonyle.

2° *Action d'une quantité d'hydracide insuffisante.*

Une partie de cumolène, chauffée à 280° avec 20 parties seulement d'acide iodhydrique, éprouve une destruction presque complète. Une très petite partie de carbure subsiste, mélangée avec des carbures plus hydrogénés. Il se forme une matière charbonneuse, et il se dégage un volume de gaz considérable, quoique moindre que dans le cas de la saturation complète du carbure par l'hydrogène.

Ce gaz ne cède rien au brome. D'après l'analyse eudiométrique, il est formé par un mélange d'hydrogène et d'hydrure de propyle, dans la proportion d'un peu plus de 2 volumes d'hydrure de propyle, C^3H^8, pour 1 volume d'hydrogène.

Comme contrôle de cette analyse, l'hydrure de propyle a été isolé en nature par le procédé ordinaire, c'est-à-dire par l'action de l'alcool, puis analysé dans l'eudiomètre.

Cette formation d'hydrure de propyle, au moyen du cumolène, est analogue à la formation du même gaz au moyen de la benzine, laquelle forme le noyau fondamental de la molécule.

Pour tâcher de me rendre compte de la réaction, j'en ai pesé tous les produits. Voici les nombres d'une expérience :

$0^{gr},600$ cumolène et 10^{cc} d'une solution d'acide iodhydrique saturée à froid ont fourni, en opérant comme plus haut :

Hydrure de propyle, C^3H^8 (à 0° et $0^m,760$)	175^{cc}
Hydrogène libre	75^{cc}
Charbon	$0^{gr},145$
Iode libre	3^{gr}

Il subsistait une petite quantité du carbure primitif inaltéré, mêlé avec un peu d'un carbure plus hydrogéné. En négligeant cette portion, on peut calculer les rapports. Or les 175^{cc} d'hydrure de propyle renferment :

		Rapports équivalents.	
Carbone	$0^{gr},286$	48	ou 6
Hydrogène	$0,064$	64	» 8
Les 75^{cc} d'hydrogène libre pèsent.	$0,007$	7 ou sensiblement 1	
D'ailleurs l'iode libre pèse	$3,000$	24	ou 3
Et le charbon	$0,145$	24	»

Ces nombres conduisent immédiatement à l'équation suivante :

$$C^9H^{12} + 6HI = \underbrace{2C^3H^8}_{\substack{\text{Hydrure} \\ \text{de propyle.}}} + 3C + H^2 + 3I^2.$$

Il y a sur l'hydrogène un léger déficit, correspondant à la formation observée d'un carbure liquide plus hydrogéné.

La production simultanée du charbon et de l'hydrure de propyle, dans cette réaction, me paraît devoir être expliquée par des considérations toutes semblables à celles que j'ai développées en partant du toluène et de la benzine.

II. — Xylène ou diméthylbenzine, C^8H^{10}.

J'ai opéré sur le carbure du goudron de houille bouillant à 139°. J'ai observé sur le xylène des phénomènes analogues à ceux que produit le cumolène.

Ce carbure chauffé avec 20 parties d'acide iodhydrique s'est détruit, en donnant naissance à des gaz, à des carbures liquides et à du charbon.

Le volume des gaz était beaucoup plus faible qu'avec le cumolène. Ils étaient constitués par un mélange d'hydrogène et d'hydrure de propyle, à volumes égaux. La nature de l'hydrure de propyle a été vérifiée en isolant ce gaz en nature par l'alcool.

Les carbures liquides étaient formés principalement par un mélange de xylène inaltéré et d'un carbure insoluble dans l'acide nitrique fumant, ce qui a permis de le séparer du xylène. Je n'ai pas examiné ce carbure de plus près.

On voit que la réaction de l'acide iodhydrique sur le xylène, dans cette expérience, offre des caractères mixtes en quelque sorte, et participe des expériences de destruction partielle, avec production de charbon et d'hydrure de propyle.

Je n'ai pas cru utile de revenir sur cette expérience, à cause de la netteté des résultats que j'ai obtenus depuis avec la benzine, le toluène, le cumolène et le cymène.

III. — Cymène ou tétraméthylbenzine, $C^{10}H^{14}$.

Le cymène du goudron de houille, bouillant vers 180° [1], a été chauffé à 280°, avec 80 parties d'hydracide saturé : il se transforme en hydrure de décyle, produit principal :

$$\underbrace{C^{10}H^{14}}_{\text{Cymène.}} + 4H^2 = \underbrace{C^{10}H^{22}}_{\substack{\text{Hydrure} \\ \text{de décyle.}}}.$$

J'ai déjà décrit cette expérience (t. II, p. 143) en parlant des carbures extraits du goudron de houille.

IV. — Acide phtalique et isomères, $C^8H^6O^4$.

Les acides phtaliques représentent les acides bibasiques dérivés des diméthylbenzènes isomériques. J'ai expérimenté sur deux d'entre eux, l'acide phtalique proprement dit ou ortho et l'acide téréphtalique.

1. L'*acide phtalique* (dérivé de la naphtaline), traité à 280 degrés, par 80 parties d'hydracide, a fourni une certaine quantité d'hydrure d'octyle, C^8H^{18},

$$C^8H^6O^4 + 10H^2 = C^8H^{18} + 4H^2O,$$

mélangé avec une proportion prédominante d'hydrure d'heptyle, C^7H^{16} [2]. Ce dernier correspond à une décomposition préalable de l'acide phtalique :

$$C^8H^6O^4 + 6H^2 = C^7H^{16} + CO^2 + 2H^2O.$$

2. L'*acide téréphtalique* (dérivé du xylène) a fourni seulement de l'hydrure d'heptyle, C^7H^{16}.

Pour compléter les résultats que je viens d'exposer relativement à l'hydrogénation de la série aromatique, il resterait à exposer l'ac-

---

[1] *Bulletin de la Société chimique*, t. VII, p. 41, et t. VIII, p. 226; 1867. — Le présent Ouvrage, t. II, p. 140.

[2] *Et probablement avec des hydrures cycliques.

tion de l'acide iodhydrique sur l'éthylbenzine, sur le styrolène, sur la naphtaline et sur l'anthracène. Ces réactions sont des plus intéressantes, parce qu'elles déterminent le dédoublement des carbures que je viens d'énumérer en carbures plus simples et mettent ainsi en pleine évidence leur caractère complexe. Mais les considérations qui résultent de ces dédoublements sont trop essentielles pour être signalées en passant : je les développerai plus loin avec détail.

Quant à présent, je me bornerai à appeller l'attention sur le passage direct qui résulte des présentes expériences entre les carbures benzéniques, générateurs de la série aromatique, et les carbures forméniques, générateurs de la série grasse. Nous avons vu, en effet, comment on peut changer par voie d'hydrogénation successive, poussée à sa limite extrême ([1]),

La benzine...	$C^6 H^6$	en hydrure d'hexyle....	$C^9 H^{14}$,
Le toluène...	$C^7 H^8$	en hydrure d'heptyle....	$C^8 H^{19}$,
Le cumolène..	$C^9 H^{12}$	en hydrure de nonyle...	$C^9 H^{20}$,
Le cymène...	$C^{10}H^{14}$	en hydrure de décyle...	$C^{10}H^{22}$.

Les nouveaux carbures, une fois séparés des hydrures inférieurs, offrent toutes les propriétés des carbures forméniques véritables, et spécialement de ceux que MM. Pelouze et Cahours ont extraits des pétroles. C'est là une circonstance fort essentielle, soit au point de vue de la théorie, soit au point de vue des hypothèses que l'on peut faire sur la formation géologique des huiles de pétrole.

([1]) Il est nécessaire de rappeler que ces formations limites ne s'accomplissent ni aisément, ni du premier coup, étant précédées par celles des hydrures benzéniques intermédiaires, de caractère cyclique. Je renverrai à cet égard aux explications données, p. 101 et suivantes.

CHAPITRE XII.

MÉTHODE UNIVERSELLE : COMPOSÉS AZOTÉS (¹).

J'ai étudié l'application de la méthode aux classes suivantes de corps azotés :

I. Alcalis ;

II. Amides ;

III. Composés cyaniques ;

IV. Corps azotés complexes, tels que l'indigotine et l'albumine, lesquels peuvent être assimilés aux amides.

Dans tous les cas, l'ammoniaque est régénérée, tandis qu'il se forme des carbures d'hydrogène.

Je n'ai pas jugé nécessaire d'expérimenter sur les autres corps azotés, c'est-à-dire sur les corps qui dérivent de l'acide nitrique ou de l'acide nitreux, non plus que sur les corps obtenus dans la réaction de l'acide nitreux sur les alcalis et les amides ; je n'ai pas cru, dis-je, ces expériences nécessaires, parce que l'acide iodhydrique commence par changer tous ces corps soit en alcalis, soit en composés exempts d'azote, c'est-à-dire en composés sur lesquels son action ultérieure s'exercera suivant les modes généraux décrits dans mon travail.

La méthode conserve d'ailleurs, à l'égard des corps azotés, le même caractère de généralité que j'ai démontré à l'égard des corps oxygénés, chlorurés, etc. Entrons dans les détails.

I. — Alcalis.

J'ai étudié la réduction de la méthylamine, de l'éthylamine, de l'aniline, des toluidines et benzylamines, de la méthylaniline, de

---

(¹) *Ann. de Chim. et de Phys.*, 4ᵉ série, t. XX ; août 1870. — *Bull. de la Soc. chim.*, t. IX, p. 178 ; 1868.

l'éthylaniline, de l'amylaniline. J'ai constaté, dans des essais préalables, que l'ammoniaque ou, plus exactement, l'iodhydrate d'ammoniaque, n'est pas attaqué sensiblement par l'acide iodhydrique à 280 degrés, malgré la mise en liberté d'une certaine dose d'iode; cet élément se trouvant en équilibre avec l'hydrogène et l'acide iodhydrique lui-même.

1. *Méthylamine*, CH^5Az.

On a chauffé à 275°, dans un tube scellé, 1 centimètre cube d'une solution concentrée de chlorhydrate de méthylamine avec 5 centimètres cubes (10 grammes) d'une solution saturée à froid d'acide iodhydrique. Le tube avait été rempli à l'avance d'acide carbonique. Après refroidissement le tube a fourni 150^{cc} de gaz (privé d'acide carbonique). Ce gaz ne cédait rien au brome, à l'acide sulfurique, au chlorure cuivreux, etc. D'après l'analyse eudiométrique, il a été trouvé composé, sur 100 volumes, de

Formène CH^4	76
Hydrogène H^2	24
	100

Il n'y avait pas d'azote.

On a contrôlé cette composition, en traitant une portion du gaz primitif par l'alcool absolu. Ce liquide a dissous un volume de gaz inférieur à la moitié de son propre volume, et ledit gaz dégagé par ébullition a fourni la composition eudiométrique sensiblement exacte du formène, CH^4.

D'autre part, on a examiné le contenu liquide du tube : on y a trouvé de l'ammoniaque, sans mélange d'alcali carboné, ni d'une substance organique quelconque.

D'après ces faits, la méthylamine est dédoublée par l'acide iodhydrique, à 275°, en formène et ammoniaque, par suite d'une simple fixation d'hydrogène :

$$CH^5Az + H^2 = CH^4 = AzH^3.$$

Le volume du formène obtenu indique une réaction totale.

2. *Éthylamine*, C^2H^7Az.

On a chauffé à 275°, dans un tube scellé, 1 centimètre cube d'une solution très concentrée de chlorhydrate d'éthylamine avec 5 centimètres cubes d'acide iodhydrique saturé à fond.

On a obtenu 120 centimètres cubes environ d'un gaz qui ne cédait rien au brome, à l'acide sulfurique, au chlorure cuivreux, etc. D'après l'analyse eudiométrique, ce gaz renfermait sur 100 parties :

$$\text{Hydrure d'éthyle } C^2H^6\dots\dots\dots\dots\quad 89$$
$$\text{Hydrogène}\dots\dots\dots\dots\dots\dots\dots\dots\quad 11$$
$$\overline{\qquad\qquad 100}$$

Il était exempt d'azote.

On a extrait l'hydrure d'éthyle à l'état pur, au moyen de l'alcool absolu; puis on a vérifié la solubilité de ce gaz dans l'alcool absolu, lequel en dissout 1 volume et demi. Enfin on a constaté sa composition par l'analyse eudiométrique.

D'autre part, le liquide contenu dans le tube renfermait de l'ammoniaque, exempte de toute substance carbonée.

Ainsi l'éthylamine est décomposée nettement par l'acide iodhydrique en hydrure d'éthyle et ammoniaque.

$$C^2H^7Az + H^2 = C^2H^6 + AzH^3.$$

3. *Aniline,* C^6H^7Az.

On s'est attaché surtout à la réaction d'une quantité modérée d'hydracide, afin de régénérer la benzine.

A cet effet, $0^{gr},500$ d'aniline ont été chauffés avec 10 grammes d'une solution saturée à froid d'acide iodhydrique.

Il s'est formé un carbure liquide, une matière charbonneuse et un très petit volume de gaz. La liqueur renferme de l'iode libre et de l'ammoniaque. Le carbure d'hydrogène, réuni de plusieurs tubes, a été reconnu pour de la benzine pure, ou, sensiblement, par les épreuves ordinaires : point d'ébullition, action de l'acide sulfurique concentré, du brome, de l'acide nitrique fumant, — transformation successive en nitrobenzine, aniline, matière colorante bleue. L'aniline est donc dédoublée d'abord en benzine et ammoniaque,

$$C^6H^7Az + H^2 = C^6H^6 + AzH^3.$$

C'est une transformation semblable à celles de la méthylamine et de l'éthylamine.

On ne saurait douter que l'action d'un excès d'hydracide ne transforme l'aniline en hydrures successifs et finalement en hydrure d'hexyle, puisque la benzine subit cette transformation. Nous allons d'ailleurs l'établir directement par la toluidine.

4. *Toluidine,* $C^7 H^9 Az$ ou $C^7 H^6 (Az H^3)$ et isomères.

La toluidine cristallisée a été chauffée avec 80 fois son poids d'acide iodhydrique. On a obtenu d'une part un carbure liquide, offrant la réaction, le point d'ébullition et la composition de l'hydrure d'heptyle, $C^7 H^{16}$, et d'autre part de l'ammoniaque.

Le gaz dégagé en proportion assez peu considérable était de l'hydrogène pur (sauf une trace de vapeur d'hydrure d'heptyle).

L'iode mis à nu pesait $3^{gr},50$: ce qui fait près de 12 atomes pour 1 molécule de toluidine.

L'absence d'azote libre dans cette réaction prouve que l'ammoniaque n'est pas attaquée par l'acide iodhydrique ioduré : ce qu'ont vérifié les autres expériences faites sur les corps azotés.

D'après ces faits, la décomposition de la toluidine répond à l'équation suivante, trouvée par expérience :

$$C^7 H^9 Az + 12 HI = C^7 H^{16} + Az H^3 + H^2.$$

On a vu plus haut (p. 162) que la toluidine, la pseudo-toluidine et la benzylamine, tous *alcalis primaires,* dérivés du toluène suivant des ordres de réactions différentes, reproduisent, sous l'influence ménagée de l'acide iodhydrique et vers 250°, surtout le toluène générateur

$$C^7 H^9 Az + H^2 = C^7 H^8 + Az H^3.$$

Avec 80 parties d'hydracide et vers 280°, par une réaction poussée à l'extrême, on a reproduit, avec chacun de ces trois isomères, surtout de l'hydrure d'heptyle, $C^7 H^{16}$.

Ainsi la molécule méthylique, fixée sur la benzine pour former le toluène, ne se sépare pas d'une façon régulière ni dans la réaction de l'hydracide sur ce carbure, ni dans la réaction du même hydracide sur les alcalis primaires dérivés du carbure ; bien qu'on obtienne une petite quantité de benzine avec la pseudo-toluidine et la benzylamine. Les alcalis secondaires, métamériques avec ceux qui dérivent directement du carbure, se comportent tout autrement, comme on va le montrer.

5. *Méthylaniline,* $C^7 H^9 Az$ ou $CH^2 (C^6 H^7 Az)$.

La méthylaniline, chauffée avec 80 parties d'acide iodhydrique, s'est dédoublée en ammoniaque, formène et hydrure d'hexyle.

$$CH^2 (C^6 H^7 Az) + 6 H^2 = CH^4 + C^6 H^{14} + Az H^3.$$

En même temps il s'est dégagé un assez grand volume de gaz.

L'hydrure d'hexyle a été isolé et analysé par les méthodes déjà décrites.

Le formène a été isolé en nature par l'alcool absolu, par une méthode également décrite. Cette opération n'a pas été sans difficulté, attendu le mélange du formène avec 4 fois son volume d'hydrogène libre.

Cette production du formène libre distingue de la manière la plus nette la méthylaniline de l'alcali métamère, la toluidine.

Avec une dose d'hydracide insuffisante, elle a régénéré à la fois de la benzine et du formène.

6. *Éthylaniline*, $C^8H^{11}Az$ ou $C^2H^4(C^6H^7Az)$.

L'éthylaniline, chauffée avec 80 parties d'hydracide à 280°, a été dédoublée en ammoniaque, hydrure d'éthyle et hydrure d'hexyle

$$C^2H^4(C^6H^7Az) + 6H^2 = C^2H^6 + C^6H^{14} + AzH^3.$$

Le volume de gaz dégagé était considérable. C'était un mélange d'hydrogène libre en grande quantité et d'hydrure d'éthyle, que l'on a isolé en nature, au moyen de l'alcool absolu, puis analysé dans l'eudiomètre.

7. *Amylaniline*, $C^{11}H^{17}Az$ ou $C^5H^{10}(C^6H^7Az)$.

L'amylaniline s'est dédoublé, dans les mêmes conditions, en ammoniaque, hydrure d'amyle et hydrure d'hexyle :

$$C^5H^{10}(C^6H^7Az) + 6H^2 = C^5H^{12} + C^6H^{14} + AzH^3.$$

Le volume de gaz produit était moins considérable qu'avec les alcalis précédents : c'était de l'hydrogène chargé de vapeur d'hydrure d'amyle.

La méthylaniline, l'éthylaniline et l'amylaniline employées dans mes expériences provenaient des fabriques industrielles. Le dernier alcali était mélangé avec des matières étrangères; mais les deux autres, le premier surtout, étaient fort purs.

Il résulte de ces expériences que l'acide iodhydrique dédouble régulièrement les alcalis organiques, en reproduisant l'ammoniaque et les carbures d'hydrogène, simples ou multiples, correspondant aux alcools générateurs.

J'ai exécuté encore les expériences suivantes, dont quelques-unes sont signalées plus haut, savoir : la régénération du toluène avec la benzylamine, alcali primaire dérivé de l'alcool benzylique, avec la dibenzylamine, alcali secondaire, dérivé du même alcool :

$$(C^7H^6)^2(AzH^3) + 2H^2 = 2C^7H^8 + AzH^3,$$

enfin avec la tribenzylamine, alcali tertiaire, dérivé toujours du même alcool :

$$(C^7H^6)^3(AzH^3) + 3H^2 = 3C^7H^8 + AzH^3.$$

Il résulte de ces expériences que l'acide iodhydrique dédouble régulièrement les alcalis organiques, en reproduisant l'ammoniaque et les carbures d'hydrogène simples ou multiples, qui correspondent aux alcools ou phénols générateurs. Cette réaction s'applique également aux alcalis primaires, aux alcalis secondaires, aux alcalis tertiaires, etc.

Ainsi la méthylamine CH^5Az, alcali dérivé d'un seul alcool, reproduit le formène CH^4, carbure générateur de cet alcool; de même la toluidine, C^7H^9Az, reproduit le toluène ou l'hydrure d'heptylène, carbure renfermant le même nombre d'atomes de carbone; de même les trois benzylamines, dérivées d'un seul et même carbure d'hydrogène.

Au contraire la méthylaniline, alcali dérivé de deux alcools distincts, savoir : l'alcool méthylique, CH^4O, et le phénol, C^6H^6O, a reproduit deux carbures correspondants, savoir : le formène, CH^4, et la benzine, ou bien l'hydrure d'hexyle, C^6H^{14}.

La constitution des alcalis organiques des diverses classes peut donc être établie par la nouvelle méthode. Une telle méthode est d'autant plus précieuse qu'elle opère uniquement par hydrogénation, sans donner lieu aux réactions et complications secondaires qui rendent si incertain l'emploi des méthodes d'oxydation. En raison de cette circonstance, la nouvelle méthode me paraît appelée à rendre les plus grands services dans l'étude des alcalis organiques, soit artificiels, soit naturels.

II. — Amides.

L'application de la méthode au dédoublement des amides se présente d'elle-même. J'en ai établi l'efficacité par deux expériences, l'une sur un amide normal, l'autre sur un nitrile; les essais sur les composés cyaniques présentés plus loin, achèvent de la généraliser.

1. *Acétamide,* $C^2 H^5 Az O^6$.

On a employé 1 partie d'acétamide et 40 parties d'hydracide. En fait $0^{gr},500$ d'acétamide ont été chauffés dans un tube, à 280°, avec 20 grammes d'une solution saturée à froid d'acide iodhydrique.

On a obtenu 110^{cc} de gaz environ. Ce gaz était formé, d'après l'analyse, par un mélange de deux volumes d'hydrure d'éthyle et d'un volume d'hydrogène. L'hydrure d'éthyle a été isolé en nature, au moyen de l'alcool, et analysé séparément.

La liqueur renfermait de l'ammoniaque et une quantité notable d'amide et d'acide acétique, échappés à la réaction.

La formation de l'hydrure d'éthyle et celle de l'ammoniaque répondent à l'équation suivante :

$$C^2 H^5 Az O + 3 H^2 = C^2 H^6 + Az H^3 + H^2 O^2 ;$$

mais cette réaction n'est pas directe. Elle est précédée par la transformation bien connue de l'acétamide en acide acétique et ammoniaque, avec fixation des éléments de l'eau :

$$C^2 H^5 Az O + H^2 O + C^2 H^4 O^2 + Az H^3.$$

C'est sur l'acide acétique que s'exerce ensuite la réaction de l'hydracide, conformément à ce qui a été établi à la page 129 :

$$C^2 H^4 O^2 + 3 H^2 = C^2 H^6 + 2 H^2 O.$$

On trouve le contrôle de ces assertions dans la présence d'une certaine quantité d'acide acétique, échappé à la réaction, l'excès d'hydracide n'étant pas suffisant, dans l'expérience actuelle, pour maintenir la liqueur au degré de concentration qu'exigerait l'hydrogénation complète de l'acide acétique.

D'après le poids de l'iode mis à nu, poids trouvé égal à $2^{gr},50$, la proportion d'acétamide changé en hydrure d'éthyle dans cette expérience, était un peu supérieure au tiers du poids de l'amide, le reste étant demeuré à l'état d'acide acétique. Ce résultat a été confirmé par la mesure du volume de l'hydrure d'éthyle obtenu.

En augmentant la proportion d'acide iodhydrique, on ne saurait douter qu'on arrivât à une réduction totale. Mais j'ai cru l'expérience actuelle plus instructive, parce qu'elle montre les phases successives de la transformation.

2. *Propionitrile,* C^3H^5Az.

J'ai opéré sur le propionitrile normal, c'est-à-dire sur l'éther cyanhydrique. $0^{gr},500$ de ce composé ont été chauffés à 280° avec 20 grammes d'hydracide. On a obtenu 120^{cc} de gaz environ, avec mise en liberté de 4 grammes d'iode.

Le gaz était formé par un mélange de 5 volumes d'hydrure de propyle, C^3H^8, et d'un volume d'hydrogène.

L'hydrure de propyle a été isolé en nature par l'action de l'alcool et analysé séparément.

La liqueur renfermait de l'ammoniaque et de l'acide propionique.

La formation de l'hydrure de propyle et de l'ammoniaque répond à l'équation suivante :

$$C^3H^5Az + 3H^2 = C^3H^8 + AzH^3.$$

Cette formation est précédée par celle de l'acide propionique, conformément à une réaction d'hydratation connue de l'éther propylcyanhydrique :

$$C^3H^5Az + 2H^2O = C^3H^6O^2 + AzH^3.$$

L'acide propionique se change ensuite en hydrure de propyle, sous l'influence d'un excès de l'agent hydrogénant :

$$C^3H^6O^2 + 3H^2 = C^3H^8 + 2H^2O.$$

Une partie de l'acide propionique a échappé à la réaction, parce que l'excès d'hydracide était insuffisant.

D'après le poids d'iode mis en liberté, la moitié de l'éther cyanhydrique a éprouvé une transformation complète, l'autre moitié s'étant arrêtée à l'état d'acide propionique.

La mesure du volume de l'hydrure de propyle obtenu a confirmé cette relation.

III. — Composés cyaniques.

On sait que les composés cyaniques peuvent être envisagés comme des amides ; je viens d'appliquer ce point de vue à l'éther cyanhydrique. Cependant j'ai jugé utile de faire quelques expériences sur l'application de la méthode aux composés cyaniques proprement dits et spécialement aux premiers termes de la série : acide cyanhydrique et cyanogène. La simplicité de ces termes et leur étroite parenté avec les composés minéraux donnaient à ces essais un intérêt tout particulier.

1. — CYANOGÈNE : C^2Az^2.

J'ai opéré dans deux conditions différentes : avec le cyanogène gazeux et le gaz iodhydrique secs d'une part ; avec l'hydracide dissous et saturé, d'autre part.

1° *Hydracide dissous.*

J'ai trouvé qu'à 280°, le cyanogène était transformé en hydrure d'éthyle et ammoniaque

$$C^2Az^2 + 6H^2 = C^2H^6 + 2AzH^3.$$

Voici les détails. Dans une grande ampoule, j'ai introduit 4 à 5 centimètres cubes d'une solution saturée à froid d'acide iodhydrique ; j'ai scellé l'ampoule et je l'ai fait glisser dans un tube de verre vert et fermé par en haut ; j'ai étranglé en forme d'entonnoir l'extrémité ouverte de ce tube. J'ai rempli le tube de cyanogène gazeux par déplacement, je l'ai scellé à la lampe et je l'ai chauffé ensuite à 280°, dans le plus bref délai possible. Plusieurs tubes semblables avaient été disposés.

Au bout de quelques heures de chauffe, j'ai retiré les tubes et, après refroidissement, je les ai ouverts sur l'eau. J'ai recueilli les gaz renfermés dans les tubes et je les ai traités par la potasse, de façon à dissoudre les gaz acides.

J'ai constaté que la liqueur contenait de l'ammoniaque ; puis j'ai procédé à l'analyse des gaz.

Après avoir reconnu qu'ils ne contenaient aucune portion absorbable par le brome, ou par l'acide sulfurique concentré, mais qu'ils renfermaient un peu d'oxyde de carbone (absorbable par le chlorure cuivreux) et un gaz assez soluble dans l'alcool (hydrure d'éthyle), j'ai procédé à la séparation de ce dernier gaz.

A cet effet, une portion de ce gaz a été agitée avec la moitié de son volume d'alcool absolu, préalablement purgé d'air par l'ébullition. Après avoir agi sur le gaz, cet alcool a été décanté, puis porté à l'ébullition. Toutes ces manipulations s'effectuent à l'abri du contact de l'air, à l'aide de la pipette à gaz mobile.

Le gaz régénéré par l'ébullition a été agité avec de l'acide sulfurique concentré, pour éliminer les vapeurs d'alcool, puis soumis à l'analyse eudiométrique.

Un volume de ce gaz a fourni deux volumes d'acide carbonique, en absorbant trois volumes et demi d'oxygène : c'est donc de l'hydrure d'éthyle, C^2H^6.

On a confirmé cette détermination, en examinant sa solubilité dans l'alcool absolu, lequel en a dissous 1 volume $\frac{1}{2}$. C'est la même solubilité que celle de l'hydrure d'éthyle, préparé soit par la réduction de l'éther iodhydrique, soit par l'électrolyse des acétates.

La formation de l'hydrure d'éthyle a été encore vérifiée par l'analyse eudiométrique du résidu gazeux, laissé par l'alcool dans le traitement relaté plus haut. En effet, ce résidu offrait, d'après l'analyse eudiométrique, la composition d'un mélange d'hydrogène en excès, avec un peu d'oxyde de carbone et d'hydrure d'éthyle et d'azote.

Le mélange initial renfermait en définitive, d'après ces vérifications et son analyse propre, sur 100 volumes :

Hydrure d'éthyle, C^2H^6	43
Hydrogène	45
Oxyde de carbone	8
Azote	4
	100

Le gaz fondamental est ici l'hydrure d'éthyle : car l'hydrogène résulte de la décomposition propre de l'hydracide ; l'azote provient de l'air incomplètement déplacé ou introduit pendant les manipulations ; l'oxyde de carbone, d'une réaction secondaire peu importante, à savoir la transformation d'une faible partie de cyanogène sous l'influence de l'eau en acide oxalique, ultérieurement décomposable en oxyde de carbone, eau et acide carbonique. Mais la réaction principale est celle qui donne naissance à l'hydrure d'éthyle.

En résumé, le cyanogène est décomposé par l'acide iodhydrique, dans ces conditions, en hydrure d'éthyle et ammoniaque

$$C^2Az^2 + 6H^2 = C^2H^6 + 2AzH^3.$$

C'est là une réaction très nette et très importante, en raison du passage direct qu'elle établit entre l'azoture de carbone, ou cyanogène, et les carbures d'hydrogène. La synthèse totale de l'hydrure

d'éthyle par les éléments est la conséquence immédiate de celle
du cyanogène, attendu que ce dernier corps dérive de l'acide cyanhydrique, lequel peut être formé par l'union successive et directe
du carbone, de l'hydrogène, constituant l'acétylène, puis de ce
dernier avec l'azote libre.

Comme le cyanogène dérive aussi de l'oxalate d'ammoniaque, par
la simple action d'une haute température :

$$C^2 H^2 O^4 . \, 2\,Az\,H^3 - 4\,H^2 O = C^2 Az^2,$$

c'est-à-dire qu'il joue le rôle du nitrile oxalique, on voit que l'acide
oxalique, $C^2 H^2 O^4$, peut être changé par voie indirecte en hydrure
d'éthyle, $C^2 H^6$, réaction qui n'avait pas pu être exécutée directement.

2° *Hydracide gazeux.*

Je décrirai cette expérience, malgré son résultat négatif, à cause
du procédé employé pour effectuer la réaction et de la nature de
ses produits. La réaction exige 12 volumes de gaz iodhydrique
pour 1 volume de cyanogène, et les gaz doivent être mêlés à
l'abri de l'eau et du mercure et renfermés dans un tube scellé.
A cet effet, j'ai pris un tube de verre mince de 8 centimètres
cubes environ; je l'ai rempli de cyanogène par déplacement, et
scellé à la lampe. Je l'ai placé dans un gros tube de verre, lequel
n'a pas besoin d'être très épais, et j'ai étranglé ce tube, de façon à
obtenir une capacité de 100 à 120 centimètres cubes environ. Je l'ai
rempli de gaz iodhydrique sec, par déplacement, et enfin scellé à
la lampe. J'ai brisé alors le tube intérieur qui renfermait le cyanogène et j'ai chauffé le système au rouge sombre, sur une lampe
à gaz, pendant une heure.

Au bout de ce temps, j'ai ouvert le tube sur une eau alcaline.

Le résidu gazeux a été trouvé constitué par de l'azote, mêlé avec
un peu d'hydrogène. La surface intérieure du tube était tapissée
par une couche de carbone, offrant l'aspect d'écailles brillantes et
graphitoïdes.

Ainsi le cyanogène a été décomposé, dans cette circonstance,
en ses éléments, carbone et azote. J'attribue ce mode de décomposition à la présence de l'iode. L'iode, en effet, chauffé vers
le rouge sombre avec les carbures d'hydrogène et autres matières
organiques, détermine en général leur destruction totale, avec
production d'un charbon brillant et métallique, de la famille des

graphites (¹). Il détermine cette réaction à une température bien plus basse que celle à laquelle elle commencerait à se produire sans l'intervention de l'iode.

Le *paracyanogène*, traité par l'acide iodhydrique dissous, à 280 degrés, n'a pas fourni de carbures liquides et condensés.

2. — ACIDE CYANHYDRIQUE : CHAz.

J'ai opéré dans deux conditions distinctes, savoir avec le gaz iodhydrique et avec un hydracide dissous. Dans ces expériences j'ai substitué d'ailleurs à l'acide cyanhydrique, dont le maniement est pénible, les cyanures de potassium et le cyanure de mercure. Ce dernier est surtout précieux, en raison de son grand état de pureté.

1° *Acide iodhydrique dissous et cyanure de potassium.*

Le gaz obtenu dans la réaction a été trouvé constitué par volumes sensiblement égaux d'oxyde de carbone et d'hydrogène.

L'hydrogène dérive de l'hydracide seul. L'oxyde de carbone dérive de l'acide cyanhydrique; il résulte de la décomposition préalable de l'acide cyanhydrique en acide formique et ammoniaque. On sait qu'une telle décomposition se produit dès la température ordinaire, sous l'influence des acides concentrés

$$CHAz + 2H^2O = CH^2O^2 + AzH^3.$$

L'acide formique se détruit à son tour dès 200°, sous l'influence de l'acide minéral, en eau et oxyde de carbone

$$CH^2O^2 = CO + H^2O;$$

or cette dernière réaction a lieu bien avant la température où l'acide iodhydrique exerce sa puissante action réductrice. —

En résumé, dans ce mode d'opérer, la réaction hydrogénante ne saurait être exercée sur l'acide cyanhydrique, parce qu'il est détruit longtemps avant que la réduction puisse avoir lieu. Il est donc indispensable d'exclure la présence de l'eau, c'est-à-dire d'opérer avec l'acide iodhydrique gazeux.

(¹) *Annales de Chimie et de Physique*, 4ᵉ série, t. XIX, p. 422; 1870.

2° *Acide iodhydrique gazeux et cyanure de mercure.*

On renferme dans une très petite ampoule scellée 5o à 6o milligrammes de cyanure de mercure; cette ampoule est déposée au fond d'un gros tube de verre, de 100 à 120 centimètres cubes, que l'on étrangle en forme d'entonnoir et que l'on remplit de gaz iodhydrique, par déplacement. On ferme alors ce tube à la lampe; puis on brise par agitation l'ampoule qui contient le cyanure de mercure.

A 28o degrés, je n'ai pas observé de carbure d'hydrogène.

J'ai alors répété l'expérience à la température du rouge sombre. J'ai obtenu cette fois du gaz des marais, dont j'ai constaté la nature par les épreuves eudiométriques, en suivant la marche déjà signalée à bien des reprises

$$CH\,Az + 3\,H^2 = CH^4 + Az\,H^3.$$

Une portion de ce carbure avait été détruite sous l'influence de l'iode, avec production d'un charbon brillant et graphitoïde. Mais, d'après le volume du gaz des marais obtenu, cette destruction n'avait porté que sur le tiers de l'acide cyanhydrique mis en expérience; les deux autres tiers ayant éprouvé la réaction indiquée dans l'équation.

Voilà une nouvelle synthèse du gaz des marais; car l'acide cyanhydrique peut être formé directement par les réactions directes de l'hydrogène, du carbone et de l'azote libres [1].

C'est en même temps un procédé pour changer l'acide formique, CH^2O^2, en formène, CH^4. On a vu précédemment que la réaction n'a pas lieu directement entre l'acide formique et l'acide iodhydrique, parce que l'acide formique se décompose avant la température de la réduction. Mais il suffit de changer d'abord l'acide formique en nitrile, c'est-à-dire en acide cyanhydrique, pour rendre la réaction possible, ainsi qu'on vient de le prouver.

La transformation de l'acide cyanhydrique en formène et celle du cyanogène en hydrure d'éthyle établissent en définitive des liens nouveaux entre les composés minéraux et les composés organiques.

---

[1] *Annales de Chimie et de Physique*, 4ᵉ série, t. XVIII, p. 162. — Tome I du présent Ouvrage, p. 269.

Les mêmes transformations s'appliquent aux éthers cyanhydriques ou nitrilés, comme je l'ai démontré plus haut, et il en résulte une méthode générale pour remonter de proche en proche et par degrés successifs l'échelle de la synthèse. En effet, on vient de montrer que le nitrile de l'acide formique............ CH^2O^2, c'est-à-dire l'acide cyanhydrique, $CHAz$, produit le formène. CH^4; or celui-ci engendre l'alcool méthylique, $CH^2(H^2O)$, puis l'éther méthylcyanhydrique, $CH^2(CHAz)$; lequel engendre, à son tour, l'acide acétique... $C^2H^4O^2$. puis l'hydrure d'éthyle.............................. C^2H^6, enfin ce dernier carbure engendre l'alcool ordinaire, $C^2H^4(H^2O)$.

Ce n'est qu'un point de départ, car la chaîne des réactions se prolonge toujours davantage, suivant les mêmes procédés. En effet, de l'alcool dérive l'éther cyanhydrique, $C^2H^4(CHAz)$, puis l'acide propionique................................... $C^3H^6O^2$, puis l'hydrure de propyle.............................. C^3H^8. J'ai démontré par expérience toutes ces formations.

La même chaîne de réactions peut être indéfiniment reproduite et poursuivie.

IV. — Composés azotés complexes.

Pour vérifier toute l'étendue des applications de la méthode, je l'ai essayée sur les principes azotés les plus complexes. J'ai pris comme exemples l'*indigotine,* type des matières colorantes azotées, et l'*albumine,* type des principes immédiats qui caractérisent les animaux.

1. *Indigotine,* C^8H^5AzO.

J'ai opéré sur l'indigotine cristallisée, obtenue par sublimation. On sait que ce principe n'est pas dédoublé par les acides ordinaires. Au contraire, l'acide iodhydrique manifeste ici son efficacité universelle. En effet, l'indigotine, chauffée à 275 degrés pendant vingt-quatre heures avec 80 fois son poids de la solution saturée à froid d'hydracide, s'est détruite entièrement en se saturant d'hydrogène. Elle a fourni de l'ammoniaque et un mélange liquide d'hydrure d'octyle, C^8H^{18}, produit principal, avec l'hydrure d'heptyle, C^7H^{16}, et le formène, CH^4, produits accessoires.

Par deux séries de distillations fractionnées, j'ai séparé ce liquide en deux carbures définis distincts, savoir :

1° L'hydrure d'heptyle, C^7H^{16}, le plus abondant, bouillant entre 90° et 95°. Ce carbure offrait la composition normale à l'analyse. Il n'était attaqué ni par le brome froid, ni par l'acide sulfurique fumant, ni par le mélange de ces deux acides. Sa formation répond à un dédoublement; elle est représentée par l'équation suivante :

$$C^8 H^5 Az O + 10 H^2 = C^7 H^{16} + CH^4 + Az H^3 + H^2 O.$$

Cette équation indique la formation de l'ammoniaque, laquelle a été constatée, et celle du gaz des marais. En fait les tubes dégagent, au moment de leur ouverture, un très grand volume de gaz. Or ce gaz est formé par de l'hydrogène, mêlé à une proportion très notable de gaz des marais, comme l'analyse eudiométrique, combinée avec l'action du dissolvant (alcool), l'a démontré.

2° L'hydrure d'octyle, $C^8 H^{18}$, est moins abondant que l'hydrure d'heptyle. Il bout vers 120° et il offre la composition et les caractères ordinaires des carbures forméniques.

Ce dernier carbure renferme le même nombre d'atomes de carbone que l'indigotine : sa formation répond à l'équation suivante :

$$C^8 H^5 Az O + 9 H^2 = C^8 H^{16} + Az H^3 + H^2 O.$$

Je regarde cette équation comme exprimant la réaction normale ; tandis que la formation de l'hydrure d'heptyle répond à un dédoublement, provoqué sans doute par la haute température nécessaire pour l'exécution de l'expérience.

Pour ne rien omettre, il est nécessaire de signaler la formation d'une très petite quantité d'une substance visqueuse noirâtre : cette substance répond, à une condensation polymérique, analogue à celle qui développe une substance charbonneuse aux dépens de la benzine, dans des circonstances définies plus haut.

J'ai contrôlé les résultats des expériences précédentes en dosant dans un essai l'iode mis en liberté, en même temps que les hydrures d'heptyle et d'octyle.

$0^{gr},500$ d'indigotine ont formé 230 centimètres cubes de gaz et 11 grammes d'iode libre.

Le poids de l'iode trouvé est voisin de 23 atomes pour une molécule d'indigotine $C^8 H^5 Az O$. Ce chiffre représente la somme de l'hydrogène libre et de l'hydrogène cédé à l'indigotine. En déduisant du volume total du gaz les 80^{cc} de formène qu'il a été reconnu renfermer, il reste 150 centimètres cubes d'hydrogène. Or, 3 atomes d'hydrogène représentent 135 centimètres cubes, et, 4 atomes, 180 centimètres cubes; 150 centimètres cubes répondent donc à $3\frac{1}{3}$ atomes. En retranchant ce chiffre des 23 atomes qui répondent à l'iode libre, il reste $19\frac{2}{3}$ atomes d'hydrogène cédés à une molécule d'indigotine.

En théorie, la formation de l'hydrure d'heptyle, C^7H^{16}, répond à 20 atomes d'hydrogène, d'après l'équation, et celle de l'hydrure d'octyle $C^{16}H^{18}$ à 18 atomes d'hydrogène.

On voit donc qu'en fait le poids de l'hydrogène cédé à l'indigotine s'accorde avec la formation de l'hydrure d'heptyle comme produit principal, mêlé avec un peu d'hydrure d'octyle.

2. *Albumine.*

Désirant pousser jusqu'au bout les conséquences de la méthode, j'ai fait réagir l'albumine, c'est-à-dire un corps azoté de l'ordre le plus compliqué, sur 80 fois son poids d'acide iodhydrique, en solution saturée, le tout chauffé en tube scellé, à 280°. Il s'est produit de l'ammoniaque, des carbures forméniques liquides, un peu d'hydrogène sulfuré, et un très grand volume d'hydrogène. Une trace de matière charbonneuse et visqueuse s'est manifestée, comme avec l'indigotine.

Les carbures soumis à la distillation se sont comportés comme un mélange. Ils sont entrés en ébullition vers 70° et ont continué à passer jusqu'à une température très élevée. Ces carbures multiples répondent sans aucun doute aux composants multiples de l'albumine et aux dédoublements que l'albumine et ses composants peuvent éprouver avant 275°. Leur étude offrirait beaucoup d'intérêt. Cependant, en raison de la complication de ce mélange et pour ne pas trop m'écarter de l'ordre des recherches abordées dans le présent travail, je n'ai pas jugé opportun de l'étudier à fond pour le moment. Il me suffit d'avoir reconnu que l'albumine, de même que tous les autres principes organiques, pouvait être saturée d'hydrogène et transformée en carbures forméniques, par la méthode universelle décrite dans le présent Livre.

CHAPITRE XIII.

MÉTHODE UNIVERSELLE : TOLUIDINE ET PSEUDO-TOLUIDINE [1].

On sait que M. Rosenstiehl a découvert l'existence d'un alcali nouveau, dérivé du toluène, alcali isomérique avec la toluidine et qu'il a désigné sous le nom de *pseudo-toluidine* [2].

La formation de ces deux alcalis s'opère simultanément, c'est-à-dire au moyen du toluène du goudron de houille, changé d'abord en nitrotoluène, puis en alcali. Frappé de cette isomérie, je me suis demandé si le nouvel alcali dérivait vraiment du toluène ordinaire, ou bien s'il dérivait soit d'un carbure isomérique, ou bien encore de deux carbures distincts, à la façon de la méthyl-aniline.

La question peut être examinée en reproduisant les carbures générateurs au moyen de l'acide iodhydrique. M. Rosenstiehl, avec beaucoup de libéralité, a bien voulu mettre à ma disposition une certaine quantité de pseudo-toluidine pure. J'ai changé cet alcali en carbure d'hydrogène, par l'emploi de l'acide iodhydrique, et conformément à la méthode décrite dans ce Livre : j'ai d'ailleurs opéré comparativement sur la toluidine cristallisée.

En présence de 60 parties d'hydracide (densité 2,0) et à 270°, la pseudo-toluidine, comme la toluidine, se change en hydrure d'heptyle et ammoniaque

$$C^7 H^9 Az + 5 H^2 = C^7 H^{16} + Az H^3.$$

Cette réaction distingue tout d'abord la pseudo-toluidine et la toluidine de leur isomère, la méthylaniline. En effet, la méthylaniline, dans les mêmes conditions, donne naissance à deux carbures,

[1] *Bulletin de la Société chimique*, 2ᵉ série, t. XI, p. 381 ; 1869.

[2] *Bulletin de la Société chimique*, nouvelle série, t. X, p. 192 ; 1868.

correspondant aux deux alcools générateurs, savoir : l'hydrure
d'hexyle et le formène

$$CH^2(C^6H^7Az) + 6\,H^2 = C^6H^{14} + CH^4 + AzH^3.$$

Ajoutons quelques détails expérimentaux et théoriques, complémentaires aux faits déjà signalés plus haut relativement aux alcalis
isomères de la toluidine (p. 162 et 172).

La pseudo-toluidine, chauffée vers 270° avec 40 parties d'hydracide seulement, a fourni un mélange de toluène et d'hydrure [1]
d'heptyle, le premier étant facile à séparer par l'acide nitrique
fumant.

J'ai ensuite chauffé la toluidine et la pseudo-toluidine, séparément, avec 20 parties d'hydracide, vers 250°. Puis j'ai isolé les
carbures régénérés, et je les ai soumis à des rectifications.

La toluidine cristallisée a reproduit du toluène,

$$C^7H^9Az + H^2 = C^7H^8 + AzH^3,$$

tout à fait exempt de benzine et doué des propriétés ordinaires :
point d'ébullition, réaction des acides nitrique, sulfurique, etc.

J'ai changé ce toluène en nitrotoluène, puis en alcali. L'alcali
obtenu par cette voie était un mélange de toluidine et de pseudo-
toluidine, tout comme l'alcali dérivé du toluène du goudron de
houille. Je m'en suis assuré à l'aide des élégantes réactions colorées
découvertes par M. Rosenstiehl.

La pseudo-toluidine, dans les mêmes conditions, a reproduit du
toluène, produit principal, mêlé avec une petite quantité de benzine et d'un carbure complémentaire, à point d'ébullition élevé.

J'ai séparé le toluène par distillation, vérifié ses propriétés ; puis
je l'ai changé en nitrotoluène, lequel a cristallisé en partie. Enfin
j'ai transformé le nitrotoluène en alcali ; l'alcali obtenu était, comme
le précédent, un mélange de toluidine et de pseudo-toluidine.

Les réactions d'hydrogénation de la toluidine et de la pseudo-
toluidine sont donc les mêmes à l'égard de l'acide iodhydrique.

Le toluène, après avoir traversé un tube rouge et après avoir été
purifié de nouveau, a fourni simultanément les deux alcalis.

Il en a été de même du toluène que j'avais préparé en décomposant le xylène au rouge.

Enfin le toluène du baume de Tolu, essayé sur une petite quantité de matière, s'est comporté de même.

---

[1] Et d'hydrures cycliques.

J'ai cru devoir reproduire encore par l'action de l'acide iodhydrique le carbure correspondant à la benzylamine, troisième alcali isomérique. Cet alcali, chauffé à 280° avec 20 parties d'hydracide, a régénéré en effet du toluène, produit principal. Mais il a fourni en même temps, comme la pseudo-toluidine — peut-être même en proportion plus notable, — de la benzine et un carbure complémentaire peu volatil.

Le toluène de la benzylamine a reproduit, comme les précédents, de la toluidine et de la pseudo-toluidine simultanément.

Le chlorhydrate de dibenzylamine, traité par 20 parties d'hydracide à 280°, a reproduit également du toluène et un peu de benzine.

Enfin la tribenzylamine, magnifique corps cristallisé, d'une pureté très grande, a reproduit du toluène, produit principal, un peu de benzine et un carbure complémentaire, peu volatil. Ce toluène a été changé aussi en alcali et il a fourni, comme toujours, un mélange de toluidine et de pseudo-toluidine.

En résumé, les trois alcalis isomères, toluidine, pseudo-toluidine et benzylamine, reproduisent le même toluène, capable de régénérer à la fois la toluidine et la pseudo-toluidine.

Il résulte de ces faits que l'isomérie des deux toluidines n'est pas due à la diversité des carbures générateurs; elle se développe pendant le cours des réactions, soit au moment de la formation du composé nitré, soit au moment de la formation de l'alcali. Cette isomérie ne paraît point dériver d'ailleurs d'une réaction opérée sur le résidu du formène, de préférence au résidu de la benzine, qui concourt à former le toluène par sa réunion au formène :

$$C^6 H^6 + CH^4 - H^2 = C^7 H^8.$$

En effet, la benzylamine, alcali qui répond à l'alcool benzylique et qui résulte sans équivoque d'une substitution opérée sur le résidu du formène, offre des propriétés fort distinctes de celles de la pseudo-toluidine et de la toluidine.

C'est donc la réaction opérée sur le résidu benzénique qui est le point de départ de cette isomérie. Or, la benzine étant constituée par l'association de trois molécules d'acétylène, on comprend facilement la possibilité d'engendrer des corps isomères, en appliquant à ce carbure complexe un même système de réactions.

Les trois molécules d'acétylène jouent-elles exactement le même rôle? une seule réaction n'engendrera pas d'isomères. Mais si les trois molécules d'acétylène jouent un rôle différent dans la benzine, les composés engendrés par une substitution unique pourront donner lieu :

Soit à deux cas d'isomérie, dans l'hypothèse d'après laquelle une seule molécule dominante se subordonne à titre égal les deux autres,

$$C^2H^2(C^2H^2)(C^2H^2)$$
$$C^2HCl(C^2H^2)(C^2H^2)$$
$$C^2H^2(CHCl)(C^2H^2);$$

soit à trois cas d'isomérie, dans l'hypothèse où les trois molécules d'acétylène jouent chacune un rôle différent

$$C^2H^2[C^2H^2(C^2H^2)]$$
$$C^2HCl[C^2H^2(C^2H^2)]$$
$$C^2H^2[C^2HCl(C^2H^2)]$$
$$C^2H^2[C^2H^2(C^2HCl)].$$

Si maintenant on applique à la benzine deux réactions successives, on engendrera des dérivés isomères bien plus nombreux. En effet, d'après l'hypothèse la plus simple, celle où les trois molécules d'acétylène jouent exactement le même rôle :

$$C^2H^2. \quad C^2H^2. \quad C^2H^2;$$

on conçoit que l'on puisse obtenir des corps isomères, selon que les deux réactions successives portent sur la même molécule d'acétylène, ou sur deux molécules distinctes :

$$C^2Cl^2 \quad C^2H^2 \quad C^2H^2$$
$$C^2HCl. \quad C^2HCl. \quad C^2H^2.$$

Dans l'hypothèse où les trois molécules jouent un rôle différent, on conçoit la réalisation de six isoméries distinctes, si les deux réactions successives sont identiques, ou de neuf isoméries distinctes, si elles sont différentes.

Enfin, dans l'hypothèse d'après laquelle une molécule dominante d'acétylène se subordonne à titre pareil les deux autres, nous aurons quatre isomères, si les deux réactions sont identiques, ou cinq si elles sont distinctes.

$$C^2HCl(C^2HX)(C^2H^2)$$
$$C^2HX(C^2HCl)(C^2H^2)$$
$$C^2ClX(C^2H^2)(C^2H^2)$$
$$C^2H^2(C^2HX)(C^2HCl)$$
$$C^2H^2(C^2ClX)(C^2H^2).$$

Le moment est venu de comparer ces hypothèses avec les faits observés dans la réduction des toluidines.

Les toluidines, en effet, résultent de deux réactions successives opérées sur la benzine. Dans la première réaction, il y a union du formène et de la benzine

$$C^6H^6 + CH^4 — H^2 = C^7H^8.$$

Dans la seconde réaction, il y a union de l'ammoniaque avec le carbure qui résulte de la première

$$(C^6H^6 + CH^4 — H^2) + (AzH^3 — H^2) = C^7H^6(AzH^3).$$

Mais les trois hypothèses envisagées conduisent toutes à la possibilité d'obtenir des corps isomères par un système de deux réactions successives. L'isomérie des toluidines est donc une conséquence de la constitution complexe de la benzine.

C'est ce que montrent les équations génératrices suivantes, sous une forme plus nette peut-être que la discussion ci-dessus :

$$\underbrace{C^2H^2(C^2H^2)(C^2H^2)}_{\text{Benzine.}} + \underbrace{[A — B]}_{\text{1}^{\text{re}}\text{ réaction.}} + \underbrace{[C — D]}_{\text{2}^{\text{e}}\text{ réaction.}}$$

Dérivés métamères :

$$(C^2H^2 + [A — B] + [C — D])(C^2H^2)(C^2H^2)$$
$$(C^2H^2 + A — B)(C^2H^2 + [C — D])(C^2H^2).$$

Cette conséquence est indépendante de toute formule rationnelle spéciale, aussi bien que du rôle identique ou dissemblable que peuvent remplir les trois molécules d'acétylène. Elle s'applique aux benzines chloronitrées, aux benzines nitrométhylées (nitrotoluènes), aux benzines amidométhylées (toluidines), aux benzines diméthylées (xylènes), etc. L'isomérie des toluidines est donc une conséquence de la constitution complexe de la benzine.

CHAPITRE XIV.

MÉTHODE UNIVERSELLE : CARBURES COMPLEXES [1].

En général, tous les carbures peuvent être formés par l'union successive de carbures plus simples, avec ou sans élimination d'hydrogène. Cette union peut s'opérer directement, comme dans la formation de la benzine, par la condensation de 3 molécules d'acétylène [2],

$$3\,C^2H^2 = C^6H^6;$$

comme aussi dans la formation des carbures qui résultent de l'union de l'acétylène libre [3], soit avec l'éthylène libre (acétyl-éthylène),

$$C^2H^2 + C^2H^4 = C^4H^6,$$

soit avec la benzine libre (styrolène),

$$C^2H^2 + C^6H^6 = C^8H^8,$$

soit avec la naphtaline libre (acénaphtène),

$$C^2H^2 + C^{10}H^8 = C^{12}H^{10}.$$

Telles sont encore la formation de la naphtaline au moyen du styrolène,

$$C^8H^8 + C^2H^2 = C^{10}H^8 + H^2;$$

---

[1] *Ann. de Chim. et de Phys.*, 4ᵉ série, t. XX, p. 507; 1870. — *Bulletin de la Société chimique*, 2ᵉ série, t. IX, p. 265; 1868.

[2] *Ann. de Chim. et de Phys.*, 4ᵉ série, t. XII, p. 452. — Tome I du présent Ouvrage, p. 83.

[3] Même Recueil, t. IX, p. 466.

celle du diphényle par la réunion de 2 molécules de benzine,

$$C^6H^6 + C^6H^6 = C^{12}H^{10} + H^2,$$

etc., etc. [1].

Jusqu'à quel point les molécules hydrocarbonées, ainsi ajoutées les unes aux autres par une synthèse progressive, subsistent-elles distinctes dans le carbure résultant? C'est ce que les réactions analytiques et les décompositions peuvent seules nous apprendre. L'action de l'acide iodhydrique paraît destinée à jouer un rôle capital dans une telle recherche : on en jugera par les faits que je vais exposer.

Dans l'étude de ces faits, j'ai rencontré beaucoup plus de difficultés que dans celle des expériences consignées dans les premières parties du présent Travail. En effet, la plupart des corps, dont la réduction a été décrite dans les trois Chapitres précédents, sont transformés par l'acide iodhydrique en donnant naissance à un carbure unique, et qu'il est dès lors facile d'isoler et de purifier. Par exemple, l'acide acétique fournit seulement de l'hydrure d'éthyle; la benzine peut être changée entièrement ou presque entièrement en hydrure d'hexyle, lorsqu'on pousse la réaction jusqu'à ses limites extrêmes, etc. Les réactions que nous allons étudier maintenant n'offrent plus la même simplicité. En général, on voit apparaître en même temps plusieurs carbures distincts, formés par les dédoublements du carbure complexe.

À ces carbures s'ajoutent parfois de nouveaux carbures plus condensés, qui dérivent d'une transformation polymérique du carbure primitif. Une telle transformation se produit, par exemple, dans la réaction de l'hydracide sur le térébenthène et les corps isomères. Comme elle précède ou accompagne l'action hydrogénante, on comprend que celle-ci ne porte plus sur le carbure mis en expérience, mais sur un carbure nouveau, beaucoup plus compliqué et susceptible d'éprouver des dédoublements spéciaux pour son propre compte.

Ainsi prennent naissance des carbures parfois assez nombreux. La séparation de ces carbures est d'autant plus délicate qu'ils sont fort analogues, et que les conditions de nos expériences ne permettent pas d'opérer sur de grandes quantités de matières. Je crois cependant avoir réussi à démêler cette complication, dans la plu-

---

[1] *Ann. de Chim. et de Phys.*, 4ᵉ série, t. XII, p. 5 et 52, et t. IX, p. 454. — Tome I du présent Ouvrage.

part des cas, et à définir nettement les réactions d'hydrogénation. Mais je réclame quelque indulgence pour les erreurs qui auront pu se glisser dans une recherche aussi difficile, malgré la reproduction réitérée des mêmes expériences et l'attention concentrée que j'ai apportée dans leur étude.

Je partagerai l'exposition des résultats observés en trois sous-Chapitres, savoir :

1° Série grasse ;

2° Série aromatique ;

3° Carbures pyrogénés (naphtaline, anthracène, etc.).

Quant aux carbures polymères proprement dits, tels que les polyéthylènes, polypropylènes, polyterpènes, etc., l'étude des réactions offertes par ces derniers carbures, étant la plus compliquée de toutes, fera l'objet d'un Chapitre spécial.

Enfin je ferai opserver que les résultats exposés dans cette partie de mon Travail s'appliquent essentiellement aux dérivés éthyliques, propyliques, amyliques, acétyléniques, benzéniques, etc., des carbures, lesquels dérivés éprouvent en général un dédoublement partiel sous l'influence hydrogénante. Au contraire, ces résultats ne comprennent point les dérivés méthyliques ou dérivés immédiats du formène, c'est-à-dire les véritables carbures homologues. Je n'en parlerai pas ici, attendu que les dérivés méthyliques ne se dédoublent point lorsqu'ils sont saturés d'hydrogène (*voir* p. 120). En raison de cette circonstance, je les ai désignés sous le nom de *carbures simples,* et j'ai exposé les faits qui les concernent dans les précédents Chapitres. Je désigne au contraire les dérivés éthyliques, propyliques, etc., sous le nom de *carbures complexes.*

PREMIER SOUS-CHAPITRE.

Série grasse : Carbures complexes.

La série grasse comprend trois groupes de carbures principaux, savoir :

Les carbures saturés, $C^n H^{2n+2}$;

Les carbures incomplets du premier ordre, $C^n H^{2n}$;

Et les carbures incomplets du second ordre, $C^n H^{2n-2}$.

Les *carbures saturés,* quelle qu'en soit la constitution, ne sont pas attaqués par l'acide iodhydrique, dans les conditions de mes expériences. J'ai signalé ce résultat dans le Chapitre X (p. 120 et 121). Il suffira de rappeler ici la résistance opposée par le diméthyle ou hydrure de diméthylène,

$$CH^2(CH^4);$$

Par le dibutyle ou hydrure de dibutylène,

$$C^4H^8(C^4H^{10});$$

Par l'hydrure de diéthylexylène,

$$C^2H^4(C^2H^4[C^6H^{14}]),$$

etc., etc.

Les *carbures incomplets du premier ordre*, C^nH^{2n}, dérivés de l'éthylène, du propylène, etc., éprouvent au contraire un dédoublement partiel dans la plupart des cas. Mais je réserve leur étude pour un Chapitre spécial, parce que les carbures complexes de cette formule, examinés par moi, sont tous des polymères.

Parmi les *carbures incomplets du second ordre*, C^nH^{2n-2}, j'ai choisi, comme type de carbure complexe, le *diallyle,* que l'on devrait appeler plutôt *allylpropylène,*

$$C^6H^{10} = C^3H^4(C^3H^6),$$

carbure que j'ai obtenu en 1856, par la réaction du sodium sur l'éther allyliodhydrique, et dont la constitution est bien connue (t. II, p. 380).

Il suffit de chauffer le diallyle à 280 degrés avec vingt fois son poids d'une solution aqueuse d'acide iodhydrique saturée à froid, pour transformer complètement ce carbure.

On obtient des gaz et un liquide, dont la composition répond à la formule

$$C^6H^{14} \quad \text{ou} \quad C^3H^6(C^3H^8);$$

ce carbure distille entièrement entre 60° et 65°, son ébullition est fort irrégulière, ce qui m'empêche de préciser davantage. Son odeur est analogue à celle de son isomère, l'hydrure d'hexyle des pétroles, mais avec une nuance plus alliacée. Il s'en distingue aussi par sa volatilité, car le carbure des pétroles bout à 69°. Du reste, le nouveau carbure résiste à l'acide nitrique fumant et tiède, à l'acide sulfurique fumant légèrement chauffé, au mélange des deux acides, au brome froid, etc. En un mot, il offre les propriétés ordinaires des carbures saturés. Tandis que les mêmes réactifs attaquent violemment le diallyle.

Je regarde ce carbure comme un hydrure de dipropylène, en raison de son origine,

$$C^6H^6(C^6H^8),$$

métamérique avec l'hydrure d'hexyle des pétroles (hydrure d'hexa-méthylène).

Sa formation est exprimée par l'équation suivante :

$$\underbrace{C^3H^4(C^3H^6)}_{\text{Diallyle.}} + 2H^2 = \underbrace{C^3H^6(C^3H^8)}_{\substack{\text{Hydrure} \\ \text{de dipropylène.}}}.$$

Comme contrôle, j'ai dosé l'iode mis à nu ; en déduisant celui qui répond à l'hydrogène libre, le surplus représente 4 atomes pour une molécule de diallyle. Ce contrôle est significatif, parce que l'hydrure de dipropylène est le produit presque unique de la réaction.

Gaz. — En effet, le volume des gaz formés simultanément est très petit. Cependant leur analyse offre de l'intérêt.

Ils sont formés par un mélange d'hydrogène en excès et d'hydrure de propyle. Ce dernier gaz a été isolé en nature par l'intermède de l'alcool absolu, et conformément à la méthode déjà décrite à diverses reprises, puis soumis à l'analyse eudiométrique.

L'hydrure de propyle résulte du dédoublement d'une portion du diallyle ;

$$\underbrace{C^3H^4(C^3H^6)}_{\text{Diallyle.}} + 3H^2 = \underbrace{2C^3H^8}_{\substack{\text{Hydrure} \\ \text{de propyle.}}}.$$

Sa présence accuse la constitution complexe du diallyle.

La réaction de l'acide iodhydrique sur les carbures C^nH^{2n-4}, intermédiaires entre la série grasse et la série aromatique, se présenterait maintenant. Mais, parmi ces carbures, tous ceux qui ont été étudiés avec quelque détail répondent à une seule formule : $C^{10}H^{16}$. Leurs réactions sont liées d'une manière trop intime à celles des carbures polymères, pour exposer dès à présent les résultats de leur hydrogénation. J'y reviendrai plus loin avec de longs développements.

DEUXIÈME SOUS-CHAPITRE.

Série aromatique : Carbures complexes.

J'ai étudié les carbures suivants :

1° Le *diphényle,* $C^{12}H^{10}$ ou $C^6H^4(C^6H^6)$, dérivé de deux molécules de benzine ;

2° Le *styrolène,* C^8H^8 ou $C^6H^4(C^2H^4)$, dérivé de la benzine et de l'éthylène, ou de l'acétylène ;

3° L'*éthylbenzine,* C^8H^{10} ou $C^6H^4(C^2H^6)$, dérivé de la benzine et de l'hydrure d'éthyle.

La réduction de chacun de ces carbures a été étudiée, non seulement sous l'influence d'un grand excès d'hydracide, — condition qui fournit, à la limite extrême, des carbures saturés, C^nH^{2n+2}, — mais aussi sous l'influence d'une quantité insuffisante pour opérer une réduction totale, — condition qui donne lieu à la production de toute une série de carbures non saturés et souvent identiques avec les générateurs primitifs des carbures complexes.

<h3 style="text-align:center">I. — Diphényle, $C^{12}H^{10} = C^6H^4(C^6H^6)$.</h3>

Le diphényle est, comme on sait, un beau carbure cristallisé, qui résulte de la réunion de deux molécules de benzine,

$$C^6H^6 \;+\; C^6H^6 \;=H^2=\; C^{12}H^{10} \;=C^6H^4(C^6H^6).$$

Benzine.   Benzine.   Diphényle.

Cette réunion peut être effectuée soit par la double décomposition, au moyen de la benzine bromée et du sodium, comme l'a démontré M. Fittig, soit par la simple action de la chaleur, comme je l'ai reconnu (t. II, p. 17).

J'ai étudié la réaction de l'acide iodhydrique sur le diphényle dans deux conditions, savoir en présence d'un grand excès d'hydracide, et en présence d'une proportion insuffisante.

1° Action exercée par un excès d'hydracide.

Chauffé à 280° avec 80 parties d'hydracide, le diphényle est changé entièrement en carbures liquides — qui consistent surtout en hydrure d'hexyle, C^6H^{14},

$$C^{12}H^{10} + 9H^2 = 2C^6H^{14}.$$

Diphényle.   Hydrure
d'hexyle.

Voici quelques détails :

Gaz. — Dans la réaction, il se produit un très grand volume d'hydrogène.

Liquides. — Les carbures liquides, soumis à la distillation, passent presque entièrement vers 70°, dès la première distillation.

Cependant, à la fin, le thermomètre s'élève rapidement jusque vers 200°, et il distille alors quelques gouttes de liquide.

Une deuxième rectification fournit l'hydrure d'hexyle pur, volatil à 69°, offrant la composition normale, ainsi que la résistance ordinaire à l'acide nitrique fumant, à l'acide sulfurique fumant, au brome, etc.

Après que ce carbure a passé, on observe des hydrures moins saturés et presque aussi volatils, en petite quantité; puis une trace de benzine, mélangée avec les carbures précédents et dont j'ai déterminé la nature en la changeant en nitrobenzine, aniline, matière colorante bleue, etc.

Le carbure volatil vers 200° est un mélange de carbure forménique et corps analogues, insolubles dans l'acide nitrique fumant et dans l'acide sulfurique fumant, avec d'autres carbures attaquables par ces réactifs. Je n'ai pu étudier ces corps, en raison de leur très faible proportion; mais je regarde les carbures saturés comme un mélange d'hydrure de duodécyle,

$$C^{12}H^{26} = C^6H^{12}(C^6H^{14}),$$

et d'hydrures de la série benzénique, renfermant 12 atomes de carbone.

Il résulte de ces faits que la réduction du diphényle par 80 parties d'hydracide, poussée à ses limites extrêmes, donne naissance à un produit principal, l'hydrure d'hexyle, C^6H^{14}.

$$\underbrace{C^6H^4(C^6H^6)}_{\text{Diphényle.}} + 9H^2 = \underbrace{2\,C^6H^{14}}_{\substack{\text{Hydrure} \\ \text{d'hexyle.}}}.$$

Ce carbure répond à la benzine qui a engendré le diphényle. Il résulte de l'hydrogénation totale de ladite benzine. En effet, nous allons voir reparaître la benzine en grande quantité dans la réaction ménagée de l'acide iodhydrique sur le diphényle.

Le diphényle se dédouble donc sous l'influence hydrogénante. Cependant une faible portion paraît pouvoir être saturée d'hydrogène sans dédoublement, comme l'indique l'existence des carbures saturés, volatils vers 200°; le plus hydrogéné répondrait à un hydrure de duodécyle, $C^{12}H^{26}$,

$$C^{12}H^{10} + 8H^2 = C^{12}H^{26},$$

mais la proportion de ce carbure est si petite que je n'ai pu le soumettre à une étude approfondie.

Disons enfin, pour ne rien omettre, que les 80 parties d'hydracide employées n'ont pas été tout à fait suffisantes pour saturer d'hydrogène le diphényle, comme en témoigne la formation observée d'une trace de benzine.

On aurait réussi sans doute à compléter l'action, en opérant avec 100 ou 120 parties d'hydracide; mais je n'ai pas cru nécessaire de faire cette expérience. Au contraire, une réaction moins intense, ou moins prolongée, fournira des hydrures intermédiaires de l'ordre de ceux qui dérivent de la benzine.

2° *Action d'une quantité d'hydracide insuffisante.*

Chauffé à 280°, avec 20 parties d'hydracide, le diphényle se comporte bien différemment. Il régénère une grande quantité de benzine :

$$\underbrace{C^{12}H^{10}}_{\text{Diphényle.}} + H^2 = \underbrace{2\,C^6H^6}_{\text{Benzine.}}.$$

Décrivons les produits de cette réaction.

Elle donne naissance à la fois à un carbure liquide, à une matière charbonneuse, et à un gaz, dont le volume est beaucoup moindre que celui de l'hydrogène formé en présence d'un grand excès d'hydracide. J'ai étudié ces divers produits.

Le liquide, soumis à la distillation, passe tout d'abord vers 80° presque en totalité. On obtient ainsi de la benzine pure, avec toutes ses propriétés, comme je m'en suis assuré. Cette benzine résulte d'un dédoublement du diphényle :

$$\underbrace{C^6H^4(C^6H^6)}_{\text{Diphényle.}} + H^2 = \underbrace{2\,C^6H^6}_{\text{Benzine.}}.$$

Ce dédoublement est inverse de la réaction qui a engendré le diphényle par la réunion de deux molécules de benzine.

J'ai examiné les autres produits de la réaction. Le gaz est un mélange d'hydrogène, H^2, et d'hydrure de propyle, C^3H^8, comme avec la benzine. L'hydrure de propyle a été isolé par l'emploi de l'alcool et analysé.

La matière charbonneuse est également semblable à celle que produit la benzine. Le tout répond à l'équation suivante :

$$C^{12}H^{10} = 3\,C^3 + C^3H^8 + H^2.$$

Ces produits doivent être attribués à la réaction propre de l'acide iodhydrique sur la benzine, conformément à ce qui a été exposé plus haut.

D'après la pesée exacte des divers produits (diphényle, charbon, iode, gaz) obtenus dans l'une de mes expériences, les deux tiers du diphényle s'étaient changés en benzine; tandis que l'autre tiers à été transformé en matière charbonneuse et hydrure de propyle.

Les faits que je viens d'exposer s'accordent parfaitement avec le mode de formation du diphényle, pour démontrer la constitution de ce carbure. On voit en effet reparaître, suivant l'intensité de l'action hydrogénante, tantôt les deux molécules de benzine, C^6H^6, dont la réunion a constitué le diphényle, $C^6H^4(C^6H^6)$, tantôt les deux molécules d'hydrure d'hexyle, C^6H^{14}, qui résultent de la saturation hydrogénée de cette même benzine.

II. — Styrolène : $C^6H^8 = C^6H^4(C^2H^4)$.

J'ai établi par des analyses et par des synthèses directes [1] que le styrolène doit être regardé comme une combinaison d'acétylène et de benzine

$$C^2H^2 + C^6H^6 = C^2H^2(C^6H^6).$$
$$\text{Acétylène.} \quad \text{Benzine.} \quad \text{Styrolène.}$$

ou, ce qui est équivalent, comme le résultat de la substitution d'une partie de l'hydrogène de la benzine par un égal volume d'éthylène

$$C^2H^4 + C^6H^4(H^2) = C^6H^4(C^2H^4) + H^2.$$
$$\text{Éthylène.} \quad \text{Benzine.} \quad \text{Styrolène.}$$

Cette constitution se trouve confirmée par les réactions hydrogénantes, comme je vais le montrer.

1° *Action exercée par un excès d'hydracide.*

Le styrolène, chauffé à 280°, pendant vingt-quatre heures, avec 80 fois son poids d'une solution saturée d'acide iodhydrique, jusqu'aux limites de la réaction, donne naissance à trois produits, savoir l'hydrure d'octyle, C^8H^{18}, produit principal, formé par

---

[1] *Voir* Tome I, p. 86, 101; t. II, p. 28, 72, etc.

simple hydrogénation :

$$C^8H^8 + 5H^2 = C^8H^{18},$$

Styrolène.   Hydrure d'octyle.

et les hydrures d'hexyle, C^6H^{14}, et d'éthyle, C^2H^6, moins abondants, formés par dédoublement

$$C^8H^8 + 6H^2 = C^6H^{14} + C^2H^6.$$

Styrolène.   Hydrure d'hexyle.   Hydrure d'éthyle.

La réduction exige vingt-quatre heures, et même davantage, pour devenir complète. Elle est précédée par celle d'hydrures moins saturés, de l'ordre des dérivés de la benzine.

Décrivons les produits de l'expérience précédente.

Après refroidissement, on ouvre les tubes avec les précautions ordinaires ; on recueille les gaz et les liquides qu'ils renferment ; on dose l'iode mis en liberté ; puis on soumet à l'analyse les gaz d'une part, les liquides d'autre part.

Liquides. — Les liquides entrent en ébullition vers 70° ; quelques gouttes passent avant 125°. Vers 125° et un peu au-dessus, on obtient le produit principal. Il reste dans la cornue une petite quantité d'un carbure volatil à une température beaucoup plus élevée.

On reprend d'abord le produit principal et on le distille une seconde fois : il passe, cette fois, en totalité entre 115° et 120°. C'est de l'hydrure d'octyle, $C^{16}H^{18}$, ou plutôt de l'hydrure d'éthyl-hexyle $C^4H^4(C^{12}H^{14})$, comme il sera dit plus loin. Il offre la composition de ce carbure et sa résistance à l'action des acides sulfurique fumant, nitrique fumant, de leur mélange, enfin du brome. Cependant l'action de l'acide nitrique fumant en extrait une trace presque insensible d'un carbure appartenant à la famille benzénique.

Les premières gouttes obtenues dans la première rectification ont été agitées avec l'acide nitrique fumant, lequel en a extrait une trace de benzine, puis rectifiées de nouveau. Elles ont fourni alors de l'hydrure d'hexyle, C^6H^{14}, avec les propriétés ordinaires et déjà décrites à plusieurs reprises de ce carbure.

Quant à la petite quantité de carbure peu volatil, obtenue par la première rectification, je ne l'ai pas examinée de plus près, parce qu'elle était trop faible; mais je regarde ce carbure comme dérivé d'une condensation polymérique partielle du styrolène, condensation effectuée sous l'influence de l'iode, comme je l'ai établi directement (*voir* Tome I, p. 112).

Gaz. — La réaction de 80 parties d'hydracide sur le styrolène donne lieu à un volume de gaz très considérable. D'après l'analyse, ces gaz sont constitués par de l'hydrogène, mêlé avec une petite quantité d'hydrure d'éthyle, C^6H^6.

Tels sont les produits formés dans la réaction d'un excès d'hydracide sur le styrolène.

La proportion relative en a été appréciée, en dosant l'iode mis à nu; ce qui permet de calculer le nombre d'atomes d'hydrogène fournis par l'acide iodhydrique. En retranchant l'hydrogène libre, mesuré directement, on connaît l'hydrogène fixé sur une molécule de carbure.

J'ai trouvé ainsi, par expérience, environ 10 atomes d'hydrogène pour une molécule de styrolène. Cette fixation s'accorde parfaitement avec la formation de l'hydrure d'octyle, comme produit principal,

$$C^8H^{18} + 5H^2 = C^8H^{18}.$$

La formation de l'hydrure d'hexyle répondrait à 12 atomes d'hydrogène; mais elle n'a lieu que sur une petite quantité de matière. D'ailleurs l'excès d'hydrogène qu'elle a exigé s'est trouvé compensé par la réduction incomplète d'une faible proportion de styrolène, comme on l'a signalé plus haut.

Examinons maintenant la théorie de toutes ces formations.

La formation de l'hydrure d'octyle, C^8H^{18}, résulte d'une saturation pure et simple du styrolène par l'hydrogène, sans dédoublement. Cette saturation est semblable à celle de la benzine et de ses deux homologues, ainsi qu'à celle du diallyle, précédemment décrite. Toutefois, il me paraît probable que l'hydrure d'octyle qui en résulte n'est pas identique avec l'hydrure d'octyle normal.

En effet, on peut concevoir l'existence d'une multitude de carbures saturés métamériques, de la formule C^8H^{18}. Par exemple, en procédant uniquement par des substitutions méthyliques successives, on obtiendra le véritable homologue du formène :

Formène .... $CH^2(H^2)$
Hydrure d'éthyle .... $CH^2(CH^4)$
Hydrure de propyle .... $CH^2(CH^2[CH^4])$;

hydrure d'octyle normal ou d'octométhylène :

$$CH^2(CH^2(CH^2(CH^2(CH^2(CH^2(CH^2[CH^4]]).$$

Mais on peut obtenir un carbure saturé de même formule, en remplaçant deux substitutions méthyliques par une seule substitution éthylique :

Hydrure d'éthylhexylène.......... $CH^2(CH^2(CH^2(CH^2(CH^2(CH^2[C^2H^6]))$
Hydrure de diéthyltétraméthylène... $CH^2(CH^2(CH^2(CH^2(C^2H^4[C^2H^6]))$
Hydrure de triéthyldiméthylène....... $CH^2(CH^2(C^2H^4(C^2H^4[C^2H^6]))$
Hydrure de tétréthylène.......... $C^2H^4(C^2H^4(C^2H^4[C^2H^6]))$

De même, en remplaçant trois substitutions méthyliques par une seule substitution propylique :

Hydrure de pentaméthylpropylène.. $CH^2(CH^2(CH^2(CH^2(CH^2[C^3H^8]))$
Hydrure de dipropyldiméthylène... $CH^2(CH^2(C^3H^6[C^3H^8]))$, etc., etc.

Le nombre de ces carbures métamères peut être aisément calculé par la théorie algébrique des permutations.

Or tous ces carbures seront également et au même titre des carbures saturés, analogues aux carbures des pétroles par leur résistance aux réactifs. Il y a plus : ils auront à peu près les mêmes propriétés physiques, point d'ébullition, densité, etc. Cependant ils seront distincts par certains dédoublements. On connaît, en effet, plusieurs cas d'isomérie, dans la série des carbures forméniques, conformes à la théorie précédente. Je citerai seulement l'hydrure de dipropyle

$$C^3H^6(C^3H^8),$$

métamère avec l'hydrure d'hexyle,

$$CH^2(CH^2(CH^2(CH^2(CH^2[CH^4])),$$

mais dont le point d'ébullition est situé 11 degrés plus bas environ ; car l'hydrure d'hexyle des pétroles bout à 69°, et l'hydrure de dipropylène à 58°.

De même le butyle ou hydrure de dibutylène,

$$C^4H^8(C^4H^{10}),$$

bout à 108°; tandis que l'hydrure d'octométhylène (carbure des pétroles) bout seulement vers 118°.

Nous sommes ainsi amenés à douter de l'identité absolue de l'hydrure d'octyle véritable (hydrure d'octométhylène) et de l'hydrure d'octyle, formé par l'hydrogénation du styrolène. Ce qui me paraît le plus vraisemblable, c'est que ce dernier carbure saturé est un hydrure d'éthylhexylène. En effet, le styrolène résulte de la substitution de l'éthylène dans la benzine :

$$C^{16}H^4(C^2H^4);$$

et la benzine engendre, par hydrogénation, un carbure qui paraît identique avec le véritable hydrure d'hexyle.

Si donc on sature d'hydrogène le styrolène,

$$C^6H^4(C^2H^4),$$

on peut admettre avec vraisemblance que les résultats benzéniques et éthyliques se saturent, en demeurant distincts dans le carbure résultant. Il se produira ainsi un hydrure d'éthylhexylène :

$$C^6H^{12}(C^2H^6).$$

Ce qui vient à l'appui de cette hypothèse, c'est le dédoublement constaté d'une portion de styrolène en hydrure d'hexyle, C^6H^{14}, et en hydrure d'éthyle, C^2H^6; par suite d'un effet plus avancé de la réaction hydrogénante exercée sur le carbure naissant.

Ce dédoublement mérite d'autant plus d'appeler l'attention qu'il se produit uniquement avec les dérivés benzéniques de l'hydrure d'éthyle et des carbures plus condensés; tandis que je n'en ai observé aucun exemple avec les carbures benzéniques qui dérivent uniquement du formène, tels que le toluène.

L'acide iodhydrique devient ainsi un réactif propre à établir la constitution des carbures complexes. L'histoire de l'éthylbenzine et de la napthaline fournira de nouvelles preuves à l'appui de cette nouvelle méthode de dédoublement : elle va manifester également son efficacité dans la réaction d'une quantité d'hydracide insuffisante.

2° *Action d'une quantité insuffisante d'hydracide sur le styrolène.*

Cette réaction, dans les conditions qui vont être décrites, donne naissance, d'une part à l'*hydrure de styrolène,* ou éthylbenzine;

produit principal, par simple addition d'hydrogène,

$$C^8H^8 + H^2 = C^8H^{10};$$

Styrolène.   Hydrure
de styrolène.

d'autre part, à la benzine et à l'hydrure d'éthyle, moins abondants, formés par dédoublement,

$$C^6H^4(C^2H^4) + 2H^2 = C^6H^6 + C^2H^6.$$

Styrolène.   Benzine.   Hydrure
d'éthyle.

On obtient ces résultats en chauffant le styrolène à 280°, avec 20 fois son poids d'acide iodhydrique. Après refroidissement, on ouvre les tubes et l'on recueille d'abord le gaz formé, avec les précautions ordinaires; on isole les carbures liquides et on dose l'iode libre. Il s'est produit seulement une très petite quantité de matière charbonneuse dans mon expérience.

Examinons ces divers produits.

Liquides. — J'ai isolé les liquides formés dans la réaction de 20 parties d'hydracide sur le styrolène; je les ai agités avec une solution étendue d'acide sulfureux, pour enlever l'iode libre; puis je les ai distillés. L'ébullition a commencé vers 120° : quelques gouttes ont passé avant 130°; presque tout a distillé de 130 à 140°.

Il est resté dans la cornue une petite quantité d'un carbure visqueux et presque fixe.

J'ai examiné séparément ces divers carbures.

Le produit principal, rectifié une seconde fois, distille vers 135°. Sa composition répond à la formule

$$C^8H^{10}.$$

Son odeur est analogue à celle du xylène, quoique peut-être un peu plus forte. L'acide nitrique fumant le dissout à froid, sans dégagement de vapeur nitreuse, et l'eau précipite de cette dissolution une huile jaune pesante, douée d'une odeur analogue à celle de la nitrobenzine, mais plus faible. Ce corps nitré, réduit par l'acide acétique et le fer, s'est changé en un alcali liquide, qui ne se colorait pas en bleu par l'action du chlorure de chaux.

Le brome, l'acide sulfurique ordinaire, l'acide sulfurique fumant se comportent, avec ce carbure, comme avec le xylène et les autres carbures benzéniques.

Tel est le produit principal de la réaction de 20 parties d'hydracide sur le styrolène.

J'ai aussi examiné les autres produits, et d'abord les premières gouttes passées à la première distillation. Je les ai rectifiées de nouveau et elles ont commencé à distiller cette fois au-dessous de 100°.

La partie la plus volatile offrait l'odeur et les réactions générales de la benzine. Je l'ai traitée par l'acide nitrique fumant et changée. successivement en nitrobenzine et aniline, laquelle a fourni la coloration bleue caractéristique, sous l'influence du chlorure de chaux. Il se produit donc une certaine quantité de benzine dans la réaction.

Enfin, le carbure visqueux, demeuré dans la cornue, s'est dissous dans l'acide nitrique fumant, et s'est comporté à l'égard des réactifs généraux comme le font les carbures obtenus par condensation. Il contenait d'ailleurs quelques traces de composés iodés. Cette substance répond évidemment à la condensation polymérique d'une portion du styrolène sous l'influence de l'iode; mais c'est un corps peu abondant et accessoire dans la réaction. Je l'ai signalé pour ne rien omettre.

J'arrive à l'analyse des gaz.

Gaz. — Le volume des gaz formés dans la réaction de 20 parties d'hydracide sur 1 partie de styrolène est très peu considérable : 1 gramme de styrolène a fourni seulement 60 centimètres cubes de gaz, dans une expérience.

Après avoir purifié ce gaz de vapeur de benzine, par l'action prolongée du brome, je l'ai soumis à l'analyse eudiométrique. J'ai trouvé ainsi qu'il pouvait être représenté par un mélange d'hydrure d'éthyle, C^2H^6, et d'hydrogène, H^2, dans lequel le volume du carbure l'emportait un peu sur celui de l'hydrogène.

Comme contrôle, j'ai traité une partie du mélange gazeux par l'alcool absolu, dégagé les gaz dissous, et j'ai analysé séparément les gaz dissous et les gaz non dissous.

Le gaz dissous a fourni les résultats suivants, dans une analyse par combustion :

Gaz primitif..............	130 volumes.
Acide carbonique produit..	280 »
Oxygène consommé.......	490 »

Ces résultats peuvent être représentés par un mélange de :

Hydrure d'éthyle, C^2H^6.............	110
Hydrure de propyle, C^3H^8..........	20
	130

Le gaz non dissous par l'alcool a fourni les résultats suivants, dans une analyse par combustion, sur 100 volumes :

$$
\begin{array}{lr}
\text{Hydrure d'éthyle, } C^2H^6 \dots\dots\dots\dots & 10 \\
\text{Hydrogène, } H^2 \dots\dots\dots\dots\dots & 80 \\
\text{Azote} \dots\dots\dots\dots\dots\dots\dots\dots & 10 \\
\hline
& 100
\end{array}
$$

Cette dernière analyse démontre l'existence de l'hydrogène libre dans le gaz. La première établit que le carbure d'hydrogène gazeux est principalement formé par de l'hydrure d'éthyle, mêlé avec un peu d'hydrure de propyle.

Le dernier résultat concorde d'ailleurs avec les mesures relatives à la solubilité de ce mélange dans l'alcool, lesquelles indiquent une proportion voisine de celle qui répondrait au coefficient de solubilité de l'hydrure d'éthyle pur, mais un peu plus forte.

L'hydrure d'éthyle ainsi formé répond à un dédoublement du styrolène et à la production de la benzine.

Quant à l'hydrure de propyle, il est corrélatif de la petite quantité de matière charbonneuse, précisément comme avec la benzine et le toluène. Sa formation était d'ailleurs fort accessoire dans les conditions de mes expériences; car elle ne dépassait pas 4 à 5 centimètres cubes pour 1 gramme de styrolène.

J'ai contrôlé les résultats des analyses précédentes, en dosant l'iode mis à nu dans la réaction.

Dans une expérience, la décomposition d'un gramme de styrolène a mis en liberté $2^{gr},7$ d'iode. Ces nombres répondent sensiblement à 2 atomes d'iode, c'est-à-dire à 2 atomes d'hydrogène pour 1 molécule de styrolène; ce qui est conforme à l'équation suivante :

$$C^8H^8 + H^2 = C^8H^{10},$$

laquelle représente la formation du produit principal.

Il y a cependant un léger excès : $0^{gr},2$ environ, d'iode. Cet excès est corrélatif du dédoublement du styrolène en benzine et hydrure d'éthyle, lequel exige 4 atomes d'hydrogène :

$$C^8H^8 + 2H^2 = C^6H^6 + C^2H^6.$$

Il s'accorde avec la proportion d'hydrure d'éthyle obtenue dans la même expérience, puisque 1 gramme de styrolène a fourni, ainsi qu'il a été dit, 60 centimètres cubes de gaz, formés pour moitié environ d'hydrure d'éthyle. Ce volume répondrait au dédoublement d'un septième de styrolène, à peu près, en benzine et hydrure d'éthyle.

Tels sont les faits observés. Il s'agit maintenant d'en discuter la théorie.

Le carbure principal, obtenu dans les conditions qui viennent d'être signalées, est l'hydrure de styrolène, C^8H^{10}. La formation de ce carbure est parfaitement conforme aux analogies. En effet, le styrolène s'unit à volumes gazeux égaux avec le chlore et avec le brome pour constituer :

le chlorure de styrolène,

$$C^8H^8(Cl^2),$$

et le bromure de styrolène,

$$C^8H^8(Br^2).$$

C'est au même titre qu'il se combine avec son volume d'hydrogène pour constituer l'hydrure de styrolène,

$$C^8H^8(H^2).$$

La limite de saturation indiquée par ces faits est prévue par la théorie nouvelle des corps aromatiques que j'ai exposée dans le Tome I, p. 92.

En effet, le styrolène peut être dérivé de l'acétylène, envisagé comme molécule fondamentale. Il résulte de l'introduction de la benzine dans l'un des deux vides existant dans cette molécule :

$$\text{Acétylène} \ldots\ldots\ldots\ldots\ldots\ldots\ldots\ldots C^2H^2(—)(—)$$
$$\text{Styrolène} \ldots\ldots\ldots\ldots\ldots\ldots\ldots\ldots C^2H^2(C^6H^6)(—).$$

Il résulte de cette théorie que le styrolène doit être envisagé, dans les réactions les plus simples, comme un carbure incomplet du premier ordre ; il doit exiger, pour subir une saturation relative, 2 atomes de chlore, de brome, d'hydrogène : ce que l'expérience vérifie.

La saturation hydrogénée fournit dès lors le composé

$$C^2H^2(C^6H^6[H^2] \quad \text{ou} \quad C^2H^4(C^6H^6),$$

c'est-à-dire l'éthylbenzine.

Une partie se dédouble même en benzine et hydrure d'éthyle.

III. — Éthylbenzine, $C^8H^{10} = C^2H^4(C^6H^6) = C^6H^4(C^2H^6)$.

On sait que l'éthylbenzine, ou éthylphényle, a été formée synthétiquement par M. Fittig, en faisant réagir le sodium sur un mélange de benzine bromée et d'éther bromhydrique. J'ai préparé une certaine quantité du carbure par cette méthode, je l'ai purifié avec le plus grand soin et je l'ai chauffé à 280°, avec 80 parties d'acide iodhydrique. La réaction exige un temps très considérable pour devenir complète. Après l'avoir poussée aussi loin que possible, on a obtenu des liquides et des gaz.

Liquides. — Les liquides étant distillés en suivant la même marche que pour le styrolène, on a ainsi isolé, après deux séries de rectifications fractionnées :

1° Un carbure volatil vers 120° et doué des propriétés ordinaires des carbures forméniques : résistance au brome, aux acides sulfurique fumant, nitrique fumant, ainsi qu'à leur mélange. Ce carbure offre en outre la composition et les autres caractères de l'hydrure d'octyle, C^8H^{18}

$$C^8H^{10} + 4H^2 = C^{18}H^{18}.$$

Éthylbenzine.   Hydrure
d'octyle.

Je pense qu'il serait plus exact de le regarder comme de l'hydrure d'éthylhexylène $C^2H^4(C^6H^{14})$, à cause de la constitution de l'éthylbenzine :

$$C^2H^4(C^6H^6) + 4H^2 = C^2H^4(C^6H^{14}).$$

Ce carbure représente le produit principal et limite de la réaction. En la prolongeant moins, on aura des hydrures non saturés.

2° En proportion beaucoup plus faible, j'ai isolé l'hydrure d'hexyle, volatil vers 70°.

Gaz. — Les gaz sont formés par un grand volume d'hydrogène pur, mêlé avec un peu d'hydrure d'éthyle.

Observons ici que l'hydrure d'hexyle et l'hydrure d'éthyle sont des produits corrélatifs. Ils répondent à un dédoublement partiel de l'éthylbenzine :

$$C^2H^4(C^6H^6) + 5H^2 = C^2H^6 + C^6H^{14}.$$

Éthylbenzine.   Hydrure   Hydrure
d'éthyle.   d'hexyle.

Ces résultats sont analogues à ceux que fournit le styrolène et donnent lieu à ces mêmes discussions théoriques; je crois donc inutile de revenir sur celles-ci. Mais je vais exposer une nouvelle expérience à l'appui.

En effet, la formation de l'hydrure d'hexyle, dans la présente circonstance, est fort importante pour établir le mode d'action de l'acide iodhydrique sur les carbures complexes. Or cette formation se produit en proportion assez faible pour que l'on puisse concevoir quelque doute sur son origine, principalement en raison de la difficulté d'obtenir l'éthylbenzine sous un état d'absolue pureté. C'est pourquoi j'ai jugé utile de reproduire l'expérience avec l'éthylbenzine bromée, composé préparé au moyen de l'éthylbenzine déjà purifiée et qui a subi à son tour une nouvelle suite de purifications. J'ai suivi d'ailleurs exactement la marche indiquée par M. Fittig pour ces préparations :

L'éthylbenzine bromée, chauffée à 280° avec 80 parties d'hydracide, pendant un long temps, s'est comportée exactement comme l'éthylbenzine elle-même. Elle a donné naissance aux corps suivants :

1° L'hydrure d'octyle, ou plutôt d'éthylhexylène, produit principal et très prédominant.

$$C^2H^4(C^6H^5Br) + 9H^2 = C^2H^4(C^6H^{14}) + HBr.$$

Ce carbure bout vers 120° et offre la stabilité et les caractères ordinaires.

2° Une petite quantité d'hydrure d'hexyle, formé par dédoublement :

$$C^2H^4(C^6H^5Br) + 11H = C^2H^6 + C^6H^{14} + HBr.$$

3° Un grand volume d'hydrogène, représentant 6 équivalents environ, et mêlé avec quelques centièmes d'hydrure d'éthyle.

L'iode mis en liberté a été dosé : il s'élevait à un peu plus de 15 atomes. En déduisant l'iode qui répond à l'hydrogène libre, il reste un peu plus de 9 atomes, ce qui est la proportion exigée par la première équation.

Cette expérience vérifie donc la première et achève de démontrer que l'éthylbenzine, en se saturant d'hydrogène, éprouve un dédoublement partiel : circonstance fort importante et qui distingue l'éthylbenzine de la diméthylbenzine ou xylène, carbure métamère. En effet, j'ai établi dans la deuxième Partie que les carbures homologues de la benzine peuvent être saturés d'hydrogène par l'acide iodhydrique, sans éprouver aucun dédoublement et en formant un seul carbure saturé, celui qui renferme le même nombre d'atomes de carbone que le carbure benzénique mis en expérience.

TROISIÈME SOUS-CHAPITRE.

Carbures pyrogénés complexes.

J'ai expérimenté les corps suivants :

Naphtaline, $C^{10}H^8$ ou $C^6H^4[C^2H^2(C^2H^2)]$, dérivée de l'acétylène et du styrolène [1];

Acénaphtène, $C^{12}H^{10}$ ou $C^2H^2(C^{10}H^8)$, isomère du diphényle, mais qui s'en distingue parce qu'il dérive de la naphtaline et de l'acétylène [2];

Anthracène, $C^{14}H^{10}$ ou $C^6H^4[C^6H^4(C^2H^2)]$, dérivé de la benzine et du styrolène, lequel dérive lui-même de la benzine et de l'acétylène [3].

I. — Naphtaline, $C^{10}H^8 = C^2H^2(C^8H^6) = C^2H^2[C^2H^2(C^6H^4)]$.

Le styrolène et l'éthylbenzine sont des carbures binaires, c'est-à-dire formés par l'association immédiate de deux carbures plus simples; la naphtaline, plus complexe, représente le cas d'un carbure ternaire, car elle peut être obtenue par la réaction directe de l'acétylène [4] sur le styrolène :

$$C^2H^2 \ + \ C^8H^8 \ = C^{10}H^{10} = \ C^{10}H^8 \ + H^2;$$

Acétylène. Styrolène. Hydrure Naphtaline.
de naphtaline.

or le styrolène résulte déjà de l'union directe de l'acétylène avec la benzine [5] :

$$C^2H^2 \ + \ C^6H^6 \ = \ C^8H^8.$$

Acétylène. Benzine. Styrolène.

---

[1] *Annales de Chimie et de Physique,* 4e série, t. XII, p. 20 et 22. — T. II du présent Ouvrage, p. 82.

[2] *Annales de Chimie et de Physique,* 4e série, t. XII, p. 226. — T. II du présent Ouvrage, p. 161.

[3] Même Recueil, t. XII, p. 27 et 216. — Tome II du présent Ouvrage, p. 88, 154.

[4] Même Recueil, t. XII, p. 22. — T. II du présent Ouvrage, p. 82.

[5] Même Recueil, t. IX, p. 466, et t. XII, p. 7. — T. II du présent Ouvrage, p. 28.

B. — III. 14

On voit donc que la naphtaline résulte de l'union successive d'une molécule de benzine avec deux molécules d'acétylène. C'est cette constitution que je traduis par la formule suivante :

$$C^2H^2[C^2H^2(C^6H^4)].$$

J'ai déduit de cette constitution la capacité de saturation de la naphtaline, comme le montre la formule que voici :

$$C^2H^2\{C^2H^2[C^6H^4(-)]\}(-),$$

laquelle résulte de ma théorie des corps aromatiques (*voir* Tome I, p. 92). Sans revenir en détail sur ladite théorie, je vais montrer qu'elle est appuyée par l'étude de l'hydrogénation de la naphtaline. En effet, la naphtaline, traitée par l'acide iodhydrique, fournit successivement et par hydrogénation les composés suivants :

Naphtaline................	$C^{10}H^8$	ou $C^2H^2[C^2H^2(C^6H^4)]$.
Premier hydrure de naphtaline.	$C^{10}H^{10}$	ou $C^2H^2[C^2H^2(C^6H^6)]$.
Second hydrure............	$C^{10}H^{12}$	ou $C^2H^2[C^2H^4(C^6H^6)]$.
Diéthylbenzine.............	$C^{10}H^{14}$	ou $C^2H^4[C^2H^4(C^6H^6)]$.
Hydrure de diéthylhexylène..	$C^{10}H^{22}$	ou $C^2H^4[C^2H^4(C^6H^{14})]$.

Éthylbenzine et hydrure d'éthyle................	$C^2H^6 + C^2H^4(C^6H^6)$.
Hydrure d'éthylhexylène et hydrure d'éthyle................	$C^2H^6 + C^2H^4(C^6H^{14})$.

Benzine et hydrure d'éthyle...	$C^2H^6 + C^2H^6 + C^6H^6$.
Hydrure d'hexyle et hydrure d'éthyle................	$C^2H^6 + C^2H^6 + C^6H^{14}$.

Tels sont les résultats que j'ai observés, en étudiant l'hydrogénation méthodique de la naphtaline.

En ménageant davantage l'action sans la pousser jusqu'aux limites, on peut obtenir des hydrures relativement saturés, intermédiaires entre l'éthylbenzine et l'hydrure complet, $C^{10}H^{22}$.

Je vais exposer le détail des expériences que j'ai faites, d'abord sur la naphtaline, puis sur la naphtaline perchlorée.

J'ai étudié la réaction de l'acide iodhydrique sur la naphtaline, dans quatre conditions différentes.

1° Action d'un excès d'hydracide sur la naphtaline.

En présence d'un grand excès d'hydracide, la réaction étant poussée à ses limites extrêmes, la naphtaline se sature complètement d'hydrogène et donne naissance à un produit normal très abondant, formé sans dédoublement, l'hydrure de décyle, $C^{10}H^{22}$,

$$C^{10}H^8 + 7H^2 = C^{10}H^{22},$$

c'est-à-dire, plus correctement, l'hydrure de diéthylhexylène

$$C^2H^2(C^2H^2[C^6H^4]) + 7H^2 = C^2H^4(C^2H^4[C^6H^{14}])..$$

En même temps on obtient une petite quantité d'hydrure d'octyle, ou plutôt d'hydrure d'éthylhexylène, et d'hydrure d'éthyle, correspondant à un premier dédoublement

$$C^2H^2(C^2H^2[C^6H^4]) + 8H^2 = C^2H^4(C^6H^{14}) + C^2H^6.$$

Naphtaline.   Hydrure   Hydrure
d'éthylhexylène.   d'éthyle.

Enfin un dédoublement plus complet, opéré simultanément, donne naissance à une grande quantité d'hydrure d'hexyle et d'hydrure d'éthyle.

$$C^2H^2(C^2H^2[C^6H^4]) + 9H^2 = C^2H^6 + C^2H^6 + C^6H^{14}.$$

Naphtaline.   Hydrure   Hydrure   Hydrure
d'éthyle.   d'éthyle.   d'hexyle.

Dans le cas où l'action ne serait pas poussée aussi loin, on obtiendrait une série d'hydrures intermédiaires, de $C^{10}H^{16}$ à $C^{10}H^{20}$.

Je n'ai examiné que les produits d'une réaction limite.

Je vais décrire l'expérience.

1 partie de naphtaline a été chauffée à 280°, avec 80 parties d'une solution saturée d'acide iodhydrique, pendant vingt-quatre heures au moins. Après refroidissement, on a recueilli les gaz, isolé les liquides et dosé l'iode, en suivant la marche décrite plus haut.

Liquides. — Les liquides, soumis à la distillation, entrent en ébullition vers 70°. Jusqu'à 100°, il passe environ la moitié du liquide total. Entre 100° et 150°, il distille une petite quantité de matière. Entre 150° et surtout entre 155° et 160°, il distille à peu près tout ce qui restait dans la cornue.

On a redistillé séparément ces divers produits.

La substance volatile d'abord entre 70° et 100°, passe maintenant vers 68°, presque en totalité. C'est un liquide très mobile, qui offre la composition de l'hydrure d'hexyle, $C^{12}H^{14}$, ainsi que les diverses propriétés physiques et chimiques de ce carbure. Elle résiste à l'action du brome, à l'action des acides sulfurique fumant et nitrique fumant, ainsi qu'à celle de leur mélange, même légèrement chauffé.

Le produit, qui a passé d'abord entre 100° et 150°, a fourni, à la seconde distillation, un liquide mobile, qui passait cette fois principalement entre 115° et 120° et qui offrait la composition et les réactions de l'hydrure d'octyle, $C^{16}H^{18}$. Ce corps est peu abondant.

Le carbure, le plus abondant de tous, passe à la seconde rectification vers 155°. Il possède l'odeur citronnée, la mobilité, les réactions de l'hydrure de décyle, $C^{10}H^{22}$. Il en offre la composition. Il résiste de même au brome froid, aux acides sulfurique fumant, nitrique fumant et à leur mélange, etc.

Gaz. — Les gaz sont formés d'hydrogène, mêlé avec une quantité notable d'hydrure d'éthyle, et avec un peu de vapeur d'hydrure d'hexyle. On a isolé l'hydrure d'éthyle en nature, en traitant à deux reprises le gaz par un volume considérable d'alcool absolu bouilli; puis en mêlant l'alcool avec son volume d'eau.

Le gaz ainsi reproduit, puis soumis à l'analyse eudiométrique, a été trouvé formé par 2 volumes d'hydrure d'éthyle environ et 1 volume d'hydrogène.

Dès le début, on avait dosé l'iode mis à nu dans la réaction. Il s'élevait à 19 atomes, pour 1 équivalent de naphtaline, dans une expérience; à 20 atomes dans une autre.

L'hydrogène libre, d'après la mesure du gaz dégagé et d'après son analyse eudiométrique, représentait 4 atomes; il reste donc 15 à 16 atomes d'hydrogène fixés sur la naphtaline. Ce nombre est compris entre ceux qui répondent à la formation des deux produits principaux, savoir :

Celle de l'hydrure de décyle, qui répond à 14 atomes;

Et celle de l'hydrure d'hexyle, qui répond à 18 atomes.

La théorie des résultats que je viens d'exposer est facile à comprendre. Sous l'influence de l'hydracide, la naphtaline se sature d'hydrogène; la majeure partie fixe directement 14 atomes d'hydrogène et se change en un carbure qui retient tout le carbone de la naphtaline. C'est l'hydrure de décyle, $C^{10}H^{22}$, ou plus probablement un carbure métamère, doué de propriétés semblables, savoir l'hydrure de diéthylhexylène.

$$C^2H^4[C^2H^4(C^6H^{14})].$$

En même temps, une autre portion, et assez considérable, de naphtaline se dédouble, au moment même où elle se sature d'hydrogène. De là résultent, d'une part, l'hydrure d'octyle ou plutôt d'éthylhexylène et l'hydrure d'éthyle,

$$C^2H^4(C^6H^{14}) + C^2H^6,$$

et, d'autre part, en proportion plus grande, l'hydrure d'hexyle,

$$C^6H^{14},$$

et l'hydrure d'éthyle, C^2H^6.

La formation de ces divers carbures est une conséquence de la constitution de la naphtaline exprimée par la formule

$$C^2H^2[C^2H^2(C^6H^4)].$$

Elle résulte d'ailleurs d'une réaction directe exercée sur la naphtaline même par l'acide iodhydrique. En effet, l'hydrure de diéthylhexylène, formé par la naphtaline, peut être chauffé de nouveau avec l'acide iodhydrique à 280°, sans éprouver de changement; son point d'ébullition reste le même et l'on observe seulement un dégagement d'hydrogène, provenant de la décomposition propre de l'acide iodhydrique.

Le dédoublement partiel de la naphtaline, sous l'influence de l'acide iodhydrique, est analogue à ceux du styrolène et de l'éthylbenzine. C'est une nouvelle preuve de l'efficacité du nouveau réactif pour opérer les dédoublements des carbures complexes.

2° Action ménagée d'une quantité d'hydracide insuffisante sur la naphtaline.

Sous l'influence ménagée d'une quantité d'hydracide insuffisante, j'ai obtenu, comme produit principal, un hydrure de naphtaline,

$$C^{10}H^8 + H^2 = C^{10}H^{10},$$

Naphtaline.   Hydrure
de naphtaline.

c'est-à-dire, d'après ma théorie des corps aromatiques déjà citée,

$$C^2H^2\{C^2H^2[C^6H^4(-)]\}(-) + H^2 = C^2H^2[C^2H^2(C^6H^6)](-).$$

Cet hydrure est accompagné probablement par une certaine quantité d'un second hydrure plus saturé, $C^{10}H^{12}$, ou $C^2H^4[C^2H^2(C^6H^6)]$:

$$C^2H^2\,|\,C^2H^2[C^6H^4(-)]\,|\, + \,2H^2 = C^2H^4[C^2H^2(C^6H^6)].$$

Je vais exposer les détails de cette expérience :

1 partie de naphtaline a été chauffée à 280° avec 20 parties d'acide iodhydrique, en solution aqueuse saturée.

La naphtaline a complètement disparu ; elle a été remplacée par un carbure liquide. Il s'est produit en même temps une matière charbonneuse, comme avec la benzine. Le volume des gaz formés était peu considérable : c'était de l'hydrogène mêlé avec une petite quantité d'un carbure formènique, très soluble dans l'alcool.

Je me suis attaché spécialement à l'examen des liquides.

Par deux séries de distillations fractionnées, j'ai isolé un produit principal qui bout entre 200° et 210°. Sa composition répond à la formule du premier hydrure de naphtaline, $C^{10}H^{10}$.

C'est un liquide peu mobile, doué d'une odeur désagréable, forte et persistante, qui est celle des carbures liquides au sein desquels la naphtaline cristallise, lorsqu'on rectifie les huiles lourdes de houille. Il est soluble à froid dans l'acide nitrique fumant, sans dégagement de vapeur nitreuse ; et l'eau précipite de cette solution un liquide épais dont l'odeur rappelle à la fois là nitrobenzine et la naphtaline. L'acide sulfurique ordinaire ne l'attaque pas à froid, du moins immédiatement ; mais il le dissout sous l'influence de la chaleur. L'acide sulfurique fumant et tiède le dissout mieux encore, avec formation d'un acide conjugué soluble dans l'eau. Le brome l'attaque violemment, avec dégagement d'acide bromhydrique et formation d'un liquide bromé. Cet hydrure de naphtaline ne précipite pas la solution alcoolique d'acide picrique. Chauffé au rouge dans un tube de verre vert scellé, il régénère une grande quantité de naphtaline.

Tous ces caractères sont communs à l'hydrure de naphtaline préparé par l'acide iodhydrique et à celui que l'on peut extraire en nature du goudron de houille ([1]).

L'hydrure de naphtaline, $C^{10}H^{10}$, que je viens de décrire, lorsqu'il se forme dans la réaction ménagée de l'acide iodhydrique sur la naphtaline, est accompagné par un autre carbure beaucoup moins abondant, très analogue, mais qui distille vers 190°. Cet autre car-

---

([1]) *Voir* Tome II, p. 145.

bure est probablement un second hydrure de naphtaline, plus saturé et représenté par la formule $C^{10}H^{12}$. Mais je ne l'ai pas obtenu en assez grande quantité pour avoir pu le caractériser nettement comme composé distinct.

3° *Action plus avancée exercée par une quantité insuffisante d'hydracide sur la naphtaline.*

En poussant la réaction plus loin, c'est-à-dire en en prolongeant la durée sans changer les proportions relatives, j'ai réalisé une hydrogénation plus profonde et des dédoublements remarquables. En effet, l'hydrure de naphtaline disparaît et se trouve remplacé par les corps suivants :

1° Un carbure $C^{10}H^{14}$, que je suis porté à identifier avec la diéthylbenzine,

$$\underbrace{C^2H^2[C^2H^2(C^6H^4)]}_{\text{Naphtaline.}} + 3H^2 = \underbrace{C^2H^4[C^2H^4(C^6H^6)]}_{\text{Diéthylbenzine.}};$$

ce corps résulte d'une simple hydrogénation ;

2° Par suite de dédoublements, on obtient en même temps l'éthylbenzine,

$$\underbrace{C^2H^2[C^2H^2(C^6H^4)]}_{\text{Naphtaline.}} + 4H^2 = \underbrace{C^2H^4(C^6H^6)}_{\text{Éthylbenzine.}} + \underbrace{C^2H^6}_{\substack{\text{Hydrure} \\ \text{d'éthyle.}}};$$

3° et une petite quantité de benzine,

$$\underbrace{C^2H^2[C^2H^2(C^6H^4)]}_{\text{Naphtaline.}} + 5H^2 = \underbrace{C^6H^6}_{\text{Benzine.}} + \underbrace{C^2H^6}_{\substack{\text{Hydrure} \\ \text{d'éthyle.}}} + \underbrace{C^2H^6}_{\substack{\text{Hydrure.} \\ \text{d'éthyle.}}}.$$

Ces dédoublements sont une confirmation de mes recherches synthétiques relatives à la formation de la naphtaline.

Il est probable qu'une étude plus approfondie mettrait en évidence les hydrures de la naphtaline et de l'éthylbenzine, intermédiaires de la saturation totale.

Quoi qu'il en soit, voici mes expériences :

J'ai chauffé 1 partie de naphtaline avec 20 parties d'hydracide à 280°; mais j'ai prolongé la réaction beaucoup plus longtemps que dans les essais précédents.

J'ai obtenu des liquides, des gaz, une matière charbonneuse.

L'iode mis à nu s'élevait à un peu plus de 6 atomes.

Je me suis attaché spécialement à l'examen des liquides.

Dans une première distillation, les produits ont été fractionnés :

Premier produit	entre 80° et 100°
Deuxième produit	100° 150°
Troisième produit	150° 180°
Quatrième produit	180° 200°

Il est resté à cette température un résidu, faible d'ailleurs, et qui offrait l'odeur et les propriétés de l'hydrure de naphtaline.

A la seconde rectification, le premier produit a passé entre 80° et 90°; c'était de la benzine.

Le deuxième produit a distillé tout entier avant 110° : il consistait surtout en benzine, mêlée avec un peu du carbure suivant.

Le troisième produit a distillé la seconde fois presque entièrement vers 135° (éthylbenzine).

Le quatrième produit a distillé la seconde fois en totalité entre 175° et 180° (diéthylbenzine).

Les produits principaux et les plus abondants sont celui qui bout vers 135° et celui qui bout entre 175° et 180°.

J'ai soumis ces divers corps à l'étude de leurs réactions et à l'analyse.

Le liquide le plus volatil offre tous les caractères de la benzine. J'ai vérifié notamment sa transformation en nitrobenzine, en aniline, puis en matière colorante bleue.

Le liquide volatil vers 135° offre les caractères de l'éthylbenzine, C^8H^{10}. Il en présente la composition. Ses réactions sur le brome et l'acide sulfurique fumant, nitrique fumant, sont les mêmes. Ce carbure doit donc être regardé comme de l'éthylbenzine, ou un isomère. Les formules citées à la p. 210 montrent suffisamment les motifs qui me portent à l'identifier avec l'éthylbenzine.

Le liquide volatil entre 175° et 180° offre les caractères et la réaction générale de la composition d'un carbure benzénique, $C^{10}H^{14}$. Cette formule représente plusieurs isomères. Mais je regarde mon carbure comme étant une diéthylbenzine, parce que la naphtaline dérive de 1 molécule de benzine et de 2 molécules d'acétylène. En saturant ces deux dernières d'hydrogène, on doit obtenir un dérivé diéthylé. Cette vue est confirmée par la formation simultanée de l'éthylbenzine et par celle de la benzine elle-même. J'indiquerai tout à l'heure quelques résultats relatifs à l'oxydation du carbure $C^{10}H^{14}$, qui dérive de la naphtaline.

4° *Action plus avancée, quoique encore incomplète.*

Désirant préciser davantage la réaction de l'acide iodhydrique sur la naphtaline, j'ai étudié la réaction d'une proportion d'hydracide supérieure à celle que j'avais employée dans les essais précédents. A cet effet, j'ai employé 25 parties d'hydracide en solution aqueuse saturée pour 1 partie de carbure. Les résultats participent à la fois, comme on va le voir, de ceux de l'expérience précédente et de ceux qui ont été produits sous l'influence de 80 parties d'hydracide. J'ai obtenu un mélange des deux groupes de carbures formés dans ces deux conditions différentes; cette circonstance m'a paru rendre inutiles les autres essais qui auraient pu être exécutés avec une quantité d'hydracide comprise entre 25 et 80 parties.

J'ai opéré d'ailleurs sur un grand nombre de tubes; afin d'obtenir une quantité suffisante de matière.

Voici le détail de cette expérience :

1 partie de naphtaline et 25 parties d'hydracide ont été chauffées vers 280°. Après refroidissement, on a ouvert les tubes ; ils renfermaient des gaz, des liquides et un peu de matière charbonneuse. On s'est borné à l'examen des liquides.

On les a soumis à trois séries de distillations fractionnées :

1° Les deux produits principaux qui ont été ainsi isolés étaient la diéthylbenzine, $C^{10}H^{14}$, bouillant entre 175° et 180°, et l'hydrure de décyle, $C^{10}H^{22}$, bouillant entre 155° et 160°. Probablement, il s'y trouvait aussi quelque dose des hydrures $C^{10}H^{16}$, $C^{10}H^{18}$, $C^{10}H^{20}$, correspondant aux hydrures de benzine;

2° On a aussi isolé, quoiqu'en moindre proportion, l'hydrure d'hexyle, $C^{6}H^{14}$, et caractérisé la benzine $C^{6}H^{6}$;

3° Entre ces deux carbures et les deux précédents, on a isolé une proportion sensible de liquides, de volatilité intermédiaire, mais dont la séparation exacte n'a pu être réalisée. Ces liquides se comportent, d'après leur réaction, comme un mélange de carbures forméniques et de carbures benzéniques et des hydrures de ces derniers. Je pense qu'ils sont constitués en grande partie par un mélange d'hydrure d'octyle, $C^{8}H^{18}$, des hydrures intermédiaires et d'éthylbenzine, $C^{8}H^{10}$;

4° Enfin, je crois essentiel de signaler une très petite quantité d'un carbure forménique; lequel, séparé par deux distillations fractionnées, bouillait à la chaleur de la main. Je regarde ce carbure comme de l'hydrure d'amyle, C^5H^{12}; mais la proportion en était si faible que je n'ai pu en faire une étude approfondie, ainsi que je l'aurais désiré.

L'interprétation de ces faits est facile à déduire des résultats obtenus dans les expériences précédentes.

En effet, l'hydrure de décyle ou plutôt de diéthylhexylène, $CH^4[C^2H^4(C^6H^{14})]$, résulte d'une hydrogénation totale, et la diéthylbenzine, $C^2H^4[C^2H^4(C^6H^6)]$, résulte d'une saturation incomplète. L'éthylbenzine résulte d'un premier dédoublement;

Enfin l'hydrure d'hexyle et la benzine répondent à un dédoublement plus complet, etc.

Tous ces résultats sont, en quelque sorte, la somme de ceux qui ont été obtenus dans les expériences 1° et 3°.

La formation probable de l'hydrure d'amyle mérite quelque attention.

Je regarde cette formation comme corrélative de celle de la matière charbonneuse et analogue à celle de l'hydrure de propyle aux dépens de la benzine. On a vu en effet plus haut que la benzine se détruit sous l'influence d'une quantité insuffisante d'hydracide, avec mise à nu de la moitié de son carbone, tandis que l'autre moitié passe à l'état d'hydrure de propyle, carbure saturé.

$$\underbrace{C^6H^6}_{\text{Benzine.}} + H^2 = 3C^2 + \underbrace{C^6H^8}_{\substack{\text{Hydrure} \\ \text{de propyle.}}}$$

La naphtaline donnerait naissance de même à l'hydrure d'amyle,

$$\underbrace{C^{10}H^8}_{\text{Naphtaline.}} + 2H^2 = 5C^2 + \underbrace{C^5H^{12}}_{\substack{\text{Hydrure} \\ \text{d'amyle.}}}$$

Pour concevoir cette formation, de même que nous avons regardé la benzine comme dérivée d'un résidu propylique doublé,

$$(C^3H^3)^3 = C^6H^6,$$

on peut regarder la naphtaline comme dérivée d'un résidu amylique doublé,

$$(C^5H^4)^2 = C^{10}H^8.$$

Ces relations s'expliquent en effet, dans les deux cas, en remontant jusqu'à l'acétylène, générateur primitif de la benzine et de la naphtaline, et en se rappelant que l'acétylène est un résidu doublé,

$$(CH)^2 = C^2H^2.$$

Dans la transformation de la benzine en hydrure de propyle et matière charbonneuse, nous avons admis que les trois molécules d'éthylène, soudées dans la benzine, se détruisaient chacune par moitié, tandis que les trois moitiés ou résidus méthyliques qui restent se combinaient, en étant saturés d'hydrogène, de façon à constituer l'hydrure de propyle,

$$[(CH)^2(CH)^2(CH)^2] + H^2 = 3C^2 + CH^2(CH^2)(CH^4).$$

Benzine.   Hydrure
de propyle.

Or, on peut représenter d'une manière toute semblable la formation de l'hydrure d'amyle avec la naphtaline; les cinq molécules d'acétylène dont elle dérive se détruisant chacune par moitié, tandis que les cinq autres moitiés, ou résidus méthyliques, se combineraient en étant saturés d'hydrogène, de façon à constituer l'hydrure de pentaméthylène ou hydrure d'amyle,

$$[(CH)^2(CH)^2(CH)^2(CH)^2(C)] + 2H^2 = 5C^2 + [(CH^2)(CH^2)(CH^2)(CH^2)(CH^4)].$$

Naphtaline.   Hydrure d'amyle.

Les formules seraient tout à fait symétriques, si l'on rapportait cette réaction à l'hydrure de naphtaline au lieu de la naphtaline.

Ce qui m'a engagé à insister sur cette discussion, ce sont les transformations du térébenthène et de ses isomères, $C^{10}H^{16}$, en hydrure d'amyle, C^5H^{12}, d'une part, et en carbures benzéniques, $C^{10}H^{14}$ et autres, d'autre part; transformations qui établissent le passage entre les carbures amyliques et la série aromatique; je les exposerai dans la suite. Mais je ne veux pas insister davantage ici sur de telles relations, dont l'étude réclame de nouvelles expériences en ce qui touche la naphtaline.

Je vais au contraire rapporter quelques observations relatives au carbure $C^{10}H^{14}$, dérivé de la naphtaline.

J'ai admis plus haut comme probable l'identité de ce carbure avec la diéthylbenzine $C^2H^4(C^2H^4[C^6H^6])$. J'ai cherché quelque preuve directe de cette identité. L'analogie des réactions et des propriétés physiques entre les carbures métamères $C^{10}H^{14}$ est si grande, qu'il n'est pas facile de les distinguer, dans l'état présent de la science; surtout si l'on n'opère pas sur de très grandes quantités de matières. Cependant j'ai pensé à tirer parti du caractère suivant, comme propre au moins à établir que le nouveau carbure appartient à la série benzénique :

On sait que la naphtaline, soumise aux agents d'oxydation, donne naissance à l'acide phtalique, $C^8H^6O^4$. Or cet acide est très distinct par ses propriétés d'un acide isomère, l'acide téréphtalique, lequel se forme dans l'oxydation du xylène C^8H^{10}, des autres homologues de la benzine, ainsi que dans celle de la diéthylbenzine et de l'essence de térébenthine.

Sans revenir sur l'interprétation que j'ai proposée pour expliquer l'isomérie de ces deux acides, en regardant l'acide phtalique comme un dérivé éthylique, et l'acide téréphtalique comme un dérivé diméthylique, je me bornerai à remarquer ici que la formation de l'un ou de l'autre de ces deux acides distingue les dérivés naphtaliques des dérivés diméthyl ou diéthylbenzéniques. Si donc le nouveau carbure

$$C^{10}H^{14}$$

participe encore du groupement naphtalique, c'est-à-dire si c'est un trihydrure de naphtaline, $C^{10}H^8 \cdot 3H^2$, il devra fournir de l'acide phtalique. Mais, si ce carbure a changé de série, comme je le suppose, par suite de la saturation hydrogénée des molécules acétyliques constitutives de la naphtaline,

$$C^2H^2(C^2H^2[C^6H^4]) + 3H^2 = C^2H^4(C^2H^4[C^6H^6]);$$

bref, s'il a passé à l'état de diéthylbenzine, il devra fournir de l'acide téréphtalique.

Pour vérifier cette conclusion, j'ai oxydé mon carbure $C^{10}H^{14}$, par le bichromate de potasse et l'acide sulfurique, conformément à un procédé bien connu, et j'ai tiré partie des réactions suivantes propres à l'acide téréphtalique :

Lorsque cet acide prend naissance par suite de l'oxydation prolongée d'un carbure par l'acide chromique, il se sépare et se manifeste sous la forme d'une matière insoluble, que l'on peut isoler par des décantations et des lavages à l'eau. On la dissout alors dans une très petite quantité de potasse ; on filtre, on ajoute à la liqueur limpide un léger excès d'acide chlorhydrique, ce qui reprécipite l'acide téréphtalique, ainsi que les autres acides aromatiques. On verse sur le tout un peu d'éther et l'on agite. Les autres acides aromatiques se dissolvent dans la couche éthérée, tandis que l'acide téréphtalique, également insoluble dans l'eau et dans l'éther, se manifeste sous la forme d'une poudre blanche, qui demeure suspendue à la surface de séparation de l'eau et de l'éther et qui remonte même le long des parois du verre.

L'aspect du tout est analogue à celui d'un essai de sulfate de quinine mêlé de cinchonine, par l'ammoniaque et l'éther.

Comme contrôle, on peut redissoudre cette poudre dans la potasse, la reprendre par l'acide chlorhydrique et renouveler l'épreuve par l'éther.

Ce sont là des caractères tout à fait spécifiques de l'acide téréphtalique; surtout si l'on tient compte de sa formation au moyen d'une liqueur renfermant de l'acide chromique ([1]). Ils permettent de manifester de très petites quantités de cet acide, et par conséquent des carbures qui lui donnent naissance.

J'ai exécuté ces réactions avec le carbure $C^{10}H^{14}$, dérivé de la naphtaline, et j'ai reproduit les caractères de l'acide téréphtalique. Si donc les caractères observés sont concluants, comme je le pense, et sauf vérification plus complète, nous pouvons admettre que nous sommes passé de la série naphtalique à la série benzénique par hydrogénation.

II. — Naphtaline perchlorée : $C^{10}Cl^8$.

On a préparé ce corps en traitant la naphtaline d'abord par le chlore libre; puis on a épuisé l'action du chlore, en le faisant agir sur les premiers produits chlorés dissous dans le perchlorure d'antimoine. La naphtaline perchlorée ainsi formée se présente en gros cristaux (t. I, p. 317, 321), qui ne sont peut-être pas identiques avec la naphtaline perchlorée de Laurent. Sa composition a été vérifiée par l'analyse.

J'ai chauffé la naphtaline perchlorée, à 280°, avec 80 parties d'acide iodhydrique. J'ai obtenu les mêmes résultats qu'avec la naphtaline, si ce n'est que le produit principal était de l'hydrure d'octyle, C^8H^{18} (ou d'éthylhexylène) avec la naphtaline perchlorée; tandis que le même carbure est fort peu abondant avec la naphtaline elle-même. Sa formation répond à l'équation suivante :

$$C^{10}Cl^8 + 32\,HI = C^8H^{18} + C^2H^6 + 8\,HCl + 32\,I^2.$$

[1] Les homologues de l'acide téréphtalique offriraient sans doute des propriétés semblables.

III. — **Anthracène** : $C^{14}H^{10}$.

$$C^{14}H^{10} = [C^6H^4(CH)]^2 = C^6H^4(C^2H^2[C^6H^4]).$$

La réaction de l'acide iodhydrique sur l'anthracène et l'étude des produits obtenus s'exécutent exactement par les mêmes procédés que celles des produits formés par la naphtaline : ce qui me dispensera de transcrire le détail des analyses. Je me bornerai à reproduire le tableau des réactions, afin de réunir complètement ici les données relatives à l'étude des carbures complexes, au moyen de l'acide iodhydrique (*voir* aussi t. II, p. 155).

1. *Action d'un excès d'hydracide.*

L'anthracène, chauffé à 280° pendant vingt-quatre heures, avec 100 fois son poids d'hydracide saturé, fournit, comme produits principaux :

1° L'hydrure de tétradécyle, produit principal, bouillant vers 240°

$$C^{14}H^{10} + 10H^2 = C^{14}H^{30},$$

lequel représente plutôt un hydrure d'éthyldihexyle, si l'on tient compte de la constitution de l'anthracène,

$$C^6H^4(C^6H^4[C^2H^2]) + 10H^2 = C^6H^{12}(C^6H^{12}[C^2H^6]).$$

2° L'hydrure d'heptyle, bouillant vers 95°, en quantité notable, lequel répond au toluène, générateur primitif de l'anthracène.

$$[C^6H^4(CH)]^2 + 11H^2 = 2C^6H^{12}(CH^4).$$

3° Une petite quantité d'hydrures d'hexyle et d'éthyle, correspondant à un dédoublement

$$C^6H^4(C^6H^4[C^2H^2]) + 12H^2 = C^6H^{14} + C^6H^{14} + C^2H^4.$$

4° Un carbure saturé dont le point d'ébullition est supérieur à 360° et qui dérive d'une condensation polymérique.

2. *Action d'une quantité d'hydracide insuffisante.*

Avec l'anthracène chauffé à 280°, avec 20 fois son poids d'hydracide saturé, on obtient :

1° Le toluène, produit principal,

$$[C^6H^4(CH)]^2 + 3\,H^2 = 2\,C^7H^8 = 2\,C^6H^4(CH^4);$$

Anthracène. Toluène. Toluène.

2° Une trace de benzine et d'hydure d'éthyle,

$$C^6H^4(C^6H^4[C^2H^2]) + 4\,H^2 = C^6H^6 + C^6H^6 + C^2H^6;$$

3° Une petite quantité d'un carbure liquide, volatil au-dessus de 260° et qui paraît être un hydrure d'anthracène,

$$C^{14}H^{10} + H^2 = C^{14}H^{12}.$$

IV. — Acénaphtène : $C^{12}H^{10}$.

$$C^{12}H^{10} = C^2H^2(C^8H^8).$$

I. La réaction de l'acide iodhydrique sur l'acénaphtène, dans diverses conditions, a été étudiée spécialement, toujours par les mêmes procédés et les mêmes artifices d'analyses. Aussi me bornerai-je à reproduire ici la liste des réactions observées (*voir* aussi t. II, p. 170).

La marche étant la même qu'avec les carbures précédents j'en résumerai les résultats :

Une partie d'acénaphtène et 80 parties d'acide iodhydrique saturé, chauffées à 280° pendant vingt-quatre heures, ont fourni des gaz en grande proportion et des liquides.

Deux séries de distillations fractionnées ont isolé :

1° L'hydrure de décyle, produit principal, bouillant vers 160 degrés :

$$C^{12}H^{10} + 9\,H^2 = C^{10}H^{22} + C^2H^6.$$

Il est corrélatif de l'hydrure d'éthyle, que l'on a recueilli mélangé d'un grand excès d'hydrogène, isolé par l'action de l'alcool et analysé eudiométriquement.

2° L'hydrure d'octyle, moins abondant, volatil entre 115 et 120 degrés :

$$C^{12}H^{10} + 10\,H^2 = C^8H^{18} + 2\,C^2H^6.$$

Ce corps répond au dédoublement de la naphtaline (*voir* plus haut).

3° Une trace d'un carbure beaucoup plus volatil, sans doute

l'hydrure d'hexyle, C^6H^{14} :

$$C^{12}H^{10} + 11H^2 = C^6H^4 + 3C^2H^6.$$

4° Un carbure saturé, presque fixe, qui ne distille pas encore à 360° et qui renferme quelques traces de composés attaquables par l'acide nitrique fumant et l'acide sulfurique fumant ; c'est sans doute un dérivé polymérique formé sous l'influence de l'iode.

II. Si l'on opère avec 1 partie d'acénaphtène et 20 parties d'hydracide saturé, chauffé à 280°, pendant vingt-quatre heures, la réduction est incomplète et donne lieu à du carbone. La dose d'iode libre répond à 5 atomes d'hydrogène pour 1 molécule de carbure ; valeurs voisines de celles qui répondent à l'hydrure de naphtaline (mêlé d'hydrure d'acénaphtène).

Le produit principal est ici l'hydrure de naphtaline, $C^{10}H^{10}$, bouillant vers 200° à 205° et dont j'ai vérifié la composition et les principaux caractères :

$$C^{12}H^{10} + 3H^2 = C^{10}H^{10} + C^2H^6.$$

Les gaz sont constitués par un mélange d'hydrogène et d'hydrure d'éthyle, ce dernier en forte proportion.

Il se produit en même temps un carbure liquide, volatil vers 260°, et qui semble être un mélange de deux hydrures d'acénaphtène,

$$C^{12}H^{12} \quad \text{et} \quad C^{12}H^{14}.$$

Ce mélange se dissout dans l'acide sulfurique fumant, en formant un acide conjugué, soluble dans l'eau. L'acide nitrique dissout le même mélange de carbures à froid, sans dégagement de vapeur nitreuse et en formant un corps liquide. Le brome l'attaque avec dégagement d'acide bromhydrique. Il se combine à l'acide picrique en solution alcoolique, avec production de fines aiguilles, assez solubles.

On remarquera la différence des réactions obtenues avec les deux carbures isomères, diphényle et acénaphtène, traités avec une quantité d'hydracide insuffisante ; le premier régénérant de la benzine, tandis que le second se dédouble en hydrure de naphtaline et hydrure d'éthyle.

Ces faits mettent en évidence la constitution complexe de ces corps et de leurs générateurs les plus prochains.

Il convient maintenant de parler des résultats que j'ai obtenus en faisant agir l'acide iodhydrique sur divers corps se rattachant

aux carbures pyrogènes complexes, tels que les acides phtalique
et téréphtalique.

V. — **Acide phtalique** : $C^8H^6O^4 = C^6H^4(C^2H^2O^4)$.

Dans ce qui précède, il a été souvent question de l'acide phtalique, envisagé comme caractéristique de la naphtaline. Cette
circonstance m'a engagé à étudier spécialement son hydrogénation.

Une partie d'acide phtalique, chauffée avec 80 parties d'hydracide saturé à 280°, pendant vingt-quatre heures, s'est changée
en carbures forméniques (*voir* p. 167).

Ces carbures, soumis à deux séries de distillations, se résolvent
à peu près entièrement dans les deux corps suivants :

1° Un liquide qui bout entre 91° et 92° et qui constitue la majeure
partie du produit. Il offre la composition et les propriétés de l'hydrure d'heptyle, C^7H^{16}.

2° Une petite quantité de carbure forménique, bouillant entre
110° et 120° et offrant les propriétés de l'hydrure d'octyle C^8H^{18}.

Ces résultats sont faciles à expliquer.

En effet, l'hydrure d'octyle résulte d'une hydrogénation régulière de l'acide phtalique

$$C^8H^6O^4 + 10\,H^2 = C^8H^{18} + 4\,H^2O.$$

Ce phénomène est semblable à la transformation de l'acide succinique $C^4H^6O^4$ en hydrure de butyle C^4H^{10}. D'après la constitution
attribuée à l'acide phtalique, le carbure saturé qui en dérive serait
un hydrure d'éthylhexylène $C^2H^4(C^6H^{14})$. Cependant la haute température nécessaire pour la réaction détermine un dédoublement
partiel de l'acide phtalique. De là résulte l'hydrure d'heptyle

$$C^8H^6O^4 + 7\,H^2 = C^7H^{16} + CO^2 + 2\,H^2O.$$

Sa formation répond à la métamorphose de l'acide phtalique en
acide benzoïque $C^7H^6O^2$.

VI. — **Acide téréphtalique** : $C^8H^6O^4$.

Une partie de cet acide, chauffée à 280° avec 80 parties d'hydracide saturé, pendant vingt-quatre heures, se change en un carbure
forménique à peu près unique, l'hydrure d'heptyle, C^7H^{16}, qui

bout entre 91° à 93° :

$$C^8 H^6 O^8 + 7\, H^2 = C^7 H^{16} + CO^2 + 2\, H^2 O.$$

Ce fait, rapproché de la formation de l'hydrure d'octyle avec l'acide phtalique, semble indiquer une moindre stabilité dans l'acide téréphtalique.

CHAPITRE XV.

MÉTHODE UNIVERSELLE : CARBURES POLYMÈRES PROPREMENT DITS ([1]).

Je me propose d'exposer maintenant le détail de mes expériences sur les carbures polymères proprement dits, c'est-à-dire sur les polyéthylènes, polypropylènes, polyamylènes, et spécialement sur les térébenthènes, terpilènes et camphènes, c'est-à-dire sur l'essence de térébenthine, ses isomères, ses polymères et leurs dérivés. ¡L'étude détaillée de la réaction de l'acide iodhydrique sur ces derniers composés, c'est-à-dire sur la série camphénique, étude commencée en 1867 ([2]), a exigé un temps considérable et retardé la publication des présentes expériences jusqu'à l'époque présente (1869). J'espère avoir réussi à triompher des difficultés que présente un sujet aussi compliqué, et à constituer la théorie proprement dite de la série camphénique : c'est une des applications les plus intéressantes de la nouvelle méthode, dans l'étude de la constitution des carbures d'hydrogène.

Les séries de polymères que j'ai énumérées sont les suivantes :

1° Série polyacétylénique ;

2° Série polyéthylénique ;

3° Série polypropylénique ;

4° Série polyamylénique ;

5° Séries terpénique et camphénique, dérivées des polymères de la série amylénique.

([1]) *Bulletin de la Société chimique,* 2ᵉ série, t. XI, p. 4; 1869.

([2]) *Journal de Pharmacie et de Chimie,* 4ᵉ série, t. VI, p. 32; juillet 1867. — *Voir* aussi *Comptes rendus,* t. LXIV, p. 790; avril 1867. Je rappelle ces dates parce que M. Weyl a publié un an après des résultats analogues aux miens, qu'il ne connaissait probablement pas.

1. *Série polyacétylénique.*

Je rappellerai d'abord que les carbures étudiés dans les Chapitres précédents (¹) représentent la *série polyacétylénique,* laquelle comprend les polymères de l'acétylène proprement dits, formés par voie de combinaisons successives, tels que le triacétylène ou benzine,

$$(C^2H^2)^3 = C^6H^6;$$

le tétracétylène ou styrolène,

$$(C^2H^2)^4 = C^8H^8;$$

le pentacétylène ou hydrure de naphtaline,

$$(C^2H^2)^5 = C^{10}H^{10},$$

etc. Elle comprend aussi les carbures qui dérivent des polyacétylènes par déshydrogénation, tels que la naphtaline,

$$(C^2H^2)^5 - H^2 = C^{10}H^8;$$

l'acénaphtène et le diphényle, tous deux représentés par la même formule

$$(C^2H^2)^6 - H^2 = C^{12}H^{10},$$

quoique tout à fait distincts en raison de la différence dans l'ordre relatif des combinaisons successives;

Enfin l'anthracène,

$$(C^2H^2)^7 - 2H^2 = C^{14}H^{10}, \text{ etc.}$$

L'étude des réactions exercées par l'acide iodhydrique, c'est-à-dire par l'hydrogène naissant, sur ces divers carbures a été développée précédemment; elle met en évidence la constitution complexe de ces corps et la nature de leurs générateurs les plus prochains. Je me borne à rappeler ces données générales. On va en trouver des confirmations dans l'étude des autres séries polymériques.

2. *Série polyéthylénique.*

Cette série comprend les carbures contenus dans l'huile de vin, lesquels résultent, comme on sait, de la réaction de l'acide sulfu-

---

(¹) *Bulletin de la Société chimique,* nouv. sér., t. IX, p, 265; 1868.

rique sur l'alcool. Ils prennent naissance, en même temps que l'éthylène, et comme produits secondaires, en vertu des mêmes causes qui déterminent la formation, de plus en plus dominante, des polymères, dans la réaction du même acide sur les alcools homologues.

Les carbures polyéthyléniques étant peu connus jusqu'ici, je crois devoir donner quelques détails préalables sur la substance que j'ai mise en œuvre.

J'avais à ma disposition 145 grammes d'un produit obtenu dans la préparation en grand du gaz oléfiant, au moyen de 87 litres d'alcool et d'une quantité correspondante d'acide sulfurique. Ce produit a été traité par les alcalis bouillants, puis rectifié. La partie principale a passé entre 280° et 300°.

Une nouvelle rectification a fourni un carbure volatil vers 280° et dont la décomposition répond sensiblement aux rapports $(C^2H^4)^n$. D'après les faits qui vont suivre et les points d'ébullition, la formule véritable de ce corps paraît être

$$C^{16}H^{32} = (C^2H^4)^8.$$

J'ajouterai d'ailleurs que ce carbure est le même que Serullas et d'autres chimistes ont étudié il y a quarante ans : je me bornerai à renvoyer à leurs travaux ([1]).

Voici d'abord quelques-unes des réactions qu'il éprouve de la part des réactifs les plus généraux : je cite ces réactions comme termes de comparaison.

Ce carbure est violemment attaqué par l'acide nitrique fumant, qui le dissout entièrement. Maintenu en ébullition avec l'acide nitrique ordinaire, il se dissout peu à peu, avec formation de produits nitrés résineux, et sans que j'aie réussi à isoler aucun acide gras, tel que les acides butyrique, valérique ou succinique, parmi les produits d'oxydation.

L'acide sulfurique fumant attaque également le carbure précédent, en l'émulsionnant : une quantité notable du carbure ne tarde pas à surnager, probablement à l'état modifié.

Enfin le brome attaque violemment ce carbure, avec formation d'acide bromhydrique et d'un liquide plus dense que l'eau.

([1]) SÉRULLAS, *Annales de Chimie et de Physique*, 2ᵉ série, t. XXXIX, p. 178; 1828. — MARCHAND, cité dans GMELIN, *Handbuch*, t. VII, p. 536. — BERZELIUS, *Traité de chimie*, t. VI, p. 588; 1850 (traduction française). — La densité de vapeur de ce composé a été donnée par Mitscherlich.

Tel est le carbure que j'ai employé.

J'ai chauffé dans des tubes très forts, à 280°, 1 partie du carbure précédent et 50 parties d'acide iodhydrique (densité $= 2$) pendant 12 à 15 heures; j'ai opéré sur un certain nombre de tubes. J'ai ouvert les tubes avec les précautions déjà décrites dans ce Volume, j'ai recueilli séparément les gaz et les carbures liquides, et j'ai dosé l'iode mis en liberté.

Iode. — Le poids de l'iode s'élevait à $4^{gr},3$ pour un demi-gramme de carbure.

Gaz. — Le volume total des gaz (réduits à 0° et à $0^m,76$), était égal à 285 centimètres cubes.

D'après l'analyse, ces gaz renfermaient :

Hydrogène	215
Hydrure d'éthyle	70
	285

Dans le gaz analysé, l'hydrure d'éthyle était mêlé avec une petite quantité d'un carbure analogue, beaucoup plus soluble dans l'alcool, et qui a été calculé comme hydrure d'éthyle, lors de l'analyse eudiométrique par combustion.

Il est facile, avec les données précédentes, de calculer la dose d'iode mis à nu dans la transformation du carbure primitif, c'est-à-dire l'hydrogène employé à cette transformation. En effet, il suffit d'évaluer l'iode correspondant à l'hydrogène libre, et de retrancher cette quantité de l'iode total.

Or 1 centimètre cube d'hydrogène libre équivaut à $11^{mgr},3$ d'iode. Donc 215 centimètres cubes d'hydrogène équivalent à $2^{gr},4$. Retranchons ce poids des $4^{gr},3$ trouvés par l'analyse, on obtient $1^{gr},9$ pour le poids de l'iode mis à nu dans la transformation du carbure. En admettant la formule $C^{16}H^{32}$, et en se rappelant que l'on a employé $0^{gr},500$ de ce carbure, il est facile de vérifier que chaque molécule du carbure s'est emparé de 6,7 atomes d'hydrogène. Nous allons voir quelle relation existe entre ce chiffre et la nature des carbures engendrés dans la réaction.

Liquides. — En effet, les carbures engendrés par le polyéthylène $C^{16}H^{32}$ sont assez nombreux : tous ces carbures appartiennent à la famille des carbures saturés, C^nH^{2n+2}, et congénères, C^nH^{2n}, C^nH^{2n-2}, etc. Ils sont inaltérables à froid par l'acide nitrique fumant, par le brome, par l'acide sulfurique fumant et tiède.

J'ai répété ces observations sur chacun des carbures que je vais signaler; ce qui me dispensera de les rapporter en détail en parlant de chacun d'eux.

La séparation des carbures a été opérée par la voie des distillations fractionnées : elle est difficile, en raison de leur nombre. Cependant, à la suite de trois séries de rectifications systématiques, dirigées suivant la méthode que j'ai déjà décrite à divers reprises dans ce Volume et dans le Tome II (p. 127), je crois avoir réussi à isoler les carbures suivants, dont la composition et les propriétés générales ont été vérifiées à mesure :

1° L'hydrure d'hexadécyle, $C^{16}H^{34}$, qui bout vers 280°; ce carbure, qui représente en quelque sorte le produit normal, est beaucoup moins abondant que les deux suivants.

2° L'hydrure de duodécyle, $C^{12}H^{26}$, qui bout vers 200°; ce carbure est très abondant.

3° L'hydrure d'hexyle, $C^{6}H^{14}$, qui bout vers 70°; ce carbure est également fort abondant et en proportion comparable au précédent.

4° Enfin, j'ai encore observé, mais en très petite quantité, un liquide extrêmement volatil et que je regarde comme l'hydrure de butyle (ou un isomère), $C^{6}H^{10}$. Ce corps ne peut guère être condensé sans l'emploi d'un mélange réfrigérant, bien qu'il soit présent sous forme liquide, dans une distillation faite dans une cour exposée à l'air libre et avec de la glace, conditions rendues faciles à réaliser en raison de la basse température de l'hiver à laquelle j'opérais. Je pense que c'est sa vapeur qui constitue le carbure très soluble dans l'alcool et qui a été signalé tout à l'heure dans l'analyse des gaz, comme mélangé en petite quantité avec l'hydrure d'éthyle gazeux. Si la proportion n'en est pas plus grande dans les gaz, c'est que l'hydrure de butyle est retenu en dissolution par les autres carbures liquides, formés simultanément.

Tels sont les faits observés. Il s'agit maintenant de les interpréter.

Le fait le plus saillant c'est la formation simultanée des hydrures de duodécyle et d'hexyle.

[1] La formation de l'hydrure d'hexadécyle, $C^{16}H^{34}$, ne réclame aucune interprétation, puisque ce carbure est le produit normal de l'hydrogénation du carbure primitif, sans dédoublement,

$$C^{16}H^{32} + H^{2} = C^{16}H^{34}.$$

[2] La formation de l'hydrure de duodécyle, $C^{12}H^{26}$, est corrélative de celle de l'hydrure d'éthyle, $C^{2}H^{6}$, et répond à l'équation

suivante :

$$C^{16}H^{32} + 3H^2 = C^{12}H^{26} + 2C^2H^6.$$

On comprendra plus facilement ce dédoublement, si l'on met en évidence les molécules d'éthylène dont la condensation a produit le carbure $C^{12}H^{32} = (C^2H^4)^8$:

$$(C^2H^4)^8 + 3H^2 = C^{12}H^{26} + 2C^2H^6,$$
$$C^{12}H^{26} = (C^2H^4)^6H^2,$$

réaction pareille à celle qui transforme la naphtaline en benzine et hydrure d'éthyle [1] :

$$C^6H^4(C^2H^2[C^2H^2]) + 5H^2 = C^6H^6 + 2C^2H^6.$$

[3] On peut aussi faire intervenir la formation de l'hydrure de butyle C^4H^{10} :

$$C^{16}H^{32} + 2H^2 = C^{12}H^{26} + C^4H^{10},$$

c'est-à-dire

$$. (C^2H^2)^6H^2 + (C^2H^4)^2H^2.$$

[4] La formation de l'hydrure d'hexyle, C^6H^{14}, est corrélative de celle de l'hydrure d'éthyle, C^2H^6. Elle répond à l'équation suivante :

$$C^{16}H^{32} + 4H^2 = 2C^6H^{14} + 2C^2H^6,$$

c'est-à-dire

$$(C^2H^4)^8 + 4H^2 = 2C^6H^{14} + 2C^2H^6,$$
$$C^6H^{14} = (C^2H^4)^3H^2.$$

On peut aussi la rattacher à celle de l'hydrure de butyle C^8H^{10}.

[5]
$$C^{16}H^{32} + 3H^2 = 2C^6H^{14} + C^4H^{10},$$

c'est-à-dire

$$2(C^2H^4)^3H^2 = (C^2H^4)^2H^2.$$

Ces diverses équations peuvent être contrôlées par la proportion d'iode mis en liberté. Or on a vu que chaque molécule du polyéthylène primitif absorbe 6,7 atomes d'hydrogène dans la réaction. Le rapport de 6 atomes répondrait à la formation exclusive du carbure $C^{12}H^{26}$, et de l'hydrure d'éthyle C^2H^6; il répond également à la formation simultanée des carbures C^6H^{14} et C^4H^{10}.

Le rapport de 8 atomes d'hydrogène répondrait à la formation exclusive des carbures C^6H^{14} et C^2H^6.

---

[1] *Bulletin de la Société chimique*, nouv. sér., t. IX, p. 285 et 289; 1868.

Le rapport 6,7 est intermédiaire entre les précédents : ce qui s'accorde en effet avec la formation prépondérante des carbures

$$C^{12}H^{26} \text{ et } C^6H^{14},$$

observée par expérience.

S'il était permis d'en pousser les conséquences numériques jusqu'au bout (en négligeant le carbure $C^{32}H^{34}$ peu abondant et l'équation [3]), ce rapport indiquerait que la formation de l'hydrure d'éthyle, C^2H^6, indiquée par les équations [2] et [4], représente plus des deux tiers de la transformation; tandis que la formation du carbure C^6H^{10}, indiquée par l'équation [5], en représente environ le tiers. La proportion de l'hydrure d'éthyle trouvée par expérience ne s'écarte guère de cette répartition, comme il est facile de le calculer. Mais je n'insiste pas sur ce développement des contrôles indirects, dont le calcul détaillé présente quelque indétermination. Au contraire, la signification générale du nombre d'atomes d'hydrogène entrés en réaction ne comporte aucune contestation.

Les diverses réactions et dédoublements que je viens d'exposer montrent toute la complexité du polyéthylène mis en expérience. On voit que les huit molécules éthyléniques, réunies dans ce carbure, se séparent une à une, deux à deux, etc., en donnant lieu à toute une série de nouveaux carbures polyéthyléniques, ou plus exactement de carbures dérivés de ces derniers, qui se trouvent saturés d'hydrogène.

Ces faits ne sont pas isolés dans l'étude des réactions hydrogénantes exercées par l'acide iodhydrique; car ils sont analogues à ceux que j'ai déjà décrits en étudiant l'hydrogénation du styrolène,

$$C^6H^4(C^2H^4),$$

de la naphtaline,

$$C^6H^4(C^2H^2[C^2H^2]),$$

de l'acénaphtène,

$$C^6H^4(C^2H[C^2H^2|C^2H^2|]),$$

de l'anthracène,

$$C^6H^4(C^6H^4[C^2H^2]), \text{ etc.}$$

Lorsqu'on traite ces divers carbures par l'acide iodhydrique, à 280°, dans les conditions que j'ai décrites, on voit en effet apparaître toute une série de dédoublements, qui reproduisent soit les générateurs, soit les produits de leur hydrogénation.

A ce point de vue, la constitution du carbure polyéthylénique

que je viens d'étudier pourrait être exprimée de la manière suivante, déduite de l'étude de ses dédoublements :

L'éthylène naissant se condenserait d'abord sous l'influence de l'acide sulfurique, en produisant un triéthylène $(C^4H^4)^3$ ou $C^{12}H^{12}$. Précisons davantage cette formation : Une telle combinaison résulte ici du caractère incomplet de l'éthylène, lequel peut s'unir avec son volume gazeux d'hydrogène, H^2, d'eau, d'hydracide, et plus particulièrement d'un autre carbure, tel que l'éthylène lui-même.

Le premier carbure résultant de cette combinaison, c'est-à-dire le *diéthylène*,

$$C^2H^4(-) + C^2H^4(-) = C^2H^4(C^2H^4[-]),$$

est un carbure incomplet du premier ordre, au même titre que l'éthylène lui-même ; il pourra donc s'unir avec un nouvel équivalent d'éthylène, pour constituer un triéthylène :

$$C^2H^4(C^2H^4[-]) + C^2H^4(-) = C^2H^4(C^2H^4[C^2H^4|-|]).$$

Le carbure résultant, c'est-à-dire le triéthylène, représentera encore un carbure incomplet du premier ordre, $C^6H^{12}(-)$, au même titre que l'éthylène primitif.

Maintenant ce *triéthylène*, à son tour, se changerait aussi en un carbure double, $C^{12}H^{24}$, le *ditriéthylène*

$$(C^6H^{12})^2 \text{ ou } [(C^2H^4)^3]^2,$$

en s'unissant avec une molécule identique à lui-même.

Le nouveau carbure sera, pour les mêmes raisons, un carbure incomplet du premier ordre,

$$C^{12}H^{24}(-).$$

A ce titre, il s'unira à son tour et successivement avec deux nouvelles molécules d'éthylène, pour constituer le carbure définitif, $C^{16}H^{32}$:

$$[(C^2H^4)^3]^2 + 2\,C^2H^4 = C^2H^4(C^2H^4\{[(C^2H^4)^3]^2\}).$$

Celui-ci serait donc en définitive un *diéthylditriéthylène*, lequel constitue toujours un carbure incomplet du premier ordre,

$$C^{16}H^{32}(-);$$

au même titre que l'éthylène. C'est ce que confirme en effet la formation de l'hydrure $C^{16}H^{34}$, que nous avons signalé.

Le carbure, $C^{12}H^{26}$, sera dès lors un *hydrure de ditriéthylène* :

$$\{(C^2H^4)^3\}^2H^2;$$

sa formation et son caractère de carbure saturé, sont les conséquences de la théorie précédente.

Le carbure C^6H^{14} sera un *hydrure de triéthylène* :

$$(C^2H^4)^3H^2;$$

c'est encore, d'après la même théorie, un carbure saturé.

Enfin, le carbure C^4H^{10} sera un *hydrure de diéthylène*

$$(C^2H^4)^2H^2 \text{ ou } C^2H^4(C^2H^6),$$

sans doute identique avec le diéthyle déjà connu.

Ajoutons qu'il se forme en même temps des hydrures relativement saturés, isomériques avec les carbures C^nH^{2n} non saturés; mais je n'ai pas cherché à les débrouiller, faute de matière.

Je ne dissimulerai pas que toutes ces constitutions, appuyées sur les résultats analytiques, réclament, pour être définitivement établies, le concours des expériences synthétiques. Mais je puis dès à présent rapprocher les polyéthylènes des carbures non moins complexes qui résultent de la condensation méthodique et directe de l'acétylène. En effet, j'ai établi que l'acétylène condensé forme d'abord un *triacétylène* (benzine)

$$(C^2H^2)^3 \text{ ou } C^2H^2(C^2H^2)(C^2H^2);$$

lequel s'unit avec un nouvel équivalent d'acétylène pour former le styrolène ou *acétyltriacétylène*

$$C^2H^2[(C^2H^2)^3].$$

A ce carbure répond même un *hydrure*, désigné sous le nom d'é
thylbenzine,

$$C^2H^2[(C^2H^2)^3]H^2,$$

et dont la théorie prévoit la formation et les caractères.

Le styrolène, à son tour, constitue, par son union avec une nouvelle molécule d'acétylène, l'hydrure de naphtaline, ou *diacétyltriacétylène,*

$$C^2H^2(C^2H^2[C^6H^6]),$$

duquel dérive la naphtaline

$$C^2H^2(C^2H^2[C^6H^4]).$$

Enfin, une nouvelle molécule d'acétylène peut être encore ajoutée à la naphtaline pour former l'acénaphtène

$$C^2H^2(C^2H^2[C^2H^2|C^6H^4|]).$$

L'hydrure d'acénaphtène, corps dont l'existence n'est pas douteuse, serait un *triacétyltriacétylène*.

Or j'ai formé tous ces carbures par des synthèses directes, et j'ai étudié leurs dédoublements sous l'influence de l'acide iodhydrique. Les dédoublements de l'acénaphtène et ceux de la naphtaline, par exemple, ne sont pas moins complexes que ceux du polyéthylène $C^{16}H^{32}$. Dans un cas comme dans l'autre, l'action hydrogénante de l'acide iodhydrique fait reparaître, dans un ordre inverse et en les saturant d'hydrogène, les molécules dont la combinaison successive a engendré le carbure complexe.

3. *Série polypropylénique.*

J'ai observé plusieurs carbures de cette série, dans la préparation de l'alcool isopropylique. J'ai découvert cet alcool, qui a pris depuis tant d'importance, en décomposant par l'eau l'acide isopropylsulfurique, formé lui-même au moyen du propylène et de l'acide sulfurique. Or, lorsqu'on étend d'eau la dissolution du propylène dans l'acide sulfurique monohydraté, on voit se séparer en certaine proportion un mélange de plusieurs carbures, doués d'une odeur pénétrante. La proportion paraît en être d'autant plus grande que l'acide propylsulfurique a été conservé plus longtemps.

Le mélange précédent renferme des carbures de diverses volatilités. Une opération faite en grand, dans la fabrique de M. Menier, m'a permis de disposer d'une certaine quantité des carbures polypropyléniques. Malheureusement, la partie la plus volatile avait été perdue, le produit étant resté pendant un certain temps au contact de l'air sur une large surface. Mais j'ai pu retrouver encore les carbures volatils à 200° et au-dessus.

J'ai spécialement étudié les parties de ce mélange volatiles entre 200 et 280°. Elles étaient formées principalement par des carbures saturés, $C^{3n}H^{6n+2}$, et par des carbures polymères du propylène, $C^{3n}H^{6n}$, carbures que les distillations ne séparent pas complètement les uns des autres.

1° Le liquide qui passait entre 200 et 220°, lors de la seconde série de rectifications systématiques, répondait comme composition à un mélange du *tétrapropylène,*

$$C^{12}H^{24} = (C^3H^6)^4,$$

avec l'hydrure correspondant, $C^{12}H^{26} = (C^3H^6)^4H^2$.

En traitant ce mélange par l'acide nitrique fumant, on détruit le tétrapropylène et il reste l'hydrure $C^{12}H^{26}$, qui formait plus de la moitié du mélange primitif. Après un nouveau traitement par l'acide sulfurique fumant, qui ne l'attaque point, et une dernière rectification, ce carbure a offert la composition et les propriétés des carbures forméniques : même résistance à froid à l'action des acides sulfurique fumant, nitrique fumant, de leur mélange, à celle du brome, etc.

Il était probablement mêlé avec un isomère relativement saturé.

2° Le liquide volatil entre 220° et 260° à fourni, par une nouvelle rectification, vers 250° à 260°, l'hydrure $C^{15}H^{32} = (C^3H^6)^5$, mêlé avec des polypropylènes correspondants. On l'a séparé de ces derniers comme ci-dessus, c'est-à-dire par les réactions successives de l'acide nitrique fumant et de l'acide sulfurique fumant; on a terminé par une rectification.

3° Entre 260° et 280°, il a passé un liquide presque entièrement destructible par lesdits réactifs et qui répondait à la composition d'un *pentapropylène,*

$$5\,C^3H^6 = C^{15}H^{30},$$

mêlé peut-être avec quelque carbure moins hydrogéné.

Ainsi, sous l'influence de l'acide sulfurique, le propylène éprouve des transformations telles, qu'une portion passe à l'état de polymères, et que ces polymères se saturent en partie d'hydrogène. J'ai déjà signalé autrefois là formation de l'hydrure de propyle, C^3H^8, dans la réaction de l'acide sulfurique concentré sur l'alcool propylique.

Tous ces phénomènes d'hydrogénation me paraissent produits par l'acide sulfureux, engendré en vertu de réactions secondaires. C'est en vertu de réactions semblables que se développent (en petite quantité) le propylène et l'hydrure de propyle dans la réaction de l'acide sulfurique concentré sur l'acétone : j'ai signalé il y a treize ans cette formation, que j'ai eu occasion de vérifier de nouveau dans ces derniers temps.

Quoi qu'il en soit, l'acide iodhydrique permet de compléter là saturation des polypropylènes et de les transformer entièrement en carbures forméniques (ou plutôt en isomères). Je m'en suis assuré d'abord sur le mélange du tétrapropylène et du carbure $C^{12}H^{26}$, mélange volatil entre 200° et 220°, et précédemment désigné. J'ai chauffé ce mélange à 275°, avec 70 fois son poids d'acide iodhydrique. Sans entrer dans les détails des analyses, qui sont semblables à celles décrites précédemment en parlant du polyéthylène, il suffira de dire que le mélange s'est trouvé changé complètement en hydrures saturés, dont l'hydrure de duodécyle, $C^{12}H^{26}$, ou $(C^3H^6)^4H^2$, volatil vers 200°, constituait la portion principale.

Il s'est produit en même temps une très petite quantité de carbures plus volatils, correspondant à un dédoublement du polypropylène.

Enfin les gaz renfermaient un carbure gazeux et très volatil, offrant les caractères des carbures C^nH^{2n+2}. C'était probablement l'hydrure de propyle, C^3H^8.

J'ai également étudié les carbures polypropyléniques volatils entre 260° et 280°, lesquels paraissent renfermer du pentapropylène, comme je l'ai dit plus haut. L'acide iodhydrique les a de même changés entièrement en hydrures, dont l'hydrure de pentadécyle, $C^{15}H^{32}$ ou $(C^3H^6)^5H^2$, volatil entre 250° et 260°, constituait la partie principale.

Je rappellerai enfin mes expériences sur l'hydrogénation du diallyle, C^6H^{10} ou $C^3H^4(C^3H^6)$, déjà publiées dans ce Volume, p. 267.

Tous ces résultats sont analogues à ceux que fournissent les polymères de l'acétylène et de l'éthylène; avec cette différence pourtant que le dédoublement des polymères acétyliques et éthyliques, par hydrogénation, se manifeste d'une manière bien plus marquée que celui des polymères propyliques. La même remarque s'applique, et d'une manière encore plus prononcée, aux polymères de l'amylène.

4. Série polyamylénique.

J'ai étudié seulement le diamylène, $(C^5H^{10})^2$, préparé au moyen de l'alcool amylique.

J'ai chauffé ce carbure avec 20 fois son poids d'acide iodhydrique à 275°.

J'ai recueilli les gaz, isolé les liquides, dosé l'iode mis à nu.

L'iode libre pesait $4^{gr},1$ pour $0^{gr},400$ de diamylène.

Le volume des gaz s'élevait à 200^{cc} (volume réduit). Ils étaient formés par de l'hydrogène, mêlé avec une petite quantité d'un carbure d'hydrogène très volatil (l'hydrure d'amyle, $C^{10}H^{12}$, probablement). En déduisant le poids d'iode correspondant aux gaz, soit $3^{gr},3$, il reste $0^{gr},8$ d'iode mis à nu dans la transformation du carbure, c'est-à-dire sensiblement 2 atomes.

Les liquides distillés ont fourni, après deux séries fractionnées de rectifications :

1° Un produit principal et à peu près exclusif, répondant à la composition $C^{10}H^{22}$. Ce liquide bout entre 150° et 160°. Il résiste au brome, à l'acide nitrique fumant, à l'acide sulfurique fumant, à la façon des carbures saturés $C^{n}H^{2n+2}$.

Ses propriétés contrastent avec celles du diamylène. En effet, le diamylène est attaqué par l'acide nitrique fumant, avec dégagement de vapeurs nitreuses, et il ne tarde pas à disparaître entièrement. L'acide sulfurique fumant émulsionne le diamylène et le dissout en partie, tandis qu'une autre partie semble changée en polymères. Le brome attaque aussi le diamylène avec vivacité. En traitant le produit de la réaction par l'acide sulfureux, il reste un liquide incolore et plus dense que l'eau.

Le carbure obtenu se distingue donc complètement du diamylène. D'après l'analyse il est constitué surtout par l'*hydrure de diamyle* $C^{10}H^{22}$ ou $C^{5}H^{10}(C^{5}H^{12})$.

2° En même temps il se produit en petite quantité un carbure très volatil, offrant les réactions des carbures saturés et que je regarde comme de l'hydrure d'amyle, $C^{10}H^{12}$.

5. *Séries terpénique et camphénique.*

Je désigne sous ce nom les carbures $C^{10}H^{16}$ et leurs nombreux dérivés, composés qui jouent un rôle capital dans la Physiologie végétale, ainsi que dans les études de Chimie pure. Les composés terpéniques et camphéniques se rapprochent, en effet, tantôt de la série grasse, tantôt de la série aromatique, et leurs réactions donnent lieu à des dérivés qui finissent par rentrer dans l'une ou l'autre de ces séries. Ils semblent jouer le rôle d'intermédiaire entre les deux séries, aussi bien dans les réactions de laboratoire que dans les réactions physiologiques qui se développent au sein des végétaux.

Je vais d'abord exposer les expériences que j'ai faites sur les corps suivants :

Première Division. — *Isomères :* Térébenthène, camphène, térébène.

Deuxième Division. — *Polymères* : Sesquitérébène, ditérébène, copahuvène, cubébène. J'y joindrai mes essais relatifs à la gutta-percha et au caoutchouc, substances qui ont été rattachées parfois à la même série.

Troisième Division. — *Dérivés* : Hydrure de terpilène, monochlorhydrate de térébenthène cristallisé, dichlorhydrate de terpilène, alcool mentholique, alcool campholique ou camphre de Bornéo, aldéhyde campholique ou camphre ordinaire, acide camphorique.

A l'occasion de ces expériences, j'ai exposé une théorie nouvelle de la série camphénique, fondée sur les mêmes principes à l'aide desquels j'ai déjà expliqué les propriétés des carbures benzéniques, celles du styrolène et celles de la naphtaline.

Exposons les expériences.

PREMIÈRE DIVISION. — Isomères.

1. TÉRÉBENTHÈNE, $C^{10}H^{16}$.

J'ai opéré avec le térébenthène, dans trois conditions différentes, savoir :

1° En présence d'un excès d'hydracide;

2° En présence d'une quantité insuffisante d'hydracide et à une température ménagée;

3° En présence d'une quantité insuffisante et en poussant à l'extrême la réaction.

J'ai obtenu trois hydrures successifs, de stabilité croissante :

L'*hydrure de camphène,* $C^{10}H^{16}(H^2)$, correspondant au chlorhydrate

$$C^{10}H^{16}(HCl);$$

L'*hydrure de terpilène,* $C^{10}H^{16}(2H^2)$, correspondant au chlorhydrate

$$C^{10}H^{16}(2HCl),$$

et l'*hydrure de décyle,* $C^{10}H^{22}$.

En même temps il se forme par dédoublement l'*hydrure d'amyle,* $C^{10}H^{12}$, et, dans certaines conditions de réaction destructive, des *carbures benzéniques.*

1° Action exercée par un excès d'hydracide.

Le térébenthène, c'est-à-dire l'essence de térébenthine rectifiée deux fois et à une température fixe, le térébenthène, dis-je, a été chauffé à 275° avec 60 fois son poids d'une solution d'acide iodhydrique (densité $= 2$). On a prolongé la réaction pendant vingt-quatre heures. On a obtenu deux produits, savoir :

L'hydrure de décyle, $C^{10}H^{22}$, produit principal, formé par simple hydrogénation :

$$C^{10}H^{16} + 3H^2 = C^{10}H^{22},$$

et l'hydrure d'amyle, C^5H^{12}, en très petite quantité, formé par dédoublement :

$$C^{10}H^{16} + 4H^2 = 2C^5H^{12}.$$

Décrivons les produits de cette expérience.

Après refroidissement, on ouvre les tubes, avec les précautions déjà décrites; on recueille les gaz, on isole le liquide et l'on dose l'iode libre.

Liquides. — Les liquides entrent en ébullition vers 90°, de 90° à 160° il passe quelques gouttes de matière, que l'on recueille séparément; entre 100° et 180° distille le produit principal. Dans la cornue restent quelques gouttes d'un liquide visqueux.

1. J'ai repris d'abord le produit principal : il a passé cette fois entièrement entre 155° et 160°; c'est l'hydrure de décyle, $C^{10}H^{22}$. Il offre la composition de ce carbure, son odeur, sa résistance à l'acide nitrique fumant froid ou tiède, à la surface duquel il peut être évaporé par la chaleur sans altération sensible. Le brome froid ne l'attaque point.

2. Les premières gouttes obtenues dans la première rectification ont été redistillées une seconde fois. L'ébullition a commencé vers 40° et même au-dessous, en fournissant un carbure très volatil, qui présentait les propriétés et les réactions générales de l'hydrure d'amyle, C^5H^{12}.

3. Quant à la substance peu abondante restée dans la cornue, elle résistait sensiblement aux actions de l'acide nitrique fumant, de l'acide sulfurique fumant : elle devait donc être constituée entièrement, ou à peu près, par des carbures saturés, C^nH^{2n+2}.

Je n'en ai pas fait un examen plus spécial, mais d'après les résultats fournis par les polytérébènes, je regarde ces carbures peu volatils comme dérivés de l'hydrogénation de quelque polymère, formé à basse température, et dans les premiers moments du contact de l'hydracide avec le térébenthène.

Gaz. — Les gaz sont formés par de l'hydrogène, mélangé avec une petite quantité d'hydrure d'amyle : leur volume a été mesuré en recueillant tous les produits contenus dans l'un des tubes.

En même temps et sur le même tube on a dosé l'iode. En déduisant l'iode correspondant au volume de l'hydrogène libre on a trouvé pour $0^{gr},500$ de carbure mis en expérience $3^{gr},0$ d'iode mis à nu : c'est sensiblement 6 atomes d'hydrogène fixés sur chaque molécule de carbure, nombre conforme à l'équation qui exprime la production de l'hydrure de décyle.

Examinons maintenant la théorie de cette réaction.

La formation de l'hydrure de décyle n'offre aucune difficulté. Au contraire, la formation d'une petite quantité d'hydrure d'amyle, carbure que nous allons retrouver dans l'étude de toute la série camphénique, présente une grande importance. Elle indique, en effet, que le térébenthène se comporte comme un carbure complexe, c'est-à-dire comme un polymère du carbure C^5H^8 :

$$C^{10}H^{16} = (C^5H^8)^2.$$

Par le fait de la réaction hydrogénante, le térébenthène se dédouble en partie, précisément à la façon du diallyle (p. 267), du diamylène et des autres carbures polymères, en reproduisant une certaine proportion du carbure simple ou monomère qui l'a engendré; plus exactement, il reproduit un dérivé hydrogéné de ce carbure simple.

L'étude des polymères du térébène fournira bientôt de nouveaux faits à l'appui de cette opinion. Mais poursuivons le récit des expériences.

2° *Action exercée par une quantité d'hydracide insuffisante, dans des conditions ménagées.*

En opérant avec 20 parties d'hydracide pour 1 partie de carbure, à une température comprise entre 200° et 250° et soutenue pendant quelques heures seulement, on obtient l'*hydrure de camphène,* $C^{10}H^{18}$, produit principal :

$$C^{10}H^{16} + H^2 = C^{10}H^{18},$$

et l'*hydrure de terpilène*, $C^{10}H^{20}$, moins abondant :

$$C^{10}H^{16} + 2 H^2 = C^{10}H^{20}.$$

Voici les détails de l'expérience :

On ouvre les tubes, on recueille les gaz, les liquides ; on dose l'iode libre. On constate qu'il s'est formé une trace de matière charbonneuse, analogue à celle de la benzine, mais cette fois en quantité excessivement faible.

Liquides. — Le liquide distillé fournit une petite quantité de matière avant 145°.

Le produit principal passe entre 160 et 163°.

Entre 165° et 180°, on recueille une nouvelle portion de matière et il ne reste pour ainsi dire rien dans la cornue.

1. Une seconde série de rectifications méthodiques a fourni un produit principal dont le point d'ébullition, sensiblement fixe, était situé vers 165° (température corrigée).

C'est l'*hydrure de camphène*, $C^{10}H^{18}$, d'après l'analyse exacte de ce carbure.

L'hydrure de camphène est liquide, doué d'une odeur forte et alliacée. Il bout vers 165°. Sa stabilité est comparable à celle de la benzine et du toluène. L'acide sulfurique ordinaire ne l'attaque pas à froid. L'acide nitrique fumant le dissout sans l'oxyder, tranquillement et sans dégagement de vapeur nitreuse, pourvu que l'on évite toute élévation notable de température. L'hydrure de camphène se change ainsi en un liquide nitré, précipitable par l'eau.

L'acide sulfurique fumant le dissout également, avec le concours d'une légère chaleur, et en formant un acide complexe soluble dans l'eau. Tous ces caractères indiquent une stabilité plus grande que celle du térébenthène.

Enfin, le brome attaque l'hydrure de camphène, avec dégagement d'acide bromhydrique et formation d'un composé bromé cristallisé, qui se présente en belles aiguilles incolores. Si l'hydrure de camphène n'est pas pur, ou si l'action du brome n'a pas été ménagée, il se forme un composé bromé liquide, lequel n'empêche pas toujours la cristallisation de l'autre composé.

Telles sont les propriétés de l'hydrure de camphène. Poursuivons l'étude des corps qui l'accompagnent.

2. Les parties qui ont passé d'abord à la distillation entre 165° et 180°, soumises à une nouvelle rectification, fournissent d'abord une certaine proportion d'hydrure de camphène. Mais la portion

qui passe vers 170°, soumise ensuite à une troisième rectification, fournit un nouveau carbure plus hydrogéné.

Hydrure de terpilène, $C^{10}H^{20}$.

Cet hydrure est liquide, comme le précédent, dont il est fort difficile de le séparer complètement. Il bout vers 170° à 175°. Il est beaucoup plus stable et résiste bien mieux que l'hydrure de camphène à la réaction des acides nitrique, sulfurique, etc. Cependant, l'acide nitrique bouillant l'oxyde peu à peu, avec dégagement de vapeur nitreuse. L'acide sulfurique fumant, chauffé avec l'hydrure de terpilène pendant quelque temps, l'altère également peu à peu et semble le changer lentement en un polymère visqueux, qui s'émulsionne, et se reprécipite par l'action de l'eau, avec développement d'une odeur camphrée. Cette réaction ne présente pas une grande netteté, à cause de la résistance de l'hydrure de terpilène. Le brome l'attaque aussi lentement.

Tous ces caractères indiquent une stabilité beaucoup plus grande que celle du diamylène, avec lequel l'hydrure de terpilène est isomérique.

Bref, l'hydrure de terpilène se présente comme un carbure intermédiaire, par sa stabilité, entre l'hydrure de camphène, corps comparable aux carbures benzéniques, et l'hydrure de décyle, corps tout à fait saturé. Il se rapproche assez de ce dernier pour qu'il ne soit pas facile de l'en distinguer dans des essais sommaires. Cependant, son point d'ébullition est plus élevé.

L'hydrure de terpilène, chauffé avec l'acide iodhydrique à 280°, se change enfin en hydrure de décyle, avec mise en liberté de 2 atomes d'iode, réaction tout à fait caractéristique qui a tranché mes doutes sur la nature de ce carbure : j'exposerai plus loin cette réaction.

L'hydrure de terpilène (ou ses isomères) prend naissance avec les divers carbures camphéniques, même lorsqu'on opère en présence de 50 à 60 parties d'acide iodhydrique, toutes les fois que l'on ne prolonge pas suffisamment les réactions ou que l'on n'élève pas la température jusqu'à 280°.

3. Pour terminer l'étude de la réaction que nous étudions en ce moment, il faut encore dire quelques mots des liquides recueillis avant 145°, lors de la première distillation. Ces liquides sont en très petite quantité ; leur nature est complexe ; mais ils semblent

renfermer un ou plusieurs *carbures de la série benzénique.* Du moins l'acide nitrique fumant les dissout en partie, avec formation d'un liquide nitré, doué d'une odeur d'amandes amères, mais qui ne renferme point de nitrobenzine.

Je signale ici ces carbures benzéniques, que l'on va retrouver tout à l'heure formés en plus grande abondance, dans d'autres conditions.

Gaz. — Les gaz formés en présence de 20 parties d'hydracide sont peu abondants. o,5oo de térébenthène ont donné 90 centimètres cubes. Ces gaz sont un mélange d'hydrogène avec un carbure forménique. D'après l'analyse eudiométrique, on peut représenter ce mélange par la composition suivante :

Hydrogène	57
Hydrure de propyle	43
	100

Je me suis assuré que le carbure gazeux était bien de l'hydrure de propyle, par le procédé que j'ai déjà indiqué à plusieurs reprises; c'est-à-dire en traitant une partie du gaz par l'alcool absolu et en faisant d'une part l'analyse eudiométrique du gaz non dissous, et d'autre part l'analyse du gaz dissous, puis redégagé par l'ébullition.

I.	Gaz dissous puis redégagé	14,5
	Acide carbonique formé par sa combustion	43
	Diminution totale du volume	88
	Or l'hydrure de propyle, C^3H^8	13,5
	Doit produire, acide carbonique	43,5
	Avec diminution de volume	87
II.	Gaz non dissous par l'alcool	25
	Acide carbonique formé	12
	Diminution totale de volume	52
	Azote	2

Ce qui répond à la composition suivante :

C^3H^8	4
Hydrogène, H^2	19
Azote	2
	25

La formation de l'hydrure de propyle répond ici à la formation des carbures benzéniques. Mais je n'essayerai pas de la représenter par une équation, ce phénomène étant d'ailleurs secondaire dans les conditions que j'étudie en ce moment.

Iode. — L'iode mis à nu, dans l'expérience que je décris, s'élevait pour 0,500 de carbure à $1^{gr},6$. En déduisant l'iode correspondant à l'hydrogène libre (51^{cc}), il reste 1 gramme d'iode, soit environ 2 atomes pour 1 molécule de térébenthène.

Ce résultat répond à la formation de l'hydrure de camphène, produit principal. Celle de l'hydrure de terpilène exige plus d'hydrogène; mais elle est accessoire et compensée par les carbures benzéniques et la matière charbonneuse.

La théorie des faits que je viens d'exposer est facile à présenter. En effet, le térébenthène manifeste ici précisément la même capacité de saturation que dans la formation de ses chlorhydrates :

L'hydrure de camphène	$C^{10}H^{16}(H^2)$
Correspond au monochlorhydrate cristallisé	$C^{10}H^{16}(HCl)$.
L'hydrure de terpilène....	$C^{10}H^{16}(H^2)(H^2)$
Correspond au dichlorhydrate cristallisé........	$C^{10}H^{16}(HCl)(HCl)$.

Les propriétés de ces hydrures et leur stabilité croissante sont en rapport avec la saturation également croissante du térébenthène.

Ces relations suffisent pour comprendre la formation des deux hydrures de térébenthène. Quant à la théorie proprement dite de ces formations, elle se rattache à la constitution complexe du carbure générateur, et elle s'explique par la saturation successive des carbures plus simples qui concourent à la former.

3° Action exercée par une proportion d'acide insuffisante dans des conditions extrêmes.

J'ai opéré avec 20 parties d'hydracide et 1 partie de carbure vers 270°, et en prolongeant la réaction pendant 24 heures. J'ai obtenu, après la rectification méthodique des produits et en suivant exactement la marche décrite dans les pages qui précèdent :

1° Les hydrures de camphène et de terpilène, sur lesquels je n'insiste pas, ces carbures ayant été séparés comme précédemment et l'hydrure de camphène étant le plus abondant;

2° Un peu d'hydrure de décyle, $C^{10}H^{12}$ (?), volatil entre 155° et 160°, en faible proportion;

3° Un peu d'hydrure d'amyle, C^5H^{12}. Deux rectifications et un traitement par l'acide nitrique fumant (destiné à éliminer les carbures benzéniques) ont amené cet hydrure d'amylène à bouillir entre 30° et 40°;

4° Entre l'hydrure d'amyle et les hydrures qui renferment 10 atomes de carbone distillent des carbures benzéniques en proportion considérable. Ce sont les mêmes carbures, déjà rencontrés dans l'expérience précédente et dont la formation est des plus intéressantes pour la théorie de la série camphénique. Je suis revenu à plusieurs reprises sur leur étude; mais la complexité des mélanges qui les renferment rend la séparation totale de ces carbures extrêmement difficile.

Cependant j'ai réussi à isoler un carbure qui bout entre 100° et 110°; il est doué d'une odeur analogue à la benzine, et est soluble dans l'acide nitrique fumant et froid, sans dégagement de vapeur nitreuse. L'eau reprécipite de cette solution une huile nitrée, douée d'une odeur d'amandes amères. Ce corps nitré, réduit par l'acide acétique et le fer, a fourni un alcali liquide analogue à la toluidine : ledit alcali ne se colore pas en bleu par la réaction du chlorure de chaux, caractère qui indique l'absence de la benzine parmi les carbures dérivés de l'essence de térébenthine.

En résumé, ce carbure offre les caractères et les propriétés générales du toluène, C^7H^8.

Il est accompagné par un carbure analogue, un peu moins volatil, doué de propriétés générales semblables, et qui doit être le xylène ou un isomère, C^8H^{10}.

Il y avait en même temps des gaz hydrocarburés et une trace de matière charbonneuse.

Tels sont les faits que j'ai observés.

La production des hydrocarbures $C^{10}H^{18}$, $C^{10}H^{20}$, $C^{10}H^{22}$, ne réclame aucune nouvelle explication.

Il en est de même de l'hydrure d'amyle, C^5H^{12}, déjà obtenu précédemment.

Au contraire, les carbures benzéniques méritent une attention spéciale.

La formation du toluène pourrait être représentée par un dédoublement du térébenthène, avec formation de l'hydrure de propyle signalé plus haut.:

$$C^{10}H^{16} = C^7H^6 + C^3H^8 (?).$$

Mais je pense que l'étude des carbures benzéniques formés dans les conditions ci-dessus réclame de nouvelles recherches. Le seul fait qui me paraisse tout à fait incontestable, c'est la production de cette classe de carbures dans la réaction de l'acide iodhydrique sur l'essence de térébenthine ; elle s'accorde avec la production des acides toluique, $C^8H^8O^2$, et téréphtalique, $C^8H^6O^4$, dans l'oxydation du même carbure.

La théorie de la série camphénique, proposée ailleurs (Tome II, p. 312), rend compte de ces diverses formations.

2. Camphre, $C^{10}H^{16}$.

Je serai bref dans le récit des expériences faites avec les divers isomères de l'essence de térébenthine, ces expériences n'ayant, contre mon attente, fourni aucun résultat essentiellement distinct de ceux que produit le térébenthène (j'en excepte cependant le térébène).

Le camphène, ou plus exactement le térécamphène, est un carbure cristallisé, que j'ai obtenu en faisant réagir vers 200° le stéarate de soude sur le monochlorhydrate cristallisé, préparé avec l'essence de térébenthine (¹). Je l'ai chauffé vers 280° avec 52 fois son poids d'une solution saturée d'acide iodhydrique. J'ai recueilli et analysé les gaz, dosé l'iode, isolé les carbures. Il n'y avait point de charbon.

Le volume des gaz était de 265^{cc} (volume réduit) pour 0^{gr},500 de camphène. Ces gaz étaient constitués par de l'hydrogène presque pur.

En déduisant du poids de l'iode trouvé celui qui répond à l'hydrogène, j'ai trouvé qu'il s'était formé 6,0 atomes d'iode pour 1 équivalent de carbure ; ce qui répond exactement à la transformation du camphène en hydrure de décyle :

$$C^{10}H^{16} + 3H^2 = C^{10}H^{22}.$$

Par la distillation, les carbures liquides ont pu être séparés facilement :

1° En hydrure de décyle, $C^{10}H^{22}$, bouillant entre 155° et 160°, produit presque exclusif ;

2° Et en hydrure d'amyle, C^5H^{12}, bouillant entre 30° et 40°, produit qui représentait environ le douzième du mélange total.

(¹) *Comptes rendus*, t. LV, p. 496 et 544 ; 1862. — Tome III du présent Ouvrage, p. 444.

3. Térébène.

Le térébène a été préparé par le procédé de M. Deville légèrement modifié (¹), c'est-à-dire au moyen de l'essence de térébenthine agitée avec le quart de son poids d'acide sulfurique; puis on a rectifié le carbure, etc. On obtient ainsi en réalité un mélange de camphène inactif et de cymène, ce que j'ignorais à l'époque de mes expériences. Aussi me paraît-il inutile de reproduire les résultats observés avec l'acide iodhydrique.

DEUXIÈME DIVISION. — Polymères de la série camphénique.

Je range sous ce nom le sesquitérébène, le copahuvène, le cubébène, le ditérébène; j'y joindrai quelques essais exécutés sur la caoutchouc et la gutta-percha.

1. Sesquitérébène, $C^{15}H^{24}$.

Je désigne sous ce nom un carbure volatil vers 280° à 300° et qui prend naissance lorsqu'on traite l'essence de térébenthine, soit par l'acide sulfurique concentré, soit par le fluorure de bore. Avec ce dernier réactif, la proportion en est moindre.

Le colophène de M. Deville est formé en majeure partie de sesquitérébène, mêlé avec une quantité moindre de ditérébène.

Jusqu'ici, l'on avait regardé le carbure dont je parle comme identique au ditérébène et on l'avait représenté par la formule $C^{20}H^{32}$. Mais cette formule me paraît devoir être remplacée par la formule plus simple $C^{15}H^{24}$, d'après les faits que je vais exposer.

J'ai chauffé une partie de sesquitérébène avec 80 parties d'hydracide, à 280°.

Un tube spécial a été comme d'ordinaire réservé au dosage de l'hydrogène. Ce tube renfermait $0^{gr},27$ de carbure; il a fourni 280 centimètres cubes de gaz (volume réduit); j'ai trouvé $4^{gr},50$ d'iode libre.

(¹) La proportion indiquée par M. Deville, c'est-à-dire un vingtième d'acide sulfurique, ne suffit pas pour transformer entièrement le térébenthène : il faut soit un second traitement sulfurique, soit l'emploi d'une quantité d'acide plus considérable.

Le gaz était de l'hydrogène, mêlé avec une très petite quantité d'une vapeur hydrocarbonée (hydrure d'amyle). En calculant le tout comme hydrogène, on trouve que ce volume répond à $3^{gr},\!6$ d'iode.

Il reste 1,34 pour l'hydrogène cédé au carbure, c'est-à-dire 7,9 ou en nombres ronds 8 atomes. Ce chiffre répond à la formation de l'hydrure, $C^{15}H^{32}$

$$C^{15}H^{24} + 4H^2 = C^{15}H^{32},$$

lequel est le produit principal de la réaction.

En effet, la distillation des liquides carburés a fourni, à la suite de plusieurs rectifications :

1° L'hydrure, $C^{15}H^{32}$, produit prépondérant et qui bout au voisinage de 260°; il offre cette composition; ses propriétés et réactions sont celles des carbures forméniques.

2° L'hydrure de décyle, $C^{10}H^{22}$, en quantité moindre, mais notable. Il bout vers 160° et offre les propriétés ordinaires.

3° Une trace d'hydrure d'amyle, C^5H^{12}.

4° Une quantité notable d'un carbure oléagineux volatil vers 360°.

Ce dernier corps offre aussi la composition et les propriétés générales des carbures forméniques. Il résiste à l'acide nitrique fumant et froid, à l'acide sulfurique fumant tiède, au mélange de ces deux acides, au brome, etc. Il n'est pas facile de déterminer sa formule avec certitude, soit par son analyse, soit par ses réactions générales. Cependant, je crois pouvoir le regarder comme un hydrure de la formule $C^{20}H^{42}$, d'après son point d'ébullition et les relations simples que sa formule doit présenter avec celle des carbures camphéniques.

Tels sont les faits observés. Donnons-en l'interprétation.

La formation de l'hydrure, $C^{15}H^{32}$ [1], est le phénomène prédominant; elle tend donc à assigner au carbure primitif la formule $C^{10}H^{24}$:

$$C^{10}H^{24} + 4H^2 = C^{15}H^{32}.$$

Cette formule s'accorde avec le point d'ébullition du carbure polycamphénique mis en présence; lequel bout aux environs de 300°. Or il n'existe aucun carbure bien connu, contenant 20 équivalents de carbone, qui bouille au-dessous de 360°; tandis que tous

---

[1] Mêlé sans doute avec un carbure relativement saturé $C^{15}H^{30}$.

les carbures connus renfermant 3o équivalents de carbone bouillent vers 260°, 280°, 3oo° et au voisinage de ces températures. Pour me borner à ceux dans lesquels le rapport du carbone à l'hydrogène est le même que dans le carbure mis en expérience, je citerai les essences de cubèbe et de copahu. Ces corps, volatils vers 260° à 280°, ont été représentés depuis longtemps, d'après l'étude de leurs composés chlorhydriques et de leurs hydrates, par la formule $C^{15}H^{24}$, qui est précisément celle que je propose pour le carbure isomère dérivé du térébenthène.

Nous verrons bientôt la confirmation de ce rapprochement, en étudiant la réaction de l'acide iodhydrique sur les carbures du cubèbe et du copahu : cette réaction fournit, en effet, les mêmes résultats que celle du sesquitérébène.

Le seul argument important qui ait été donné pour assigner à ce dernier carbure la formule $C^{20}H^{32}$ est tiré de la densité de vapeur. Or M. Deville a obtenu pour cette densité ([1]) le nombre 11,13 au lieu de 9,52 qui répondrait à $C^{20}H^{32}$. Mais il n'est guère possible, comme il le reconnaît lui-même, de compter sur les résultats obtenus à de si hautes températures et avec des corps qui s'altèrent en se changeant en polymères pendant le cours même de la détermination. J'en donnerai de nouvelles preuves tout à l'heure en parlant de la densité de vapeur du copahuvène. J'ajouterai enfin que le colophène est toujours mélangé avec une proportion notable du ditérébène véritable, corps moins volatil et qui doit se concentrer dans le ballon à densité, lorsqu'on opère par la méthode de M. Dumas.

En résumé, la nature du carbure dominant que l'on obtient dans la réaction de l'acide iodhydrique, le point d'ébullition de ce carbure et celui du carbure primitif, enfin les analogies avec les essences de cubèbe et de copahu, telles sont les raisons qui me conduisent à représenter le carbure que j'appelle *sesquitérébène* par la formule $C^{15}H^{24}$. Cette formule représente le triple de C^5H^8, carbure contenu deux fois dans l'essence de térébenthine et ses isomères, $C^{10}H^{16}$. Du reste, les résultats que j'ai obtenus ne seraient pas inconciliables avec la formule $C^{20}H^{32}$.

Les produits secondaires de la réaction de l'hydracide sur le sesquitérébène sont faciles à expliquer par les relations qui précèdent. Certains de ces produits résultent du dédoublement partiel de la

---

([1]) *Annales de Chimie et de Physique*, 2ᵉ série, t. LXXV, p. 68.

molécule polymérique, $(C^5H^8)^3$: tels sont l'hydrure de décyle, $C^{10}H^{22}$, et l'hydrure d'amyle, C^5H^{12} :

$$C^{15}H^{24} + 5H^2 = C^{10}H^{22} + C^5H^{12},$$

c'est-à-dire

$$(C^5H^8)^3 + 5H^2 = (C^5H^{10})^2H^2 + (C^5H^{10})H^2.$$

Le carbure $C^{20}H^{42}$ semble dériver d'un dédoublement analogue, opéré sur une molécule condensée qui prendrait naissance soit à froid, soit avant 250° dans la première réaction de l'hydracide sur le sesquitérébène :

$$(C^{15}H^{24})^2 + 8H^2 = C^{20}H^{42} + C^{10}H^{22},$$

ou bien

$$2(C^5H^8)^3 + 8H^2 = (C^5H^{10})^4H^2 + (C^5H^{10})^2H^2.$$

Nous allons d'ailleurs retrouver tous ces faits dans l'hydrogénation des carbures du cubèbe et du copahu.

2. Cubébène : $C^{15}H^{24}$.

Le cubébène forme la partie principale de l'essence de cubèbe. On l'extrait au moyen de rectifications, opérées au voisinage de 260°. La substance ainsi obtenue est un mélange de cubébène avec une certaine quantité de l'hydrate correspondant, lequel distille simultanément dans une sorte d'état de dissociation.

La formule de cubébène a été assignée d'après l'étude d'un chlorhydrate cristallisé :

$$C^{15}H^{12}.2HCl,$$

analysé par M. Soubeiran et Capitaine [1]; et d'après celle d'un hydrate naturel, également cristallisé,

$$C^{15}H^{24}.H^2O.$$

J'ai chauffé, à 280°, 1 partie de cubébène avec 56 parties d'une solution d'acide iodhydrique (densité $= 2,0$) pendant 20 heures.

Un tube a été employé spécialement pour recueillir les gaz et doser l'iode. Il contenait $0^{gr},46$ de carbure.

Le volume des gaz était égal à 285 centimètres cubes (volume réduit). Ils étaient constitués par de l'hydrogène, mêlé avec une

---

[1] *Journal de Pharmacie et de Chimie*, 2ᵉ série, t. XXVI, p. 75; 1840.

petite quantité d'une vapeur hydrocarburée (hydrure d'amyle, C^5H^{12}).

L'iode libre pesait $5^{gr},43$. En déduisant l'iode correspondant au volume du gaz calculé comme hydrogène libre, il reste $2^{gr},21$ pour l'iode qui répond à la réduction du carbure; c'est-à-dire 7,7 atomes pour 1 molécule. On trouverait un nombre encore plus voisin de 8 atomes, en tenant compte de l'hydrure d'amyle contenu dans le gaz dégagé, et dont le volume a été calculé ici comme hydrogène.

Quoi qu'il en soit, on voit que la réaction principale répond aux rapports suivants :

$$C^{15}H^{24} + 4H^2.$$

Les liquides ont été séparés par trois séries de distillations fractionnées.

Première série. — La première goutte a passé vers 110°; on a recueilli :

$$\begin{array}{ll}
\text{Jusqu'à } 170^\circ\ldots\ldots\ldots\ldots & (1 \text{ partie});\\
\text{De } 170^\circ \text{ à } 250^\circ\ldots\ldots\ldots & (1 \text{ partie});\\
\text{De } 250^\circ \text{ à } 270^\circ\ldots\ldots\ldots & (5 \text{ parties});\\
\text{De } 270^\circ \text{ à } 360^\circ\ldots\ldots\ldots & (\tfrac{1}{2} \text{ partie});\\
\text{Au-dessus de } 360^\circ\ldots\ldots & (1 \text{ partie}).
\end{array}$$

Deuxième et troisième séries. — 1° Le premier produit de la première série commence à bouillir vers 50°; on a recueilli ce qui passait d'abord. Une troisième rectification a fourni l'*hydrure d'amyle,* C^5H^{12}, bouillant entre 30° et 40°, avec toutes ses propriétés et réactions. Sa proportion s'élevait au douzième ou au quinzième du produit total.

2° Le deuxième produit de la première série (180-250) a été redistillé. Il a fourni d'abord un liquide volatil avant 200°, et un liquide volatil au delà. Le premier liquide, volatil avant 200°, a été réuni au résidu séparé de l'hydrure d'amylène obtenu précédemment. Par une troisième rectification j'en ai extrait un produit principal, bouillant vers 160°.

C'est l'*hydrure de décyle,* $C^{10}H^{22}$, d'après sa composition et ses réactions générales (mêlé de $C^{10}H^{20}$). La proportion en est difficile à évaluer; mais elle ne dépasse pas le cinquième ou le sixième du produit total.

3° Le troisième produit de la première série (250-270), réuni au résidu de la partie la moins volatile du deuxième, et au quatrième produit (270-360), a été redistillé. Cette fois il a passé entièrement entre 250 et 255° (non corrigé).

Le produit obtenu est l'*hydrure de pentadécyle*, $C^{15}H^{32}$, mêlé de $C^{15}H^{30}$. Il offre la composition indiquée par cette formule. Il résiste à l'acide nitrique fumant et froid, à l'acide sulfurique fumant tiède, au mélange des deux acides, au brome, etc. Ce carbure forme au moins les deux tiers du produit total.

4° Le carbure volatil vers 360°, et au-dessus, est oléagineux. Il offre les réactions ordinaires des carbures $C^{10}H^{2n+2}$. Je pense qu'il est formé principalement par un hydrure $C^{20}H^{42}$. Sa proportion ne dépasse pas le dixième du produit total.

Il résulte de ces faits que l'hydrogénation totale du cubébène fournit un produit principal, l'hydrure de pentadécyle :

$$C^{15}H^{24} + 4H^2 = C^{15}H^{32}.$$

Cette formation s'accorde avec le poids de l'hydrogène fixé sur le carbure, d'après les dosages d'iode.

En même temps, une portion du carbure primitif éprouve un dédoublement secondaire, qui engendre les hydrures de décyle et d'amyle :

$$C^{15}H^{24} + 5H^2 = C^{10}H^{22} + C^5H^{12},$$

c'est-à-dire

$$(C^5H^8)^3 + 5H^2 = (C^5H^{10})^2H^2 + (C^5H^{10})H^2.$$

Enfin une petite quantité du carbure primitif se change d'abord en polymère, lequel se sature ensuite d'hydrogène en se dédoublant :

$$(C^{15}H^{24})^2 + 4H^2 = C^{20}H^{42} + C^{10}H^{22}.$$

Les résultats obtenus sur le cubébène concordent d'une manière frappante avec ceux que fournit le sesquitérébène.

3. Copahuvène, $C^{15}H^{24}$.

Le copahuvène est la partie principale de l'essence de copahu. Le carbure purifié bout à 267° (corrigé). Son étude est moins avancée que celle du cubébène ; cependant, d'après le point d'ébullition du copahuvène, je lui assigne la même formule.

J'ai pensé à vérifier cette formule par la densité de vapeur. Mais j'ai dû renoncer tout d'abord à opérer par le procédé ordinaire. En effet, le copahuvène éprouve une transformation polymérique lente, dès la température de son ébullition sous la pression normale ; aussi est-il impossible de le distiller entièrement à point fixe, même ...

après plusieurs rectifications antérieures. Toujours il reste dans la cornue une portion notable du carbure, épaissi et modifié.

Cette partie changée en polymère s'accumule dans le ballon à densité (d'après la méthode de M. Dumas) et fournit des chiffres beaucoup trop élevés. Il faut donc opérer sous des pressions assez faibles pour pouvoir déterminer la densité au-dessous de 250°.

J'ai effectué une détermination de ce genre à 232°,5, sous une pression de $0^m,140$ ([1]), en faisant le vide dans le ballon à densité, à partir du début de l'expérience. J'opérais d'ailleurs à dessein sur un poids de matière aussi réduit que possible, afin d'éviter l'accumulation des produits polymériques. J'ai trouvé ainsi le chiffre 7,93.

Cette densité surpasse encore un peu le chiffre normal correspondant à $C^{15}H^{24}$, soit 7,14; mais la différence est assez faible pour justifier l'adoption de ladite formule.

1 partie de ce carbure, traitée par 80 parties d'acide iodhydrique, à 280°, s'est comportée exactement comme le cubébène.

Un tube contenant 0,500 de copahuvène a fourni 290 centimètres cubes d'hydrogène à peu près pur.

L'iode mis à nu, déduction faite de celui qui répond à l'hydrogène pur, représentait exactement 8 atomes pour 1 molécule de carbure (mêlé de $C^{15}H^{30}$ relativement saturé).

Trois séries de distillations systématiques ont fourni :

1° L'hydrure de pentadécyle, $C^{15}H^{32}$, bouillant vers 255°, produit principal. Il formait les quatre cinquièmes de la masse totale.

2° L'hydrure d'amyle, C^5H^{12}, en très petite quantité.

3° L'hydrure de décyle, $C^{10}H^{22}$, vers 160°, en très petite quantité.

4° Un carbure volatil au-dessus de 360° et qui formait environ la moitié de la masse.

L'interprétation de ces faits étant la même que pour le cubébène, je ne les développerai pas davantage.

4. Ditérébène, $C^{20}H^{32}$.

Je désigne sous ce nom un carbure volatil vers 360°, sans décomposition, privé du pouvoir rotatoire, visqueux, très épais et légèrement jaunâtre : c'est le produit principal dans la réaction du fluo-

---

([1]) Sous cette pression, le carbure doit bouillir vers 207°, en calculant son point d'ébullition d'après les nombres trouvés par M. Regnault pour les tensions de vapeur du térébenthène.

rure de bore sur l'essence de térébenthine. Ce carbure prend aussi naissance dans la réaction de l'acide sulfurique; mais il est alors mêlé de beaucoup de sesquitérébène.

Le ditérébène est attaqué violemment par l'acide nitrique fumant, lequel ne tarde pas à le dissoudre entièrement, en l'oxydant avec dégagement de vapeur nitreuse. L'acide sulfurique fumant forme avec lui une émulsion brune. Le brome l'attaque vivement, en dégageant de l'acide bromhydrique, etc.

J'ai chauffé à 280° une partie de térébène avec 56 parties d'acide iodhydrique.

Un tube qui renfermait $0^{gr},500$ de carbure a fourni 250^{cc} de gaz (hydrogène presque pur).

L'iode libre a été dosé; il pesait $5^{gr},5$. Déduction faite de celui qui répond à l'hydrogène libre, on a trouvé $2^{gr},7$ pour l'iode correspondant à la réduction du ditérébène, c'est-à-dire $10,3$ atomes pour 1 molécule du carbure, $C^{20}H^{32}$.

Les liquides distillés ont fourni, par trois séries de distillations systématiques :

1° L'*hydrure d'amyle,* C^5H^{12}, bouillant vers 30°, en quantité très sensible;

2° L'*hydrure de décyle,* $C^{10}H^{22}$, bouillant vers 160°, en quantité notable;

3° L'hydrure $C^{15}H^{32}$, bouillant vers 260°, formait environ le quart de la masse;

4° Mais le produit principal était un produit oléagineux, volatil au-dessus de 330° et presque solide, non attaquable à froid par l'acide nitrique fumant, par le brome, non plus que par l'acide sulfurique fumant et tiède, ni par le mélange de cet acide avec l'acide nitrique fumant. La composition de ce carbure indiquait des rapports presque égaux entre le carbone et l'hydrogène. Je le regarde comme constitué par l'hydrure $C^{20}H^{42}$, mélangé de $C^{20}H^{40}$.

Ainsi le ditérébène fournit un carbure, probablement renfermant le même nombre d'atomes de carbure tel que $C^{20}H^{42}$,

$$C^{20}H^{32} + 5H^2 = C^{20}H^{42};$$

et la formation de ce carbure est confirmée par le dosage d'iode cité plus haut.

Mais une portion du ditérébène se dédouble en même temps, avec formation de carbures moins condensés, tels que les hydrures de pentadécyle et d'amyle :

$$C^{20}H^{32} + 6H^2 = C^{15}H^{32} + C^5H^{12},$$

c'est-à-dire

$$(C^5H^8)^4 + 6H^2 = (C^5H^{10})^3 H^3 + C^5H^{10})H^2;$$

tel est encore l'hydrure de décyle :

$$C^{20}H^{32} + 6H^2 = 2C^{10}H^{22},$$

c'est-à-dire

$$(C^{10}H^8)^4 + 6H^2 = 2(C^{10}H^{10})^2 H^2.$$

Tous ces faits concourent à établir les relations suivantes entre les divers carbures que je viens d'énumérer.

Carbure monomère ou *térène*..........	C^5H^8	
Carbure dimère ou *ditérène*..........	$(C^5H^8)^2$	(Térébenthène et ses nombreux dérivés.)
Carbure trimère ou *tritérène*..........	$(C^5H^8)^3$	(Colophène, essence de cubèbe, de copahu, etc.)
Carbure tétramère ou *tétratérène*.....	$(C^5H^8)^4$	Ditérébène véritable.

Le carbure C^5H^8, c'est-à-dire le *térène*, homologue de l'acétylène C^2H^2, jouerait donc dans la formation naturelle des essences végétales le même rôle que l'acétylène dans la formation synthétique des carbures pyrogénés.

Je ferai observer que l'on connaît déjà plusieurs carbures de cette formule, tels que :

1° L'isoprène, obtenu par M. Greville-Williams dans la distillation du caoutchouc ([1]).

2° Le valérylène, obtenu par M. Reboul au moyen de l'amylène bromé ;

3° Enfin M. Hlasiwetz a annoncé très récemment avoir obtenu un carbure C^5H^8, en faisant passer l'essence de térébenthine dans un tube rouge. Ce serait le générateur de la série, d'après la théorie que je développe en ce moment.

J'ajouterai dès à présent que ce carbure C^5H^8 me paraît devoir être représenté soit par un mélange de deux isomères, soit par un carbure unique de la formule suivante :

$$C^2H^2(C^2H^4[CH^2]).$$

Ce serait un *méthyléthylacétylène*. Mais je reviendrai sur cette constitution, laquelle repose sur l'interprétation de faits différents de ceux que j'expose en ce moment, et spécialement sur la discus-

---

([1]) *Quarterly Journal of the Chemical Society,* t. XV, p. 110; 1862.

sion des relations entre la série camphénique et la série benzénique (*voir* t. II, p. 428 et 512).

5. Caoutchouc et gutta-percha.

On sait que le caoutchouc et la gutta-percha ont été souvent rattachés à la série camphénique et regardés comme dérivant de polymères très élevés de ladite série. Cette circonstance m'a engagé à faire quelques essais sur l'hydrogénation du caoutchouc et de la gutta-percha.

J'ai donc chauffé, à 280°, 1 partie de gutta-percha, aussi pure que possible, avec 80 parties d'acide iodhydrique. La réaction s'est opérée. J'ai recueilli les gaz, les carbures, et dosé l'iode.

Les gaz étaient formés par de l'hydrogène pur. En déduisant l'iode correspondant à cet hydrogène, il restait $1^{gr},8$ d'iode, c'est-à-dire $14^{mgr},2$ d'hydrogène, employés à l'hydrogénation de 0,500 de gutta-percha.

Comme la formule des principes constitutifs de la gutta-percha est inconnue, le chiffre précédent exige un calcul spécial pour être interprété; il faut le rapprocher de la composition centésimale de la gutta-percha.

Or, d'après M. Soubeiran [1], 100 parties de gutta-percha purifiée renferment :

$$
\begin{array}{lr}
C\dots\dots\dots\dots & 83,5 \\
H\dots\dots\dots\dots & 11,5 \\
O\dots\dots\dots\dots & 5,0 \\
\hline
& 100,0
\end{array}
$$

En rapportant le poids d'hydrogène ($14^{mgr},2$) employé dans la réduction de 50^{mgr} à 100 parties de gutta-percha, on obtient :

Hydrogène réducteur : 2,84.

Admettons que les 5,0 d'oxygène contenus dans la gutta-percha aient été changés en eau, comme il arrive en général dans ces réductions : ils auront exigé 0,6 d'hydrogène. Le produit hydrocarboné qui s'est formé dans la réaction offre donc la composition suivante :

$$
\begin{array}{lrlr}
C\dots\dots\dots\dots & 83,5 & \text{ou pour 100 : } C & 85,8 \\
H = 11,5 + 2,24\dots\dots & 13,74 & \qquad\text{»}\qquad H & 14,2 \\
\cline{2-2}\cline{4-4}
& 97,24 & & 100,0
\end{array}
$$

---

[1] Gerhardt, *Traité de Chimie organique*, t. IV, p. 412.

Le rapport entre le carbone et l'hydrogène dans le produit final est donc celui de 6 : 1. Or, ce rapport est très voisin de celui qui doit exister dans un carbure saturé à équivalent très élevé, tel que $C^{30}H^{62}$ ou $C^{40}H^{82}$. En effet, la formule $C^{40}H^{82}$ exige :

$$C = 85,5; \quad H = 14,5.$$

Il résulte de ces chiffres que la gutta-percha a éprouvé une hydrogénation totale, de même que les autres substances mises en jeu dans mes expériences.

J'ai examiné le produit de cette réaction ; il ne renfermait, contre mon attente, aucun carbure volatil à basse température, ni même aucun carbure volatil au-dessous de 360°. C'est une matière visqueuse, semblable à du caoutchouc fondu. Elle retient opiniâtrément de l'eau interposée. Lorsqu'on la chauffe, elle se boursoufle beaucoup et d'une manière explosive, à mesure que l'eau se dégage. Mais l'eau n'entraîne aucun carbure volatil en s'évaporant. Quand elle est entièrement éliminée, — ce qui exige une opération lente et pénible, on peut élever la température jusqu'à 350°, sans que le carbure distille. — Il demeure dans la cornue sous la forme d'un liquide épais et visqueux, presque incolore. En poussant plus haut, ce corps passe enfin à la distillation, mais sans éprouver de décomposition apparente.

Le carbure ainsi obtenu offre les réactions générales des carbures forméniques : résistance au brome, à l'acide nitrique fumant et froid, à l'acide sulfurique fumant et tiède, etc.

Le caoutchouc, aussi pur et aussi peu coloré que possible, a été traité de la même manière que la gutta-percha par l'acide iodhydrique. Il s'est comporté exactement comme la gutta-percha.

Le dosage de l'iode, joint à la mesure du volume de l'hydrogène libré, a indiqué également une saturation totale.

Dans cette réaction il ne s'est formé aucun carbure volatil au-dessous de 350°. Le produit obtenu offrait les mêmes caractères que celui de la gutta-percha, quoiqu'il ait semblé un peu plus voisin de l'état solide et un peu moins volatil. Mais ce sont là des appréciations incertaines.

Le produit, une fois privé d'eau, a pu être conservé pendant dix-huit mois sans se solidifier. Cependant la masse a paru offrir quelques indices de cristaux.

Ces faits montrent que le caoutchouc et la gutta-percha se comportent comme les autres substances organiques à l'égard de l'acide iodhydrique; mais ils tendent à les éloigner de la série camphénique.

Je viens de signaler dans les paragraphes précédents la formation d'un carbure saturé liquide à équivalent très élevé, dans la réaction d'un excès d'acide iodhydrique pour la gutta-percha. Ce carbure doit renfermer un nombre d'atomes de carbone comparable à la paraffine, dont il se distingue cependant par l'absence de cristallisation. Cette circonstance m'a engagé à reprendre comparativement l'action de l'hydracide sur le carbure de la gutta-percha et sur la paraffine, afin de vérifier si l'un ou l'autre de ces carbures pourrait être modifié et rendu comparable à son congénère, par une nouvelle hydrogénation.

J'ai donc repris le carbure de la gutta-percha ét je l'ai chauffé de nouveau à 275°, pendant vingt heures, avec 80 parties d'acide iodhydrique; mais il n'a éprouvé aucun changement appréciable, soit dans son état liquide, soit dans ses autres propriétés.

Un échantillon de paraffine de Pensylvanie, préalablement purifiée, a été chauffé avec l'acide iodhydrique, dans les mêmes conditions. Mais la paraffine n'a éprouvé aucun changement appréciable, soit dans son point de fusion, soit dans ses autres propriétés. Ce résultat montre une fois de plus que la paraffine est formée par des carbures saturés.

Or l'équivalent de ces carbures doit être du même ordre de grandeur que celui des carbures dérivés du caoutchouc et de la gutta-percha. D'après les analogies ordinaires, ces divers carbures saturés devraient donc, s'ils appartenaient à une même série, offrir quelque ressemblance dans leurs propriétés physiques, affecter également l'état solide et cristallisé, etc. Comme il n'en est pas ainsi, je pense que l'on peut en conclure que les carbures dérivés du caoutchouc et de la gutta-percha appartiennent à une série différente de celle des carbures des pétroles de Pensylvanie.

TROISIÈME DIVISION. — **Dérivés terpiléniques et camphéniques.**

Je comprends sous ces noms les corps suivants soumis à mes études :

1° L'hydrure de terpilène, $C^{10}H^{16}$, $2H^2$;

2° Le monochlorhydrate cristallisé, $C^{10}H^{16}$. HCl ;

3° Le dichlorhydrate cristallisé, $C^{10}H^{16}$. $2HCl$;

4° L'alcool mentholique, $C^{10}H^{20}O$;

5° L'alcool campholique ou camphre de Bornéo, $C^{10}H^{18}O$;

6° L'aldéhyde campholique ou camphre ordinaire, $C^{10}H^{16}O$;

7° L'acide camphorique, $C^{10}H^{16}O^4$.

1. HYDRURE DE TERPILÈNE, $C^{10}H^{16}(H^2)(H^2)$.

Il m'a paru important d'examiner l'action ultérieure de l'acide iodhydrique sur les hydrures de térébenthène formés tout d'abord. Mais je n'ai pas cru utile d'insister sur l'hydrure de camphène, $C^{10}H^{16}(H^2)$; car les expériences même que j'ai exposées démontrent suffisamment son hydrogénation consécutive.

Au contraire, l'hydrure de terpilène, beaucoup plus stable, réclamait de nouveaux essais, pour bien mettre en lumière la composition et la constitution de ce carbure.

L'hydrure de terpilène mis en expérience a été préparé, d'une part, au moyen du camphre de Bornéo et, d'autre part, au moyen du menthol. Dans un cas comme dans l'autre, ses propriétés m'ont paru les mêmes. Il bouillait vers 170° (température corrigée) ; sa stabilité, c'est-à-dire sa résistance aux acides sulfurique fumant, nitrique fumant, au brome, était très voisine de celle des carbures saturés C^nH^{2n+2} ; circonstance qui m'avait fait penser d'abord à un nouvel isomère desdits carbures. Il est notamment beaucoup plus stable que le diamylène, carbure isomérique, lequel est attaqué aussitôt par l'acide nitrique fumant, par le brome, etc.

C'est pourquoi j'ai cherché si l'hydrure de terpilène pouvait être attaqué par l'acide iodhydrique ; car l'absence d'attaque caractérise les carbures saturés absolument d'après mes expériences antérieures.

1 partie d'hydrure de terpilène (dérivé du camphre de Bornéo) a donc été chauffée à 290° avec 52 parties d'hydracide pendant vingt-quatre heures.

Les gaz produits étaient un mélange d'hydrogène avec une proportion sensible d'un carbure extrêmement soluble dans l'alcool (hydrure d'amyle, d'après ce qui suit).

Les liquides, soumis à des rectifications systématiques, ont fourni :

1º Une petite quantité d'hydrure d'amyle, C^5H^{12}, bouillant entre 30º et 40º, avec ses propriétés ordinaires;

2º Un carbure principal bouillant entièrement entre 155º et 160º, lequel offrait cette fois la composition et les propriétés de l'hydrure de décyle, $C^{10}H^{22}$.

J'ai fait la même expérience avec l'hydrure de terpilène dérivé du menthol. Cette fois, j'ai déterminé le volume et la composition des gaz (en calculant la vapeur hydrocarbonée comme hydrure d'amyle, C^5H^{12}), et j'ai dosé l'iode mis à nu. Ce dernier, déduction faite de celui qui répondait à l'hydrogène libre, s'élevait à 1 gramme d'iode pour 0^{gr},500 de carbure, c'est-à-dire 2 atomes pour 1 molécule de carbure, ce qui répond à l'équation,

$$C^{10}H^{20} + H^2 = C^{10}H^{22}.$$

En rectifiant les liquides formés, j'ai obtenu, en effet, comme ci-dessus :

1º L'hydrure de décyle, $C^{10}H^{22}$, produit principal;

2º Une petite quantité d'hydrure d'amyle, C^5H^{12}.

Ces faits établissent nettement la composition de l'hydrure de terpilène : ils montrent en même temps que ce carbure fournit, d'une part, l'hydrure absolu $C^{10}H^{22}$, et qu'il présente, d'autre part, la même tendance que le térébenthène et ses isomères à éprouver un dédoublement partiel, avec formation d'hydrure d'amyle, C^5H^{12}.

$$C^{10}H^{20} + 2H^2 = 2C^5H^{12}.$$

2. Monochlorhydraté cristallisé, $C^{10}H^{16}.HCl$.

C'est le composé désigné autrefois sous le nom impropre de *camphre artificiel*. Il représente le premier terme de la saturation de l'essence de térébenthine. J'ai chauffé vers 250º, pendant une dizaine d'heures, 1 partie de ce composé avec 50 parties d'hydracide.

Le volume des gaz obtenus a été trouvé égal à 270 centimètres cubes (volume réduit) pour 0,500 de carbure; ces gaz étaient formés par de l'hydrogène presque pur. Il n'y avait point de charbon.

En déduisant du poids de l'iode trouvé celui qui correspond à l'hydrogène, il est resté 4,6 atomes d'iode mis en liberté pour 1 molécule du composé mis en expérience. Ces chiffres indiquent une réduction incomplète, produite par l'influence insuffisante et trop peu prolongée de l'hydracide.

En effet, la distillation fractionnée des liquides a fourni :

1° L'hydrure de terpilène, $C^{10}H^{20}$, volatil entre 167° et 171°. C'était le produit principal. Ce carbure a paru un peu plus stable que l'hydrure de terpilène fourni directement par l'essence de térébenthine ; mais cette circonstance tenait peut-être au mélange du carbure suivant.

2° L'hydrure de décyle, $C^{10}H^{22}$, volatil vers 155° et 160°, moins abondant.

3° Une trace d'hydrure d'amyle, C^5H^{12}.

3. DICHLORHYDRATE CRISTALLISÉ, $C^{10}H^{16}.2HCl$.

Ce composé avait été préparé par la réaction de l'acide chlorhydrique sur la terpine

$$C^{10}H^{16}.2H^2O.$$

On a opéré vers 260° seulement et avec 50 parties d'hydracide.

On a obtenu 290 centimètres cubes de gaz (volume réduit) pour $0^{gr},500$ de composé. Ce gaz était de l'hydrogène presque pur. Il n'y avait point de charbon.

L'iode mis à nu (déduction faite de celui qui répondait à l'hydrogène libre), s'élevait à 4,5 atomes pour 1 molécule de carbure.

Trois séries de distillations fractionnées des liquides ont fourni :

1° Une trace d'hydrure d'amyle, C^5CH^{12} ;

2° Une quantité accessoire (un quart environ du produit total) d'hydrure de décyle, $C^{10}H^{22}$, volatil entre 155° et 160° ;

3° L'hydrure de terpilène, $C^{10}H^{20}$, vers 170°, produit prédominant ;

4° Une quantité sensible d'un dérivé polymérique, bouillant au-dessus du point d'ébullition du mercure. Ce dérivé n'avait apparu ni avec le camphène, ni avec le monochlorhydrate.

4. ALCOOL MENTHOLIQUE, $C^{10}H^{20}O$.

L'alcool mentholique a fourni d'abord l'hydrure de terpilène,

$$C^{10}H^{20}O^2 + H^2 = C^{10}H^{20} + H^2O,$$

transformable ensuite en hydrure de décyle par une réaction

réitérée,

$$C^{10}H^{20} + H^2 = C^{10}H^{22}.$$

J'ai opéré avec un échantillon d'alcool mentholique cristallisé, que M. Oppenheim avait bien voulu me procurer.

Je l'ai chauffé à 250° avec quarante fois son poids d'acide iodhydrique.

Dans l'un des tubes qui renfermait 0,500 de menthol, j'ai recueilli et mesuré les gaz, dosé l'iode, séparé les carbures. Il n'y avait point de matière charbonneuse.

Le volume des gaz s'élevait à 250 centimètres cubes. Ces gaz étaient formés par de l'hydrogène sensiblement pur.

L'iode libre pesait 3^{gr},7. En déduisant l'iode correspondant à l'hydrogène libre, il reste 0^{gr},9 pour l'iode mis à nu par la réduction du menthol : ce qui fait 2,25 atomes d'hydrogène pour 1 molécule de menthol.

Les liquides distillés ont fourni par trois séries de rectifications systématiques :

1° Une petite quantité d'*hydrure d'amyle,* C^5H^{12}, bouillant entre 30° et 40° ;

2° Une quantité sensible (un dixième environ du produit total) d'*hydrure de décyle,* $C^{10}H^{22}$, qui bouillait entre 155° et 160°.

3° L'*hydrure de terpilène,* $C^{10}H^{20}$, produit principal, bouillant vers 170° (corrigé) ; il formait au moins les trois quarts de la masse totale. On en a vérifié la nature par l'analyse. La formation de ce carbure s'accorde avec le dosage de l'iode.

Ce carbure se rapproche des carbures saturés par sa stabilité. L'acide nitrique fumant froid ne l'attaque point ; à l'ébullition, il l'attaque peu à peu, avec dégagement de vapeur nitreuse et formation d'un corps précipitable par l'eau. L'acide sulfurique fumant et chaud l'attaque aussi très lentement. Le mélange d'acide nitrique fumant et sulfurique fumant se comporte comme l'acide nitrique fumant.

Enfin le brome l'attaque peu à peu à chaud, avec dégagement d'acide bromhydrique, et formation d'un corps bromé.

Tels sont les faits observés.

Le carbure principal que je viens de décrire pourrait aussi être appelé *hydrure de menthène,* car il joue à l'égard du menthol le même rôle que le formène à l'égard de l'alcool méthylique :

$$\begin{cases} C^{10}H^{20}O - C^{10}H^{20}, \\ CH^4O \ - CH^4. \end{cases}$$

Toutefois ce nom tendrait à faire admettre que l'hydrure de menthène et l'hydrure de terpilène sont deux corps distincts; isomérie qui est possible, en effet, mais non démontrée : car je n'ai pu découvrir de différence bien définie entre ces deux carbures, soit dans le point d'ébullition, soit dans les autres propriétés.

Cependant l'hydrure dérivé du térébenthène m'a paru un peu moins stable que celui qui dérive soit du menthol, soit du bornéol. Mais la différence pouvait tenir au mélange d'un peu d'hydrure de camphène dans le premier, d'un peu d'hydrure de décyle dans le second.

La production de l'hydrure d'amyle, C^5H^{12}, en petite quantité, au moyen du menthol, prouve d'ailleurs que cet alcool dérive du même carbure fondamental que l'essence de térébenthine et les autres composés camphéniques. Ces conclusions sont corroborées par l'hydrogénation ultérieure de l'hydrure dérivé du menthol.

En effet, j'ai dit plus haut comment ledit hydrure, chauffé à 290° avec cinquante-deux fois son poids d'acide iodhydrique, se change en hydrure de décyle, $C^{10}H^{22}$, en fixant 2 atomes d'hydrogène, fixation contrôlée par le dosage de l'iode. Cette transformation établit d'une manière décisive la composition du carbure. Elle est d'ailleurs accompagnée par la production d'une petite quantité d'hydrure d'amyle, $C^{10}H^{12}$, indice d'un dédoublement partiel.

5. ALCOOL CAMPHOLIQUE OU BORNÉOL, $C^{10}H^{18}O$.

Je désigne sous ce nom le camphre de Bornéo : j'en possède un échantillon de 500 grammes que j'ai fait venir de Java.

J'ai chauffé cet alcool avec cinquante-deux fois son poids d'acide iodhydrique vers 250°.

Un tube renfermant 0,500 de camphol a été consacré aux dosages. Il a fourni 283 centimètres cubes d'hydrogène sensiblement pur (volume réduit). Il n'y avait point de matière charbonneuse. En déduisant de l'iode total l'iode qui répond à l'hydrogène libre, il restait 4,3 atomes d'iode employé à la réaction vis-à-vis de 1 molécule d'alcool campholique.

Ce chiffre répond à la formation dominante de l'hydrure de terpilène,

$$C^{10}H^{11}O + 2H^2 = C^{10}H^{20} + H^2O.$$

Il est confirmé par l'analyse des carbures liquides.

En effet, ces liquides, soumis à trois séries de distillations systématiques, ont fourni :

1° Une très petite quantité d'hydrure d'amyle, $C^{10}H^{12}$, bouillant vers 30°, et dont j'ai vérifié les réactions.

2° Une proportion notable d'hydrure de décyle, $C^{10}H^{22}$, bouillant vers 155°. Il formait environ le cinquième de la masse totale.

3° L'hydrure de terpilène, $C^{10}H^{20}$, bouillant à 170° (corrigé). J'en ai vérifié la composition et les propriétés. Il formait plus de moitié de la masse totale.

4° Une petite quantité d'un carbure condensé, qui bouillait au-dessus de 360°. Ce carbure offrait les réactions d'un carbure formé-nique, mélangé avec un carbure moins stable. Avec le menthol, il ne se produit pas de corps analogue en proportion appréciable.

Le carbure principal qui dérive du camphol dans cette expérience, c'est-à-dire l'hydrure de terpilène, offrait exactement les mêmes réactions et propriétés que celui qui dérive du menthol. On a de même vérifié qu'il était attaqué à 290° par l'acide iodhydrique, avec formation d'hydrure de décyle, $C^{10}H^{22}$, et d'un peu d'hydrure d'amyle.

6. Aldéhyde campholique (camphre ordinaire), $C^{10}H^{16}O$.

J'ai chauffé le camphre ordinaire à 250° avec quarante fois son poids d'acide iodhydrique.

Les gaz formés s'élevaient à 230 centimètres cubes pour 0,500 de camphre. C'était de l'hydrogène presque pur, renfermant une petite quantité de vapeur hydrocarbonée (hydrure d'amyle pur d'après ce qui suit), mais tout à fait exempt d'oxyde de carbone. Il n'y avait pas de matière charbonneuse.

En déduisant de l'iode total mis en liberté l'iode correspondant à ce gaz (calculé comme hydrogène pur), on a trouvé qu'une mo-lécule de camphre avait fixé 6,4 atomes d'hydrogène : résultat voi-sin de la formation de l'hydrure de terpilène,

$$C^{10}H^{16}O + 3H^2 = C^{10}H^{20} + H^2O.$$

Trois séries de distillations systématiques ont fourni, en effet :

1° L'*hydrure de terpilène*, $C^{10}H^{20}$, bouillant entre 165° et 171°, avec les propriétés déjà décrites ;

2° Un peu d'*hydrure de décyle*, $C^{10}H^{22}$, entre 156° et 160° ;

3° Une trace d'*hydrure d'amyle*, $C^{5}H^{12}$, ou d'un carbure ana-logue extrêmement volatil.

Il ne s'est produit ni carbure intermédiaire, ni carbure con-densé.

Cette expérience a été répétée deux fois dans les mêmes conditions et avec les mêmes résultats.

Je ferai observer que ces résultats s'écartent à certains égards de ceux qui ont été publiés récemment par M. Weyl [1]. Ce savant en effet annonce avoir obtenu :

1° Un carbure, $C^{10}H^{18}$, bouillant vers 163°;

2° Un carbure bouillant vers 155°, de composition intermédiaire entre $C^{10}H^{18}$ et $C^{10}H^{20}$;

3° Un carbure C^9H^{16}, bouillant entre 135° et 140°.

Je n'ai point répété cette expérience; mais le premier carbure est évidemment le même que l'hydrure de camphène décrit dans le présent travail et dont j'ai publié la formation par l'essence de térébenthine il y a deux ans [2].

Le deuxième carbure doit être un mélange d'hydrure de décyle avec les hydrures de camphène et de terpilène.

Quant au troisième carbure, je crois que sa formule et son existence comme corps unique et défini réclament vérification.

Au surplus, l'expérience de M. Weyl a été faite dans des conditions fort différentes des miennes. Ce chimiste paraît avoir opéré à 200° seulement et avec un acide iodhydrique bouillant à 125°, c'est-à-dire beaucoup moins concentré que le mien. Il n'indique point les proportions relatives. Je pense qu'il a dû employer cet acide en quantité insuffisante et obtenir des matières charbonneuses; car il annonce avoir employé 30^{gr} de camphre et obtenu seulement 20^{cc} de liquide hydrocarboné.

Quoi qu'il en soit, il n'y a aucune incompatibilité absolue entre mes résultats et les siens, en tenant compte de la diversité des conditions.

7. ACIDE CAMPHORIQUE, $C^{10}H^{16}O^4$.

J'ai fait réagir 1 partie d'acide camphorique pur sur 60 parties d'acide iodhydrique (densité $= 2,0$), à 270°.

Un tube employé pour les dosages a fourni, pour $0^{gr},500$ d'acide camphorique, 395^{cc} de gaz (volume réduit et acide carbonique éliminé). Il y avait $5^{gr},1$ d'iode libre. Point de matière charbonneuse.

---

[1] *Berichte der Chem. Gesellschaft zu Berlin,* p. 91; 1868.

[2] *Comptes rendus,* t. LXIV, p. 790; 1867. — *Journal de Pharmacie et de Chimie,* t. VI, p. 32; 1867.

Le gaz renfermait sur 100 parties :

$$
\begin{array}{lr}
\text{Oxyde de carbone CO} \dots\dots\dots\dots\dots\dots\dots & 7,0 \\
\text{Hydrogène } H^2 \dots\dots\dots\dots\dots\dots\dots\dots & 91,0 \\
\text{Vapeur hydrocarbonée} \dots\dots\dots\dots\dots\dots & 2,0 \\
\hline
& 100,0
\end{array}
$$

La vapeur hydrocarbonée (hydrure d'octyle C^5H^{18}) était très soluble dans l'alcool absolu. Un traitement par ce liquide l'élimine entièrement, à tel point que le gaz, dépouillé ensuite de vapeurs d'alcool par l'acide sulfurique, puis d'oxyde de carbone par le chlorure cuivreux, etc., brûle finalement sans donner lieu à une trace appréciable d'acide carbonique.

En définitive, l'hydrogène libre s'élève donc à 360^{cc}, ce qui représente $4^{gr},1$ d'iode. La décomposition de l'acide camphorique a donc exigé $1^{gr},0$ d'iode, c'est-à-dire $3,0$ atomes pour 1 molécule d'acide camphorique. On reviendra sur ce chiffre, ainsi que sur la formation de l'oxyde de carbone, qui s'élevait d'après les nombres précédents à 28^{cc}.

Le carbure liquide, soumis à la distillation, passe en totalité entre $118°$ et $120°$. Sa composition et son point d'ébullition répondent à l'hydrure d'octyle, C^8H^{18} ([1]). Il résiste de même à l'acide nitrique fumant et froid, à l'acide sulfurique fumant et tiède, au brome froid, etc.; toutes propriétés qui lui sont communes avec le carbure des pétroles.

Le poids de ce carbure, bien qu'il ne soit pas susceptible d'une évaluation aussi rigoureuse que la mesure des gaz ou le dosage de l'iode, répond à une transformation totale. En effet, en opérant avec 5^{gr} d'acide camphorique, j'ai réussi à isoler $2^{gr},3$ d'hydrure d'octylène (avant la distillation), non sans perdre de petites quantités restées adhérentes aux tubes multiples employés dans la préparation. La théorie indique $2^{gr},8$.

M. Weyl, dans le travail cité plus haut, a aussi examiné l'action de l'acide iodhydrique sur l'acide camphorique. Il a opéré à $200°$ avec un hydracide bouillant à $127°$. Il a obtenu un carbure bouillant entre $115°$ et $118°$, indifférent à l'action du brome et difficilement oxydable, que l'auteur représente par la formule C^9H^{18}. L'auteur a donc opéré dans des conditions fort différentes des miennes. Les deux carbures obtenus ont le même point d'ébullition et une stabilité analogue.

([1]) Mélangé sans doute avec le carbure relativement saturé C^8H^{16}.

Je pense donc que le carbure de M. Weyl doit répondre à la formule C^8H^{16}, à supposer qu'il ne soit pas le même que le mien.

Cependant je ne voudrais pas trancher, sans une nouvelle étude, la question de l'identité de ces deux corps. Je me bornerai à répéter que l'analyse et les propriétés du carbure que j'ai obtenu me conduisent pour le produit principal à la formule $C^{16}H^{18}$.

Tels sont les faits observés. La formation de l'hydrure d'octyle, C^8H^{18}, est corrélative de celle de l'oxyde de carbone et de l'acide carbonique. Elle peut donc être représentée par l'équation suivante :

$$C^{10}H^{16}O^4 + 2H^2 = C^8H^{18} + CO + CO^2 + H^2O.$$

Toutefois cette équation exige pour 1 molécule d'acide camphorique 4 atomes d'hydrogène et 55^{cc} d'oxyde de carbone. Or j'ai obtenu 3 atomes d'iode et 28^{cc} d'oxyde de carbone. Ces nombres indiquent que la moitié seulement de l'acide camphorique a éprouvé la transformation précédente, tandis que l'autre moitié s'est changée directement en hydrure d'octylène et acide carbonique,

$$C^{10}H^{16}O^4 + H^2 = C^8H^{18} + 2CO^2.$$

Toutes ces relations sont la traduction immédiate des faits et des nombres observés.

Il s'agirait maintenant de les interpréter, c'est-à-dire d'en montrer la relation avec la constitution de l'acide camphorique ([1]).

Résumons par quelques lignes les longs développements relatifs aux carbures complexes et polymères.

Conclusion. — En résumé, lorsqu'on fait agir un excès d'hydracide sur les carbures complexes ou polymères :

1° Une partie du carbure complexe se change en un carbure saturé de même condensation, et qui offre toutes les propriétés chimiques des carbures des pétroles ([2]);

2° En même temps une autre portion se dédouble, par le fait de l'hydrogénation, en reproduisant des carbures saturés, dont le carbone demeure multiple de celui du générateur primitif des

---

([1]) Sur ce point, je renverrai aux développements contenus dans le *Bulletin de la Société chimique*, 2e série, t. XI, p. 107 et suivantes.

([2]) Mélangé, si l'action n'a pas été complète, avec des hydrures cycliques intermédiaires.

carbures polymères. Par exemple, le styrolène, carbure complex e
dérivé de la benzine et de l'éthylène,

$$C^6 H^4 (C^2 H^4) = C^8 H^8$$

reproduit à la fois un carbure saturé,

$$C^8 H^{18},$$

de même condensation, et deux carbures également saturés,

$$C^6 H^{14} + C^2 H^6,$$

par dédoublement.

De même le diallyle,

$$C^6 H^{10} = C^3 H^4 (C^3 H^6),$$

reproduit à la fois un carbure saturé de même condensation ,

$$C^6 H^{14},$$

et un autre carbure, $2 C^3 H^8$, par dédoublement.

De même le diphényle,

$$C^6 H^4 (C^6 H^6), \text{ etc.}$$

Tels sont encore les dédoublements plus complexes du polyéthylène

$$(C^2 H^4)^8,$$

qui reproduit à la fois un carbure

$$(C^2 H^4)^8 H^2,$$

de même condensation, et des carbures

$$(C^2 H^4)^6 H^2 + 2 C^2 H^4 (CH^2),$$

et

$$2 (C^2 H^4)^3 H^2 + (C^2 H^4)^2 H^2,$$

par dédoublement, etc.

3° L'action d'une quantité insuffisante d'hydracide donne naissance d'abord à des hydrures relatifs, plus stables que les carbures
primitifs, surtout à l'égard des réactions par addition : tels sont
l'hydrure de styrolène

$$C^8 H^8 (H^2),$$

les hydrures de naphtaline

$$C^{10} H^8 (H^2) \quad \text{et} \quad C^{10} H^8 (H^2) (H^2),$$

les hydrures de térébenthène

$$C^{10}H^{16}(H^2) \quad \text{et} \quad C^{10}H^{16}(H^2)(H^2).$$

etc.

4° En poussant plus loin, on obtient des dédoublements, analogues à ceux qui résultent d'une saturation complète par l'hydrogène. Ces dédoublements ne se produisent en général que sur une portion de la matière, le surplus fixant de l'hydrogène sans se dédoubler.

L'étude des termes engendrés par ces dédoublements graduels montre comment le polymère, ou le carbure complexe, a dû se constituer en sens inverse, par voie de combinaison successive.

Par exemple, l'éthylbenzine

$$C^6H^4(C^2H^6)$$

reproduit en certaine proportion la benzine et l'hydrure d'éthyle

$$C^6H^6 + C^2H^6,$$

c'est-à-dire les deux carbures dont l'union à l'état naissant a constitué ladite éthylbenzine.

Le styrolène,

$$C^6H^4(C^2H^4),$$

qui peut être obtenu par la réaction directe de la benzine sur l'éthylène, régénère la benzine et l'hydrure d'éthyle

$$C^6H^6 + C^2H^6.$$

De même la naphtaline,

$$C^{10}H^8,$$

qui peut être formée par des synthèses directes au moyen de la benzine et de l'acétylène, comme le montre la formule

$$C^6H^4(C^2H^2[C^2H^2]);$$

peut reproduire, soit l'éthylbenzine et l'hydrure d'éthyle

$$C^6H^4(C^2H^6) + C^2H^6,$$

soit la benzine et l'hydrure d'éthyle

$$C^6H^6 + 2\,C^2H^6.$$

Ces exemples montrent toute l'importance de la méthode.

Cependant quelques distinctions essentielles doivent être faites ici.

1° Les carbures saturés d'hydrogène et représentés par la formule $C^n H^{2n+2}$ ne peuvent plus être dédoublés, ni même attaqués par l'acide iodhydrique, quelle que soit d'ailleurs leur origine et leur constitution; soit qu'ils dérivent de la réunion de plusieurs molécules forméniques

$$(CH^2)^n H^2,$$

de celle de plusieurs molécules éthyléniques

$$(C^2 H^4)^n H^2,$$

ou de générateurs plus complexes encore; ils semblent, dans tous les cas, résister à l'acide iodhydrique.

Au contraire, tous les carbures non saturés, c'est-à-dire tous les carbures dans lesquels l'hydrogène ne dépasse pas de deux unités le nombre d'équivalents du carbone, sont attaqués et transformés par l'acide iodhydrique, dans les conditions que j'ai décrites. Mais les uns se saturent d'hydrogène intégralement et sans être scindés, tandis que les autres éprouvent un dédoublement partiel. Précisons cette distinction.

2° En général, les carbures engendrés par substitution forménique, c'est-à-dire par la substitution de CH^4 à H^2, lesquels sont les vrais carbures homologues, résistent absolument au dédoublement par hydrogénation.

Il en est de même de la benzine, $C^6 H^6$, dont la constitution et la stabilité offrent quelque chose d'exceptionnel. Elle communique d'ailleurs cette stabilité aux carbures homologues, tels que le toluène et les dérivés méthylbenzéniques : tous corps qui se saturent d'hydrogène sans être dédoublés.

3° Au contraire, la plupart des carbures complexes, tels que l'éthylbenzine, formée par une substitution d'hydrure d'éthyle :

$$\underbrace{C^6 H^4 (H^2)}_{\text{Benzine.}} \qquad \underbrace{C^6 H^4 (C^6 H^6)}_{\text{Éthylbenzine.}};$$

le styrolène, formé par une substitution semblable d'éthylène :

$$\underbrace{C^6 H^4 (H^2)}_{\text{Benzine.}} \qquad \underbrace{C^6 H^4 (C^2 H^4)}_{\text{Styrolène.}};$$

la naphtaline, formée par une double substitution d'acétylène :

$$\underbrace{C^6 H^4 (H^2)}_{\text{Benzine.}} \qquad \underbrace{C^6 H^4 (C^2 H^2 [H^2])}_{\text{Styrolène.}} \qquad \underbrace{C^6 H^4 (C^2 H^2 [C^2 H^2])}_{\text{Naphtaline.}};$$

le diallyle, formé par une substitution de propylène :

$$\underbrace{C^3H^4(H^2)}_{\text{Propylène.}} \qquad \underbrace{C^3H^4(C^6H^6)}_{\text{Diallyle.}};$$

le diamylène, formé par une substitution d'amylène :

$$\underbrace{C^5H^{10}(H^2)}_{\text{Hydrure d'amyle.}} \qquad \underbrace{C^5H^{10}(C^5H^{10})}_{\text{Diamylène.}};$$

le diphényle, formé par une substitution de benzine :

$$\underbrace{C^6H^4(H^2)}_{\text{Benzine.}} \qquad \underbrace{C^6H^4(C^6H^6)}_{\text{Diphényle.}};$$

l'anthracène, formé par deux substitutions, l'une d'acétylène, l'autre de phénylène :

$$\underbrace{C^6H^{12}(H^2)}_{\text{Benzine.}} \qquad \underbrace{C^6H^4(C^2H^2[H^2])}_{\text{Styrolène.}} \qquad \underbrace{C^6H^4(C^2H^2[C^6H^4])}_{\text{Anthracène.}},$$

La plupart des carbures complets, dis-je, éprouvent un dédoublement partiel au moment où ils sont saturés d'hydrogène. Ce dédoublement met en évidence leur constitution et la manière dont ils ont été formés par voie de synthèse progressive.

CHAPITRE XVI.

MÉTHODE UNIVERSELLE : MATIÈRES CHARBONNEUSES [1].

Pour compléter l'étude de la méthode, il ne reste plus qu'à examiner ses effets sur les matières charbonneuses, c'est-à-dire sur les produits ultimes de la transformation polymérique des principes organiques. J'ai compris dans mes expériences :

1º Les dérivés pyrogénés des carbures d'hydrogène ;

2º Les dérivés naturels des hydrates de carbone, tels que le ligneux ;

3º Les dérivés des hydrates de carbone modifiés par la chaleur, ou par les acides ;

4º La houille, produit spontané de la décomposition des végétaux ;

5º La matière charbonneuse des météorites ;

6º Enfin j'ai opéré par comparaison sur diverses variétés de carbone pur et sur les produits de leur oxydation.

1º Dérivés pyrogénés des carbures d'hydrogène.

Bitumène. — J'ai pris comme type de ces dérivés ultimes le bitumène, c'est-à-dire le dernier carbure pyrogéné, qui se forme par la condensation de la benzine [2].

C'est un corps solide, noirâtre, à peu près insoluble dans tous les dissolvants. Il fond très nettement à une haute température. Au voisinage du point de fusion du verre, le bitumène émet des vapeurs qui passent lentement à la distillation, etc.

J'ai chauffé une partie de bitumène, à 275º, avec 100 parties d'acide iodhydrique saturé, pendant vingt-quatre heures. J'ai obtenu des carbures liquides, dont le poids dépassait les deux tiers de celui du bitumène mis en expérience ; l'autre tiers était repré-

---

[1] *Bulletin,* nouvelle série, t. XI, p. 278 ; 1869. — *Annales de Chimie et de Physique,* t. XX, p. 516 ; 1870.

[2] *Annales de Chimie et de Physique,* 4º série, t. IX, p. 459 ; 1866. — Le présent Ouvrage, t. II, p. 21.

senté par une substance charbonneuse. Le poids de l'iode devenu libre correspondait environ à 20 fois le poids du bitumène employé ; mais une partie (un quart environ) de cet iode répondait à la formation d'une certaine quantité d'hydrogène libre, qui a été mesuré ; le surplus répond à l'hydrogène fixé par le bitumène transformé : ce qui s'accorde suffisamment avec les résultats qui vont suivre.

J'ai soumis à une série de distillations systématiques les carbures liquides et j'ai obtenu, comme produits principaux, les deux composés suivants :

1° L'*hydrure d'hexyle,* $C^6 H^{14}$. Il bout vers 70°, et il offre les mêmes réactions et propriétés générales que l'hydrure d'hexyle engendré par la benzine. Ce carbure formait près des deux tiers de la masse totale. Il renfermait une petite quantité de benzine, $C^6 H^6$, que j'en ai séparée au moyen de l'acide nitrique fumant ; je l'ai changée ensuite en aniline et en matière colorante bleue, etc.

2° Un carbure oléagineux, presque fixe, que les acides nitrique fumant, sulfurique fumant et tiède, leur mélange, le brome enfin, n'attaquent pas à froid. D'après ces propriétés et son analyse, ce carbure appartient à la série des carbures saturés $C^n H^{2n+2}$. Il répond probablement à l'une des formules suivantes :

$$C^{18} H^{38} \quad \text{ou} \quad C^{24} H^{50}.$$

La formation prédominante de l'hydrure d'hexyle au moyen du bitumène, aussi bien que celle de la benzine, sont caractéristiques. En effet, le bitumène est un dérivé de la benzine elle-même, par condensation et perte d'hydrogène. Sous l'influence hydrogénante, il reproduit la benzine ; puis celle-ci se sature à mesure d'hydrogène et forme l'hydrure d'hexyle, par l'action de l'hydracide en présence duquel elle prend naissance.

Tous ces phénomènes s'accordent parfaitement avec ceux qui résultent de l'étude du diphényle et des autres carbures complexes et polymères.

2° *Dérivés naturels des hydrates de carbone.*

Ligneux. — Le bois, ou matière ligneuse, est constitué par divers principes insolubles, qui peuvent être pour la plupart envisagés comme dérivés des glucoses, par combinaisons successives ou par condensations moléculaires ([1]). J'ai employé dans mes

---

([1]) *Voir* mes *Leçons sur les principes sucrés,* professées devant la Société chimique de Paris, en 1862, p. 285.

expériences le bois des allumettes, en prenant la précaution de le diviser en minces copeaux et de le dessécher. Au contact de l'acide iodhydrique, il noircit immédiatement.

J'ai chauffé une partie de cette substance avec 80 parties d'hydracide, saturé à 280°, pendant vingt-quatre heures. Le bois s'est changé à peu près en totalité, et sauf une trace de charbon, en carbures liquides, dont le poids représentait près des deux tiers de celui du bois mis en expérience. L'hydrogène dégagé a été mesuré : il ne renfermait qu'une petite quantité de vapeurs hydrocarburées. En déduisant du poids de l'iode mis en liberté (lequel a été déterminé par expérience) celui qui répond au volume de l'hydrogène il est resté 1100 parties d'iode mis à nu dans l'hydrogénation de 100 parties de bois, c'est-à-dire correspondant à 8,6 parties d'hydrogène. On reviendra sur ce chiffre.

Les carbures liquides ont été séparés par deux séries de distillations fractionnées. J'ai obtenu :

1° L'hydrure d'hexyle, C^6H^{14}, volatil vers 70°, produit en quantité sensible. Il n'était pas mélangé de benzine, et il offrait les réactions ordinaires des carbures forméniques.

2° L'hydrure de duodécyle, $C^{12}H^{26}$, bouillant vers 200°, lequel formait la moitié environ du produit total. Il a été analysé. Il résistait au brome, aux acides nitrique fumant, sulfurique fumant, etc.

3° Un carbure forménique oléagineux, de stabilité analogue, mais volatil à une haute température, répondant à la composition $C^{24}H^{50}$.

La formation de ces carbures s'accorde avec la constitution des principes immédiats des bois, au moins des principes les plus abondants; car le carbone qu'ils renferment est multiple de six atomes, de même que celui des glucoses et de leurs dérivés.

Elle s'accorde également avec la proportion d'hydrogène fixé dans l'hydrogénation du bois. En effet, le bois employé renfermait à l'état sec :

Carbone..........................	49,0
Hydrogène........................	6,0
Oxygène..........................	43,0
Cendres	2,0
	100,0

Pour changer en eau 43 parties d'oxygène il faut 5,4 parties d'hydrogène. D'autre part, si l'on admet que les 49 parties de carbone se changent dans le carbure $C^{12}H^{26}$, qui est le produit le plus abondant, et dont la formule répond à la composition moyenne du mélange des carbures obtenus, il suit de là, d'après les dosages d'iode précédents, que les 49 parties de carbone demeureront unies à 8,9 d'hydrogène. En somme il faudra donc $5,4 + 8,9 = 14,3$ parties en poids d'hydrogène pour changer 100 parties de bois en carbures saturés. Or le bois renfermait déjà 6,0 d'hydrogène; il en a fixé 8,6 : ce qui, en fait, fait en tout 14,6 parties d'hydrogène, chiffre concordant avec le précédent.

3° Dérivés artificiels des hydrates de carbone.

1. *Dérivés par les acides : acide humique.* — C'est un corps charbonneux, formé de carbone, d'hydrogène et d'oxygène.

Je l'ai préparé en faisant bouillir pendant quelques heures le sucre de canne avec l'acide chlorhydrique concentré, puis en lavant le produit insoluble à grande eau et par décantation. On obtient ainsi une poudre brunâtre, charbonneuse, insoluble dans tous les dissolvants.

L'acide humique représente un dérivé condensé des sucres. On peut donc admettre que le nombre d'atomes de carbone contenu dans cette matière première est un multiple de 6.

J'ai chauffé, à 275°, 1 partie d'acide humique avec 100 parties d'acide iodhydrique. Il s'est changé ainsi presque entièrement en carbures liquides, que j'ai soumis à deux séries de distillations fractionnées. J'ai obtenu :

1° Un carbure principal qui bouillait vers 200°. D'après l'analyse ce carbure répond à la composition $C^{12}H^{26}$. Il résiste aux acides sulfurique fumant et tiède, nitrique fumant, à leur mélange, au brome, etc.

2° Un carbure oléagineux, qui se volatilise seulement vers le rouge sombre. Ce carbure offre la composition et les réactions générales des carbures forméniques. Il répond probablement à la formule de l'hydrure de duodécyle, $C^{24}H^{50}$. La proportion en est notable, quoique moindre que celle du précédent.

En même temps que ces carbures peu volatils, il se produit un grand volume d'hydrogène, lequel renferme une portion sensible d'un carbure gazeux ou très volatil ($C^{6}H^{14}$?).

La formation la mieux caractérisée est celle de l'hydrure de duodécyle, $C^{12}H^{26}$. Elle s'accorde avec l'origine de l'acide humique.

2. *Dérivés par la chaleur : charbon de bois.* — J'ai choisi des fragments, bien carbonisés jusqu'au centre, de ce charbon de fusain,

léger et poreux, que l'on emploie pour le dessin des esquisses. Ce charbon m'a paru le plus convenable, tant à cause de sa porosité que parce qu'il a été préparé à une température relativement peu élevée. On sait que cette substance renferme encore une proportion notable d'hydrogène et d'oxygène.

J'ai chauffé une partie de ce charbon avec 100 parties d'acide iodhydrique à 280°; j'ai recueilli les gaz et les produits liquides, et j'ai dosé l'iode.

Un tiers environ du charbon avait résisté, ou plus exactement s'était changé en une matière agglomérée plus hydrogénée, et voisine du bitume par ses propriétés.

Les gaz étaient constitués par de l'hydrogène, mélangé avec une petite quantité d'un carbure gazeux et très volatil.

Les liquides, dont le poids représentait les 70 centièmes de celui du charbon primitif, ont été soumis à deux séries de distillations fractionnées. J'ai isolé :

1° L'hydrure d'hexyle, C^6H^{14}, en petite quantité, bouillant vers 70°, avec toutes ses propriétés;

2° L'hydrure de duodécyle, $C^{14}H^{26}$, produit principal, bouillant vers 200°, avec sa composition et les propriétés déjà citées précédemment;

3° Un carbure oléagineux, presque fixe, formant un tiers environ du produit, et dont les réactions sont les mêmes que celles des carbures forméniques. C'est probablement le carbure $C^{24}H^{50}$.

En déduisant du poids de l'iode obtenu celui qui répondait au gaz, j'ai trouvé que 100 parties du charbon de fusain avaient mis à nu 1270 parties d'iode par leur hydrogénation. Le poids d'iode correspondant à l'acide iodhydrique, nécessaire pour hydrogéner complètement 100 parties de charbon de bois (¹), serait environ 1410 parties. Or on a dit qu'un tiers environ du charbon de fusain s'était changé seulement en matière bitumeuse. Il n'y a donc pas désaccord entre les résultats obtenus et la théorie.

Il est digne de remarque que les carbures formés par le charbon

---

(¹) En supposant que ce charbon renfermât :

C	75
H	3
O	20
Cendres	2
	100

et qu'il se changeât en $C^{12}H^{26}$.

de bois sont les mêmes que ceux qui dérivent du bois lui-même : ce qui prouve que l'acide de la carbonisation n'a pas détruit complètement la structure chimique des principes immédiats du bois. En d'autres termes, les matières contenues dans le charbon de bois représentent encore certains dérivés condensés des matières contenues dans le bois, c'est-à-dire certains dérivés condensés des sucres eux-mêmes.

Je montrerai tout à l'heure que la même conclusion peut être appliquée, jusqu'à un certain point, au carbone pur, lorsqu'il dérive du charbon de bois.

4° *Houille.*

La houille représente le produit de la décomposition spontanée des débris végétaux, enfouis dans le sol et soumis à l'influence de certaines conditions, qui ne sont pas toutes éclaircies. C'est donc une substance assimilable, à certains égards, au charbon de bois.

J'ai soumis la houille à l'action réductrice de l'acide iodhydrique, en opérant avec une partie de houille et 100 parties d'hydracide, à 270°. J'opérais sur un échantillon de houille acheté à la Compagnie parisienne. L'origine n'en était pas exactement connue ; mais cette houille se rattachait aux espèces qui fournissent 4 à 5 centièmes de goudron.

J'ai recueilli les gaz, les liquides et dosé l'iode. Il est resté une matière charbonneuse agglomérée, analogue à un bitume et dont le poids s'élevait à un peu plus du tiers du poids de la houille.

L'iode mis à nu représentait douze fois le poids de la houille primitive. Les gaz étaient surtout formés par de l'hydrogène.

Les liquides représentaient 60 centièmes du poids de la houille primitive, c'est-à-dire un poids douze à quinze fois supérieur à celui du goudron que cette houille aurait pu fournir : ce qui prouve suffisamment que les nouveaux carbures dérivent de la matière charbonneuse elle-même.

J'ai soumis ces liquides à deux séries de distillations fractionnées.

J'ai isolé d'abord un peu d'hydrure d'hexyle, C^6H^{14}, bouillant vers 70°. Cet hydrure d'hexyle renfermait une petite quantité de benzine que j'ai changée en nitrobenzine, aniline, etc.

Après l'hydrure d'hexyle, distillent divers carbures, qui offrent les propriétés générales des carbures saturés. Leur mélange était trop complexe pour permettre une séparation exacte.

Les derniers produits, encore fort abondants, sont constitués par des produits oléagineux, volatils vers le rouge sombre et analogues à ceux que fournissent le bois et le charbon de bois. Ces carbures étaient formés en majeure partie par des carbures forméniques, mêlés avec une proportion sensible de carbures plus altérables.

Il résulte de ces faits que la houille, comme le charbon de bois, et malgré l'analogie de ses apparences avec celle du carbone, représente l'association de certains principes définis, dérivés polymérisés de ceux qui constituent la fibre végétale, c'est-à-dire, en réalité, dérivés polymérisés des sucres. Malgré l'intervalle qui sépare ces dérivés de leurs générateurs, ils peuvent encore être saturés d'hydrogène et ramenés à l'état de carbures forméniques.

Je signalerai encore la conséquence que voici :

Dans les expériences précédentes, *le charbon de bois et la houille sont changés en huile de pétrole.*

Origine des pétroles. — C'est ici le lieu de rappeler un problème géologique fort controversé, celui de l'origine des pétroles. On sait que les pétroles américains sont principalement formés par ces mêmes carbures saturés d'hydrogène, dérivés ultimes de tous les principes organiques dans mes expériences. La formation des pétroles, dans la nature, ne doit-elle pas être attribuée à quelque réaction analogue à celles que j'ai observées? soit que la houille et les débris organiques enfouis dans les profondeurs du sol éprouvent quelque part l'influence réductrice de l'eau et des métaux alcalins, agissant simultanément; soit peut-être même que ces débris organiques soient réduits par l'hydrogène libre ou naissant, dans des circonstances spéciales. Ils seraient ainsi ramenés à l'état de pétroles, de la même manière que le bois, l'humine, le charbon de bois, la houille, dans mes expériences. Les bogheads eux-mêmes ne sont pas sans analogie avec les produits que j'ai obtenus dans la réduction incomplète de la houille.

On peut encore admettre, comme point de départ de la formation synthétique des pétroles, l'acétylène. Ce gaz serait engendré par les réactions successives de l'acide carbonique, des métaux alcalins et de la vapeur d'eau, ainsi que je l'ai établi par expérience; puis l'acétylène serait changé en polymères par la chaleur, et ces derniers transformés à leur tour en carbures saturés, par une action ultérieure de l'eau et des métaux alcalins. Une telle suite de réactions serait également pareille à celles que j'ai réalisées.

Je me borne à soumettre ces hypothèses aux géologues.

Que l'on adopte pour les pétroles l'une ou l'autre des origines que je viens de signaler, on est conduit à concevoir la possibilité

d'une formation indéfinie de ces carbures : soit qu'on les rapporte
à une origine organique, et en raison de la masse énorme des
débris enfouis à des profondeurs inaccessibles ; soit qu'on les
rapporte à une origine purement minérale, et en raison du renou-
vellement incessant des réactions génératrices.

5° *Matière charbonneuse, des météorites.*

Certaines météorites renferment une matière charbonneuse, dont
l'existence et l'origine soulèvent un problème des plus intéressants.
Cette matière, en effet, comme l'ont montré les analyses de
M. Wöhler et celles de M. Cloëz, contient à la fois du carbone, de
l'hydrogène et de l'oxygène ; elle peut être rapprochée des composés
humiques, dernier résidu de la destruction des substances organiques.

Il serait sans doute très important de pouvoir remonter de ce
résidu jusqu'aux substances génératrices. Si la question ainsi
posée surpasse les ressources de notre science présente, cependant
j'ai pensé que l'on pourrait faire un premier pas dans cette voie, en
remontant, sinon aux générateurs eux-mêmes, du moins à des
principes qui en dérivent par des réactions régulières. A cet effet,
j'ai eu recours à la méthode universelle d'hydrogénation, par
laquelle tout composé organique défini peut être transformé en
carbures d'hydrogène correspondants. On vient de voir, d'ailleurs,
qu'elle est applicable même aux matières charbonneuses, telles
que le charbon de bois et la houille.

J'ai appliqué la même méthode à la matière charbonneuse de la
météorite d'Orgueil ([1]). J'ai reproduit, en effet, quoique plus péniblement qu'avec la houille, une proportion notable de carbures
forméniques, $C^n H^{2n+2}$, comparables aux huiles de pétrole.

J'aurais désiré vivement pouvoir étudier ces carbures avec plus
de détail ; mais la proportion de matières dont je disposais était
trop faible pour me permettre autre chose que de constater la formation de divers carbures, les uns gazeux, les autres liquides, et
les caractères généraux de ces carbures.

Quoi qu'il en soit, cette formation marque une nouvelle analogie
entre la substance charbonneuse des météorites et les matières

---

([1]) M. Friedel a eu l'obligeance de mettre à ma disposition un échantillon de
cette météorite.

charbonneuses d'origine organique, qui se rencontrent à la surface du globe.

6° Carbones purs.

Le charbon de bois, soumis à une calcination de plus en plus forte, devient moins attaquable par l'acide iodhydrique, à mesure qu'il se rapproche de l'état de carbone pur.

Le coke n'est plus attaqué par ce réactif.

Le graphite naturel ne l'est pas davantage.

Le carbone obtenu en décomposant le carbonate de soude par le phosphore à la température rouge résiste également.

Il en est de même de la matière charbonneuse qui se produit lorsqu'on transforme les composés aromatiques à 280° par une proportion d'acide iodhydrique insuffisante (ce Volume, p. 144, 146 et 147).

Le charbon de bois cesse tout à fait d'être attaqué directement par l'hydracide, lorsqu'il a été complètement dépouillé d'hydrogène : ce qui peut être réalisé à l'aide du chlore agissant à la température rouge.

Cependant, le carbone qui dérive du charbon de bois et des autres composés organiques conserve encore quelque trace de son origine et de sa structure chimique, aussi bien que de sa structure physique. En effet, j'ai réussi, à l'aide de deux réactions successives, opérées par voie humide, à transformer le carbone pur de cette origine en carbures d'hydrogène.

Voici comment. J'ai observé que le carbone pur, tel qu'il peut être obtenu en traitant le charbon de fusain par le chlore, au rouge blanc, possède la propriété de se dissoudre lentement à 80° dans l'acide nitrique. Il donne ainsi naissance à un composé brun, extractif, et que je n'avais pas réussi jusqu'à présent à ramener par des réactions à l'état de quelque principe organique déjà connu.

Or, l'action de l'acide iodhydrique produit l'effet voulu. A 280° et dans les conditions déjà décrites, elle change le composé précédent en carbures forméniques, $C^n H^{2n+2}$, analogues à ceux que fournit le bois. J'ai pu caractériser ces carbures d'une manière générale, mais non les étudier en détail, faute de matière.

Quoi qu'il en soit, cette expérience présente, je crois, le premier exemple de la formation d'un carbure d'hydrogène, réalisée avec du carbone pur au-dessous de 300° et par voie humide. Elle montre que le carbone pur retient encore quelque chose de la structure chimique des corps qui l'ont engendré et dont il représente un dérivé limité par condensation moléculaire (¹).

GRAPHITES.

Voici les résultats obtenus par l'étude des graphites (²) :

Je n'ai pas opéré sur le graphite même, lequel résiste, mais sur ses dérivés par oxydation, au moyen d'un mélange d'acide azotique fumant et de chlorate de potasse : tels sont l'oxyde graphitique et l'oxyde pyrographitique, qui en dérive.

J'ai mis en œuvre trois variétés de graphites, savoir : la plombagine, le graphite de la fonte, et le graphite obtenu dans l'arc électrique.

1. *Plombagine.* – L'*oxyde graphitique,* qui en dérive, se présente, à l'état humide, sous la forme de paillettes micacées, d'un jaune pâle; insolubles dans tous les dissolvants (neutres, alcalins ou acides), et que les réactions oxydantes réitérées n'altèrent plus guère. Il ne renferme ni chlore ni azote.

Lorsqu'on le dessèche, même à la température ordinaire, il s'agglomère en plaques brunes, amorphes, tenaces, dans lesquelles la structure primitive a disparu. Ce caractère est essentiel pour l'oxyde de la plombagine, car il reparaît à la suite des diverses transformations subies par ledit oxyde. Par exemple, l'acide aggluté reprend son aspect pailleté, lorsqu'on le chauffe avec un mélange d'acide nitrique et de chlorate de potasse ; mais il s'agglomère de nouveau et redevient brun et amorphe pendant la dessiccation.

Je montrerai bientôt que les mêmes propriétés spéciales reparaissent à la suite de métamorphoses plus profondes, telles que l'hydrogénation, ou la décomposition par la chaleur. Elles se manifestent aussi, dans l'oxyde préparé au moyen de la plombagine purifiée par le chlore, au rouge blanc, par des traces d'hydrogène qu'elle contenait encore.

Cette dernière expérience, pour le dire en passant, lève un doute que celles de M. Brodie laissaient peut-être subsister. En effet, en voyant l'oxydation de la plombagine fournir un oxyde qui contient de l'hydrogène, et que M. Brodie représente par la formule $C^{11}H^4O^5$, on aurait pu se demander si cet hydrogène ne dérive pas de l'hydrogène préexistant dans la plombagine. Celle-ci ne serait-elle pas,

---

(¹) *Annales de Chimie et de Physique,* 4ᵉ série, t. IX, p. 475. — Le présent Ouvrage, t. II, p. 254.

(²) *Annales de Chimie et de Physique,* 4ᵉ série, t. XIX, p. 406; 1870.

au même titre que les charbons d'origine organique, une sorte de carbure d'hydrogène à équivalent très élevé? C'est ce que ma nouvelle expérience ne permet pas d'admettre.

En tous cas, à l'oxyde graphitique de la plombagine répondent un *oxyde hydrographitique,* obtenu par l'action de l'acide iodhydrique à 280°; et un *oxyde pyrographitique,* obtenu par l'action de la *chaleur,* qui détermine une décomposition explosive.

2. L'*oxyde graphitique de la fonte* se présente en écailles jaune verdâtre, mieux développées que celles de l'oxyde de la plombagine, et qui ne s'agglomèrent en aucune façon pendant la dessiccation; elles subsistent avec une teinte jaune ou jaune verdâtre toute spéciale. Ce caractère le distingue très exactement de l'oxyde de la plombagine, d'autant plus qu'il reparaît à la suite des métamorphoses par hydrogénation ou décomposition pyrogénée.

Oxyde hydrographitique de la fonte. — L'oxyde graphitique de la fonte, chauffé avec l'acide iodhydrique à 280 degrés, se transforme en une matière brune. Mais cette matière conserve la propriété de se détruire avec boursouflement sous l'influence de la chaleur; propriété qui la distingue de l'oxyde hydrographitique de la plombagine, préparé dans des conditions tout à fait identiques.

Celui de la fonte dégage en même temps une quantité d'iode très considérable, et qui semble impliquer l'existence d'un composé iodé spécial. L'oxyde hydrographitique de la fonte, oxydé de nouveau, reproduit l'oxyde graphitique en écailles jaune verdâtre, non agglutinables par la dessiccation et douées des mêmes propriétés que l'oxyde primitif.

Oxyde pyrographitique de la fonte. — L'oxyde graphitique de la fonte se détruit par la chaleur, avec une déflagration plus vive et un boursouflement plus considérable que celui de la plombagine : il reste un oxyde pyrographitique correspondant. Ce corps se dissout d'une manière plus complète dans un mélange d'acide nitrique. et de chlorate de potasse.

Cependant il reproduit encore ainsi quelques écailles d'oxyde graphitique, douées exactement des mêmes propriétés que l'oxyde primitif, et distinctes de l'oxyde de la plombagine.

Hydrogénation des acides pyrographitiques. — Pour réaliser les expériences décisives d'hydrogénation des graphites, il est nécessaire de former d'abord les oxydes graphitiques. A la vérité ces oxydes ne fournissent pas immédiatement des carbures d'hydrogène à 280°, sous l'influence de l'acide iodhydrique : cet agent se borne à les changer en des oxydes hydrographitiques doués de propriétés spéciales, comme il vient d'être dit. Mais il en est autrement des oxydes pyrographitiques, qu'il est facile de préparer en chauffant les oxydes graphitiques : ils sont plus voisins que ces derniers de l'état de carbone amorphe et, dès lors, plus faciles soit à oxyder de nouveau, soit à hydrogéner.

En fait, en chauffant l'*oxyde pyrographitique de la plombagine* avec 80 parties d'acide iodhydrique, à 280 degrés, j'ai obtenu de l'hydrogène gazeux, renfermant 6 centièmes de gaz des marais. Pour bien constater la nature du gaz carboné, j'ai traité le mélange gazeux par l'alcool absolu, j'ai déterminé les volumes relatifs dissous, et j'ai fait l'analyse comparée du gaz non dissous et du gaz dissous, puis redégagé par ébullition. Or ce dernier était constitué par un mélange de 36 parties de gaz des marais et de 64 parties d'hydrogène. Un calcul convenable, fondé sur les données des expériences précédentes et sur les coefficients de solubilité, a prouvé que le carbure gazeux était bien réellement du gaz des marais, CH^4.

Ce carbure résulte donc de l'hydrogénation de l'oxyde pyrographitique de la plombagine. Cependant la totatité de la matière n'a pas éprouvé la transformation qui donne naissance au gaz des marais. Une portion considérable demeure sous la forme d'une poudre noire et charbonneuse. Mais la composition de cette poudre est également modifiée; soumise à l'action de la chaleur, elle a dégagé en petite quantité une vapeur inflammable qui m'a paru être de l'acétone. Le mélange d'acide nitrique et de chlorate de potasse a changé cette même poudre entièrement en produits solubles, à l'exception de un à deux millièmes d'oxyde graphitique, etc.

Les *oxydes pyrographitiques, dérivés de la fonte et du graphite électrique,* se sont comportés d'une manière toute semblable à celui de la plombagine.

Tels sont les faits observés : ils montrent en même temps et la spécialité de constitution qui distingue les oxydes graphitiques des autres combinaisons organiques, et les conditions dans lesquelles cette spécialité s'efface peu à peu, de façon à rentrer dans le cadre des combinaisons ordinaires.

Tableau des résultats généraux obtenus par la méthode universelle d'hydrogénation (¹).

1° En général, par cette méthode poussée jusqu'à son terme extrême, un composé organique quelconque est changé dans un carbure d'hydrogène saturé, renfermant le même nombre d'atomes de carbone. Ainsi, l'alcool, C^2H^6O, l'aldéhyde, C^2H^4O, l'acide acétique, $C^2H^4O^2$, l'acétamide, C^2H^5AzO, l'éthylamine, C^2H^7Az, le cyanogène, C^2Az^2, le chlorure de carbone, C^2Cl^6, peuvent être tous changés en hydrure d'éthyle, C^2H^6.

La benzine, C^6H^6, le phénol, C^6H^6O, l'aniline, C^6H^7Az, la benzine perchlorée, C^6Cl^6, l'acide benzino-sulfurique, $C^6H^6SO^3$, fournissent tous, en définitive, de l'hydrure d'hexyle, C^6H^{14}. La naphtaline, $C^{10}H^8$, fournit un hydrure de décyle, $C^{10}H^{22}$; etc.

Le résultat énoncé s'applique donc aux corps de la série aromatique, aussi bien qu'aux corps de la série grasse.

2° Cependant les carbures benzéniques et les autres corps non saturés n'arrivent pas toujours du premier coup à la saturation complète par l'hydrogène; mais ils sont susceptibles de fournir une série de termes intermédiaires. Tels sont en particulier les *hydrures relativement saturés* ou *carbures cycliques*, carbures plus hydrogénés, qui participent jusqu'à un certain point des propriétés des carbures absolument saturés d'hydrogène.

Par exemple, le styrolène, C^8H^8, fournit d'abord un hydrure relatif, C^8H^{10}; le térébenthène, $C^{10}H^{16}$, fournit d'abord deux hydrures cycliques, $C^{10}H^{18}$ et $C^{10}H^{20}$.

De même, l'aldéhyde benzylique, C^7H^6O, l'acide benzoïque, $C^7H^6O^2$, ainsi que la toluidine et ses isomères, C^7H^9Az, fournissent d'abord un hydrure relatif, le toluène, C^7H^8, avant d'être changés en hydrure tout à fait saturé, C^7H^{16}.

3° Le chlore, le brome, l'iode sont remplacés par l'hydrogène, en fournissant d'abord des composés équivalents, puis des carbures saturés. Par exemple, d'un côté, C^2H^5Cl, $C^2H^4Cl^2$ et C^2Cl^6 fournissent C^2H^6;

D'autre part, les benzines chlorées, C^6H^5Cl et C^6Cl^6, fournissent d'abord la benzine, C^6H^6, puis l'hydrure d'hexyle, C^6H^{14}.

4° Les éléments de l'eau, H^2O, sont remplacés d'abord par un volume égal d'hydrogène, H^2, dans les alcools proprement dits,

---

(¹) *Annales de Chimie et de Physique*, 4ᵉ série, t. XX, p. 534; 1870.

ainsi que dans les acides-alcools et autres corps à fonction mixte. Par exemple, l'alcool ordinaire, $C^2H^4(H^2O)$, fournit le carbure $C^2H^4(H^2)$: le phénol, C^6H^6O, fournit d'abord la benzine, C^6H^6; la glycérine, $C^3H^8O^3$, fournit le carbure C^3H^8, etc.

De même, l'acide lactique, corps à fonction mixte, $C^3H^4(H^2O)(O)$, est changé d'abord en acide propionique, corps à fonction simple, $C^3H^4(H^2)O^2$, etc.

5° Les aldéhydes et les acétones fixent de l'hydrogène par addition, en même temps qu'ils échangent les éléments de l'eau contre un volume égal d'hydrogène. Ainsi, l'aldéhyde ordinaire, C^2H^4O ou $C^8H^2(H^2O)$, devient $C^4H^2(H^2)(H^2)$ ou C^2H^6.

6° Les acides à fonction simple échangent d'abord leur oxygène contre l'hydrogène, à volumes gazeux égaux.

Les acides monobasiques, tels que les acides acétique, butyrique, benzoïque, $C^2H^4O^2$, $C^4H^8O^2$, $C^7H^6O^2$, se changent ainsi en carbures, tels que $C^2H^4(H^2)$, $C^4H^8(H^2)$, $C^7H^6(H^2)$.

Les acides bibasiques, tels que l'acide succinique, $C^4H^6O^4$, fournissent d'abord des acides monobasiques, tels que l'acide butyrique, $C^4H^6(H^2)O^2$, puis des carbures, tels que $C^4H^6(H^2)(H^2)$.

7° Les éthers composés sont changés en deux hydrures saturés, correspondant l'un à l'alcool, l'autre à l'acide générateur.

8° Les alcalis reproduisent l'ammoniaque et les carbures générateurs. Ainsi, l'éthylamine, C^2H^7Az, reproduit $C^2H^6 + AzH^3$; l'aniline, C^6H^8Az, reproduit $C^6H^6 + AzH^3$.

Ceci s'applique également aux alcalis primaires, secondaires, tertiaires, etc.; les derniers reproduisant 2 ou 3 molécules de carbure simultanément, molécules identiques ou distinctes, selon la diversité des générateurs.

9° Les amides et les nitriles reproduisent l'ammoniaque et le carbure saturé qui répond à l'acide générateur. Par exemple, l'acétamide, C^2H^5AzO régénère l'ammoniaque et l'hydrure d'éthyle, C^2H^6; le cyanogène, C^2Az^2 (nitrile oxalique) reproduit l'hydrure d'éthyle, C^2H^6, etc.

10° Les carbures d'hydrogène complexes ou polymères, s'ils ne sont pas déjà saturés d'hydrogène, éprouvent le plus souvent un dédoublement partiel dans l'acte de la saturation. En même temps qu'une portion fournit un carbure saturé, renfermant le nombre d'atomes de carbone, une autre portion se scinde en carbures plus simples, correspondant aux générateurs. Par exemple le styrolène, $C^6H^4(C^2H^4)$, fournit, d'une part, un hydrure, C^8H^{10}, et d'autre part, par dédoublement, $C^6H^6 + C^2H^6$.

Les vrais carbures homologues ou dérivés forméniques font exception, n'étant pas scindés sous l'influence hydrogénante.

En général, les substances mères ou génératrices des composés complexes sont ainsi reproduites. Cette reproduction même a lieu avec les dérivés très éloignés, tels que le bois et les matières charbonneuses, lesquels donnent naissance à des carbures saturés, C^6H^{14} et $C^{12}H^{26}$, correspondant aux glucoses générateurs.

Telles sont les applications de la méthode, aujourd'hui réalisées par expérience. Elles présentent dans la plupart des cas une netteté extrême, la totalité ou la presque totalité des corps mis en expérience éprouvant le changement écrit dans les équations. Dès que les corps offrent une stabilité suffisante et qu'ils ne se prêtent pas, par leur constitution complexe, à des dédoublements simultanés; dès que ces conditions sont remplies, les réactions tendent à devenir, je le répète, totales et atomiques, et il n'est peut-être aucun problème théorique en Chimie organique auquel cette méthode ne soit destinée à apporter son concours.

LIVRE VI.

OXYDATION DES CARBURES D'HYDROGÈNE :
ALDÉHYDES ET ACIDES.

INTRODUCTION.

L'oxydation des carbures d'hydrogène engendre les aldéhydes et les acides.

J'ai consacré à cet ordre de synthèse un certain nombre d'expériences, comprises dans huit Chapitres, savoir :

CHAPITRE I. — Sur l'oxydation des carbures d'hydrogène en général.

CHAPITRE II. — Nouvelles méthodes pour la synthèse des acides organiques : allylène et autres carbures.

CHAPITRE III. — Oxydation ménagée des carbures d'hydrogène : amylène.

CHAPITRE IV. — Synthèse des acides bibasiques au moyen des carbures d'hydrogène.

CHAPITRE V. — Sur l'oxydation des acides organiques.

CHAPITRE VI. — Sur l'oxydation des carbures benzéniques.

CHAPITRE VII. — Sur l'emploi du permanganate de potasse comme agent d'oxydation.

CHAPITRE VIII. — Sur une nouvelle classe de composés organiques, les camphres, et sur la fonction véritable du camphre ordinaire.

SECTION UNIQUE.

CHAPITRE I.

Sur l'oxydation des carbures d'hydrogène en général ([1]).

J'ai trouvé que divers carbures d'hydrogène peuvent être oxydés immédiatement, et sans perte de carbone, en donnant naissance à des corps neutres, tels que les aldéhydes et les principes congénères. Cette oxydation a lieu par la première action de l'acide chromique cristallisé, dissous dans une petite quantité d'eau.

L'éthylène pur et exempt de vapeur d'éther ([2]) est attaqué lentement par ce réactif à 120 degrés, avec formation d'aldéhyde :

$$C^2H^4 + O = C^2H^4O.$$

En opérant à 100 degrés seulement, après quelques heures de contact, ou bien à froid, après quelques jours, il n'y a pas de réaction appréciable.

On isole l'aldéhyde en distillant la liqueur. J'ai préparé avec cet aldéhyde l'aldéhyde ammoniaque cristallisé.

Le propylène s'oxyde bien plus aisément, et presque dès la température ordinaire. Quelques heures de contact suffisent pour donner naissance à une grande quantité d'acétone :

$$C^3H^5 + O = C^3H^6O,$$

([1]) *Annales de Chimie et de Physique*, 3ᵉ série, t. XIX, p. 427; 1870.

([2]) On enlève cette vapeur à l'aide de lavages réitérés avec l'acide sulfurique concentré, suivis du passage des gaz à travers une colonne de pierre ponce en petits fragments imprégnés du même acide.

réaction semblable à celle que j'ai observée sur l'hydrate de propylène (alcool isopropylique).

L'acétone peut être isolé aisément et par de simples distillations ; puis on en constate les propriétés.

On obtient en même temps, au moyen du propylène, les acides acétique et propionique, sur lesquels je reviendrai.

L'amylène est attaqué violemment, dès la température ordinaire et avec formation de produits complexes, dérivés sans doute de la destruction d'un acétone, $C^5H^{10}O$, que l'on obtiendrait en ménageant la réaction.

L'acétylène est oxydé à froid, avec dégagement de chaleur et production d'acides formique et carbonique. En ménageant la réaction, on obtient l'acide acétique,

$$C^2H^2 + O + H^2O = C^2H^4O^2.$$

Cette importante transformation a été exposée en détail dans le Tome I (p. 284 et suivantes).

Le camphène cristallisé peut être changé aisément en camphre par l'acide chromique pur :

$$C^{10}H^{16} + O = C^{10}H^{16}O ;$$

plus aisément même que par le noir de platine, à l'aide duquel j'avais réalisé cette réaction en 1860.

Observons, en terminant, que l'action oxydante de l'acide chromique pur et l'action oxydante d'un mélange de bichromate de potasse et d'acide sulfurique ne sont pas exactement équivalentes. En effet, dans le second cas, on fait intervenir, en plus que dans le premier, l'influence modificatrice spéciale de l'acide sulfurique sur certains corps, et surtout la chaleur supplémentaire dégagée par la formation du sulfate double de chrome et de potasse.

CHAPITRE II.

NOUVELLES MÉTHODES POUR LA SYNTHÈSE DES ACIDES ORGANIQUES : ALLYLÈNE ET AUTRES CARBURES ([1]).

I. J'ai montré, dans le Tome I (p. 284), comment l'acétylène peut être transformé en acide acétique par l'action de l'acide chromique pur :

$$C^2H^2 + O + H^2O = C^2H^4O^2.$$

J'ai répété les mêmes expériences sur l'allylène, homologue de l'acétylène, et j'ai obtenu l'acide propionique, homologue de l'acide acétique :

$$C^3H^4 + O^2 + H^2O = C^3H^6O^2.$$

Cet acide a été isolé et caractérisé. J'ai analysé le propionate de baryte cristallisé :

$$Ba = 48,7; \qquad \text{théorie} : 48,4.$$

La formation de l'acide propionique est accompagnée par celle de quantités variables d'acides acétique et formique, produits d'une oxydation plus avancée.

J'ai exécuté la même transformation sur l'allylène de deux origines, savoir :

1º L'allylène dérivé du bromure de propylène, par la réaction de la potasse alcoolique; le propylène employé avait été préparé d'ailleurs avec le mercure et l'éther allyliodhydrique;

2º L'allylène dérivé de l'acétone monochlorhydrique, traité par la potasse alcoolique; l'acétone chlorhydrique étant obtenu lui-même au moyen du perchlorure de phosphore et de l'acétone (préparé avec les acétates). Avec le dernier carbure, la proportion d'acide acétique était plus grande qu'avec le premier; sans doute à

<hr>

([1]) *Annales de Chimie et de Physique,* 4e série, t. XXIII; 1871.

cause de quelque différence inaperçue dans les circonstances de l'oxydation.

La transformation de l'allylène en acide propionique montre que la réaction observée d'abord sur l'acétylène est une réaction générale, applicable à la préparation des acides monobasiques, au moyen des carbures incomplets correspondants :

$$C^n H^{2m-2} + O + H^2O = C^n H^{2m} O^2.$$

II. L'allylène et ses analogues ne sont pas les seuls carbures qui puissent engendrer les acides monobasiques ; cette formation a lieu aussi avec les carbures plus hydrogénés.

En effet, le propylène, $C^3 H^6$, traité de la même façon, a engendré une quantité notable d'acide propionique (outre l'acétone et l'acide acétique). Mais cet acide propionique ne semble pas un produit direct d'oxydation. En effet, sa formation a surtout lieu lorsqu'on ralentit la réaction. Il ne dérive pas non plus de l'acétone formé simultanément ; car l'acétone (préparé avec les acétates), étant attaqué par l'acide chromique, a fourni un seul acide volatil, l'acide acétique, conformément aux faits déjà connus.

Il est dès lors très probable que l'acide propionique, obtenu au moyen du propylène, dérive d'un peu d'aldéhyde propionique, formé d'abord aux dépens dudit propylène, en même temps que l'acétone, avec lequel il est isomérique :

$$C^3 H^6 \ + O = C^3 H^6 O \ \text{(aldéhyde)},$$
$$C^3 H^6 O + O = C^3 H^6 O^2 \ \text{(acide)}.$$

Le propylène paraît donc fournir deux oxydes isomères simultanément : l'acétone et l'aldéhyde propylique ; précisément comme le toluène fournit deux dérivés chlorés isomériques. Un tel rapprochement puise quelque force dans la constitution complexe des deux carbures, le propylène étant du méthyléthylène, de même que le toluène est de la méthylbenzine.

J'ai également étudié l'oxydation de l'alcool isopropylique par l'acide chromique, employé à divers degrés de concentration. Mais, cette fois, je n'ai pas obtenu autre chose que l'acétone, qui se forme seul avec un acide très étendu ; et l'acétone, mélangé avec les acides acétique, formique, carbonique, qui apparaissent sous l'influence d'un acide plus concentré.

Ces faits prouvent que la constitution du propylène et celle de de l'allylène, quelles qu'elles soient, ne sauraient être déduites uniquement de celle de l'acétone, ou de l'alcool isopropylique ; car lesdits alcool et acétone ne fournissent pas trace d'acide propionique, tandis que le propylène et l'allylène en produisent une proportion considérable.

III. L'oxydation de la pinacone m'a paru réclamer une étude spéciale. Ce corps se développe, on le sait, dans la réaction de l'amalgame de sodium sur l'acétone, comme produit de réduction intermédiaire :

$$C^6H^{14}O^2, \quad \text{dérivé de} \quad 2\,C^3H^6O + H^2.$$

Plusieurs auteurs ont cru pouvoir le regarder comme une sorte de glycol, ou alcool diatomique. S'il en était ainsi, il devrait fournir par son oxydation des acides spéciaux renfermant 6 atomes de carbone, ou 5 au moins.

En conséquence, j'ai traité la pinacone cristallisée par l'acide chromique concentré : ce qui n'a guère fourni que de l'acétone.

J'ai répété l'expérience avec une solution très étendue d'acide chromique, à une température de 3o à 4o degrés. La réaction a exigé plusieurs jours pour devenir complète ; elle a fourni uniquement de l'acétone, sans autre produit.

La pinacone se comporte donc comme un dérivé de deux molécules d'acétone, qui reprennent leur individualité sous des influences ménagées :

$$C^6H^{14}O^2 + O = 2\,C^3H^6O + H^2O.$$

IV. L'acide chromique attaque le *carbone* lui-même, et il l'attaque à froid. En opérant sur du carbone pur [charbon purifié par le chlore sec [1] au rouge blanc], ce corps est oxydé rapidement. Outre l'acide carbonique, j'ai constaté dans cette réaction une petite quantité d'acide oxalique : formation remarquable, car l'acide oxalique est ici formé par synthèse directe et totale :

$$2C + 3O + H^2O = C^2H^2O^4.$$

V. Sans insister davantage sur ces derniers résultats, revenons à

---

[1] C'est le seul procédé efficace pour éliminer l'hydrogène. L'emploi du nitrate de potasse, qui a été proposé, me semble peu correct : outre qu'il ne brûle pas l'hydrogène de préférence au carbone, le nitre, par sa réaction, introduit dans le charbon des cyanures, que les lavages n'enlèvent pas entièrement, et qui peuvent fournir ensuite de l'acide formique, etc.

l'oxydation de l'allylène. Cette oxydation, nous l'avons vu, engendre l'acide propionique :

$$C^3 H^4 + O + H^2 O = C^3 H^6 O^2.$$

Je me suis demandé si elle n'avait pas lieu en deux temps, correspondant aux additions successives d'oxygène et d'eau :

$$C^3 H^4 + O = C^3 H^4 O,$$
$$C^3 H^4 O + H^2 O = C^3 H^6 O^2.$$

La production d'un premier composé $C^3 H^4 O$ est d'ailleurs conforme aux analogies ; attendu que l'éthylène, $C^2 H^4$, fournit d'abord de l'aldéhyde, $C^2 H^4 O$, le propylène, $C^3 H^6$, l'acétone, $C^3 H^6 O$, et probablement aussi l'aldéhyde propionique isomère, générateur de l'acide propionique constaté dans la réaction, etc.

J'ai, en effet, observé la formation de l'oxyde d'allylène, prévu par ces analogies. Voici comment j'opère : L'acide chromique est dissous dans son poids d'eau et employé en proportion double de la quantité théorique. L'allylène est contenu dans des flacons, où l'on verse peu à peu la solution chromique ; on agite de temps en temps, en modérant par des affusions d'eau froide l'élévation de température qui se manifeste, sans cependant l'empêcher tout à fait.

Au bout de quelques heures de repos, on étend d'eau la liqueur et l'on distille. On recueille le premier dixième ; on le redistille, en recueillant ce qui passe au-dessous de 100 degrés. On rectifie une deuxième fois, en recueillant à part les premiers produits ; on y ajoute du carbonate de potasse cristallisé, ce qui sépare la liqueur en deux couches. La couche supérieure est formée par l'oxyde d'allylène brut. Le poids de ce composé n'a pas dépassé un dixième du poids de l'allylène employé dans mes essais.

On décante cet oxyde, on le dessèche sur de la potasse solide, on le redistille, et l'on recueille ce qui se passe vers 62 à 63 degrés.

L'oxyde d'allylène est un liquide neutre, mobile, doué d'une odeur pénétrante, laquelle rappelle à la fois l'acétone et le camphre, ou plus exactement les produits de condensation que l'on observe vers la fin des rectifications de l'acétone brut. Il bout entre 62 et 63 degrés.

D'après l'analyse, sa formule est $C^3 H^4 O$.

C'est un *composé très stable,* ce qui le distingue de l'acétone. On peut le chauffer à 150 degrés avec une solution titrée de baryte, sans que le titre de celle-ci soit altéré. La potasse sirupeuse ne l'attaque pas en vase clos à 220 degrés, ni même à 300 degrés (au bout d'une heure).

Cependant l'oxyde d'allylène réduit l'acétate d'argent, additionné d'une trace d'ammoniaque. On sait d'ailleurs que cette propriété appartient à une multitude de corps neutres, tels que les aldéhydes proprement dits, et même l'acétone.

Je n'ai pu, faute de matière, poursuivre cette étude; elle suffit cependant pour montrer que l'oxyde d'allylène, isomérique avec l'acroléine, en est complètement distinct.

L'oxyde d'allylène mérite une attention toute particulière. En effet, ce corps est le type d'une nouvelle classe de composés, analogues aux aldéhydes proprement dits et aux acétones. Sa formule donne lieu à des rapprochements intéressants. Cette formule répond à celle d'un homologue de l'oxyde de carbone :

$$C^2O\ldots\ldots \quad \text{oxyde de carbone,}$$
$$C^2H^2O\ldots \quad \text{oxyde d'acétylène (inconnu),}$$
$$C^3H^4O\ldots \quad \text{oxyde d'allylène,}$$

relation conforme à la production simultanée de l'oxyde d'allylène et de l'acide propionique aux dépens de l'allylène.

En effet, l'acide propionique diffère de l'oxyde d'allylène par les éléments de l'eau, de même que l'acide formique diffère de l'oxyde de carbone :

$$CO \quad + H^2O = CH^2O^2,$$
$$C^3H^4O + H^2O = C^3H^6O^2.$$

Toutefois, si une telle fixation d'eau semble se produire dans les conditions mêmes où l'oxyde d'allylène prend naissance aux dépens de l'allylène, cependant elle n'a pas réussi dans mes essais sur l'oxyde d'allylène une fois isolé; ce qui résulte des faits signalés plus haut.

Je n'ai pas réussi davantage à la confirmer par voie analytique, en déshydratant les acides $C^nH^{2n}O^2$, dans l'espoir d'obtenir les composés $C^nH^{2n-2}O$. A cette fin, j'ai traité les acides acétique et butyrique par l'acide phosphorique anhydre, mais sans résultat net. Je dirai seulement que la réaction opérée sur l'acide butyrique fournit, par distillation, une petite quantité d'oxyde de carbone, du butyrone, $C^7H^{14}O$, volatil vers 114 degrés, quelques corps acétoniques moins volatils, et finalement un liquide épais, analogue aux carbures lourds et peu volatils du goudron de houille.

Quoi qu'il en soit, il me semble utile d'insister sur les relations suivantes entre l'allylène et les composés renfermant 3 atomes de carbone, qu'il peut engendrer par son oxydation :

$$
\begin{aligned}
&\text{Allylène} \ldots \ldots \ldots && C^3H^4, \\
&\text{Oxyde d'allylène} \ldots && C^3H^4O, \\
&\text{Acide propionique} \ldots && C^2H^6O^2, \\
&\text{Acide malonique} \ldots && C^3H^4O^4.
\end{aligned}
$$

Des relations de même ordre existent entre le camphène, le camphre et les dérivés de ce dernier :

$$
\begin{aligned}
&\text{Camphène} \ldots \ldots \ldots && C^{10}H^{16}, \\
&\text{Oxyde de camphène ou camphre} \ldots && C^{10}H^{16}O, \\
&\text{Acide campholique} \ldots && C^{10}H^{18}O^2, \\
&\text{Acide camphorique} \ldots && C^{10}H^{16}O^4.
\end{aligned}
$$

Une même méthode permet, en effet, de préparer soit l'oxyde de camphène, soit l'oxyde d'allylène, au moyen des carbures correspondants. Cependant il y a cette différence que les acides propionique et malonique peuvent être obtenus seulement avec l'allylène, et non (jusqu'ici) avec l'oxyde d'allylène; tandis que les acides campholique et camphorique dérivent directement du camphre.

Résumons, en peu de mots, nos expériences sur l'oxydation directe des carbures d'hydrogène éthyléniques et acétyléniques :

1° Une première oxydation fixe l'oxygène sur le carbure libre par simple addition, avec formation d'*aldéhydes* et d'*acétones* :

$$C^2H^4 + O = C^2H^4O \ (\text{aldéhyde}),$$
$$C^3H^6 + O = C^3H^6O \ (\text{acétone et aldéhyde propionique}),$$
$$C^3H^4 + O = C^3H^4O \ (\text{oxyde d'allylène}).$$

2° Une réaction ultérieure, toujours opérée sur le carbure libre, engendre les *acides monobasiques* :

$$
\begin{aligned}
C^2H^2 + O + H^2O &= C^2H^4O^2 \ (\text{acide acétique}); \\
C^3H^4 + O + H^2O &= C^3H^6O^2 \ (\text{acide propionique}); \\
C^3H^6 \quad + O^2 \quad &= C^3H^6O \ (\text{acide propionique}).
\end{aligned}
$$

3° Enfin, j'ai établi (¹) que les mêmes carbures libres, sous l'in-

---

(¹) *Ann. de Chim. et de Phys.*, 4ᵉ série, t. XV, p. 342 et 353; 1868. — *Voir* le présent Volume, plus loin.

fluence du permanganate de potasse alcalin, donnent naissance aux *acides bibasiques* :

$$C^2H^2 + 2O^2 = C^2H^2O^4 \text{ (acide oxalique)};$$
$$C^3H^4 + 2O^2 = C^3H^4O^4 \text{ (acide malonique)};$$
$$C^2H^4 + O + 2O^2 = C^2H^2O^4 + H^2O \text{ (acide oxalique)};$$
$$C^3H^6 + O + 2O^2 = C^3H^5O^4 + H^2O \text{ (acide malonique)}.$$

On voit que l'oxydation directe et régulière des carbures d'hydrogène engendre successivement les aldéhydes, les acides monobasiques et les acides bibasiques.

CHAPITRE III.

SUR L'OXYDATION MÉNAGÉE DES CARBURES D'HYDROGÈNE : AMYLÈNE [1].

1. La constitution des composés organiques, c'est-à-dire le système des composants plus simples, au moyen desquels on peut les engendrer et qui peuvent en être régénérés, doit être étudiée en recourant aux réactions les plus ménagées, à la température la plus basse, et aux agents les moins violents. Par exemple, l'acide chromique pur doit être préféré au bichromate de potasse mêlé d'acide sulfurique, réactif employé par la plupart des chimistes pour déterminer par voie d'oxydation la constitution des carbures d'hydrogène et désigné par eux sous le nom abrégé, mais incorrect, d'*acide chromique*. En effet, l'acide chromique véritable donne naissance à des produits beaucoup plus voisins du corps oxydé ; surtout si on l'emploie à froid et à l'état de dissolution étendue : circonstance dans laquelle il cède seulement le cinquième de son oxygène, en se changeant en chromate chromique, au lieu d'en perdre la moitié, en passant à l'état d'alun de chrome. J'ai montré plus haut toute l'efficacité de ce réactif, pour changer régulièrement le camphène en camphre, l'éthylène en aldéhyde et acide acétique, l'acétylène en acide acétique, l'allylène en oxyde d'allylène et en acide propionique, le propylène en acétone et acide propionique, etc. Je crois utile d'étendre mes expériences à l'amylène, dérivé de l'alcool amylique de fermentation, ainsi qu'à l'hydrure d'amyle de même origine.

2. L'*hydrure d'amyle* pur, C^5H^{12}, a été dissous dans l'eau (1 centimètre cube de carbure dans 2 litres d'eau), et oxydé dans des conditions toutes semblables à celles que je vais développer pour

---

[1] *Ann. de Chim. et de Phys.*, 5ᵉ série, t. VI, p. 449; 1875.

l'amylène. J'ai obtenu une proportion notable d'acide valérianique,

$$C^5H^{12} + O^3 = C^5H^{10}O^2 + H^2O;$$

cette réaction étant prévue par toutes les théories, je n'insiste pas.

3. L'*amylène*, C^5H^{10}, préparé avec soin avec l'alcool amylique ordinaire, dans la fabrique de M. Billaudot, était pur. C'est l'isomère bouillant vers $+4o^\circ$, et il ne contenait pas trace sensible d'hydrure d'amyle. Je m'en suis assuré en le traitant par le brome, dans un mélange réfrigérant, et en distillant aussitôt au bain-marie. Après deux traitements successifs, tout est demeuré combiné au brome, sans résidu d'hydrure : résultat qui m'a surpris moi-même par sa netteté.

J'ai d'abord essayé d'oxyder l'amylène liquide, vers 25 à 3o degrés, par une solution moyennement étendue d'acide chromique pur. À la suite d'un contact de quelques semaines, avec agitation fréquente, j'ai distillé et changé les acides volatils en sels de baryte. Mais ceux-ci étaient formés principalement par de l'acide acétique avec une petite quantité d'acides plus élevés, trop peu abondants pour être séparés.

J'ai alors répété l'expérience dans des conditions mieux ménagées, c'est-à-dire *avec une solution aqueuse d'amylène,* suivant l'artifice qui m'avait déjà réussi pour transformer entièrement l'acétylène en acide acétique. Un litre d'eau dissout $1^{cc},5$ d'amylène liquide, et même un peu plus, c'est-à-dire trois fois autant que d'hydrure d'amyle.

J'ajoute à cette solution un demi-litre d'eau, renfermant 5 grammes d'acide chromique bien cristallisé et pur, plus 1 gramme de bichromate (destiné à saturer les traces d'acides étrangers). J'ai préparé une cinquantaine de litres de ce mélange, et je l'ai abandonné à lui-même, vers 15 à 20 degrés, dans un lieu obscur, pendant cinq mois; puis j'ai distillé avec précaution. Aucune trace d'amylène subsistant n'a pu être recueillie, même dans des mélanges réfrigérants.

L'eau distillée renfermait de l'acide carbonique, des acides gras volatils et une proportion très sensible de composés volatils neutres, doués d'une odeur pénétrante et aromatique. Ces derniers sont des corps de la famille des aldéhydes, ou plutôt des acétones; j'en ai isolé péniblement une petite quantité par des distillations méthodiques, difficulté qui indique un point d'ébullition voisin de celui de l'eau. En effet il est très facile de séparer par cette voie des traces d'acétone.

ordinaire, qui bout à 56 degrés, ou d'alcool qui bout à 78 degrés. Un tel degré de volatilité répondrait bien à des acétones de la formule $C^5H^{10}O$; mais la majeure partie en est demeurée dissoute dans les masses énormes d'eau employées, et n'a pu être étudiée, à mon grand regret.

Je me suis attaché exclusivement aux acides volatils. J'ai réuni les liqueurs distillées et je les ai saturées par la baryte, puis concentrées. Le sel de baryte obtenu présentait une composition à peu près intermédiaire entre le butyrate et le propionate. Il contenait aussi une proportion notable de valérianate, facile à distinguer par son odeur et divers autres signes : c'était donc un mélange. Je l'ai repris par la méthode des saturations fractionnées, conformément au procédé classique de Liebig. La pesée et l'analyse séparée de chacun des sels de baryte obtenus, dans l'état pur, m'ont conduit aux résultats suivants. 100 parties du mélange initial des acides renferment, en poids :

Acide valérianique	$C^5H^{10}O^2$	36
Acide butyrique	$C^4H^8O^2$	16
Acide propionique	$C^3H^6O^2$	17
Acide acétique	$C^2H^4O^2$	28
Acide formique	CH^2O^2	3

La proportion de l'acide valérianique est, on le voit, très considérable; mais le poids trouvé est encore trop faible, à cause d'une perte survenue pendant l'évaporation de son sel de baryte. Un calcul fondé sur l'analyse de mélange brut obtenu dans la première distillation, montre que le poids de l'acide valérianique devrait être porté aux 50 centièmes environ.

4. *Déplacements réciproques des acides gras volatils.* — Dans le cours de ces analyses, j'ai observé que l'acide qui est déplacé par tous les autres est l'acide propionique, $C^3H^6O^2$; puis vient l'acide butyrique, $C^4H^8O^2$. L'acide valérique, $C^5H^{10}O^2$, déplace les deux précédents; mais il est chassé par l'acide acétique, $C^2H^4O^2$, et ce dernier par l'acide formique, CH^2O^2.

Ces résultats sont conformes à ceux de Liebig. Mais, ainsi que M. Duclaux l'a observé dans ces derniers temps, ils ne peuvent être regardés que comme approximatifs, attendu qu'il y a toujours quelque partage de la base et entre les acides employés. J'ai vérifié le fait, et je l'attribue à la formation des sels acides et à la décomposition que chacun des sels de ces acides gras, pris isolément, éprouve sous l'influence de l'eau pendant la distillation.

5. La formation de l'acide valérianique, par l'oxydation de l'amylène, comme acide très abondant et même principal, mérite d'attirer toute notre attention. M. Truchot avait déjà signalé les acides acétique et propionique, avec une trace d'acide butyrique ; M. Chapman, l'acide acétique, etc. ; tandis que l'absence de l'acide valérique était remarquée comme caractérisant une constitution spéciale de l'amylène. On voit que ce résultat négatif ne subsiste pas, on opérant dans des conditions mieux ménagées. De même, l'acétylène, oxydé par l'acide chromique concentré, fournit surtout de l'acide formique ; tandis qu'en ménageant la réaction, on n'obtient que de l'acide acétique.

Cette diversité des résultats peut être expliquée de deux manières. Ou bien l'amylène forme d'abord de l'acide valérique dans tous les cas ; mais, sous l'influence d'un agent très énergique, cet acide s'oxyde aussitôt, en fournissant des homologues inférieurs : c'est l'opinion que l'on professait exclusivement il y a vingt ans dans les cas de ce genre, et il ne paraît pas douteux qu'elle ne soit vraie pour une portion de l'acide valérique ; mais pour une petite portion seulement, cet acide une fois produit résistant fort bien aux agents oxydants, même à l'action très énergique du bichromate de potasse, mêlé d'acide sulfurique.

Il est plus probable que la majeure partie des acides homologues, butyrique, propionique, acétique, résulte, soit de l'oxydation directe de l'amylène, scindé en deux groupes moléculaire dès l'origine de la réaction ;

Soit et plutôt de l'oxydation ultérieure de certains acétones, tels que $C^5H^{10}O$, formés tout d'abord en même temps que l'acide valérique, et dont une portion subsiste intacte à la fin de l'opération.

6. En d'autres termes, une molécule d'amylène offre plusieurs points d'attaque, et fournit, par oxydation directe, plusieurs systèmes simultanés de produits différents, formés chacun en vertu d'une équation distincte, mais dont aucun ne caractérise exclusivement la constitution du carbure. Précisons cette idée par des formules déduites des équations génératrices, comme je l'ai toujours fait, afin de rendre les déductions indépendantes de toute notation particulière. Je prendrai d'abord comme exemple le propylène, dont la formule est plus simple que l'amylène, et dont j'ai étudié l'oxydation plus haut.

Le propylène, C^3H^6, résulte de l'association de 3 molécules de formène $CH^4 = F$, assemblées avec perte d'hydrogène. Afin d'éviter

toute controverse sur les attaches des molécules d'hydrogène
restées dans le composé, je me bornerai à exprimer le propylène
par son équation génératrice : $F + F + F - 3H^2$, ou, pour abréger,
FFF, symbole qui suffit à mes raisonnements. Oxydons ce carbure
complexe, en y fixant 1 atome d'oxygène O, et admettons que l'oxydation porte sur une des molécules génératrices, de préférence
aux autres. Trois corps, représentés par C^3H^6O, c'est-à-dire trois
cas sont possibles, dont voici les symboles :

Si l'on admet, comme on le fait en général, que les 3 molécules
de formène jouent le même rôle, deux de ces corps seront identiques,
ceux qui résultent de l'oxydation d'une molécule extrême de formène ; ils constituent l'aldéhyde propylique normal, ou propylal,
dérivé d'une molécule de formène liée seulement avec une autre
molécule de carbure.

Mais le composé produit par l'oxydation de la molécule centrale,
liée déjà avec 2 molécules de carbure, sera différent : c'est l'acétóne.

Le propylal et l'acétone devront donc prendre naissance à la fois ;
dans une proportion d'ailleurs qui pourra ne pas être toujours la
même, car elle dépend de la vitesse relative de chacune des deux
actions. Cependant ces deux corps, à mesure qu'ils se forment, se
trouvent en présence de l'agent oxydant qui leur a donné naissance, et qui tend aussi à les attaquer, en même temps que l'excès
du propylène. L'aldéhyde propylique, très aisément oxydable, dis-
paraîtra à mesure, en se changeant en acide propionique, lequel
résiste à une oxydation ultérieure. L'acétone, beaucoup plus stable
que le propylal, c'est-à-dire plus lentement oxydable, subsistera
presque entièrement, en fournissant quelque peu des acides acétique, formique et carbonique.

Ainsi l'oxydation ménagée du propylène devra donner comme
produits principaux de l'acide propionique et de l'acétone, avec une
certaine quantité des acides acétique, formique et carbonique :
c'est précisément ce que l'expérience m'a fourni.

7. Telle est, à mes yeux, la théorie de ces oxydations multiples.
Elle s'appuie uniquement sur les équations génératrices et échappe
par là aux objections soulevées par toute formule qui suppose des

liens spéciaux entre l'hydrogène et chacun des atomes de carbone du composé.

Soit, par exemple, la formule suivante du propylène, que la plupart des partisans de la théorie atomique ont adoptée, à cause de la relation analytique qu'ils admettent entre l'acétone et le propylène chloré :

$$CH^3 - CH - CH^2.$$

L'acide propionique étant, d'après les mêmes auteurs,

$$CH^3 - CH^2 - CO(HO),$$

sa formation au moyen du propylène par fixation d'oxygène, O, serait impossible, à moins d'admettre qu'un atome d'hydrogène de la troisième molécule *émigrât* pour se porter sur la deuxième molécule.

J'ai aussi observé la métamorphose du propylène en acide malonique par le permanganate de potasse, laquelle soulève la même difficulté :

$$CO(HO) - CH^2 - CO(HO).$$

Elle existe d'ailleurs également pour les oxydations directes de l'éthylène

$$CH^2 - CH^2,$$

telles que je les ai observées, en changeant ce carbure en aldéhyde et en acide acétique, par simple fixation d'oxygène, O et O^2 :

$$\text{Aldéhyde}: CH^3 - CHO; \text{Acide acétique}: CH^3 - CO(HO).$$

En général, ces *migrations d'atomes,* admises par les atomistes dans des réactions si ménagées, alors qu'ils concluent la constitution des corps de réactions bien plus violentes, me paraissent fictives : elles témoignent de l'incorrection de la théorie, plutôt que d'un phénomène effectivement réalisé dans les métamorphoses des carbures d'hydrogène. Leur discussion approfondie semblerait même de nature à jeter quelque doute sur la prétention d'exprimer par des formules les liens et la place relative de tous les atomes; c'est-à-dire en envisageant chaque atome d'hydrogène comme fixé jusque dans l'intérieur de la molécule à un atome spécial de carbone d'une manière exclusive.

8. Précisons davantage la discussion.

Les formules dites *de constitution*, adoptées par la plupart des auteurs, et semblables à celles qui précèdent, représentent tous les atomes d'une molécule comme fixés sur un même plan ([1]).

C'est là une conception arbitraire et peu vraisemblable, les atomes étant probablement répartis dans l'espace, de façon à constituer une figure limitée par une surface à trois dimensions.

En outre, les conceptions actuelles de la mécanique moléculaire reposent toutes sur l'hypothèse du mouvement incessant des atomes. Chaque atome doit être conçu comme vibrant et oscillant autour d'une certaine position moyenne, déterminée par les attractions des autres atomes. De plus, chaque groupement particulier d'atomes peut être animé d'un mouvement de vibrations propre, dans l'intérieur du système moléculaire total. Enfin le dernier système tout entier, qui constitue une molécule complexe, vibre et oscille autour d'une position moyenne, déterminée par les actions réciproques des autres atomes ou molécules complexes, dont il est entouré. Faisons pour le moment abstraction de ces derniers mouvements, qui affectent l'ensemble de la molécule, et bornons-nous aux mouvements de chacun des atomes qui constituent celle-ci.

Soit, par exemple, un composé que je choisirai très simple pour préciser les idées, soit l'hydrure d'éthyle. Ce corps peut être conçu comme constitué par 2 atomes centraux de carbone, assemblant autour d'eux 6 atomes d'hydrogène. Si l'on conçoit ces 6 atomes d'hydrogène comme placés sur les six sommets d'un octaèdre, chacun des atomes de carbone pourra être conçu comme placé au centre de gravité de l'une dès deux pyramides à base carrée, dans lesquelles on peut décomposer l'octaèdre.

Cela posé, les 2 atomes d'hydrogène situés aux deux sommets opposés de l'octaèdre sont chacun plus voisins de l'un des atomes de carbone que du deuxième atome de carbone. On peut admettre dès lors que cet atome d'hydrogène est sous la dépendance spéciale de l'atome de carbone le plus voisin, qui en règle le mouvement vibratoire.

Mais les 4 atomes d'hydrogène situés sur les quatre sommets intermédiaires de l'octaèdre sont à égale distance des 2 atomes centraux de carbone; ils doivent donc être également attirés par les 2 atomes

---

([1]) *Les théories stéréochimiques ont été proposés depuis l'époque de la publication du présent Mémoire.

de carbone et prendre dans leurs oscillations un mouvement moyen
entre ces deux centres fondamentaux.

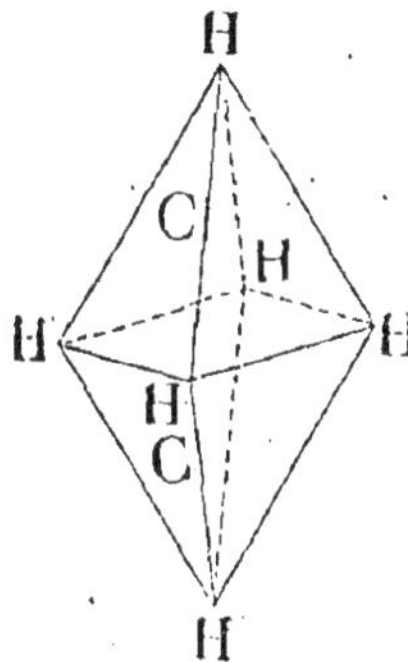

. Dans ces conditions. il n'est plus permis de dire, à mon avis, que
ces 4 atomes d'hydrogène sont les satellites de l'un des centres de
carbone, plutôt que l'autre.

, On voit par là le vice des formules atomiques actuelles et l'inexac-
titude des notions qu'elles tendent à introduire dans l'esprit de
l'étudiant, relativement aux dépendances mutuelles des atomes
assemblés pour constituer une molécule.

9. Mais revenons aux réactions de l'amylène. Ce carbure étant
plus compliqué que le propylène, la théorie de son oxydation est
plus difficile à préciser. Cependant je, proposerai la suivante.
L'amylène que j'ai mis en œuvre dérive de l'alcool amylique de
fermentation, lequel n'est point un alcool normal, comme M. Erlenmeyer en a fait la remarque, mais un homologue, c'est-à-dire un
dérivé forménique de l'alcool isobutylique (alcool butylique de
fermentation), ce dernier étant lui-même un dérivé isopropylique.

En d'autres termes, 1 molécule de formène a d'abord assemblé
autour d'elle 2 autres molécules de formène pour constituer un
groupement isopropylique, qui s'est ensuite réuni à une nouvelle
molécule de formène pour constituer l'alcool isobutylique; ce qu'on
peut exprimer par le symbole abrégé

$$\overset{\text{F}}{\underset{\text{F}\quad\text{F}}{\bigwedge}} + \text{F.}$$

L'alcool amylique ordinaire étant l'homologue du dernier alcool,
ce corps et, par suite l'amylène correspondant, dérivent de 5 molé-

cules forméniques assemblées par 2 et 3,

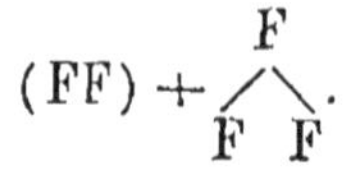

$$(FF) + \underset{F \quad F}{\overset{F}{\wedge}} .$$

Oxydons une semblable molécule, en fixant sur elle un atome d'oxygène, O. Plusieurs réactions sont possibles, suivant la molécule de formène attaquée :

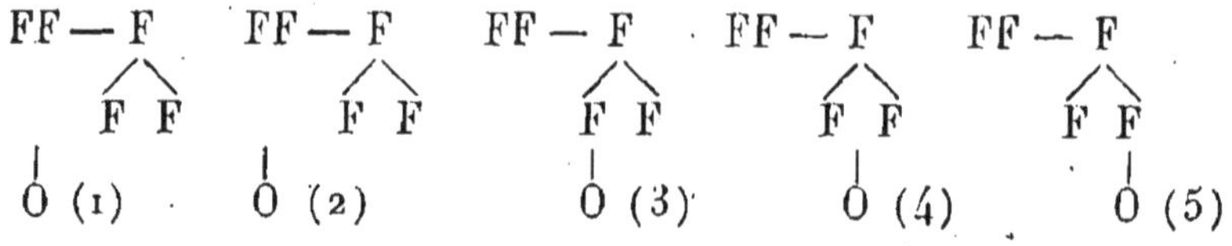

$$
\underset{\underset{O\ (1)}{|}}{\underset{F\ F}{\overset{FF - F}{\wedge}}}
\qquad
\underset{\underset{O\ (2)}{|}}{\underset{F\ F}{\overset{FF - F}{\wedge}}}
\qquad
\underset{\underset{O\ (3)}{|}}{\underset{F\ F}{\overset{FF - F}{\wedge}}}
\qquad
\underset{\underset{O\ (4)}{|}}{\underset{F\ F}{\overset{FF - F}{\wedge}}}
\qquad
\underset{\underset{O\ (5)}{|}}{\underset{F\ F}{\overset{FF - F}{\wedge}}}
$$

Un de ces corps, produit aux dépens d'une molécule extrême (1), est un vrai aldéhyde : il est immédiatement suroxydable, avec formation d'un acide valérianique, $C^5H^{10}O^2$, correspondant ; corps distinct de cet acide valérianique isomère qui dérive de l'alcool amylique normal.

Le produit (3), engendré par l'oxydation d'une molécule de formène intermédiaire, est un acétone isomère, plus oxydable que l'acétone ordinaire : par une oxydation ultérieure, il fournira de l'acide isobutyrique, $C^4H^8O^2$, et de l'acide formique, ou de l'acide carbonique.

Les produits (3) et (5) sont identiques : ils peuvent être envisagés comme des aldéhydes vrais ou des acétones, suivant le point de vue auquel on se place, et que l'état présent de la Science ne détermine pas encore avec certitude. Si ce sont des acétones, ils fourniront par oxydation l'acide butyrique ordinaire et l'acide formique (ou carbonique) ; si ce sont des aldéhydes, ils fourniront d'abord un acide valérianique spécial, analogue à l'acide triméthylacétique ; puis, par une oxydation plus profonde, l'acide butyrique ordinaire.

Enfin la réaction (4) ne paraît pas de nature à donner naissance à un acétone unique. Mais une oxydation plus profonde engendrera soit l'acétone ordinaire, C^3H^6O, et l'acide acétique : soit les acides acétique, $C^2H^4O^2$, et propionique, $C^3H^6O^2$.

Chacun de ces acides sera susceptible d'une nouvelle oxydation plus lente, qui accroîtra la proportion des acides inférieurs. Chacun des acétones ci-dessus sera aussi susceptible de fournir par oxydations des acétones homologues inférieurs, etc.

On voit comment la théorie précédente rend compte des résultats observés dans mes expériences, et même dans toute oxydation ou réaction complexe. La complexité des résultats est une conséquence nécessaire de la constitution du carbure, en tant que formé par plusieurs molécules génératrices, attaquables simultanément; les produits se distinguant d'ailleurs par leur proportion relative, qui dépend de leur vitesse inégale de formation.

CHAPITRE IV.

SYNTHÈSE DES ACIDES BIBASIQUES AU MOYEN DES CARBURES D'HYDROGÈNE (¹).

1. J'ai montré, dans le Livre I, comment l'acétylène et l'éthylène sont changés en acide oxalique par l'action du permanganate de potasse en solution alcaline :

$$C^2H^2\,(\overset{\circ}{-}) + O^5 = C^2H^2\,(O^2)\,(\overline{O^2}).$$

Cette réaction ne s'applique pas seulement à l'acétylène et à l'éthylène, mais aussi à une multitude d'autres carbures.

2. Commençons par les grandes familles des carbures

$$C^n H^{2n-2},$$

homologues de l'acétylène, et

$$C^n H^{2n},$$

homologues de l'éthylène.

Soit donc le second carbure de la série acétylénique, c'est-à-dire l'allylène, C^3H^4. Ce carbure jouit également de la propriété de donner naissance à un acide correspondant, l'acide malonique, par simple fixation de 4 atomes d'oxygène, sous l'influence du permanganate de potasse, agissant à la température ordinaire (*voir plus loin*) :

$$C^3H^4 + O^4 = C^3H^4O^4.$$

La même fixation d'oxygène engendre en même temps de l'acide acétique et de l'acide carbonique, c'est-à-dire les produits du dédoublement de l'acide malonique :

$$C^3H^4O^4 = C^2H^4O^2 + CO^2.$$

(¹) *Ann. de Chim. et de Phys.*, 4ᵉ série, t. XV, p. 347; 1868.

3. Toutefois ces formations, opérées avec l'allylène, sont moins nettes que celle de l'acide oxalique par l'acétylène ; surtout lorsque l'on opère sans addition d'alcali libre. La plus grande partie de l'allylène éprouve une attaque plus profonde, laquelle donne naissance, d'une part, à l'acide oxalique, homologue inférieur de l'acide malonique, et, d'autre part, à l'acide formique, homologue inférieur de l'acide acétique, et à l'acide carbonique.

Quoi qu'il en soit de ces complications secondaires et sur lesquelles nous reviendrons, la réaction fondamentale consiste dans une simple fixation d'oxygène. Elle s'explique : l'allylène, homologue de l'acétylène, représentant également un carbure incomplet du second ordre, c'est-à-dire capable de fixer 1 et 2 volumes d'hydrogène ou d'hydracide :

$$C^3H^4(-)(-) \qquad C^3H^4(H^2)(H^2) \qquad C^3H^4(HI)(HI).$$

Au même titre, 1 volume d'allylène fixe directement 2 volumes d'oxygène, qui le transforment en acide malonique, composé complet, jouant le rôle d'acide bibasique :

$$C^3H^4(-)(-) + 2\,O^2 = C^3H^4(O^2)(O^2).$$

La réaction du permanganate sur l'acétylène se trouve ainsi généralisée. Il est probable qu'elle s'applique également à tous les carbures acétyléniques, C^nH^{2n-2}, de façon à les changer en acides bibasiques de la série oxalique, $C^nH^{2n-2}O^4$.

4. Les analogies se poursuivent, en effet, à l'égard des carbures éthyléniques correspondants. Ainsi, de même que l'éthylène a fourni des produits d'oxydation identiques à ceux de l'acétylène, le propylène, C^2H^6, fournit les mêmes produits que l'allylène, c'est-à-dire l'acide malonique, beaucoup plus abondant avec le propylène qu'avec l'allylène,

$$C^3H^6 + O^5 = C^3H^4O^4 + H^2O,$$

et qui représente la réaction normale :

$$C^3H^4(H^2)(-) + O^5 = C^3H^4(O^2)(O^2) + H^2O.$$

Il se forme, en outre, de l'acide acétique et de l'acide carbonique, en vertu du dédoublement d'une partie de l'acide malonique naissant. Enfin, un peu d'acide oxalique, d'acide formique, et une nouvelle dose d'acide carbonique, sont engendrés par des réactions secondaires consécutives.

Voici comment on peut isoler les acides oxalique et malonique, préparés soit par l'oxydation de l'allylène, soit par celle du propylène.

Après avoir fait réagir le permanganate de potasse (avec excès d'alcali) sur le carbure, on filtre et l'on obtient un liquide incolore; on y verse une solution d'acétate de chaux (exempte de sulfate et de chlorure), laquelle précipite l'acide carbonique et l'acide oxalique, sous la forme de sels calcaires, dont les acides peuvent être régénérés par les moyens connus. L'acide malonique reste dans la liqueur. On ajoute alors à celle-ci de l'acide acétique, de façon à la neutraliser et même à lui communiquer une très légère réaction acide. On y verse maintenant une dissolution d'acétate de plomb neutre, ou mieux, basique : ce qui précipite le malonate de plomb (retenant une certaine quantité de chaux). On décompose ce dernier par l'hydrogène sulfuré; on évapore à sec la liqueur obtenue, à l'aide d'un bain-marie. On reprend par l'éther le résidu, et l'éther évaporé fournit enfin l'acide malonique cristallisé. J'en ai vérifié les principaux caractères.

Je n'insiste pas sur les acides acétique et formique, déjà signalés par M. Truchot, et dont j'ai vérifié de nouveau la présence, spécialement celle de l'acide acétique.

5. Dans les réactions que je viens d'exposer, le fait auquel j'attache le plus d'imporiance, c'est la formation des acides bibasiques, correspondant aux carbures primitifs. Non seulement elle constitue une synthèse directe desdits acides; mais elle me paraît fournir l'explication de la production simultanée des deux séries d'acides, les uns monobasiques

$$C^n H^{2n} O^2,$$

et les autres bibasiques

$$C^n H^{2n-2} O^4,$$

observés ensemble dans tant d'oxydations.

Soit, par exemple, l'allylène. Ce carbure fournit, d'une part, les acides volatils de la première série, tels que l'acide acétique, $C^2 H^4 O^2$, et l'acide formique, $CH^2 O^2$;

Et, d'autre part, les acides fixes de la seconde série, tels que l'acide malonique, $C^3 H^4 O^4$, et l'acide oxalique, $C^2 H^2 O^4$.

Il répond donc au type général des oxydations que je me propose d'expliquer.

Or, parmi ces acides, un seul est engendré par une réaction

normale aux dépens de l'allylène : c'est l'acide malonique

$$C^2H^4 + O^4 = C^3H^4O^4;$$

mais les autres en dérivent régulièrement. En effet, le dédoublement de l'acide malonique naissant explique la formation de l'acide acétique, comme je l'ai déjà signalé :

$$C^3H^4O^4 = C^2H^4O^2 + CO^2.$$

On comprend, dès lors, pourquoi le premier acide gras qui se produit ici appartient à une série inférieure à celle du carbure qui l'engendre.

L'oxydation régulière de l'acide acétique naissant, et même libre (*voir* plus loin), explique d'ailleurs la formation de l'acide oxalique

$$C^2H^4O^2 + 1\tfrac{1}{2}O^2 = C^2H^2O^4 + H^2O.$$

Enfin le dédoublement régulier de l'acide oxalique explique la production de l'acide formique

$$C^2H^2O^4 = CH^2O^2 + CO^2,$$

ce dernier étant lui-même transformable en acide carbonique par une dernière oxydation.

On aperçoit ici clairement l'enchaînement méthodique de toutes ces formations, en apparence simultanées : celle du premier acide à 4 atomes d'oxygène est le nœud du problème.

6. Citons encore quelques faits. L'amylène, C^5H^{10}, étant oxydé par le permanganate de potasse, fournit, indépendamment des acides volatils, la suite des acides fixes, à partir de l'acide oxalique. On élimine ce dernier par l'acétate de chaux, comme il a été dit, et l'on précipite les autres sous forme de sels plombiques. J'ai constaté leur existence; mais je n'ai pas opéré sur une quantité de matière suffisante pour caractériser chacun d'eux. Il est probable que le mélange est formé par les acides pyrotartrique, $C^5H^8O^4$ (produit normal), succinique, $C^4H^6O^4$, et malonique, $C^3H^4O^4$, produits dérivés, suivant la chaîne des réactions signalées plus haut.

En un mot, l'oxydation des carbures éthyléniques paraît engendrer, en général, un premier acide bibasique à 4 atomes d'oxygène, produit normal, renfermant la même quantité de carbone et formé suivant la même relation qui existe entre l'éthylène et l'acide oxalique,

$$C^nH^{2n-2}(H^2)(-) + O^5 = C^nH^{2n-2}(O^2)(O^2) + H^2O.$$

Cette formation est, d'ailleurs, une conséquence de l'oxydation des carbures acétyléniques, dont les carbures éthyléniques dérivent par hydrogénation ; l'excès d'hydrogène qui distingue ces derniers étant éliminé, au moment même où l'oxygène se fixe sur le carbure pour compléter la molécule.

Une relation qui mérite d'être remarquée ici, c'est que le carbure éthylénique ne se borne pas à fixer simplement son volume d'oxygène pour être changé en acide monobasique correspondant,

$$C^2H^4 + O^2 = C^2H^4O^2,$$

comme on aurait pu le supposer *a priori*.

7. Il conviendrait d'étendre les oxydations opérées par le permanganate de potasse aux carbures forméniques, C^nH^{2n+2}, c'est-à-dire aux carbures complets qui représentent la saturation des carbures éthyléniques et acétyléniques par l'hydrogène. J'ai fait divers essais dans cette direction ; mais les carbures forméniques opposent, comme on sait, une singulière résistance aux actions chimiques. Cette résistance se manifeste également vis-à-vis du permanganate de potasse.

Cependant, en maintenant l'hydrure d'hexyle, C^6H^{14} (extrait des pétroles), en contact avec une solution de permanganate, soit neutre, soit acide, et avec le concours d'une douce chaleur, l'une et l'autre solution finissent par se décolorer. L'action est progressive et continue, ce qui ne permet pas de l'attribuer à l'oxydation de quelque principe accessoire ou accidentel. En poursuivant l'expérience à la température ordinaire, pendant près de deux mois, j'ai réussi à oxyder quelques centigrammes du carbure précédent et à former un acide volatil et huileux, précipitable par l'acide chlorhydrique, appartenant à la série des acides gras, $C^nH^{2n}O^4$. Cet acide était évidemment mêlé avec plusieurs de ses homologues.

Le mélange des sels de soude formés par lesdits acides gras était soluble dans l'alcool absolu. Les solutions aqueuses de ce mélange salin, évaporées en consistance de sirop, laissaient séparer une partie des sels, sous la forme d'un savon qui nageait à la surface de la masse : c'est là une propriété qui n'appartient pas aux premiers termes de la série, $C^nH^{2n}O^2$, et que l'acide butyrique lui-même ne manifeste que dans des circonstances exceptionnelles. Bref, et sans entrer dans le détail des autres observations, l'examen que j'ai fait me porte à admettre dans le mélange la présence de l'acide caproïque,

$$C^6 H^{12} O^2,$$

c'est-à-dire de l'acide monobasique normal, correspondant au carbure soumis à l'oxydation,

$$C^6 H^{12}(H^2) + 3O = C^6 H^{12}(O^2) + H^2 O.$$

Malheureusement, le poids du produit obtenu au bout de plusieurs semaines de réaction était si faible, qu'il ne permettait pas de conclusion définitive.

La formation de l'acide monobasique normal par l'oxydation directe du carbure formènique serait conforme aux relations bien connues en vertu desquelles tout carbure formènique,

$$C^n H^{2n}(H^2),$$

peut être changé d'abord en alcool,

$$C^n H^{2n}(H^2 O),$$

et ce dernier en acide monobasique,

$$C^n H^{2n}(O^2).$$

En outre, nous allons voir tout à l'heure que l'oxydation méthodique et directe des carbures benzéniques fournit précisément les acides monobasiques correspondants :

$$
\begin{array}{ll}
\text{Toluène.} \dots\dots\dots\dots\dots\dots & C^7 H^6(H^2) \\
\text{Acide benzoïque} \dots\dots\dots\dots\dots & C^7 H^6(O^2)
\end{array}
$$

On doit avoir, en vertu de la même relation générale,

$$
\begin{array}{ll}
\text{Hydrure d'hexyle} \dots\dots\dots\dots & C^6 H^{12}(H^2) \\
\text{Acide caproïque} \dots\dots\dots\dots & C^6 H^{12}(O^2)
\end{array}
$$

Le Tableau suivant résume les résultats observés dans l'oxydation des carbures d'hydrogène au moyen du permanganate de potasse.

$$1° \ \textit{Carbures acétyléniques, } C^n H^{2n-2}.$$

$$
\begin{array}{l}
\text{Acide bibasique normal.} \dots\dots\dots\dots\dots \quad C^n H^{2n-2} O^4 \\
\text{Acide monobasique (par dédoublement).} \dots\dots \quad C^{n-1} H^{2n-2} O^2 + CO^2 + H^2 O
\end{array}
$$

$$2° \ \textit{Carbures éthyléniques, } C^n H^{2n}.$$

$$
\begin{array}{l}
\text{Acide bibasique normal.} \dots\dots\dots\dots\dots \quad C^n H^{2n-2} O^4 + H^2 O \\
\text{Acide monobasique (par dédoublement).} \dots\dots \quad C^{n-1} H^{2n-2} O^2 + CO^2 + H^2 O
\end{array}
$$

3° *Carbures forméniques,* $C^n H^{2n+2}$.

Acide monobasique normal.................. $C^n H^{2n} O^2$
Acide bibasique normal.................... $C^n H^{2n-2} O^4$

4° *Carbures méthylbenzéniques,* $C^n H^{2n-6}$.

Acide monobasique normal.................. $C^n H^{2n-8} O^2$
Acide bibasique normal.................... $C^n H^{2n-10} O^4$

5° *Formation simultanée des acides homologues.*

Elle résulte de l'oxydation des acides monobasiques, $C^m H^{2p} O^2$, laquelle engendre :

Acide bibasique correspondant.............. $C^n H^{2p-2} O^4 + H^2 O$
Acide monobasique inférieur.............. $C^{n-1} H^{2p-2} O^2 + CO^2 + H^2 O$

Ce dernier s'oxyde à son tour en produisant :

Un nouvel acide bibasique................. $C^{n-1} H^{2p-4} O^4 + H^2 O$
Et un nouvel acide monobasique........... $C^{n-2} H^{2p-4} O^2 + CO^2 + H^2 O$

et ainsi de suite.

CHAPITRE V.

SUR L'OXYDATION DES ACIDES ORGANIQUES ([1]).

En oxydant l'acétylène, l'éthylène et leurs homologues, j'ai constaté dans le Chapitre précédent la formation de l'acide oxalique et, en général, celle des acides bibasiques renfermant la même proportion de carbone que le carbure soumis à l'oxydation. Cependant, la formation de l'acide bibasique normal, correspondant à chaque carbure, est toujours accompagnée par celle des acides homologues bibasiques et monobasiques, qui renferment une moindre proportion de carbone.

Cette remarque s'applique d'ailleurs, comme on sait, à la plupart des oxydations des principes organiques.

L'interprétation du fait m'a paru devoir être cherchée dans une double série de phénomènes. D'une part, l'acide bibasique normal se dédouble en partie, à l'état naissant, en acide monobasique inférieur et acide carbonique :

$$C^3H^4O^4 = C^2H^4O^2 + CO^2.$$

Acide malonique.   Acide acétique.   Acide carbonique.

D'autre part, l'acide monobasique ainsi produit s'oxyde à son tour, à l'état naissant, pour se changer en acide bibasique correspondant :

$$C^2O^4O^2 + 3O = C^2H^2O^4 + H^2O.$$

Acide acétique.   Acide oxalique.

La même chaîne de réactions se reproduit ensuite sur le nouvel acide bibasique.

---

[1] *Ann. de Chim. et de Phys.*, 4ᵉ série, t. XV, p. 367; 1868.

Cette interprétation est la traduction fidèle des faits observés. Toutefois, il m'a semblé qu'elle prendrait un caractère plus démonstratif si l'on réussissait à changer directement les acides monobasiques en acides bibasiques correspondants, par la réaction même du permanganate.

C'est, en effet, ce que j'ai vérifié.

Aucun acide organique et même aucun principe organique ne résiste d'une manière définitive au permanganate de potasse, soit en solution acide, soit en solution alcaline. Mais la durée des réactions varie beaucoup suivant les corps mis en expérience, circonstance qui permet d'isoler les produits successivement formés.

Entrons dans le détail.

1. *Acide formique,* CH^2O^2. — On admet, en général, que l'acide formique est oxydé par le permanganate en solution alcaline, tandis qu'il résiste à une liqueur acide. Or, j'ai observé, d'une part, que l'oxydation dans une liqueur alcaline n'est pas immédiate; de telle façon que, en opérant à froid et avec des solutions peu alcalines, on peut arriver à constater certaines productions d'acide formique. D'autre part, l'acide formique, mis en ébullition avec une solution de permanganate, rendue fortement acide par l'acide sulfurique, la décolore assez rapidement. L'emploi de ce réactif pour doser l'acide formique exige donc des ménagements.

2. *Acide acétique,* $C^2H^4O^2$. — L'acide acétique semble au premier abord sans action sur le permanganate, rendu soit acide, soit alcalin.

Cependant si l'on chauffe à 100 degrés, dans un bain-marie, un ballon à long col renfermant de l'acide acétique et une solution étendue de permanganate neutre, la réduction ne tarde pas à se manifester. Au bout de quinze à vingt heures, elle est déjà considérable; elle produit seulement de l'eau et de l'acide carbonique.

L'acétate de soude, dissous dans une solution neutre de permanganate de potasse, n'exerce à froid aucune action sensible pendant les premiers jours. Cependant, au bout de trois mois de contact, on obtient une réduction visible, avec production d'un peu de carbonate. A l'ébullition, la réduction est déjà notable au bout de quelques heures. Elle le devient surtout, si l'on opère en présence d'une quantité considérable de potasse. Au bout de dix heures, à 100 degrés, on observe la formation d'une quantité très notable d'acide oxalique.

Ainsi, l'acide acétique, en solution alcaline, est changé lentement par le permanganate, à 100 degrés, en acide oxalique,

$$C^2H^4O^2 + 3O = C^2H^2O^4 + H^2O.$$

Acide acétique.   Acide oxalique.

C'est précisément la réaction dont j'avais admis l'existence à l'état naissant : on voit qu'elle a lieu même sur l'acide acétique déjà formé, quoique avec plus de lenteur.

3. *Acide oxalique*, $C^2H^2O^4$. — On sait avec quelle promptitude l'acide oxalique est brûlé par le permanganate dans une liqueur acide. J'ai reconnu qu'il pouvait être également oxydé dans une liqueur fortement alcaline, en opérant à 100 degrés. Mais la réaction est excessivement lente et exige un grand nombre d'heures pour devenir notable : elle est négligeable dans la plupart des circonstances. Le fait même de son existence n'en est pas moins digne d'intérêt.

Les homologues des acides acétique et oxalique sont beaucoup plus oxydables par le permanganate, bien qu'ils présentent une certaine résistance à l'action de ce réactif.

4. Sans insister sur l'*acide malonique*, $C^3H^4O^4$, dont j'ai constaté la réaction lente à 100 degrés sur le permanganate, soit acide, soit alcalin, je vais m'arrêter davantage sur les acides butyrique et succinique.

5. *Acide butyrique*, $C^4H^8O^2$. — L'acide butyrique est oxydé lentement par le permanganate neutre. Mais j'ai surtout étudié son oxydation dans une liqueur alcaline, afin de prévenir, autant que possible, la destruction des acides bibasiques. A cet effet, j'ai dissous 10 parties d'acide butyrique dans 1200 parties d'eau, en présence de 60 parties de potasse, KOH. Cette liqueur décolore peu à peu le permanganate, soit à froid, soit et mieux à 100 degrés. J'ai prolongé l'expérience à 100 degrés, pendant plusieurs jours, jusqu'à ce que l'acide butyrique eût détruit un peu plus que son poids de permanganate. La liqueur renfermait alors une quantité considérable de carbonate, d'oxalate et une petite quantité de succinate, sans préjudice de l'acétate et du propionate.

Voici comment j'ai isolé ces divers acides :

J'ai d'abord acidulé la liqueur par l'acide chlorhydrique, j'ai fait bouillir un moment, puis j'ai ajouté une goutte d'ammoniaque et précipité par le chlorure de calcium : le précipité obtenu était constitué par de l'oxalate de chaux, renfermant une petite quantité d'un sel analogue plus carboné, probablement du malonate. J'ai retiré de ce sel l'acide oxalique en nature et cristallisé.

D'autre part, j'ai filtré la liqueur séparée de l'oxalate et je l'ai évaporée au bain-marie, en éliminant successivement le chlorure de potassium par cristallisation. Le dernier résidu, amené ainsi à un très petit volume et évaporé à sec, a été rendu fortement acide par quelques gouttes d'acide chlorhydrique, puis agité à plusieurs reprises avec un volume considérable d'éther purifié. Ce dernier, évaporé à sec, a laissé un acide cristallin, doué des propriétés (cristallisation spéciale, sublimation) et des réactions de l'acide succinique. J'ai vérifié en outre : la solubilité du sel calcaire dans l'eau et sa précipitation par l'alcool, les mêmes propriétés du sel magnésien, la précipitation du perchlorure de fer neutre par la solution du succinate de magnésie, etc.

La proportion de l'acide succinique ainsi formé aux dépens de l'acide butyrique est très peu considérable, ce que j'expliquerai tout à l'heure. Sa formation même au moyen de l'acide butyrique est le résultat essentiel sur lequel j'appelle l'attention :

$$C^4H^8O^2 + 3O = C^4H^6O^4 + H^2O.$$

Acide   Acide
butyrique.   succinique.

Elle s'accorde, d'une part, avec la formation de l'acide succinique au moyen de l'acide butyrique et de l'acide nitrique, observée par M. Dessaignes, et, d'autre part, avec la formation de l'acide oxalique au moyen de l'acide acétique, signalée plus haut.

En même temps que l'acide succinique prennent naissance les acides volatils, homologues inférieurs de l'acide butyrique ; je m'en suis assuré, dans un essai spécial, par l'analyse des sels de baryte obtenus au moyen des acides volatils. Ceux-ci ont été séparés par saturation fractionnée, opération qui s'exécute conformément à une méthode connue. La proportion des acides propionique et acétique ainsi formés ne dépassait guère le cinquième du poids de l'acide butyrique primitif.

Pour expliquer ce faible rendement il suffit de remarquer que les homologues de l'acide butyrique sont graduellement oxydés par le permanganate de potasse et changés en oxalate et en carbonate, dans les conditions de l'expérience. La quantité que l'on observe n'est donc que la différence de deux réactions.

Je vais établir que la même observation explique pourquoi l'acide succinique ne se manifeste qu'en proportion peu considérable.

6. *Acide succinique,* $C^4H^6O^4$. — En effet, l'acide succinique, bouilli avec une solution neutre de permanganate de potasse, la réduit lentement. La réduction s'opère également à 100 degrés, en présence de l'acide sulfurique. En opérant en présence d'une grande quantité de potasse, j'ai observé déjà, au bout de deux heures, à 100 degrés, la formation d'une production très notable d'acide oxalique.

7. *Acide phtalique,* $C^8H^6O^4$. — L'acide phtalique, bouilli avec une solution de permanganate, soit neutre, soit acide, s'attaque également, quoique avec lenteur.

Je ne m'étendrai pas davantage sur ces résultats : ils justifient les interprétations exposées au début du présent Chapitre.

8. On voit, je le répète, que la réaction du permanganate de potasse sur les principes organiques est illimitée. On peut, en effet, parvenir à réduire ces principes entièrement, ou presque entièrement, en eau et en acide carbonique, à l'aide du susdit réactif. Comme exemple de ces réactions complètes, je citerai l'essence de térébenthine. En opérant à froid, dans une liqueur très acide et par une réaction prolongée pendant un an, j'ai transformé le carbure à peu près en totalité en eau et en acide carbonique. J'ai fait une observation semblable sur l'acétone, en opérant à froid et dans une liqueur très alcaline.

CHAPITRE VI.

SUR L'OXYDATION DES CARBURES BENZÉNIQUES [1].

La benzine et les carbures de la même série,

$$C^6H^6.C^nH^{2n},$$

forment une famille analogue, par la plupart de ses réactions, avec la famille des carbures forméniques. La génération de l'acide benzoïque, soit au moyen de la benzine, soit au moyen du toluène, est de tout point comparable à la génération de l'acide acétique, soit au moyen du formène, soit au moyen de l'hydrure d'éthyle. Il en est de même de la génération de l'aldéhyde benzylique, ainsi que de l'alcool benzylique et de ses éthers, au moyen du toluène, comparées à la génération de l'aldéhyde éthylique, de l'alcool éthylique, et de ses éthers, au moyen de l'hydrure d'éthyle. C'est ce que montrent les formules suivantes :

Carbures...	$C^2H^4...C^2H^6,$	c'est-à-dire	$CH^2(CH^4)$	ou $C^2H^4(H^2)$
	$C^6H^6...C^7H^8,$	»	$C^6H^4(CH^4)$	ou $C^7H^6(H^2)$
Acides	$C^2H^4O^2,$	c'est-à-dire	$CO^2(CH^4)$	ou $C^2H^4(O^2)$
	$C^7H^6O^2,$	»	$CO^2(C^6H^6)$	ou $C^7H^6(O^2)$
Alcools.....	$C^2H^6O,$	c'est-à-dire		$C^2H^4(H^2O)$
	$C^7H^8O,$	»		$C^7H^6(H^2O)$
Aldéhydes..	$C^2H^4O,$	c'est-à-dire	$CO(CH^4)$	ou $C^2H^2(H^2O)(-)$
	$C^7H^6O,$	»	$CO(C^6H^6)$	ou $C^7H^4(H^2O)(-)$

Or, les carbures benzéniques sont beaucoup plus faciles à oxyder que les carbures forméniques; ce qui fournit un contrôle fort important de leur constitution. On peut, en effet, transformer directement les carbures benzéniques dans les acides monobasiques normaux; j'entends par là les acides qui résultent de la substi-

---

[1] *Annales de Chimie et de Physique*, 4ᵉ série, t. XV, p. 354; 1868.

tution d'un volume d'oxygène égal au volume de l'hydrogène éliminé et au volume gazeux du carbure soumis à l'oxydation :

$$C^7 H^6 (H^2) + (O^2) - (H^2) = C^7 H^6 (O^2).$$
$$\text{4 vol.} \qquad \text{4 vol.} \qquad \text{4 vol.} \qquad \text{4 vol.}$$

Une telle oxydation peut être produite régulièrement au moyen du bichromate de potasse et de l'acide sulfurique concentré, comme on le sait depuis quelques années. En poursuivant l'étude des oxydations effectuées par le permanganate de potasse, j'ai reconnu que cet agent oxyde également, et de la même manière, les carbures benzéniques. L'oxydation est très lente ; mais elle offre cet avantage de pouvoir être réalisée à la température ordinaire, sous la seule condition de mettre les corps en contact à l'aide d'une agitation prolongée. Plusieurs jours sont nécessaires pour oxyder quelques grammes de carbure.

Entrons dans les détails, en commençant par le toluène, qui fournit le type le plus simple de ces réactions.

1. *Toluène.* — Le toluène, $C^7 H^8$, est lentement oxydé à froid par le permanganate de potasse pur, et plus rapidement avec addition d'acide sulfurique.

Il se forme de l'acide benzoïque dans les deux cas :

$$C^7 H^8 + O^3 = C^7 H^6 O^2 + H^2 O,$$

précisément comme avec l'acide chromique.

En présence d'un excès d'alcali, on obtient en même temps de l'acide oxalique.

Pour isoler l'acide benzoïque formé dans l'oxydation du toluène [1], on rend la liqueur acide, si elle ne l'était déjà ; puis on décante le carbure inattaqué, et au besoin on agite la masse inférieure, formée d'eau et de bioxyde de manganèse, avec de l'éther ; on évapore le tout, c'est-à-dire le carbure et la solution éthérée, ce qui fournit de l'acide benzoïque impur.

Pour le purifier, on le reprend par une solution de carbonate de soude, que l'on porte à l'ébullition, afin de changer l'acide en benzoate de soude, soluble dans l'eau. On ajoute encore de l'eau ; on filtre et l'on sursature la liqueur par l'acide sulfurique dilué :

---

[1] Cette méthode s'applique également à l'acide formé dans l'oxydation du styrolène, etc.

l'acide benzoïque se précipite, en partie immédiatement, en partie pendant le refroidissement de la liqueur.

Un principe neutre, solide, doué d'une odeur aromatique, insoluble dans l'eau et dans les alcalis, mais soluble dans l'éther et dans les carbures, prend aussi naissance en petite quantité pendant l'oxydation du toluène; soit que cette oxydation ait été effectuée par le permanganate, soit par l'acide chromique.

Quoi qu'il en soit de ce composé neutre et accessoire, la formation principale, celle de l'acide benzoïque, au moyen du toluène et du permanganate de potasse, mérite d'être remarquée, comme répondant à une réaction différente de celle que le même agent exerce sur les carbures acétyléniques et éthyléniques. En effet, j'ai montré plus haut que l'oxydation de ces derniers carbures développe comme produit normal un acide bibasique à 4 atomes d'oxygène, renfermant le même nombre d'atomes de carbone que le carbure soumis à l'oxydation. Ainsi, l'éthylène, C^2H^4, produit l'acide oxalique

$$C^2H^2O^4;$$

le propylène, C^3H^6, produit l'acide malonique

$$C^3H^4O^4.$$

Il est vrai que certains acides monobasiques à 2 atomes d'oxygène prennent alors naissance simultanément; mais ce sont des produits secondaires, et ils contiennent moins de carbone dans leur molécule que le carbure générateur. L'éthylène, C^2H^4, dans ces conditions, développe seulement de l'acide formique, CH^2O^2, et non de l'acide acétique, $C^2H^4O^2$, etc.

Le styrolène, C^8H^8, répond aux mêmes analogies, comme on le dira tout à l'heure. Il n'engendre pas un acide bibasique correspondant, tel que l'acide phtalique, $C^8H^6O^4$, mais seulement un acide monobasique, l'acide benzoïque, $C^7H^6O^2$. Or, il est facile de voir que ce dernier acide contient 2 atomes de carbone de moins que le styrolène primitif; il présente à son égard la même relation que l'acide formique offre à l'égard de l'éthylène.

Au contraire, le toluène, C^7H^8, ne produit ni un acide bibasique à 4 atomes d'oxygène, tel que $C^7H^4O^4$, ni un acide monobasique à 2 atomes d'oxygène renfermant moins de carbone, tel que serait un acide $C^6H^4O^2$; mais il engendre l'acide benzoïque

$$C^7H^6O^2,$$

lequel contient le même nombre d'atomes de carbone que le corps générateur :

$$C^7H^8 \ldots C^7H^6O^2.$$

2. *Xylène.* — L'homologue suivant, le xylène, C^8H^{10}, répond à la fois aux analogies du toluène et à celles des carbures éthyléniques ; car il fournit simultanément un acide monobasique et un acide bibasique, renfermant tous deux la même proportion de carbone que le corps générateur.

En effet, le xylène du goudron de houille, C^8H^{10}, est lentement oxydé à froid par le permanganate de potasse, en formant de l'acide toluique, monobasique,

$$C^8H^{10} + O^3 = C^8H^8O^2 + H^2O,$$

et de l'acide téréphtalique, bibasique :

$$C^8H^{10} + O^6 = C^8H^6O^4 + 2H^2O.$$

Ces deux acides ont été déjà obtenus au moyen du xylène par MM. Yssel de Schepper et Beilstein ([1]), qui employaient un mélange de bichromate de potasse et d'acide sulfurique comme agent d'oxydation.

La solution de permanganate de potasse, agissant sur le xylène, conduit au même résultat, dès la température ordinaire et sous l'influence d'une agitation continuelle, mais au bout d'un temps très long.

Quand l'oxydation est poussée assez loin, on filtre la liqueur aqueuse, et l'on y verse de l'acide sulfurique étendu : ce qui précipite un mélange d'acide toluique et d'acide téréphtalique. On isole ces acides et on les traite à froid par l'éther, qui dissout l'acide toluique, en agissant à peine sur l'acide téréphtalique. On évapore l'éther, et l'on fait recristalliser l'acide toluique dans l'eau bouillante ; puis on en vérifie les propriétés.

Quant à l'acide téréphtalique demeuré insoluble, on le redissout dans une solution aqueuse de carbonate de soude, on le reprécipite par un acide, et l'on répète deux ou trois fois ce traitement ; puis on en vérifie les propriétés.

On voit que l'oxydation du xylène représente à la fois les deux types généraux envisagés jusqu'ici, c'est-à-dire la formation d'un

---

([1]) *Annalen der Chemie und Pharmacie*, t. CXXXVII, p. 301 ; 1866, et *Bulletin de la Société Chimique*, nouvelle série, t. V, p. 286.

acide monobasique, et la formation d'un acide bibasique, lesquels contiennent l'un et l'autre le même nombre d'atomes de carbone que le corps primitif.

Ces deux formations répondent toutes deux à la substitution dans le carbure de l'hydrogène par l'oxygène, à volumes gazeux égaux :

Carbure	C^8H^{10},	c'est-à-dire...	$C^8H^6(H^2)(H^2)$
Acide monobasique....	$C^8H^8O^2$	» ...	$C^8H^6(H^2)(O^2)$
Acide bibasique.......	$C^8H^6O^4$	» ...	$C^8H^6(O^2)(O^2)$

3. *Styrolène*. — Le styrolène, C^8H^8, est un autre carbure qui se rattache à la série benzénique, mais par des liens d'une nature un peu différente. Le styrolène, en effet, résulte, comme le toluène, de la substitution d'une partie de l'hydrogène dans la benzine par 1 volume égal d'un autre carbure d'hydrogène. Seulement ce carbure n'est ni le formène, ni un carbure complet de même ordre ; mais, comme le montre la formule suivante, c'est l'éthylène, C^2H^4 :

$$C^8H^8 = C^6H^4(C^2H^4).$$

c'est-à-dire un carbure incomplet et qui conserve dans le styrolène la plupart de ses réactions caractéristiques.

Le styrolène, en effet, soumis à l'action oxydante du permanganate de potasse, engendre l'acide benzoïque et l'acide carbonique,

$$C^8H^8 + 5O = C^7H^6O^2 + CO^2 + H^2O.$$

C'est la réaction même en vertu de laquelle l'éthylène se change en acide formique

$$C^2H^4 + 5O = CH^2O^2 + CO^2 + H^2O,$$

analogie qui se manifestera plus clairement encore en écrivant l'oxydation du styrolène de la manière suivante :

$$C^6H^4(C^2H^4) + 5O = C^6H^4(CH^2O^2) + CO^2 + H^2O.$$

La réaction a lieu avec le styrolène, aussi bien dans une liqueur alcaline que dans une liqueur neutre : la transformation du styrolène en acide benzoïque par d'autres agents oxydants est d'ailleurs connue depuis longtemps.

En poursuivant les analogies que je viens de développer, il semble que le styrolène devrait fournir un acide bibasique, $C^8H^6O^4$, au même titre que l'éthylène fournit l'acide oxalique :

Éthylène........	C^2H^4	Acide oxalique....	$C^2H^2O^4$
Styrolène	C^8H^8	Acide phtalique....	$C^8H^6O^4$

Cet acide devrait être l'acide phtalique, acide déjà obtenu, comme on sait, au moyen de la naphtaline (¹).

J'ai recherché ledit acide phtalique dans l'oxydation du styrolène, mais sans succès suffisant. Les produits acides de l'oxydation, opérée dans une liqueur alcaline, ont été ensuite extraits en agitant avec de l'éther la liqueur rendue acide à dessein ; mais l'évaporation de la liqueur éthérée n'a guère fourni que de l'acide benzoïque. A peine si cet acide renfermait à l'état de mélange quelques traces d'un autre acide précipitable par l'acétate de plomb, à la façon de l'acide phtalique, mais en proportion trop faible pour être étudié.

La transformation du styrolène en acide benzoïque, aussi bien que celle de l'éthylène en acide formique, méritent encore d'être discutées à un autre point de vue.

En général, on admet que les composés organiques complexes, c'est-à-dire formés par l'addition de deux principes plus simples, se scindent dans les oxydations, en reproduisant, soit ces principes eux-mêmes, soit les dérivés distincts de chacun d'eux : ces dérivés

---

(¹) Je pense que c'est l'acide phtalique ordinaire qui doit se produire aux dépens du styrolène, et non l'acide téréphtalique; parce que ce dernier acide dérive d'une molécule diméthylbenzénique, tandis que l'acide phtalique semble dériver d'une molécule éthylbenzénique. En effet, l'acide phtalique résulte de l'oxydation de la naphtaline, dérivée elle-même, comme je l'ai démontré par synthèse directe, soit d'une molécule de benzine et de deux molécules d'éthylène, unies avec perte d'hydrogène :

$$C^{10}H^8 = C^6H^4[C^2H^2(C^2H^2)],$$

soit, et plus simplement, d'une molécule de styrolène et d'une molécule d'éthylène

$$C^{10}H^8 = C^8H^6(C^2H^2).$$

Lorsqu'on oxyde la naphtaline, l'un des résidus éthyléniques, étant brûlé, se change en acide oxalique; tandis que l'autre résidu se complète, sans se séparer du résidu benzénique, et devient de l'acide phtalique,

$$C^6H^4[C^2H^2(C^2H^2)] + O^8 = C^2H^2O^4 + C^6H^4(C^2H^2O^4).$$

Au contraire, l'acide téréphtalique résulte de l'oxydation du xylène, dérivé lui-même d'une molécule de benzine et de deux molécules de formène :

$$C^6H^4[CH^2(CH^4)].$$

Lorsqu'on oxyde le xylène, ces deux résidus forméniques échangent de l'hydrogène contre un volume égal d'oxygène,

$$C^6H^4[CH^2(CH^4)] + O^6 = C^6H^4(CO^2H^2[CO^2]) + 2H^2O.$$

étant connus, on en conclut la constitution du principe qui leur a donné naissance. Par exemple, l'acétone, C^3H^6O, engendre en s'oxydant de l'acide acétique, $C^2H^4O^2$, et de l'acide formique, CH^2O^2. On en a conclu que l'acétone résulte de l'union d'un principe renfermant 2 atomes de carbone avec un principe qui en contient un. Le même raisonnement a été appliqué dans ces derniers temps à divers autres carbures, dont on a conclu la constitution, d'après l'étude des produits obtenus par leur oxydation.

Sans contester l'utilité de cette étude, surtout dans la comparaison des corps isomères, je crois cependant que l'on en a déduit des interprétations trop absolues. En effet, d'une part, un principe formé par l'addition successive de deux composés méthyliques avec un certain générateur, peut fournir les mêmes produits d'oxydation qu'un principe isomère, formé par l'addition d'un composé éthylique avec le même générateur. Il suffit pour cela que les deux résidus méthyliques se brûlent à la fois, en se changeant, soit en acide carbonique, soit en quelque autre composé indépendant. Telle serait, par exemple, la formation de l'acétone, C^3H^6O, au moyen de deux carbures isomères, représentés par la formule C^5H^{10}, soit le diméthylpropylène, $CH^2[CH^2(C^3H^6)]$, et l'éthylpropylène, $C^2H^4(C^3H^6)$.

D'autre part, et l'objection prend ici une gravité toute particulière, un dérivé diméthylique d'un certain générateur peut perdre, dans une réaction d'oxydation, l'un des résidus méthyliques qu'il renferme, en fournissant un dérivé monométhylique correspondant. Tandis qu'un corps isomère, dérivé éthylique du même générateur, étant soumis à la même réaction, peut fournir précisément le même dérivé monométhylique : il suffit qu'il s'oxyde partiellement et de telle façon que le résidu éthylique perde la moitié de son carbone, tandis que l'autre moitié demeure unie au générateur primitif, sous la forme du dérivé monométhylique signalé ci-dessus.

En d'autres termes, l'oxydation d'un résidu éthylique n'entraîne pas d'une manière nécessaire son élimination totale.

C'est ce que démontre, par exemple, l'oxydation du styrolène, $C^6H^4(C^2H^4)$, et celle de l'éthylbenzine, $C^6H^4(C^2H^6)$. Dans l'oxydation de ces carbures, l'éthylène qui y est inclus perd la moitié de son carbone sous forme d'acide carbonique, tandis que l'autre moitié se change en acide formique, lequel représente un dérivé monométhylique. Mais le dernier acide, au lieu de devenir libre, demeure combiné avec le résidu benzénique, qui était précédemment associé à l'éthylène dans le styrolène; il forme ainsi l'acide benzoïque :

$$C^6H^4(CH^2O^2).$$

En vertu d'un mécanisme du même genre, la diéthylbenzine,

$$C^6H^4[C^2H^4(C^2H^6)],$$

et la tétraméthylbenzine,

$$C^6H^4[CH^2\{CH^2[CH^2(CH^4)]\}],$$

corps isomères, fournissent tous deux par leur oxydation l'acide téréphtalique :

$$C^6H^4[CO^2(CH^2O^2)].$$

Ce sont là, je le répète, des faits d'une grande importance et dont on retrouve les analogues dans la décomposition des principes organiques par la chaleur.

4. *Benzine*. — Il ne reste plus qu'à étendre les oxydations au premier terme de la série, c'est-à-dire à la benzine elle-même, C^6H^6. Elle se comporte tout autrement que les carbures homologues.

J'ai trouvé, en effet, que la benzine est attaquée par le permanganate de potasse; mais son oxydation présente un caractère bien différent, et ne fournit dans aucun cas une proportion appréciable d'un acide comparable à l'acide benzoïque.

La réaction s'effectue également, soit dans une liqueur neutre, soit dans une liqueur très acide, soit dans une liqueur alcaline. Elle est moins lente dans une liqueur acide que dans les autres cas, sans cependant marcher avec une vitesse bien notable. Au bout de vingt-quatre heures, 3 centièmes de benzine à peine sont détruits dans une liqueur acide. Mais il ne se forme guère que de l'acide carbonique dans cette circonstance.

On obtient de meilleurs résultats dans une liqueur rendue très fortement alcaline, jusqu'à faire virer la teinte ordinaire du permanganate. Il se forme alors de l'acide oxalique, de l'acide carbonique, une petite quantité d'un acide gras volatil, analogue à l'acide propionique, et une trace d'un acide précipitable par l'acétate de plomb basique, mais non par l'acétate de chaux.

La formation de l'acide oxalique, produit principal, peut se représenter d'une manière très simple par l'équation suivante :

$$C^6H^6 + 6O^2 = 3C^2H^2O^4.$$

Elle répond à la constitution de la benzine, en tant que ce carbure est formé par la condensation de 3 molécules d'acétylène :

$$C^6 H^6 = 3\, C^2 H^2.$$

Elle est d'ailleurs en accord parfait avec les expériences récentes de M. Tollens [1] sur l'oxydation du phénol au moyen du permanganate de potasse.

La formation de l'acide gras volatil mériterait aussi quelque attention. Malheureusement la proportion relative de cet acide est si faible et la réaction est si lente, que je n'ai pu préparer ledit acide gras en quantité suffisante pour en faire une étude approfondie. Mais les résultats que j'ai obtenus dans la réaction de l'acide iodhydrique sur la benzine me portent à admettre la formation de l'acide propionique, $C^3 H^6 O^2$, dans l'oxydation de la benzine. En effet, on voit apparaître l'hydrure de propyle, $C^3 H^8$, en grande quantité dans ladite réaction convenablement ménagée, ainsi qu'il a été dit plus haut.

La formation de l'acide propionique pourrait être représentée par l'équation suivante :

$$C^6 H^6 + 4\, O^2 = C^3 H^6 O^2 + 3\, CO^2.$$

Elle s'explique d'ailleurs aisément par les mêmes considérations que j'ai développées tout à l'heure en parlant du styrolène ; les trois molécules d'acétylène (résidus éthyliques) qui concourent à former la benzine se brûleraient chacune par moitié, tandis que l'autre moitié du carbone de ces trois résidus demeurerait unie sous forme d'acide propionique.

5. *Oxydation du térébenthène.* — J'ai encore examiné l'action du permanganate de potasse sur un carbure d'une autre série, l'essence de térébenthine, $C^{10} H^{16}$.

Ce carbure est oxydé à froid par une solution aqueuse de permanganate. 10 parties d'essence récemment rectifiée, mises en présence de 500 parties d'eau, ont détruit dans l'espace de quelques heures 28 parties de permanganate de potasse. Le sel doit être ajouté peu à peu et la masse agitée continüellement, en évitant toute élévation de température. Arrivée à ce terme, qui répond exactement à 4 atomes d'oxygène pour 1 molécule de carbure :

$$C^{10} H^{16} + O^4,$$

---

[1] *Comptes rendus des séances de l'Académie des Sciences,* t. LXVII, p. 517; 1868.

l'oxydation se ralentit extrêmement. Cependant, si l'on porte la liqueur à l'ébullition, on peut pousser l'oxydation jusqu'à 4 atomes et demi d'oxygène et même bien au delà.

L'oxydation du térébenthène donne naissance à deux substances distinctes, savoir : un acide, qui représente le produit principal, et un corps neutre, accessoire comme quantité, mais intéressant, parce qu'il paraît être le camphre proprement dit, ou plutôt un isomère.

L'acide peut être isolé, en évaporant la dissolution presque à sec et en ajoutant un acide minéral au résidu. Il se sépare un corps résineux, très fusible, sensiblement soluble dans l'eau froide et très soluble dans l'eau chaude, dont il se sépare en partie pendant le refroidissement. Les alcalis le dissolvent, l'acétate de plomb le précipite, etc. La pureté de cet acide m'a paru trop incertaine pour le soumettre à l'analyse.

Quant au corps neutre, on l'obtient en chauffant, dans une cornue placée au sein d'un bain-marie, le produit brut de la réaction du permanganate sur l'essence. Il distille de l'eau et une substance liquide, douée d'une forte odeur camphrée. Ce liquide est un mélange de deux principes distincts, savoir : d'une part, une petite quantité d'un liquide oxydable par l'acide nitrique chaud, ou par le permanganate ; et, d'autre part, un principe cristallisable doué d'une forte odeur de camphre ordinaire.

On peut séparer ces deux principes l'un de l'autre en faisant bouillir pendant quelques instants leur mélange avec l'acide nitrique qui résinifie le corps oxydable et dissout simplement le camphre. On étend alors le mélange avec de l'eau, on ajoute un excès d'alcali et l'on distille. Mais ce procédé ne fournit pas la matière camphrée tout à fait pure : je le signale seulement comme propre à mettre en évidence la constitution de cette matière et son analogie avec le camphre ordinaire.

Il est préférable de distiller dans une petite cornue le mélange de liquide oxydable et de camphre : le liquide oxydable passe d'abord ; le camphre se sublime ensuite et cristallise dans le col de la cornue.

L'origine de ce produit, sa résistance à l'acide nitrique, ses propriétés physiques et son odeur ne permettent guère de douter de son analogie avec le camphre ordinaire. Il s'en distingue cependant par sa cristallisation ; car il se sublime en aiguilles courtes, filiformes et flexibles, douées d'ailleurs de la mollesse et de la plasticité spéciales du camphre ordinaire : c'est sans doute un corps isomère. Malheureusement la proportion de ce produit, tel qu'il est formé aux dépens de l'essence de térébenthine, ne dépasse pas quelques centièmes, ce qui en rend l'étude difficile. La génération de ce composé, au moyen de l'essence de térébenthine, me paraît devoir être représentée par la formule suivante :

$$C^{10}H^{16} + O = C^{10}H^{16}O.$$

En résumé :

1° La benzine, C^6H^6, fournit par oxydation :

> Dans une liqueur acide, l'acide carbonique......... $6CO^2$
> Dans une liqueur alcaline, l'acide oxalique.......... $3C^2H^2O^4$

2° Un carbure méthylbenzénique, C^nH^{2n-5}, fournit, par oxydation, les produits de l'union de l'acide carbonique avec la benzine et ses homologues, c'est-à-dire :

> L'acide monobasique .... $C^{n-2}H^{2n-8}(CO^2)$
> Et l'acide bibasique..................... $C^{n-4}H^{2n-10}(2CO^2)$

lesquels sont susceptibles, comme toujours, d'une oxydation consécutive.

CHAPITRE VII.

SUR L'EMPLOI DU PERMANGANATE DE POTASSE COMME AGENT D'OXYDATION ([1]).

L'emploi du permanganate de potasse dans l'oxydation des carbures d'hydrogène et autres principes organiques donne lieu à quelques remarques essentielles, soit au point de vue de l'exécution des expériences, soit à celui de la théorie des phénomènes. Je grouperai ces remarques sur quatre chefs distincts, savoir :

I. Conditions des expériences ;
II. Analyse des produits ;
III. Rôle de la neutralité dans les oxydations ;
IV. Phénomènes thermochimiques.

I. — Conditions des expériences.

1. *Pureté du réactif.*

Le permanganate de potasse est fourni par le commerce sous forme cristallisée ; cependant il renferme diverses impuretés, qui tirent leur origine des procédés employés pour sa préparation : on peut y rencontrer de petites quantités de chlorate de potasse, de nitrate de potasse, de chlorure de potassium, enfin de carbonate ou de sulfate de potasse.

Ces divers sels n'exercent pas d'influence sensible sur les oxydations effectuées dans des liqueurs alcalines ; mais les trois premiers, même en faible proportion, modifient souvent beaucoup les oxydations effectuées dans des liqueurs acides.

En outre, la présence de ces divers sels est nuisible dans l'analyse ultérieure des produits. Par exemple, la présence d'un sulfate

---

([1]) *Ann. de Chim. et de Phys.*, 4ᵉ série, t. XV, p. 372 ; 1868.

entrave la recherche de l'acide oxalique et celle des autres acides bibasiques ; attendu que les réactifs qui précipitent ces derniers acides, tels que les sels calcaires ou plombiques, précipitent aussi les sulfates.

La recherche des acides volatils est également entravée par la présence des chlorures, chlorates, nitrates, parce que ces sels, traités par l'acide sulfurique étendu, donnent naissance à des acides volatils, qui distillent en même temps que les acides organiques. Les acides nitrique ou chlorique exercent, en outre, une action oxydante, capable d'altérer certains corps, l'acide formique spécialement. La présence de l'acide chlorhydrique rend plus difficile la recherche de l'acide formique au moyen des sels d'argent, etc.

En raison de ces circonstances et de quelques autres encore, que je passe sous silence, il est indispensable, dans la plupart des cas, de purifier le permanganate de potasse par de nouvelles cristallisations, jusqu'à ce que ce sel ne renferme plus ni chlorures, ni chlorates, ni sulfates, ni nitrates.

Pour s'assurer de sa pureté, on mélange ce sel avec un peu de formiate ou d'acétate pur, et l'on projette quelques parcelles du mélange dans un tube de verre fortement chauffé : on reprend par l'eau, et la liqueur ne doit renfermer ensuite ni chlorure, ni sulfate.

Quant à la présence des nitrates, on la reconnaît en distillant une solution étendue de permanganate avec de l'acide sulfurique et en recherchant l'acide nitrique dans le produit volatil.

2. *Température des réactions.*

Le permanganate peut être employé soit à la température ordinaire, soit à 100 degrés.

A 100 degrés, les réactions sont bien plus rapides et plus profondes. C'est ainsi que l'acide formique peut subsister pendant un certain temps dans une solution alcaline de permanganate à la température ordinaire ; tandis qu'il est détruit immédiatement à 100 degrés.

Aussi, lorsque l'on veut observer les premiers produits d'oxydation, il vaut mieux opérer à la température ordinaire. Les actions exigent alors plusieurs jours ou même plusieurs semaines pour s'accomplir ; elles peuvent même se prolonger pendant des mois et des années, parce que les produits formés d'abord ne sont pas inaltérables par le permanganate ; mais ils s'oxydent à leur tour avec une lenteur de plus en plus grande. On a cité plus haut divers faits de ce genre, en parlant de l'oxydation des acides organiques.

3. *Manière d'opérer.*

On opère toujours avec des solutions aqueuses de permanganate : l'emploi du sel sec, ou simplement humecté, détermine des actions violentes et parfois des explosions. Avec les solutions aqueuses, les actions sont plus régulières. Il est bon de faire réagir des solutions renfermant un poids connu de sel sous un volume déterminé, 10 ou 20 grammes par litre, par exemple.

Ces dissolutions peuvent être neutres, ou bien additionnées d'acide sulfurique, ou bien encore additionnées de potasse ; de là résultent dans l'oxydation des différences très importantes et sur lesquelles je reviendrai tout à l'heure avec détail.

On peut, soit faire agir tout d'un coup sur le corps oxydable la totalité du permanganate que l'on veut mettre en réaction ; soit ajouter ce réactif par centimètres cubes successifs et au moyen d'une burette graduée ; ce qui permet mieux de suivre les phases successives des réactions.

4. *Titrage de l'oxygène.*

Dans un cas comme dans l'autre, l'emploi d'un poids connu du corps oxydable et celui d'une solution titrée de permanganate permettent d'évaluer les quantités d'oxygène fixées sur une molécule dudit corps oxydable.

Cette évaluation se fait directement, quand les liqueurs sont décolorées ; sinon on doit évaluer l'excès du permanganate contenu dans la liqueur au moyen d'un formiate titré, ou de l'acide oxalique, suivant les cas, et comme il va être dit tout à l'heure en parlant de la décoloration des liqueurs.

Enfin, pour la rigueur de ces calculs, l'état d'oxydation finale des oxydes de manganèse est essentiel à considérer. Dans une liqueur alcaline, c'est du bioxyde qui se précipite ; dans une liqueur très acide et bouillante, tout demeure dissous à l'état de protosel de manganèse. Mais si la liqueur n'est pas très acide, ou si l'on opère à froid, il se précipite un oxyde de manganèse, de composition variable. On doit alors recueillir cet oxyde et le laver par décantation (¹) ; puis on détermine la proportion d'oxygène qu'il

─────────

(¹) Quand la liqueur renferme un excès de permanganate, il ne faut pas la filtrer renferme en excès sur la composition du protoxyde, en suivant la marche indiquée par M. Péan de Saint-Gilles dans son Mémoire ([1]).

5. *Décoloration des liqueurs.*

Dans l'analyse des produits, deux cas peuvent se présenter : ou bien la liqueur est complètement décolorée, ou bien elle renferme encore un excès de permanganate.

Si elle est décolorée et parfaitement claire, en procède à la recherche des acides volatils ou fixes, d'après les méthodes qui vont être indiquées ci-dessous.

Parfois la liqueur décolorée demeure trouble, en raison de la présence d'un peu de bioxyde ou de sesquioxyde de manganèse en suspension; cet accident arrive surtout dans les liqueurs neutres ou faiblement alcalines, et lorsqu'on opère à froid. Il suffit en général de porter la liqueur à l'ébullition pour la voir s'éclaircir; on filtre, ou l'on décante, et l'on procède à l'analyse.

Quand la liqueur renferme un excès de permanganate, il est nécessaire de détruire cet excès : soit afin d'empêcher les réactions ultérieures, lorsque la marche de l'analyse exige que l'on transforme une liqueur alcaline en une liqueur acide; soit afin d'éviter les précipités dus aux réactions propres du permanganate sur les réactifs d'analyse.

Distinguons les liqueurs acides et les liqueurs alcalines.

Si la liqueur est acide, on la porte à l'ébullition et l'on y ajoute goutte à goutte une solution étendue d'acide oxalique pur, jusqu'à décoloration. Cet acide, étant changé en acide carbonique, n'introduit aucune substance nuisible à l'analyse. En opérant avec une liqueur titrée, on peut apprécier ainsi la quantité de permanganate excédante.

Si la liqueur est alcaline, on recherche d'abord sur un échantillon la présence de l'acide formique; il suffit à cette fin de rendre la liqueur acide, de la faire bouillir et de détruire à l'aide de l'acide oxalique l'excès du permanganate (dans le cas où il ne serait pas déjà détruit par le seul fait de l'ébullition). Enfin on distille avec précaution : on recherche l'acide formique dans le produit volatil.

Après cette épreuve faite sur une partie des liqueurs, on porte à

---

sur du papier qui serait, comme on sait, oxydé; mais on filtre sur de l'amiante, ou bien on procède par décantation.

([1]) *Ann. de Chim. et de Phys.*, 3ᵉ série, t. LV, p. 376.

l'ébullition le surplus de la liqueur alcaline, ce qui suffit souvent pour la décolorer, surtout si elle contient de l'acide formique. Sinon on y verse goutte à goutte une solution étendue de formiate de soude (bien pur et exempt de sulfates et de chlorures), jusqu'au moment précis de la décoloration. Cette solution doit être titrée à l'avance, lorsque l'on veut évaluer l'excès de permanganate qui subsiste à la température de l'ébullition.

II. — Analyse des produits.

Je comprends sous ce titre la recherche qualitative des substances que j'ai rencontrées dans mes expériences, savoir :

1° Acides gras volatils et monobasiques, $C^n H^{2n} O^2$: acides formique, acétique, propionique, butyrique, etc.;

2° Acides aromatiques monobasiques, $C^n H^{2n-6} O^2$: acides benzoïque, toluique, etc.;

3° Acides gras bibasiques, $C^n H^{2n-2} O^4$: acides oxalique, malonique, succinique, etc.;

4° Acides bibasiques aromatiques, $C^n H^{2n-10} O^4$: acides téréphtalique et phtalique.

Bien que les procédés que j'ai employés soient connus en grande partie, leur combinaison méthodique offre des détails nouveaux, et je crois utile de les réunir ici pour l'usage des personnes qui auront à exécuter des expériences analogues.

1. *Acides gras volatils avec la vapeur d'eau;* $C^n H^{2n} O^2$.

Pour isoler ces acides, on commence par décolorer la liqueur, puis on la rend fortement acide par l'acide sulfurique, et l'on distille avec précaution. A mesure que l'eau passe dans le récipient, on la remplace dans la cornue par de nouvelle eau pure, jusqu'à ce que la liqueur qui distille ne présente plus qu'une réaction acide presque insensible.

Le liquide distillé renferme les acides volatils, mêlés avec une trace d'acide sulfurique. On sature par le carbonate de baryte pur (préparé par précipitation). On fait bouillir, on filtre et l'on évapore au bain-marie. Dès que la liqueur commence à déposer des cristaux, on la laisse refroidir. Au bout d'une demi-journée, on sépare les premiers cristaux; puis on concentre de nouveau, de façon à obtenir une seconde cristallisation, et ainsi de suite. En opérant ainsi, on réussit d'ordinaire à isoler du premier coup le formiate de baryte pur et à obtenir une série d'autres sels de baryte, sur lesquels nous allons revenir.

Examinons les divers cas qui peuvent se présenter.

I. *Acide formique*, CH^2O^2. — Quand cet acide est pur et obtenu sous forme de sel de baryte, comme il vient d'être dit, on le reconnaît aisément aux caractères suivants :

1° Le formiate de baryte, traité par l'acide sulfurique concentré, à une très douce chaleur, et au-dessous de 100 degrés, dégage de l'oxyde de carbone parfaitement pur, sans que la matière se carbonise.

2° 100 parties de formiate de baryte séchées à 100 degrés fournissent 60,4 parties de baryum à l'analyse (sous forme de carbonate ou de sulfate).

3° Le formiate de baryte, bouilli avec une solution de nitrate d'argent, la réduit avec production d'argent métallique. Cette réaction ne réussit bien que dans des liqueurs neutres, ou à peu près neutres ; surtout lorsqu'on a affaire à des traces de formiate.

4° Le formiate de baryte, à l'ébullition, réduit aussi la solution de bichlorure de mercure en protochlorure blanc et insoluble.

5° Enfin le formiate de baryte réduit les solutions alcalines et bouillantes de permanganate.

6° La forme cristalline des formiates de baryte et de plomb est caractéristique ; surtout lorsque l'on évapore quelques gouttes de la solution sous le foyer du microscope.

7° Le formiate de baryte, en solution concentrée, produit avec l'acétate de plomb un précipité cristallisé de formiate de plomb.

8° Ce même sel, traité par l'acide sulfurique étendu d'un volume d'eau, développe l'odeur propre de l'acide formique. Traité par un mélange d'acide sulfurique et d'alcool, il donne naissance à de l'éther formique, dont l'odeur est également caractéristique.

Quand l'acide formique est mélangé avec des acides volatils analogues, on peut encore constater la réaction du nitrate d'argent, du bichlorure de mercure et du permanganate de potasse sur les sels neutres de cet acide. On peut aussi précipiter le formiate de plomb au sein de la solution très concentrée des sels de baryte ([1]), pourvu que le formiate de baryte s'y rencontre en proportion notable. Enfin, la production de l'oxyde de carbone au bain-marie et sous l'influence de l'acide sulfurique étendu d'une petite quantité

([1]) La moindre trace d'acide chlorhydrique rendrait cette réaction incorrecte.

d'eau peut toujours être vérifiée. Mais les autres caractères sont en défaut dans le cas d'un mélange.

En général, il faut tâcher d'isoler en nature le formiate de baryte ou le formiate de plomb; la présence d'un principe organique ne pouvant être regardée comme absolument certaine que lorsque ce principe a été séparé de tous les autres, soit à l'état libre, soit à l'état d'une combinaison définie et susceptible de le reproduire à l'état libre.

La présence de l'acide formique étant constatée, il faut le séparer ou le détruire, pour pouvoir rechercher ensuite les autres acides organiques.

On réussit assez bien à le séparer, quand on opère sur des quantités notables de matière, en procédant par la cristallisation successive des sels de baryte et en faisant recristalliser les sels d'abord obtenus, jusqu'à ce que les cristaux demeurent sans action sensible sur le nitrate d'argent.

Pour détruire l'acide formique, on peut employer trois procédés :

1° Faire bouillir la liqueur primitive et rendue alcaline, avant toute séparation, avec un excès de permanganate : il suffit d'une ou deux minutes d'ébullition; mais il ne faut pas prolonger la réaction, afin de ne pas oxyder les autres acides.

2° Faire bouillir les sels de baryte avec un certain volume d'eau et un excès de sulfate d'argent, puis filtrer les liqueurs bouillantes : l'acide formique est détruit, et la liqueur dépose le plus souvent par refroidissement l'acétate d'argent, le propionate, etc. On peut étudier ces sels en nature; mais il vaut mieux en régénérer les acides volatils par le procédé ordinaire.

3° Traiter les sels de baryte à 100 degrés, dans un matras, par l'acide sulfurique étendu d'une petite quantité d'eau. On évite l'évaporation. Quand le dégagement d'oxyde de carbone a cessé, on étend la liqueur d'un volume d'eau considérable, puis on précipite l'acide sulfurique par le carbonate de baryte. On fait bouillir, on filtre et l'on évapore, de façon à obtenir les sels de baryte. On peut aussi distiller la liqueur étendue et saturer le produit par le carbonate de baryte.

Parmi ces trois procédés, le premier est le plus commode dans le cas qui nous occupe, puisqu'il n'introduit aucune substance nouvelle. Mais il exige qu'une portion de la liqueur, un quart par exemple, soit consacrée à la recherche spéciale de l'acide formique.

Dans tous les cas, je le répète, il faut détruire l'acide formique avant de procéder à la recherche des autres acides.

II. *Acide acétique*, $C^2H^4O^2$. — L'acide acétique doit être isolé d'abord sous forme d'acétate de baryte, en suivant la marche sus-indiquée, soit que l'acide acétique existe seul, soit qu'il soit mêlé uniquement avec l'acide formique.

Quand il est mêlé avec les acides butyrique, valérique, etc., on peut encore le séparer par la méthode des saturations fractionnées, conformément aux indications de M. Liebig.

En effet, l'acide acétique déplace de leurs sels les acides propionique, butyrique et valérique. Si donc on sature un mélange d'acide acétique et desdits acides par une quantité d'alcali un peu supérieure à la quantité nécessaire pour neutraliser l'acide acétique, mais insuffisante pour neutraliser la totalité des autres acides, ce sont lesdits acides qui passeront à la distillation.

La même chose arrivera si l'on ajoute à un mélange des sels neutres formés par lesdits acides une quantité d'acide sulfurique insuffisante pour s'unir à la totalité de la base.

Dans la pratique, lorsque l'on a affaire à un mélange en proportions inconnues, on dose d'abord la base contenue dans un poids connu de ces sels mélangés, puis on dissout la totalité des sels dans l'eau, après en avoir déterminé le poids : on ajoute alors à la liqueur une quantité d'acide sulfurique équivalente au quart de la base, et l'on distille en renouvelant à mesure l'eau vaporisée. On met à part le premier quart des acides ainsi distillés; puis on déplace un second quart des acides; et ainsi de suite. On transforme ensuite ces diverses fractions en sels de baryte, et l'on détermine la proportion de baryum contenue dans chacun d'eux. On compare cette proportion avec la composition normale des sels suivants :

100 acétate de baryte renferment baryum				....	53,7
» propionate	»	»	»	....	48,4
» butyrate	»	»	»	....	44,0
» valérate	»	»	»	....	40,4
» capronate	»	»	»	....	37,3

Si les quatre parties successivement obtenues fournissent un sel de baryte de même composition, la nature de l'acide volatil est par là même déterminée, et cet acide est unique.

Si les compositions sont différentes et que la dernière portion réponde à l'acide acétique, l'existence de celui-ci sera démontrée.

La première portion répond aussi le plus souvent à la composition d'un sel défini, surtout si l'on a affaire seulement à un mélange de deux acides.

Dans les cas plus compliqués, on obtiendra des compositions intermédiaires, et l'on reprendra le dernier quart et le premier quart; on séparera de nouveau chacun d'eux en plusieurs portions distinctes, par la même méthode des saturations fractionnées.

En employant cette méthode, il est bon de savoir que, si l'acide acétique, $C^2H^4O^2$, déplace les acides homologues de formule plus élevée, il n'en est pas de même de ces derniers entre eux. Par exemple, l'acide butyrique, $C^4H^8O^2$, est déplacé par l'acide valérique, $C^5H^{10}O^2$, dont la formule est plus élevée.

La méthode qui vient d'être exposée est jusqu'ici la seule qui permette de séparer avec certitude l'acide acétique des acides homologues.

L'acide acétique, une fois isolé, est caractérisé par son odeur propre, sa solubilité dans l'eau en toutes proportions et dans toutes les conditions, l'odeur de son éther, enfin et surtout par le dosage du baryum ou de l'argent dans les acétates correspondants. Ces derniers dosages sont les seuls caractères certains de la pureté de l'acide acétique.

III. *Acide propionique*, $C^3H^6O^2$. — Cet acide, mêlé avec les acides formique et acétique, peut en être séparé en détruisant d'abord l'acide formique, puis en procédant par saturation fractionnée, comme il vient d'être dit.

L'acide propionique, une fois isolé, est caractérisé par son odeur aigre et désagréable, par sa solubilité dans l'eau pure, par sa séparation en couche huileuse dans une solution de propionate de chaux très concentrée et dans laquelle on introduit un acide; mais il suffit d'ajouter à cette liqueur une petite quantité d'eau pour redissoudre l'acide propionique. Le dosage du baryum ou de l'argent, dans un propionate, constitue le seul caractère certain de la pureté de l'acide propionique.

Il faut en outre vérifier que l'on n'a pas affaire à un mélange d'acétate et de butyrate, circonstance qui se présente très souvent dans les analyses et qui peut fournir des sels de baryte ou d'argent ayant exactement la composition d'un propionate. On y parvient en soumettant le sel brut qui offre ladite composition à une nouvelle séparation en diverses portions, par la méthode des saturations fractionnées : si ce sel est réellement un propionate, les diverses fractions doivent offrir une composition invariable.

IV. *Acide butyrique*, $C^4H^8O^2$. — Cet acide peut être isolé par saturation fractionnée, surtout s'il est mêlé seulement avec un seul acide homologue, ou s'il est en proportion prédominante.

Son odeur forte et fétide et celle de son éther sont assez caractéristiques. L'acide est fort soluble dans l'eau; mais il en est séparé par le chlorure de calcium et par divers autres sels, bien plus aisément que l'acide propionique. Il bout vers 163 degrés : ce caractère ne peut être vérifié que sur des quantités un peu notables de matière.

L'acide isobutyrique bout un peu plus bas. Les sels de baryum ou d'argent ont la même composition.

Le dosage du baryum ou de l'argent dans le butyrate de baryte ou d'argent, et l'invariabilité de composition des diverses portions de ces sels, obtenues à la suite d'une nouvelle saturation fractionnée, constituent les seuls caractères certains de la pureté de l'acide butyrique.

V. *Acide valérique,* $C^5H^{10}O^2$. — Les mêmes remarques s'appliquent à l'acide valérique ordinaire. L'odeur de cet acide est fétide et aromatique; celle de son éther rappelle l'ananas. L'acide est peu soluble dans l'eau, et il se sépare de ces sels sous forme huileuse par l'addition d'un acide. Il bout à 175 degrés.

En général, la présence des acides supérieurs à l'acide acétique peut être reconnue aisément par l'odeur forte et spéciale que prennent les liqueurs qui les renferment, lorsqu'on y verse un peu d'acide sulfurique. On peut les séparer de ces liqueurs très rapidement, en y versant de l'acide sulfurique et en agitant avec de l'éther; on décante l'éther, qui renferme la presque totalité des acides valérique et butyrique, ainsi qu'une portion notable des acides propionique, acétique, formique; puis on agite l'éther avec un peu d'hydrate de baryte, ou de chaux éteinte, délayé dans de l'eau. On décante la partie aqueuse qui renferme les sels calcaires des acides gras, etc.

Ce procédé est expéditif; mais il ne sépare ni les acides monobasiques les uns des autres, ni ces acides des acides bibasiques; car l'éther enlève à l'eau une portion des acides succinique, malonique, etc., que l'eau renferme en dissolution. Cependant l'emploi de ce procédé peut rendre des services dans les cas compliqués, ou bien en présence des chlorures et des nitrates. En effet, les derniers sels fournissent des acides volatils à la distillation; tandis qu'ils ne cèdent les mêmes acides à l'éther qu'en proportion insignifiante, pourvu qu'on ait soin d'opérer en présence de beaucoup d'eau.

2. *Acides bibasiques de la série grasse,* $C^n H^{2n-2} O^3$.

Je parlerai seulement des acides oxalique, malonique et succinique, les seuls que j'aie examinés en détail dans ces présentes recherches. Je rappellerai que la recherche de ces acides exige l'emploi préalable d'un permanganate bien exempt de sulfates, de chlorures et de nitrates.

I. *Acide oxalique,* $C^2 H^2 O^4$. — Cet acide ne peut exister en présence du permanganate que dans des liqueurs alcalines. Qu'il existe seul ou en présence d'autres acides, on le sépare par le procédé suivant : On détruit d'abord l'excès de permanganate, s'il y a lieu, au moyen du formiate de soude ; puis on rend la liqueur légèrement acide par l'acide acétique, et l'on y verse une solution étendue d'acétate de chaux (exempt de chlorures et de sulfates). L'oxalate de chaux ne tarde pas à se précipiter. Au bout d'une demi-journée de repos, on le recueille, soit par décantation, soit sur un petit filtre sans plis, et l'on met à part la liqueur. L'oxalate de chaux est alors lavé à l'eau distillée tiède ; puis on le transforme en oxalate d'argent, en le faisant digérer pendant quelques heures avec une solution d'azotate d'argent. On lave l'oxalate d'argent, on le décompose par l'acide sulfhydrique et l'on évapore avec précaution. On obtient ainsi l'acide oxalique pur et cristallisé, avec tous ses caractères.

Je rappelerai parmi ces caractères la précipitation d'une solution de sulfate de chaux par l'acide oxalique pur, propriété qui n'appartient à aucun autre acide organique.

On vérifie encore l'existence de l'acide oxalique, en décomposant à 100 degrés une portion de l'oxalate de chaux par l'acide sulfurique concentré, opération qui a lieu sans carbonisation et qui donne naissance à l'acide carbonique et à l'oxyde de carbone, à volumes gazeux égaux.

Enfin, il est bon de doser le calcium dans l'oxalate de chaux par calcination. Lorsqu'on opère avec l'oxalate de chaux précipité directement dans des liqueurs qui renferment des malonates, le dosage de la chaux fournit, en général, des nombres un peu faibles, parce que l'oxalate de chaux en se précipitant entraîne un peu de malonate.

Quoi qu'il en soit, la reconnaissance et la séparation de l'acide oxalique ne présentent aucune difficulté sérieuse, en suivant la marche susindiquée. Cette séparation doit être effectuée d'abord, avant de procéder à la recherche des acides malonique et succinique.

II. *Acide malonique,* $C^3H^4O^4$. — Après la séparation de l'acide oxalique, on ajoute à la liqueur un léger excès d'ammoniaque; puis on y verse de l'acide acétique, de façon à la rendre neutre ou très légèrement acide. Dans cet état, on concentre la liqueur, si son volume paraît trop considérable; on la laisse refroidir, puis on y verse de l'acétate de plomb tribasique : le malonate de plomb se précipite sous la forme de flocons blancs insolubles. On lave ce sel par décantation, puis on le décompose à l'aide de l'hydrogène sulfuré et l'on évapore la liqueur à sec au bain-marie. L'acide malonique ainsi obtenu renferme une certaine quantité de chaux. Pour le purifier, on le reprend par l'éther, qui le dissout aisément, et l'on obtient par évaporation l'acide malonique, sous la forme de belles lamelles cristallines, transparentes, fort solubles dans l'eau, l'alcool et l'éther.

Ses sels de chaux et de baryte sont peu solubles, sans être cependant aussi insolubles que les oxalates correspondants. L'acide est décomposé par la chaleur en acide carbonique et acétique, sans laisser de résidu. Sa solution aqueuse précipite l'acétate de plomb; mais, le précipité se redissout aisément dans un excès d'acide malonique ou acétique. L'acétate de plomb tribasique le précipite également : mais, pour séparer ainsi l'acide malonique pur, il faut opérer dans une liqueur exempte de chlorures ou de nitrates; autrement le malonate de plomb est mêlé de chlorure et de nitrate.

Comme dernier contrôle, il est bon de déterminer l'équivalent de l'acide malonique pur, soit en dosant la chaux du malonate, soit en titrant avec l'eau de baryte l'acide cristallisé et séché à froid.

III. *Acide succinique,* $C^4H^6O^4$. — Cet acide, mêlé avec l'acide oxalique, peut être séparé en suivant exactement la même marche que pour l'acide malonique. On peut aussi opérer comme il a été dit en parlant de l'oxydation de l'acide butyrique.

Quand les deux acides malonique et succinique coexistent, on les obtient mélangés en suivant la marche prescrite. On peut alors les séparer, en faisant recristalliser le mélange des acides libres dans l'eau, dans laquelle l'acide malonique est beaucoup plus soluble que l'acide succinique. Il serait facile de signaler *a priori* d'autres procédés de séparation, fondés soit sur les précipitations fractionnées, soit sur l'insolubilité du succinate ferrique dans une liqueur neutre; mais je n'ai point vérifié l'exactitude de ces procédés, que la grande tendance de l'acide malonique à former des sels doubles pourrait bien mettre en défaut.,

L'acide succinique pur est caractérisé par sa cristallisation, par sa propriété de pouvoir être sublimé (sous forme d'acide anhydre), par sa solubilité dans l'eau et dans l'éther. Les succinates calcaires et magnésiens sont assez solubles dans l'eau; mais l'alcool les précipite. Les succinates neutres précipitent le perchlorure de fer. neutre; réaction caractéristique, mais que le moindre excès d'acide empêche de se produire. Enfin, l'acide succinique précipite l'acétate de plomb neutre et surtout l'acétate tribasique.

Dans ce qui précède, la recherche des acides bibasiques et celle des acides monobasiques ont été présentées comme indépendantes l'une de l'autre et effectuées sur des portions distinctes de la liqueur. Telle est, en effet, la marche la plus commode. Cependant, si l'on voulait opérer sur un seul et même échantillon, on pourrait le faire de la manière suivante :

On distille d'abord la liqueur avec de l'acide sulfurique étendu, pour séparer les acides volatils; puis on sature le contenu de la cornue par du carbonate de baryte, ce qui précipite l'acide sulfurique et presque tout l'acide oxalique. On filtre, on achève de précipiter l'acide oxalique par l'acétate de chaux, et l'on précipite les acides malonique et succinique contenus dans la liqueur au moyen de l'acétate de plomb tribasique.

La même marche s'applique aux oxydations effectuées par le permanganate dans une liqueur acide.

J'arrive au second groupe, celui des acides aromatiques.

3. *Acides aromatiques monobasiques.*

Je m'occuperai seulement des acides benzoïque et toluique, les seuls que j'aie rencontrés dans mes expériences personnelles d'oxydation.

Lorsqu'on oxyde un carbure par le permanganate de potasse, avec addition d'acide sulfurique, les acides benzoïque et analogues demeurent dissous dans l'excès de carbure inattaqué : on décante celui-ci et l'on agite la liqueur aqueuse avec de l'éther, lavé à l'eau préalablement. On réunit le carbure et la couche éthérée; on les filtre, pour séparer l'eau restée en suspension, et l'on évapore le tout. On reprend le résidu par une solution de carbonate de soude, laquelle dissout l'acide benzoïque et ses analogues avec effervescence, en laissant insolubles les produits neutres de l'oxydation. On filtre, on verse un acide minéral fort dans la liqueur et l'on agite avec de l'éther purifié. Ce dernier, étant évaporé spontanément, abandonne l'acide aromatique sous forme cristallisée.

Lorsqu'on oxyde un carbure par le permanganate de potasse dans une liqueur alcaline, l'acide benzoïque et ses analogues entrent en dissolution sous forme de sels neutres. On filtre la liqueur après l'avoir décolorée; on y verse de l'acide sulfurique et l'on agite avec de l'éther purifié, lequel dissout les acides aromatiques précédents, puis les abandonne, par évaporation, sous forme cristallisée.

Les acides ainsi obtenus doivent être soumis à une nouvelle cristallisation dans l'eau bouillante.

I. *Acide benzoïque,* $C^7H^6O^2$. — L'acide benzoïque est caractérisé par sa cristallisation et son aspect. Il fond à 120 degrés; il se sublime par la chaleur avec une odeur suffocante et spéciale. L'odeur de son éther est également propre. Les benzoates de baryte et de chaux cristallisent sous des formes caractéristiques. L'acide benzoïque ne précipite pas les solutions aqueuses d'acétate de plomb, soit neutre, soit tribasique.

Enfin, les benzoates alcalins distillés fournissent de la benzine, carbure dont il est facile de caractériser les plus faibles proportions ([1]).

Pour vérifier la pureté de l'acide benzoïque, il est bon d'en déterminer l'équivalent. A cet effet, on peut : soit doser le baryum du benzoate de baryte (36,1 pour 100); soit déterminer, au moyen de l'eau de baryte titrée, le titre acide d'un poids connu d'acide benzoïque, après avoir fait recristalliser cet acide dans l'eau et l'avoir séché à froid, sous une cloche renfermant de l'acide sulfurique.

II. *Acide toluique,* $C^8H^8O^2$. — Cet acide est fort analogue à l'acide benzoïque. Il fond à 175 degrés. Ses cristaux sont d'ordinaire plus menus et il est moins soluble dans l'eau que l'acide

---

([1]) *Ann. de Chim. et de Phys.,* 4ᵉ série, t. XII, p. 162.

benzoïque, ce qui permet de séparer les deux acides par cristallisation.

La pureté de l'acide toluique doit être vérifiée, soit par le dosage du baryum dans le sel de baryte, soit par la détermination du titre acide de l'acide pur, comme ci-dessus.

4. Acides aromatiques bibasiques.

Je parlerai seulement des acides phtalique et téréphtalique, acides isomères, tous deux représentés par la formule $C^8H^6O^4$.

I. *Acide phtalique.* — L'acide phtalique peut être séparé des liqueurs qui le renferment, en rendant ces liqueurs acides et en les agitant à plusieurs reprises avec de l'éther : on évapore l'éther, on redissout dans l'eau le mélange des acides obtenus et l'on précipite par l'acétate de plomb neutre ou basique, afin de séparer l'acide phtalique de l'acide benzoïque. On décompose ensuite le sel de plomb, soit par l'hydrogène sulfuré, soit par l'acide sulfurique.

On peut encore transformer le mélange des acides solubles dans l'éther en sels de baryte, lesquels sont solubles dans l'eau. A cette fin, il suffit d'agiter la solution éthérée des acides avec de l'eau de baryte ; on sépare la couche aqueuse, on la concentre, s'il y a lieu, puis on ajoute à l'eau son volume d'alcool, ce qui précipite le phtalate de baryte.

Lorsque les liqueurs ne renferment ni acide sulfurique ni acide chlorhydrique, on peut précipiter du premier coup l'acide phtalique par l'acétate de plomb, sans passer par un traitement éthéré.

L'acide phtalique se présente sous la forme de belles aiguilles brillantes, solubles dans 130 parties d'eau froide, beaucoup plus solubles à chaud, fusibles vers 180 degrés, sublimables à une haute température.

Distillé avec l'hydrate de potasse, il se décompose, avec production de benzine : ce qui constitue une réaction caractéristique.

Il est utile de vérifier la nature de l'acide phtalique, en déterminant l'équivalent soit par l'analyse d'un sel, soit par le titrage alcalimétrique de l'acide libre.

II. *Acide téréphtalique.* — Cet acide se distingue par son insolubilité dans tous les dissolvants neutres : eau, alcool, éther. Au contraire, il se dissout aisément dans les alcalis et les carbonates alcalins. Cependant, lorsqu'une liqueur renferme seulement de

petites quantités de téréphtalates, l'addition d'un acide n'en précipite pas toujours immédiatement l'acide téréphtalique. Dans ce
cas, il est bon de chauffer légèrement la liqueur, puis d'y ajouter
un peu d'alcool ou d'éther, pour déterminer la séparation de l'acide
téréphtalique.

Cet acide se présente sous la forme d'une poudre blanche,
amorphe, insoluble. Il ne peut être ni fondu, ni sublimé sans décomposition. Distillé avec un hydrate alcalin, il se décompose, avec
formation caractéristique de benzine.

Je signalerai les opérations suivantes, comme propres à reconnaître de petites quantités d'acide téréphtalique, dans l'oxydation
des composés aromatiques. Lorsque l'on a obtenu une poudre
blanche et insoluble, que l'on soupçonne être constituée par cet
acide, on la lave par décantation, puis on la dissout dans une très
petite quantité de carbonate de soude; on filtre, on ajoute à la
liqueur limpide un léger excès d'acide chlorhydrique, ce qui reprécipite l'acide téréphtalique, ainsi que les autres acides aromatiques,
On verse sur le tout un peu d'éther et l'on agite : les acides aromatiques se dissolvent dans la couche éthérée, tandis que l'acide téréphtalique, également insoluble dans l'eau et dans l'éther, se manifeste sous la forme d'une poudre blanche et amorphe, qui demeure
suspendue à la surface de séparation de l'eau et de l'éther, et qui
remonte même le long des parois du verre.

L'aspect du tout est analogue à celui d'un essai de sulfate de quinine, mêlé de cinchonine et traité par l'ammoniaque et l'éther.

Comme contrôle, il est utile de redissoudre cette poudre blanche
dans la potasse, après avoir décanté autant que possible les liqueurs entre lesquelles elle demeurait suspendue. On reprend la
liqueur filtrée par l'acide chlorhydrique et l'on renouvelle l'épreuve
par l'éther.

Ce sont là, je le répète, des caractères tout à fait spéciaux de
l'acide téréphtalique, surtout si l'on tient compte de sa formation
dans des liqueurs oxydantes.

Tels sont les procédés que j'ai mis en œuvre dans l'étude des
oxydations opérées par le permanganate de potasse. Ils permettent
d'isoler et de reconnaître avec certitude les acides que j'ai signalés,
pourvu que l'on ne néglige aucune des vérifications fondées, soit
sur les réactions spécifiques, soit sur la détermination de l'équivalent.

III. — Rôle de la neutralité dans les oxydations.

L'action du permanganate de potasse est toute différente, suivant que ce réactif agit dans une liqueur acide ou dans une liqueur alcaline. Au sein d'une liqueur neutre, l'action du permanganate ne demeure nette que dans certains cas exceptionnels ; le plus souvent elle participe soit des oxydations effectuées dans une liqueur alcaline, soit des oxydations effectuées dans une liqueur acide.

Entrons dans quelques détails. En présence d'un acide énergique, tel que l'acide sulfurique, et d'un corps oxydable, à 100 degrés, le permanganate est changé en sulfate de potasse et sulfate de protoxyde de manganèse ; il cède en même temps 5 atomes d'oxygène au corps oxydable :

$$(1) \quad Mn^2 O^8 K^2 + 3(SO^4 H^2) = SO^4 K^2 + 2(SO^4 Mn) + 3H^2O + O^5.$$

Au contraire, en présence d'un excès d'alcali, le permanganate est changé en bioxyde de manganèse et alcali, en cédant seulement 3 atomes d'oxygène au corps oxydable :

$$(2) \quad Mn^2 O^8 K^2 + H^2O = Mn^2 O^4 + 2KOH + O^3.$$

Dans ces deux circonstances opposées, l'oxydation n'intervient pas pour changer l'état acide ou alcalin de la liqueur, état que nous supposons déterminé à l'avance, par l'emploi d'un excès suffisant d'acide ou d'alcali.

Mais il en est autrement lorsqu'on emploie le permanganate de potasse pur et sans aucune addition, circonstance dans laquelle il se forme d'abord du bioxyde de manganèse et de la potasse. Le bioxyde apparaît aussi en présence des acides faibles. Enfin, avec des acides un peu plus forts, et même avec l'acide sulfurique très étendu et froid, on peut obtenir des oxydes de manganèse intermédiaires et voisins de la composition du sesquioxyde.

Sans entrer dans ces complications, nous allons discuter la réaction du permanganate de potasse pur. Ce réactif, employé pour oxyder un carbure d'hydrogène, par exemple, donne lieu dans certains cas à une remarque intéressante, à savoir : que la liqueur formée dans les réactions demeure sensiblement neutre au papier de tournesol. Cette remarque a été déjà faite par M. Truchot. Mais l'interprétation du fait soulève une difficulté que ce savant n'a pas aperçue et qui réclame quelques explications. En effet, si le permanganate neutre agit comme dans une solution alcaline, ce qui me paraît être le cas le plus ordinaire, le permanganate doit céder au corps qu'il oxyde 3 atomes d'oxygène, en mettant en liberté 2 molécules de bioxyde de manganèse et 2 molécules de potasse :

$$Mn^2 O^8 K^2 + H^2 O = Mn^2 O^4 + 2 KHO + O^3.$$

A chaque atome d'oxygène répond la mise en liberté de $\frac{2}{3} Mn O^2$, $\frac{2}{3}$ molécule de KOH, et la destruction de $\frac{1}{3}$ molécule de $Mn^2 O^8 K^2$. Pour que la liqueur reste neutre au papier réactif, lorsqu'on opère avec le sel neutre, il faut donc qu'il y ait un rapport déterminé entre la quantité d'oxygène fixé sur le composé oxydé et la proportion d'alcali nécessaire pour saturer les acides qui prennent naissance. Examinons comment cette condition peut être remplie.

Soit, par exemple, l'oxydation du propylène.

La formation de l'acide malonique exige 5 atomes d'oxygène :

$$C^3 H^6 + O^5 = C^3 H^4 O^4 + H^2 O,$$

et par conséquent $\frac{5}{3} Mn^2 O^8 K^2$.

La séparation de 5 atomes d'oxygène, enlevés au permanganate, laisse disponibles $\frac{10}{3}$ molécules de potasse, KOH, dont l'acide malonique prend 2 pour sa neutralisation. Si cette réaction se produisait seule, il y aurait donc mise en liberté définitive de $\frac{4}{3}$ molécules de potasse.

Mais il se produit ici une nouvelle complication : le bioxyde de manganèse, qui se sépare dans cette circonstance, entraîne une certaine quantité de potasse combinée avec lui. En admettant que le composé ainsi formé ait la même composition que le corps obtenu par M. Gorgeu dans la réaction de l'acide carbonique sur le permanganate (¹), il renfermera pour 5 molécules de bioxyde de manganèse 2 molécules de potasse :

$$5 Mn O^2 . 2 KOH.$$

Or, ces rapports sont précisément ceux qui répondent à la neutralisation exacte de l'alcali, dans l'oxydation du propylène. En effet, les 5 atomes d'oxygène, fixés sur le carbure, dérivent de $\frac{5}{3}$ de molécule de permanganate, et ont abandonné $\frac{10}{3}$ de molécule de bioxyde $\frac{10}{3} Mn O^2$ et $\frac{10}{3} KOH$. Mais le bioxyde entraîne $\frac{4}{3}$ de molécule de potasse, tandis que les autres $\frac{6}{3}$ sont saturés par l'acide malonique. La réaction exacte est donc la suivante,

---

(¹) *Annales de Chimie et de Physique*, 3ᵉ série, t. LXVI, p. 158; 1862.

en nombres entiers :

$$3\,C^3H^6 + 5\,Mn^2O^8K^2 = 3\,C^3H^2K^2O^4 + 2\,(5\,MnO^2.\,2\,KOH) + 4\,H^2O.$$

La conservation de la neutralité s'explique ainsi.

Elle s'explique également dans la réaction simultanée qui donne naissance à l'acide acétique et à l'acide carbonique. En effet, la formation de ces deux acides répond au dédoublement de l'acide malonique naissant et, par conséquent, à la fixation du même nombre d'atomes d'oxygène sur le propylène :

$$C^3H^6 + O^{10} = C^2H^4O^2 + CO^2 + H^2O.$$

Or l'acide acétique exige un seul équivalent de potasse pour sa saturation ; et il en est de même de l'acide carbonique, pourvu que ce dernier se trouve dans la liqueur à l'état de bicarbonate : résultat qui se produit effectivement, comme on peut s'en assurer par l'action de la liqueur sur les sels de chaux. En effet, les sels de chaux ne sont pas précipités d'une manière immédiate, mais seulement par le repos ou l'ébullition.

Les rapports de saturation sont donc les mêmes, dans cette réaction, que dans la première, ce qui conduit à la formule suivante, qui est celle de la réaction réelle :

$$3\,C^3H^6 + 5\,Mn^2O^8K^2 = 3\,C^2H^3KO^2 + 3\,CHKO^3$$
$$+ 2\,(5\,MnO^2,\,2\,KOH) + H^2O.$$

Les réactions précédentes, c'est-à-dire les réactions normales, sont les seules qui répondent à une neutralisation exacte, en admettant que la formation du bicarbonate soit acceptée comme équivalente à celle d'un sel neutre.

Les réactions secondaires, c'est-à-dire celles qui déterminent la formation de l'acide oxalique et de l'acide formique, ne répondent pas à des rapports aussi réguliers. Ainsi la transformation du propylène en acide oxalique exige la fixation de 5 atomes d'oxygène. En tenant compte de la formation d'un oxalate neutre, d'un bicarbonate et d'un manganite de potasse, il reste $\frac{1}{3}$ de potasse libre. La même quantité résulte de la production simultanée d'un formiate et d'un bicarbonate.

Enfin la transformation totale du propylène en acide carbonique, ce dernier demeurant à l'état de bicarbonate, met à nu $\frac{3}{5}$ de potasse.

Ces fractions d'équivalent s'ajoutent évidemment à la potasse combinée dans le bicarbonate, pour le rapprocher de la composition du sesquicarbonate.

L'effet des oxydations secondaires et consécutives est donc en général de rendre les liqueurs de plus en plus alcalines.

On voit au contraire comment l'oxydation du propylène par le permanganate maintient la liqueur neutre, et tendrait même à la rendre alcaline; circonstance favorable à la stabilité de l'acide oxalique, $C^2H^2O^4$, et de l'acide malonique, $C^3H^4O^4$, tous deux plus oxydables dans une liqueur acide.

Les mêmes calculs et les mêmes résultats généraux s'appliquent évidemment à tous les carbures éthyléniques; tandis que les carbures acétyléniques et benzéniques exigent des calculs qui leur sont propres.

Mais, avant de discuter sur ces dernières oxydations, résumons par un chiffre le rapport réel qui existe entre la potasse mise à nu et l'oxygène cédé par le permanganate, dans une liqueur neutre ou alcaline.

D'après ce qui a été dit plus haut, 5 molécules de permanganate fournissent 15 atomes d'oxygène et 5 molécules de potasse, KOH, dont 2 demeurent unies au bioxyde de manganèse pour former du manganite :

$$5\,Mn^2O^8K^2 = 5\,MnO^2.\ 2\,KOH + 6\,KOH + O^{15}.$$

Le rapport équivalent entre la potasse réellement mise à nu par la décomposition du permanganate et l'oxygène cédé au corps oxydable est celui de 3 à 15, c'est-à-dire 1 : 5.

Si donc l'acide qui prend naissance exige 5 atomes d'oxygène pour se former, en saturant 1 molécule de potasse, la liqueur restera neutre;

S'il exige plus d'oxygène, elle tendra à devenir alcaline;

S'il en exige moins, la liqueur tendra à devenir acide.

Reprenons maintenant l'étude des diverses oxydations, en partant des données précédentes :

1° *Carbures éthyléniques.* — Lorsque les carbures éthyléniques se changent en acides bibasiques correspondants, la neutralité est observée, parce que cette réaction exige 10 atomes d'oxygène et sature 2 molécules de potasse.

Mais la formation des homologues inférieurs de ces mêmes acides bibasiques exige un excès d'oxygène. Le premier homologue, par exemple, exige 8 atomes d'oxygène et sature 1 ½ molécule d'alcali : la liqueur tend donc à devenir alcaline.

2° *Carbures acétyléniques.* — Avec les carbures acétyléniques, le mécanisme de la réaction normale est un peu différent, parce que la potasse mise en liberté ne suffit plus pour saturer à la fois l'acide normal et le bioxyde de manganèse. Soit l'allylène, par exemple ; son changement en acide malonique par le permanganate

$$C^3H^4 + O^4 = C^3H^4O^4$$

exige 4 atomes d'oxygène et sature $2KOH$; c'est-à-dire que le rapport de l'oxygène cédé à la potasse saturée est celui de $4:1$, au lieu de $5:1$, qui répondrait au maintien de la neutralité.

Une certaine quantité de bioxyde de manganèse devra donc demeurer libre ; or, ce corps joue le rôle d'un acide faible et tend à enlever un peu d'alcali au permanganate. Par conséquent, la liqueur a une tendance à devenir acide : ce qui peut changer le caractère des réactions, et par suite la proportion d'oxygène cédée par un même poids de permanganate.

Les acides oxalique et malonique étant détruits par le permanganate dans une liqueur acide, on comprend que l'emploi du permanganate pur soit moins favorable à la transformation régulière de l'allylène et de l'acétylène en acides bibasiques qu'à celle du propylène et de l'éthylène dans les mêmes acides. Mais il est facile de rétablir la condition normale par l'addition d'un excès d'alcali.

La neutralité se rétablirait d'ailleurs d'elle-même avec le permanganate neutre, par suite des fixations d'oxygène qui répondent à la formation des acides homologues inférieurs et à la formation finale de l'acide carbonique.

3° *Carbures forméniques.* — L'oxydation des carbures forméniques donne lieu à des remarques analogues. Dans le changement de l'hydrure d'hexyle en acide caproïque, par exemple,

$$C^6H^{14} + O^3 = C^6H^{12}O^2 + H^2O :$$

le rapport équivalent entre l'alcali saturé et l'oxygène fixé est celui de $3:1$. La liqueur doit donc tendre à devenir alcaline, par le fait de cette oxydation.

4° *Carbures benzéniques.* — Même raisonnement pour l'oxydation des carbures benzéniques, avec formation d'acide monobasique :

$$C^7H^8 + O^3 = C^7H^6O^2 + H^2O,$$

le rapport étant $3:1$, la liqueur tend à devenir alcaline.

Dans la formation d'un acide bibasique, tel, par exemple, que l'acide téréphtalique,

$$C^8H^{10} + O^3 = C^8H^6O^4 + 2H^2O,$$

le même rapport, 3 : 1, se maintient et donne lieu à la même remarque.

Au surplus, cette condition a moins d'importance ici que pour les acides oxalique et malonique, parce que les acides monobasiques et bibasiques de la série aromatique que je viens de citer peuvent être préparés dans des liqueurs fortement acides.

5° *Acides organiques.* — S'agit-il maintenant de l'oxydation des acides organiques, toujours dans des liqueurs neutres ou alcalines?

Le changement de l'acide acétique en acide oxalique et les oxydations analogues qui transforment un acide monobasique en acide bibasique correspondant exigent 3 atomes d'oxygène :

$$C^2H^4O^2 + O^3 = C^2H^2O^4 + H^2O.$$

Un équivalent d'alcali se trouve en même temps saturé, par suite du changement de l'acétate en oxalate : le rapport $O : KOH$ est donc ici 3 : 1; c'est-à-dire que la liqueur tend à devenir alcaline.

Mêmes rapports pour le changement d'un acide monobasique en son homologue inférieur, par exemple, de l'acide propionique en acides acétique et carbonique (en admettant que la potasse forme un bicarbonate) :

$$C^3H^6O^2 + O^3 = C^2H^4O^2 + CO^2 + H^2O.$$

Enfin, ces rapports s'appliquent encore au changement d'un acide bibasique en son homologue inférieur, par exemple, au changement de l'acide malonique en acides oxalique et carbonique.

L'acide formique et l'acide oxalique font cette fois exception. En effet, l'acide formique exige seulement 1 atome d'oxygène pour être changé en acide carbonique,

$$CH^2O^2 + O^2 = CO^2 + H^2O.$$

Dans l'oxydation d'un formiate neutre, une partie de la potasse devient ainsi libre, par rapport au bicarbonate (qu'elle transforme partiellement en carbonate bibasique).

L'acide oxalique exige également 1 atome d'oxygène

$$C^2H^2O^4 + O = 2CO^2 + H^2O$$

chaque molécule d'oxalate neutre produisant 2 molécules de bicarbonate neutre. D'où il suit que l'alcali, cédé par le permanganate, change en carbonate bibasique moitié moins de bicarbonate que dans l'oxydation des formiates. Ces faits ne sont pas sans importance pour la prévision des phénomènes.

Voici encore une complication relative aux liqueurs acides et qu'il importe de signaler.

Nous avons raisonné jusqu'ici sur des liqueurs alcalinées ou neutres. Quand il s'est agi des liqueurs acides, nous avons supposé que le permanganate se décompose en donnant lieu à un sel de protoxyde de manganèse et à 5 équivalents d'oxygène :

$$Mn^2O^8K^2 + 3SO^4H^2 = 2SO^4Mn + SO^4K + O^5 + 3H^2O.$$

Mais c'est là une décomposition extrême et qui ne peut être réalisée avec certitude, si ce n'est dans des liqueurs très acides et à l'ébullition. Lorsqu'on opère à froid, même en présence d'un grand excès d'acide sulfurique, il se produit souvent au début une certaine quantité d'un oxyde de manganèse insoluble et de composition variable, intermédiaire entre le bioxyde et le sesquioxyde. Avec les acides très faibles, on n'obtient même que du bioxyde de manganèse. Aussi est-il presque impossible d'obtenir des liqueurs limpides dans ce dernier genre d'oxydation. La quantité d'oxygène réellement cédée par le permanganate ne peut être alors déterminée que par un dosage spécial effectué sur l'oxyde précipité.

Telles sont les remarques auxquelles donne lieu l'emploi du permanganate de potasse comme agent d'oxydation. Elles jouent un grand rôle dans l'évaluation des phénomènes thermochimiques que produisent les réactions : ces phénomènes, en effet, doivent être rapportés, non aux réactions théoriques, mais aux phénomènes réels.

J'ai cru devoir insister sur toutes ces circonstances, afin de montrer comment les réactions simples, en principe, se compliquent dans la pratique par l'intervention nécessaire de certaines conditions générales de mécanique chimique, introduites par les agents spéciaux à l'aide desquels on opère les transformations.

CHAPITRE VIII.

SUR UNE NOUVELLE CLASSE DE COMPOSÉS ORGANIQUES, LES CAMPHRES,
ET SUR LA FONCTION VÉRITABLE DU CAMPHRE ORDINAIRE ([1]).

1. Je propose d'instituer une nouvelle classe de composés, subdivision de la fonction générale des aldéhydes, les *camphres* ([2]). Elle comprend, dès à présent, trois corps bien définis, dont elle systématise les réactions. Ce sont : le camphre ordinaire ;

L'oxyde d'allylène ou *diméthylène-carbonyle*, que j'ai découvert il y a peu d'années (*Annales de Chimie*, 4ᵉ série, t. XXIII, p. 219. — Ce Volume, p. 298) ;

Et le *diphénylénacétone*, découvert par MM. Fittig et Ostermayer ; et dont M. Barbier fait en ce moment une étude approfondie, après l'avoir obtenu par l'oxydation du fluorène :

Oxyde d'allylène	C^3H^4O	ou	$(CH^2.CH^2)CO$
Diphénylène-acétone	$C^{13}H^8O$	ou	$(CH^4.C^{16}H^4)CO$
Camphre proprement dit	$C^{10}H^{16}O$	ou	$(C^5H^8.C^5H^8)CO$

La subérone, $C^7H^{12}O$, possède vraisemblablement une constitution pareille.

2. Ces corps peuvent être regardés comme les types de séries homologues et d'une multitude d'autres composés, doués des mêmes réactions caractéristiques, que je vais énumérer :

1° Les camphres peuvent fixer de l'hydrogène et se changer en alcools. Réciproquement les alcools ainsi engendrés reproduisent les camphres par perte d'hydrogène :

$$C^3H^4O + H^2 = C^3H^4(H^2O), \text{ hydrate d'allylène.}$$
$$C^{10}H^{16}O + H^2 = C^3H^{16}(H^2O), \text{ alcool campholique.}$$

([1]) *Annales de Chimie et de Physique*, 5ᵉ série t. VI, p. 460; 1875.

([2]) J'avais d'abord désigné cette classe sous le nom de *carbonyles;* mais ce terme, ayant été aussi appliqué à un radical fictif, risquait de donner lieu à confusion.

Cette réaction générale est celle que j'ai proposée pour caractériser la *fonction aldéhyde* (¹), laquelle comprend déjà dans mon tableau les aldéhydes proprement dits ou primaires ; les aldéhydes secondaires ou acétones, et les aldéhydes à fonction mixte, parmi lesquels figurent les quinons. Les camphres constituent un troisième groupe.

2° Les camphres peuvent être formés, directement ou indirectement, par la *substitution de l'oxygène à l'hydrogène, à équivalents égaux*, O à H^2, *dans des carbures incomplets :*

$$C^n H^{2(n-p)} H^2 (-), \text{ engendre} \ldots\ldots\ldots\ldots \quad C^n H^{2(n-p)} O (-)$$
$$\text{Le propylène } C^3 H^4, H^2 (-) \text{ engendre ainsi} \ldots\ldots \quad C^3 H^4 O (-)$$
$$\text{L'hydrure de camphène } C^{10} H^{16}, H^2 (-) \text{ engendre.} \quad C^{10} H^{16} O (-)$$
$$\text{Le fluorène } C^{13} H^8, H^2 (-) \text{ engendre} \ldots\ldots\ldots \quad C^{13} H^8 O (-)$$

On peut aussi les former, et cela directement, comme je l'ai observé, en oxydant par l'acide chromique les carbures, plus incomplets encore, qui dérivent des précédents par perte d'hydrogène :

$$\text{L'allylène, } C^3 H^4 + O, \text{ engendre} \ldots\ldots\ldots \quad C^3 H^4 O$$
$$\text{Le camphène, } C^{10} H^{16} + O^2, \text{ engendre} \ldots\ldots \quad C^{10} H^{16} O$$

Ces deux modes de formation synthétique sont analogues à ceux que l'on observe dans l'étude des aldéhydes proprement dits et des aldéhydes secondaires ou acétones. En effet, par oxydation directe au moyen de l'acide chromique pur, d'après nos expériences :

$$\text{L'éthylène, } C^2 H^4 + O, \text{ engendre} \ldots \quad C^2 H^4 O : \text{ l'aldéhyde éthylique.}$$
$$\text{Le propylène, } C^3 H^6 + O, \text{ engendre} \ldots \quad C^3 H^6 O : \text{ l'acétone (et le propylaldéhyde}$$
à la fois).

D'autre part, par oxydation indirecte :

$$\text{L'hydrure d'éthyle, } C^2 H^4 (H^2), \text{ engendre} \ldots\ldots\ldots \quad C^2 H^4 (O)$$
$$\text{L'hydrure de propyle, } C^3 H^6 (H^2), \text{ engendre} \ldots\ldots \quad C^3 H^6 (O)$$

Mais les carbures qui engendrent les aldéhydes proprement dits et les acétones, par cette dernière substitution, sont saturés ; tandis que les carbures qui engendrent semblablement les camphres sont incomplets : différence essentielle qui entraîne de grandes conséquences dans leurs réactions.

Il résulte, en effet, de leur synthèse que *les camphres sont* eux-

---

(¹) *Voir* mon *Traité élémentaire de Chimie organique*, p. 13 et 389 ; 1872.

mêmes *des corps incomplets*, et cela *indépendamment de leur fonction d'aldéhyde*. Outre l'aptitude à se changer en alcool par hydrogénation, en tant qu'aldéhydes en général, les camphres offrent ce caractère spécial de fixer par surcroît les éléments de l'eau, H^2O, et même, en principe, de tout autre corps simple ou composé occupant le même volume gazeux.

3° C'est ainsi que *la fixation d'une molécule d'eau change les camphres en acides monobasiques*, elle est pareille à la fixation de l'eau sur l'oxyde de carbone, laquelle engendre l'acide formique, et elle s'opère de même avec le concours des alcalis :

$$CO \quad [-] + H^2O = CH^2O^2. \quad \text{Acide formique.}$$
$$C^{10}H^{16}O[-] + H^2O = C^{10}H^{18}O^2. \quad \text{Acide campholique.}$$
$$C^{13}H^8O \ [-] + H^2O = C^{13}H^{10}O^2. \quad \text{Acide diphénylformique.}$$
$$C^3H^4O \ [-] + H^2O = C^3H^6O^2. \quad \text{Acide propionique (}^1\text{).}$$

4° En vertu du même caractère incomplet, *les camphres peuvent être changés en acides bibasiques par fixation de 3 atomes d'oxygène* :

$$C^{10}H^{16}O[-] + O^3 = C^{10}H^{16}O.O^2. \quad \text{Acide camphorique.}$$
$$C^2H^4O \ [-] + O^3 = C^3H^4O.O^2 \quad \text{Acide malonique (}^2\text{).}$$

Cette fixation (³) peut être interprétée de deux manières : soit que le camphre fixe d'abord O, *à la façon de l'aldéhyde ordinaire* qui

---

(¹) Cette réaction n'a pas été réalisée sur l'oxyde d'allylène libre; mais elle a lieu à l'état naissant dans les conditions de sa formation, c'est-à-dire lorsqu'on oxyde l'allylène par l'acide chromique pur, ce qui fournit en fait de l'acide propionique :

$$C^3H^4 + O + H^2O = C^3H^6O^2.$$

(²) Même remarque que ci-dessus; c'est dans la réaction de l'allylène sur le permanganate de potasse que la réaction réelle s'effectue : .

$$C^3H^4 + O + O^3 = C^3H^4O^4.$$

J'ajouterai que la constitution spéciale du fluorène, dérivé d'une seule molécule de formène, paraît exclure la formation d'un acide bibasique.

(³) La subérone jouirait de la même propriété, d'après la formule et les expériences de M. Boussingault :

$$C^8H^{14}O + O^3 = C^8H^{14}O^4;$$

le rapprochement subsiste d'après la formule rectifiée, $C^7H^{12}O$, que Gerhardt proposait dès 1854, et que M. Schorlemmer semble établir définitivement par la formation d'un acide isopimélique :

$$C^7H^{12}O + O^3 = C^7H^{12}O^4.$$

devient acide acétique : le caractère incomplet de l'acide dérivé du camphre le rendrait apte à fixer aussitôt O^2 additionnel;

Soit que le camphre tende à former du premier coup les deux acides $CHO^2 + C^{19}H^{14}O^2$, *suivant le type de l'oxydation de l'acétone*, qui engendre $CH^2O^2 + C^2H^4O^2$; mais les deux acides dérivés du camphre se combineraient ensemble à l'état naissant, toujours en raison du caractère incomplet de l'un d'entre eux.

5° Les camphres peuvent être formés analytiquement, au moyen d'une seule molécule d'acide bibasique, par perte d'eau et d'acide carbonique :

$$C^n H^{2p}O^4 - CO^2 - H^2O = C^{n-1}H^{2p-2}O,$$

c'est-à-dire

$$C^{n-2}H^{2p-4}.CH^2O^2.CH^2O^2 - CO^2 - H^2O = C^{n-3}H^{2p-4}.H^2.CO[-].$$

Ce mode de formation rappelle les acétones. Mais ceux-ci dérivent de deux molécules distinctes d'acide monobasique; ce qui leur assigne une constitution bien différente, surtout au point de vue du caractère incomplet des camphres.

3. Le tableau suivant exprime l'ensemble des réactions parallèles des camphres et de leurs relations expérimentales avec les carbures générateurs :

Oxyde d'allylène.	Camphre.	Diphénylène carbonyle.
$C^3H^4O[-]$ ou $CH^2.CH^2.CO[-]$	$C^{10}H^{16}O$ ou $C^5H^8.C^4H^8.CO[-]$	$C^{13}H^8O^4[-]$ ou $C^6H^4.C^6H^4.CO[-]$
$C^3H^4[-][-]+O$	$C^{10}H^{16}+O$	....
$\{$ $C^3H^4(H^2)[-]+O-H^2$	$C^{10}H^{16}(H^2)[-]+O-H^2$	$\{$ $C^{13}H^8(H^2)[-]+O-H^2$
$\{$ $C^3H^4(H^2)$ ou $CH^2.CH^2.C(H^2)[-]$	$C^{10}H^{18}$ ou $C^5H^8.C^4H^8.C(H^2)[-]$	$\{$ $C^{13}H^{10}$ ou $C^6H^4,C^6H^4,C(H^2)[-]$
$C^3H^4(H^2O)[-]$. Alcool	$C^{10}H^{16}(H^2O)$. Alcool.	$C^{13}H^8(H^2O)$. Alcool.
$C^3H^4O[-]+H^2O$. Acide monobasique	$C^{10}H^{16}O+H^2O$. Acide monob.	$C^{13}H^8O+H^2O$. Acide monobasique.
$C^3H^4O[-]+O^3=C^3H^4(O^2)(O^2)$. Acide bibasique.	$C^{10}H^{16}O+O^3$. Acide bibasique	....
$\{$ C^4H^6 ou $C^2(CH^2.CH^3.H^2)[-][-]$	$C^{11}H^{16}$ (inconnu).	$C^{14}H^{10}$ ou $C^2(C^6H^4,C^6H^4,H^2)$(3)
$\{$ $C^4H^6+2O^2=C^4H^6O^4$ (1). Ac. bibas.	$C^{11}H^{18}O^4$ (inconnu).	$C^{14}H^{10}+O^4=C^{14}H^{10}O^4$. Acide bibasiq.
$C^4H^6O^4-CO^2-H^2O=C^4H^4O$ (2)	....	$C^{14}H^{10}O^4-CO^2-H^2O=C^{13}H^8O$
$C^3H^6O^2-CO^2=C^2H^6$ $\}$ Carbure dérivé de		$C^{12}H^{10}O^2-CO^2=C^{12}H^{10}$ $\{$ Carbure dérivé
C^2H^6 ou $(CH^2.CH^2)H^2$ $\}$ l'acide monobas.	C^9H^{18} ou $(C^5H^8,C^4H^8)H^2$	$C^{12}H^{10}$ ou $(C^{16}H^4,C^6H^4)H^2$ $\{$ de l'acide monobasique.

(1) Acide succinique ou isosuccinique : il serait formé par une réaction pareille à celle qui change réellement l'acétylène en acide oxalique : $C^2H^2+O^4=C^2H^2O^4$.

(2) Réaction non vérifiée. Elle répond à la génération supposée de la subérone, $C^7H^{12}O$, au moyen de l'acide subérique, $C^7H^{14}O^4$. La subérone donne donc lieu à un tableau semblable de réactions probables, dont une seule, l'oxydation, a été réalisée.

(3) Phénanthrène.

4. La théorie que je viens de présenter repose sur des relations de fait, indépendantes de toute hypothèse concernant la constitution interne des carbures, des aldéhydes ou des acides ; mais il est facile de la rattacher à ce que nous savons de la formation des carbures eux-mêmes, sans avoir besoin de recourir aux radicaux, ni même à un symbolisme particulier.

Les carbures peuvent être dérivés du formène, par l'union successive de ce carbure à une première molécule de formène, avec séparation d'un volume d'hydrogène égal ou supérieur à celui du formène qui entre en combinaison. Les aldéhydes, à leur tour (aldéhydes proprement dits, acétones, camphres), résultent en fait de la substitution de l'oxygène à l'hydrogène à équivalents égaux, O à H^2, dans les carbures. On peut donc admettre que les aldéhydes résultent tous de l'oxydation d'une certaine molécule de formène ; mais leurs propriétés doivent varier, suivant le nombre et la nature des réactions préalables déjà accomplies sur la molécule de formène qui leur donne naissance.

1° Cette molécule F peut n'avoir subi qu'une seule réaction, à savoir, celle qui l'a réunie avec un autre carbure A, quelconque d'ailleurs : A + F. Dans ce cas, l'oxydation qui produit un aldéhyde représente une seconde réaction effectuée sur le formène F, qui forme en quelque sorte l'*extrémité de la chaîne moléculaire*. Cette oxydation engendre un corps comparable à l'aldéhyde ordinaire, qui dérive simplement de 2 molécules de formène assemblées dans l'hydrure d'éthyle : il pourra de même, par une oxydation ultérieure, produire un acide monobasique tel que l'acide acétique. Ce sont là les *aldéhydes proprement dits.*

2° Supposons maintenant que la molécule du formène qui s'oxyde ait déjà subi deux réactions, par exemple qu'elle ait été associée avec deux autres carbures d'hydrogène B et A, quelconques d'ailleurs,

$$A + F + B,$$

F se trouvant en quelque sorte *au milieu de la chaîne moléculaire*. Dans ce cas, l'oxydation qui produit un aldéhyde représente une troisième réaction effectuée sur le formène, c'est-à-dire une réaction de plus que pour les aldéhydes proprement dits : de là résultent les *aldéhydes secondaires* ou *acétones*. Le cas le plus simple est celui de l'acétone ordinaire, qui dérive de 3 molécules de formène assemblées. Il existe une multitude d'aldéhydes ainsi engendrés et comparables à l'acétone ; ils ne pourront pas davantage donner naissance, par une oxydation ultérieure, à un acide de même richesse en carbone, qui soit comparable à l'acide acétique. Bien que la formation d'un acide unique d'une autre constitution ne paraisse pas exclue en principe, jusqu'ici l'expérience a montré que les acétones se séparent en général en deux par oxydation, et fournissent à la fois deux acides monobasiques, formés chacun suivant la même loi que l'acide acétique aux dépens de l'hydrure d'éthyle : l'un correspond au carbure $A + F$, l'autre au carbure B, dont l'association a constitué le carbure primitif.

3° Mais un troisième cas peut aussi se présenter, celui où la molécule du formène a déjà subi deux réactions, telles que l'une ait eu pour effet de le combiner avec un autre carbure, tandis que l'autre lui ait fait perdre de l'hydrogène, H^2. Le nouveau carbure sera alors, à proprement parler, un dérivé du méthylène, $M = CH^2$, plutôt que du formène, $F = CH^4$, le méthylène occupant alors dans les carbures générateurs des aldéhydes, l'*extrémité de la chaîne moléculaire* $A + M$, et non le milieu, comme le formène, lorsqu'on l'attaque pour produire les acétones.

Cela posé, faisons éprouver à ce méthylène une troisième réaction, telle que la substitution de O à H^2 qui engendre les aldéhydes : le corps résultant aura une propriété nouvelle et qui n'appartient ni aux aldéhydes proprement dits, ni aux acétones. Ce sera, d'après son mode de génération, un *composé incomplet*, et cela indépendamment de sa fonction d'aldéhyde ; à ce titre, il pourra fixer en principe une molécule d'un corps quelconque : par exemple une molécule d'eau H^2O, ce qui le changera en un acide formé suivant la même loi que l'acide formique au moyen de l'oxyde de carbone : *telle est la caractéristique des camphres.*

5. Si l'on veut écrire ces relations jusque dans les formules, rien n'est plus facile, pourvu que l'on se rappelle que nos formules ne prétendent pas exprimer l'arrangement intérieur de la molécule, mais simplement donner une image symbolique des réactions. Bien des systèmes de représentation remplissent cet objet. Tel est le suivant, que je préfère, parce qu'il exclut les radicaux hypothétiques : il serait d'ailleurs facile de recourir à ceux-ci, sans rien changer au fond des idées, c'est-à-dire aux relations génératrices :

Aldéhydes proprement dits.

	dérivés de	
CH^2O		CH^4
$CH^2.CH^2O$		$CH^2.CH^4$
$C^2H^4.CH^2O$		$C^2H^4.CH^4$
$C^6H^4.CH^2O$		$C^6H^4.CH^4$

Aldéhydes secondaires ou acétones.

	dériv. de	
$CH^2.CH.CH^4$		$CH^2.CH^2.CH^4$
$C^6H^4.CO.CH^4$		$C^6H^4.CH^2.CH^4$
$C^6H^4.CO.C^6H^6$		$C^6H^4.CH^2.C^6H^6$

Camphres.

	dérivés de	
$CO[—]$		$CH^2[H^2].$
$C^2H^4.CO[-]$		$C^2H^4.CH^2[-].$
$C^6H^{12}.CO[-]$		$C^6H^{12}.CH^2[-].$
$C^9H^{16}.CO[-]$		$C^9H^{16}.CH^2[-].$
$C^{12}H^8.CO[-]$		$C^{12}H^8.CH^2[-].$

6. L'institution de la classe des camphres mettra, je l'espère, fin aux controverses pendantes jusqu'à présent sur la fonction véritable du camphre. Rappelons en peu de mots l'histoire de cette question.

Dès 1840, Pelouze avait découvert que le camphre ordinaire peut être obtenu en oxydant à l'aide de l'acide nitrique le camphre de Bornéo (*Comptes rendus,* t. XI, p. 369); mais il prit soin de déclarer expressément qu'il refusait de s'arrêter, soit à l'opinion qui envisagerait le camphre de Bornéo comme un alcool (p. 367), soit à celle qui le regarderait comme un hydrure de camphre (p. 370). La relation entre ces deux corps n'était pas plus étroite, ajoutait-il, que celle qui existe entre l'acide oxalique et les « matières orga- » niques qui produisent de l'acide oxalique quand on les traite par » l'acide nitrique ».

Gerhardt, dans son grand *Traité de Chimie organique,* t. III, p. 690 (1854), incline à regarder le camphre de Bornéo comme l'aldéhyde de l'acide campholique.

Ayant repris l'étude du camphre de Bornéo en 1858, à la suite de mes recherches sur les principes sucrés et sur l'éthérification, je découvris, par synthèse directe, les combinaisons du camphre de Bornéo avec les acides ([1]) et je démontrai ainsi qu'il remplissait la fonction d'un alcool; ce qui en fixait la place et l'importance dans la classification générale des principes organiques.

Dès lors il était probable que le camphre jouait à son égard le rôle général d'aldéhyde. Je réussis en effet à opérer la synthèse du camphre de Bornéo par l'hydrogénation du camphre ordinaire. Je reconnus également qu'un camphre isomère avec le camphre ordinaire peut être obtenu expérimentalement en oxydant le camphène cristallisé, soit au moyen du noir de platine, soit au moyen de l'acide chromique. L'action de ce dernier corps me fournit des résultats si nets, que je crus pouvoir annoncer la réaction (déjà entrevue en 1858) sans aucune réserve en 1869 :

$$C^{10}H^{16} + O = C^{10}H^{16}O.$$

Je ne tardai pas à former de même l'aldéhyde ordinaire par l'oxydation directe de l'éthylène :

$$C^{2}H^{4} + O^{2} = C^{2}H^{4}O^{2}.$$

([1]) *Annales de Chimie et de Physique,* 3ᵉ série, t. LVI, p. 78. — *Voir* ce Volume, Livre VII.

Cependant le camphre se distingue des aldéhydes proprement dits par ce fait : que son oxydation directe ne fournit pas un acide monobasique comparable à l'acide acétique.

Il ne se distingue pas moins des acétones, parce que son oxydation fournit un acide unique et bibasique, sans le dédoubler en deux acides distincts, comparables aux deux acides dérivés de l'acétone. L'aptitude du camphre à fixer les éléments de l'eau, pour se changer en un acide monobasique, n'est pas moins éloignée des propriétés des acétones.

Ce n'est donc en réalité ni un aldéhyde proprement dit, ni un acétone, et sa constitution n'a pas cessé d'être controversée à ce point de vue depuis mes expériences. J'avais hésité à en former le type d'une classe nouvelle de composés, tant qu'il était seul de son espèce ; mais la découverte de nouveaux corps, doués de réactions analogues, éclaircit ces anomalies et elle autorise, selon moi, l'établissement de la nouvelle classe d'aldéhydes que je propose sous le nom de *camphres*.

LIVRE VII.

SYNTHÈSE DES ALCOOLS PAR LES CARBURES D'HYDROGÈNE. — MÉTHODES GÉNÉRALES.

INTRODUCTION.

—

Le Livre VII renferme mes expériences et méthodes générales pour la synthèse des alcools par les carbures d'hydrogène, et mes études spéciales sur les alcools cholestérique et camphénique. Il comprend trois Sections.

Première Section : *Synthèse des alcools par l'hydratation des carbures d'hydrogène au moyen des hydracides et de l'acide sulfurique.* — Neuf Chapitres.

Chapitre I. — Synthèse de l'alcool ordinaire par l'éthylène.

Chapitre II. — Synthèse de l'alcool isopropylique.

Chapitre III. — Synthèse de l'éther isopropylchlorhydrique par le propylène.

Chapitre IV. — Synthèse directe de l'éther iodhydrique par l'éthylène.

Chapitre V. — Sur l'histoire de la synthèse de l'alcool.

Chapitre VI. — Combinaison directe des carbures éthyléniques avec les hydracides.

Chapitre VII. — Synthèse de l'alcool propylique normal.

Chapitre VIII. — Synthèse de l'alcool isoamylique.

Chapitre IX. — Sur l'isomérie des alcools.

Deuxième Section : *Synthèse des alcools dérivés des carbures forméniques.* — Un Chapitre.

Chapitre X. — Synthèse de l'alcool méthylique.

Troisième Section : *Sur la caractéristique des alcools par la formation directe de leurs éthers. Alcools polyatomiques.* — Elle est consacrée à démontrer la caractéristique des alcools par la formation directe de leurs éthers ; méthode que j'ai appliquée d'abord à la cholestérine et au camphre de Bornéo, dont la formation était demeurée jusque-là inconnue, puis à la glycérine et aux principes

sucrés. Cette méthode m'a conduit à la découverte des alcools polyatomiques et à la constitution des cadres généraux de la·Chimie
organique. — Deux Chapitres.

CHAPITRE XI. — Formation directe des éthers de la cholestérine,
de l'éthal et du camphre de Bornéo.

CHAPITRE XII. — Les alcools polyatomiques. Alcool triatomique :
glycérine et corps gras neutres. Alcools hexatomiques : mannite,
dulcite, glucoses, saccharoses, hydrates de carbone.

PREMIÈRE SECTION.

SYNTHÈSE DE L'ALCOOL PAR L'HYDRATATION DES CARBURES D'HYDROGÈNE.

CHAPITRE I.

SUR LA FORMATION DE L'ALCOOL ORDINAIRE AU MOYEN DE L'ÉTHYLÈNE ([1]).

L'alcool, au contact de l'acide sulfurique, se dédouble en eau et bicarbure d'hydrogène (gaz oléfiant, éthylène).

Serait-il possible de combiner l'eau et le bicarbure d'hydrogène de manière à reproduire l'alcool?

Cette synthèse n'a pas encore été réalisée et personne n'a affirmé l'avoir obtenue effectivement.

A la vérité, divers savants, MM. Faraday, Hennell, Regnault, Magnus, ont obtenu des acides particuliers, en faisant réagir l'acide sulfurique sur le gaz oléfiant : on a souvent regardé comme des variétés d'acide sulfovinique les composés ainsi formés. Mais, quelle que soit leur constitution théorique, il importe de rappeler ici que les expériences effectives tentées jusqu'à ce jour dans le but de régénérer l'alcool avec ces composés ont constamment échoué ([2]).

([1]) *Annales de Chimie et de Physique,* 3ᵉ série, t. LXIII; 1855.

([2]) Cf. Magnus, *Annales de Chimie et de Physique,* 2ᵉ série, t. LII, p. 151, 156. — Berzelius, *Traité de Chimie,* traduction française, t. VI, p. 594, 599; 1850. — Liebig, *Annales de Chimie et de Physique,* 2ᵉ série, t. LIX, p. 185; t. LXIII, p. 155; t. LV, p. 120.

Au temps des premiers expérimentateurs, d'ailleurs, on ne savait pas purifier exactement l'éthylène des vapeurs d'éther ordinaire, qu'il renferme toujours; ce qui ôte toute rigueur et toute certitude aux essais qui ont pu être faits à l'origine.

J'ai été conduit à faire de nouvelles tentatives par l'étude des combinaisons que le gaz propylène, C^3H^6, forme directement avec les acides chlorhydrique et sulfurique.

Les résultats de ces travaux sont décrits dans le Mémoire que j'ai l'honneur de présenter à l'Académie.

Ils conduisent à produire expérimentalement l'alcool, sans faire intervenir une fermentation, par exemple au moyen du gaz de l'éclairage.

Envisagés à un autre point de vue, ils confirment les relations remarquables que le bicarbure d'hydrogène présente vis-à-vis de l'alcool, de l'éther ordinaire et des éthers composés.

En effet, l'alcool et l'éther, son dérivé immédiat, peuvent se représenter, comme densité de vapeur et comme composition, par de l'eau et du bicarbure d'hydrogène [1] :

$$C^2H^6O = C^2H^4 + H^2O;$$
4 vol.   4 vol.   4 vol.
de vapeur.   de vapeur.

$$C^4H^{10}O = 2C^2H^4 + H^2O.$$
4 vol.   8 vol.   4 vol.
de vapeur.   de vapeur.

Le bicarbure offre des relations analogues vis-à-vis des éthers, ces composés neutres formés par l'alcool et les acides et susceptibles de régénérer les acides et l'alcool [2]. C'est ainsi que l'éther chlorhydrique, dirigé par M. Thénard dans un tube chauffé au rouge sombre, s'est séparé en volumes égaux d'acide chlorhydrique et de bicarbure d'hydrogène [3] :

$$C^2H^5Cl = C^2H^4 + HCl.$$
4 vol.   4 vol.   4 vol.

---

[1] Cf. DE SAUSSURE, *Annales de Chimie,* t. LXXXIX, p. 275, 287, 298, 304. — GAY-LUSSAC, *Annales de Chimie,* t. XCV, p. 311; 1815. — DUMAS et BOULLAY, *Annales de Chimie et de Physique,* 2ᵉ série, t. XXXVI, p. 297; 1827.

[2] THÉNARD, *Mémoires de la Société d'Arcueil;* 1806, 1809.

[3] THÉNARD, *Traité de Chimie,* 2ᵉ édition, t. III, p. 283, 270, 278; 1818. — *Voir* aussi COLIN et ROBIQUET, *Annales de Chimie et de Physique,* t. I, p. 352.

J'ai observé que cette décomposition commence déjà à s'opérer à 360 degrés

Le rapport précis qui existe entre les éthers composés et l'hydrogène bicarboné a. été fixé par les expériences dans lesquelles MM. Dumas et Boullay [1] ont établi la constitution, l'équivalent et la densité de vapeur des principaux éthers. D'après ces expériences, un éther composé est formé, en général, par l'union d'une molécule d'alcool et d'une molécule d'acide avec séparation d'une molécule d'eau :

$$\text{Éther acétique.} \dots \quad C^2 H^8 \ O^2 = C^2 H^4 O^2 + C^2 H^6 O - H^2 O$$
$$\text{Éther benzoïque} \dots \quad C^9 H^{10} O^2 = C^7 H^6 O^2 + C^2 H^6 O - H^2 O$$

Il peut se représenter, soit par l'union du bicarbure avec l'acide hydraté :

$$C^4 H^8 \ O^2 = C^2 H^4 O^2, \ C^2 H^4,$$
$$C^7 H^{10} O^2 = C^7 H^6 O^2, \ C^2 H^4 ;$$

soit par l'union de l'acide anhydre avec l'éther ordinaire :

$$2 C^7 H^{10} O^2 = (C^7 H^5 O^3), \ C^4 H^5 O.$$

Une constitution analogue à celle de l'alcool caractérise l'esprit de bois et l'éthal [2]. Ces deux corps peuvent se représenter par un carbure plus de l'eau ; ils s'unissent aux acides par équivalents égaux, en éliminant une molécule d'eau : des éthers prennent ainsi naissance.

L'alcool, l'esprit de bois, l'éthal sont devenus les types d'une classe nombreuse de composés ; tous ces composés, désignés sous le nom générique d'*alcool*, jouissent de propriétés semblables, forment des combinaisons pareilles et donnent lieu aux mêmes théories.

MM. Dumas et Boullay ont indiqué dès l'origine les deux manières d'envisager les éthers ; ils ont préféré le premier point de vue (combinaisons de bicarbure). Le second (combinaisons d'éther

---

en présence du chlorure de calcium cristallisé. L'expérience faite en vase clos n'a pas été poussée jusqu'au bout ; elle a produit de l'acide chlorhydrique et du gaz oléfiant sans dépôt de charbon (*Annales de Chimie et de Physique,* 3ᵉ série, t. XXXVIII, p. 69).

Cf. CHEVREUL, *Considérations sur l'analyse organique,* p. 193.

[1] *Annales de Chimie et de Physique,* 2ᵉ série, t. XXXVII, p. 15 ; 1828.

[2] Sur l'éthal : CHEVREUL, *Recherches sur les corps gras,* p. 161, 170, 395 et 445. — DUMAS et PELIGOT, *Annales de Physique et de Chimie,* 2ᵉ série, t. LXIII, p. 5.

Sur l'esprit de bois : DUMAS et PELIGOT, *Annales de Physique et de Chimie,* 2ᵉ série, t. LVIII, p. 5.

ordinaire), développé par Berzelius et surtout par M. Liebig, est devenu l'une des bases de la théorie des radicaux composés.

Cette double manière de voir répond à la double théorie des sels ammoniacaux : ces sels, comme on le sait, peuvent se représenter, soit par l'ammoniaque unie à l'acide hydraté, soit par l'oxyde d'ammonium combiné à l'acide anhydre ([1]).

Mais, tandis que le gaz ammoniac s'unit directement, soit aux acides hydratés, soit aux hydracides, ni les éthers ni l'alcool n'ont pu jusqu'à ce jour être régénérés au moyen du bicarbure d'hydrogène.

I.

1. Cette reproduction s'exécute par le procédé suivant :

J'ai rempli de gaz oléfiant pur ([2]) un ballon vide de 31 à 32 litres, j'y ai versé en plusieurs fois 900 grammes d'acide sulfurique pur et bouilli, puis quelques kilogrammes de mercure, et j'ai soumis le tout à une agitation violente et continue. Le gaz oléfiant s'est absorbé graduellement. Après 53000 secousses, l'absorption devenant trop lente, j'arrêtai l'opération. Elle avait duré quatre jours; 30 litres de gaz oléfiant se trouvaient absorbés; l'acide avait pris une odeur et une teinte analogues à celles d'un mélange d'acide sulfurique et d'alcool; il se troublait de même très légèrement par l'eau.

Durant cette expérience et pour en suivre la marche, je mettais de temps en temps le robinet du ballon en communication avec un flacon d'un litre rempli d'air. Ce flacon communiquait lui-même par un siphon avec un réservoir d'eau. J'ouvrais le robinet, l'air du flacon rentrait dans le ballon et l'eau du réservoir le remplaçait. Je pouvais ainsi mesurer le volume du gaz graduellement absorbé et maintenir dans l'intérieur du ballon la pression égale, ou à peu près, à la pression atmosphérique : précaution utile et peut-être nécessaire. De temps en temps, je contrôlais la donnée qui précède

---

([1]) Dans un Mémoire publié dans les *Annales de Chimie et de Physique*, 3ᵉ série, t. XLI, p. 432 (1853), j'ai exposé la production directe des éthers composés au moyen de l'éther ordinaire et des acides.

([2]) Ce gaz, recueilli dans un gazomètre plein d'eau, ne contenait pas un volume appréciable de vapeur d'éther, comme je m'en suis assuré en le mesurant et l'agitant pendant une ou deux minutes avec de l'acide sulfurique. Le brome l'absorbait à un centième près. Pour plus de précaution, il a été lentement dirigé dans le ballon vide à travers plusieurs tubes de Liebig, les uns remplis de potasse, les autres d'acide sulfurique concentré.

par l'analyse d'un petit volume du gaz du ballon, prélevé au moyen du flacon précédent rempli d'eau et disposé en aspirateur.

L'air du ballon analysé à la fin de l'expérience présentait (abstraction faite du gaz oléfiant) la composition normale. La petite quantité du gaz oléfiant, encore mélangée à cet air, conservait la propriété d'être absorbable, soit par le brome, soit par l'acide sulfurique concentré avec le concours de l'agitation.

L'absorption terminée, j'ai ajouté à l'acide sulfurique 5 à 6 volumes d'eau, je l'ai filtré et je l'ai distillé. Par des distillations réitérées et des traitements successifs du produit distillé par le carbonate de potasse, pour séparer la partie aqueuse, j'ai obtenu finalement 52 grammes d'alcool, correspondant, d'après leur densité, à 45 grammes d'alcool absolu. Ce poids représente les $\frac{3}{4}$ du gaz oléfiant absorbé. Le reste s'est perdu dans les manipulations.

2. L'alcool ainsi régénéré présente un goût et une odeur spiritueux, avec une nuance pénétrante et comme poivrée qui se retrouve dans la distillation des sulfovinates.

Il distille presque en totalité de 79 à 81 degrés; il brûle sans résidu avec la flamme ordinaire de l'alcool. Il dissout abondamment le chlorure de calcium et se mêle avec l'eau en toutes proportions. L'acide sulfurique ne le colore pas sensiblement à froid.

3. Un poids de cet alcool, répondant à $3^{gr},1$ d'alcool absolu, distillé avec de l'acide sulfurique et du sable (¹), a fourni, sur l'eau, $1^{lit},5$ de gaz renfermant $1^{lit},25$ de gaz oléfiant pur, c'est-à-dire les $\frac{5}{6}$ de la quantité de gaz oléfiant représentée par ce poids d'alcool : ces résultats ne diffèrent pas de ceux que donne l'alcool ordinaire.

Le gaz oléfiant ainsi préparé possède les propriétés normales : il est absorbé par l'acide sulfurique (3000 secousses par flacon d'un litre ou moins), par le brome, par l'iode en formant l'iodure solide caractéristique. Recueilli au début, il fournit par détonation 2 volumes de CO^2, en absorbant 3 volumes d'oxygène.

(¹) Procédé de M. Wohler, *Annalen der Chimie und Pharmacie*, t. XCI, p. 127. Ce procédé augmente le rendement de moitié. Les premières portions obtenues, quel que soit le procédé, sont du gaz oléfiant pur, absorbable par le brome en totalité ou sensiblement. Les gaz dont il est mélangé plus tard sont de l'acide carbonique et de l'oxyde de carbone. Dans l'expérience ci-dessus, $\frac{10}{12}$ du carbone de l'alcool se sont changés en gaz oléfiant; $\frac{1}{12}$ en acide carbonique et oxyde de carbone; $\frac{1}{12}$ est resté dans la cornue.

4. Dix parties en poids de mon alcool (regardé comme absolu) ont été distillées avec un mélange d'acides acétique et sulfurique. Après addition de potasse, j'ai obtenu 20 parties d'éther acétique brut. Le calcul indique, pour 10 parties d'alcool, 19 parties d'éther acétique anhydre.

Cet éther acétique, traité par la potasse à 100 degrés, s'est décomposé rapidement et a reproduit de l'acide acétique et de l'alcool d'une odeur tout à fait franche. L'alcool était ainsi régénéré pour la troisième fois.

5. Ces divers caractères ne laissent, je crois, aucun doute sur la nature du liquide préparé avec le gaz oléfiant. Pour acquérir une certitude plus grande, j'ai varié les expériences :

1° J'ai recueilli le gaz oléfiant dans un gazomètre rempli d'acide sulfurique concentré; j'ai agité vivement pendant quelques minutes le gazomètre contenant encore $\frac{1}{4}$ de cet acide sulfurique, puis j'en ai dirigé le gaz dans des flacons sur le mercure; j'ai introduit de l'acide sulfurique dans ces flacons et j'ai agité vivement : au bout de 3000 secousses par flacon, l'absorption du gaz oléfiant était complète (¹). Un faible résidu gazeux, resté dans les flacons, n'était pas affecté par le brome; analysé par détonation, il s'est trouvé formé par un mélange d'oxyde de carbone et d'air, sans autre gaz.

2° Le gaz, recueilli et purifié dans un gazomètre rempli d'acide sulfurique, a été dirigé lentement à travers de l'acide sulfurique fumant contenu dans un tube de Liebig : une portion s'est absorbée dans l'acide fumant; une autre partie du gaz a échappé à l'action de ce liquide. C'est cette dernière portion que j'ai absorbée par l'acide sulfurique ordinaire, au moyen de l'agitation.

3° J'ai préparé le gaz oléfiant en faisant réagir sur son iodure, composé cristallisé exempt d'oxygène, le mercure et l'acide chlorhydrique :

$$C^2H^4I^2 + 2\,Hg = C^2H^4 + 2\,Hg\,I.$$

L'expérience se fait à la température ordinaire; elle est complète en treize jours. J'ai ensuite absorbé par l'acide sulfurique le gaz obtenu.

L'acide sulfurique uni au gaz oléfiant dans chacune des opéra-

---

(¹) Cent grammes d'acide sulfurique peuvent absorber jusqu'à 6ᵍ,7 (120 volumes) de gaz oléfiant : c'est environ $\frac{1}{6}$ d'équivalent. Toutefois il est bon de doubler la dose d'acide pour arriver à une absorption totale.

tions précédentes, a été saturé tantôt par du carbonate de baryte, tantôt par du carbonate de chaux. J'ai ainsi reproduit des sulfovinates.

6. Le sel de baryte analysé renferme :

$$SO^4 Ba \dots \dots 55,0$$
$$C \dots \dots 10,3$$
$$H \text{ (total)} \dots \dots 3,3$$
$$\text{Eau de cristallisation} \dots \dots 9,5$$

Ce qui répond à la formule

$$S^2 O^8 Ba (C^2 H^5)^2.$$

Cette formule exige :

$$SO^4 Ba \dots \dots 55,1$$
$$C \dots \dots 11,3$$
$$H \text{ (total)} \dots \dots 3,3$$
$$\text{Eau de cristallisation} \dots \dots 8,5$$

Ce sel perd son eau dans le vide sans s'acidifier; sa dissolution peut être évaporée à sec sans qu'il se décompose. Cette double propriété le rapproche du sulfovinate de baryte (variété stable à 100 degrés) (¹), dont il présente d'ailleurs la composition; de plus, la forme cristalline de ces deux sels, leurs clivages, leurs angles et leurs modifications, enfin l'action qu'ils exercent sur la lumière, sont exactement les mêmes. Ces deux sels sont donc identiques.

Le sel de chaux est un sulfovinate correspondant au sel de baryte. Il m'a paru plus stable que le sulfovinate de chaux ordinaire; il peut être séché dans le vide, et même sa dissolution peut être évaporée à sec à feu nu, sans qu'il se décompose. Toutefois ces épreuves sont délicates et ne le distinguent pas toujours nettement du sulfovinate de chaux ordinaire.

J'ai préparé par des procédés très variés ce même sel calcaire :

1° Avec le gaz oléfiant et l'acide sulfurique ordinaire;

2° Avec le sulfovinate de baryte stable;

3° Avec le sulfovinate de chaux ordinaire dissous et soumis à des ébullitions répétées : ce procédé, qui a permis à M. Gerhardt de découvrir le sulfovinate de baryte stable (²), ne fournit que des traces du sulfovinate de chaux correspondant;

(¹) Parathionate de M. Gerhardt. C'est ce sel que l'on obtient le plus généralement dans les laboratoires. Je reviendrai sur sa forme cristalline.

(²) *Précis de Chimie organique,* t. I, p. 296; 1844.

4° Avec le mélange d'acide sulfúrique (3 à 4 volumes) et d'alcool (1 volume), qui a dégagé presque tout sans gaz oléfiant. C'est par cette voie que M. Regnault [1] avait obtenu les althionates; je serais très porté à regarder mon sulfovinate comme identique avec l'un de ces sels, n'étaient quelques différences dans les propriétés du sel de chaux et du sel de baryte. Ce dernier présentait, dans mes expériences, une apparence identique avec celle du sulfovinate de baryte qui fournit le gaz oléfiant.

Par des cristallisations fractionnées et poussées jusqu'à évaporation totale, je n'ai obtenu, dans la préparation n° 4, d'autre sel que ce sulfovinate de chaux stable, caractérisé par ses propriétés physiques, sa cristallisation et la quantité d'éther benzoïque qu'il forme. S'il s'est produit d'autres acides (peut-être un peu d'acide iséthionique, M. Magnus l'a signalé), leurs sels calcaires n'ont pu se trouver contenus qu'à l'état de traces dans les gouttes liquides qui imprégnaient les derniers cristaux.

Quelle qu'en soit l'origine, ce sulfovinate de chaux présente les mêmes propriétés, le même aspect, la même cristallisation en plaques ou en écailles feuilletées; la même stabilité, la même réaction propre aux sulfovinates (formation de l'éther benzoïque). Dans tous les cas, ce sulfovinate de chaux est tantôt déliquescent, tantôt efflorescent à quelques heures d'intervalle, suivant la température et l'état hygrométrique de l'air.

Il a la même composition que le sulfovinate de chaux ordinaire : $2\,SO^4Ca\,(C^2H^5)^2.\,2\,H^2O$.

Car il a fourni (préparation n° 4)

$$SO^4Ca\ \dotfill\ 41,8$$
$$Aq\ \dotfill\ 12,0$$

Le calcul exige :

$$SO^4Ca\ \dotfill\ 41,7$$
$$Aq\ \dotfill\ 11,0$$

L'existence de cette nouvelle variété de sulfovinates explique, ce me semble, les obscurités qui ont longtemps embarrassé l'étude de ce genre de sels; en effet, le sulfovinate de baryte ordinaire ne peut être séché complètement ni au bain-marie, ni dans le vide, sans devenir acide; tandis que le sulfovinate stable qui résulte de

---

[1] *Annales de Chimie et de Physique*, t. LXV, p. 108.

sa décomposition commencée peut être évaporé à sec, même à feu nu ; il perd son eau de cristallisation et il se conserve indéfiniment dans le vide sans se décomposer. De là les divergences entre les savants qui ont étudié les sulfovinates.

Je ferai encore remarquer la relation qui existe entre deux des procédés de préparation indiqués plus haut : préparation au moyen du gaz oléfiant et de l'acide sulfurique ; préparation au moyen d'un mélange d'acide sulfurique et d'alcool qui a dégagé presque tout son gaz oléfiant.

Cette formation du même composé, dans les deux cas, semble indiquer un état moléculaire commun produit par le jeu d'affinités identiques. Le même corps, l'acide sulfurique, unit et décompose, suivant la température : tantôt il détermine la fixation de l'eau, et transforme le gaz oléfiant en alcool ; tantôt il provoque l'élimination de l'eau et change l'alcool en gaz oléfiant. L'état qui précède immédiatement ces deux phénomènes opposés paraît le même : c'est la combinaison du carbure avec l'acide, la formation d'un même acide sulfovinique.

7. Distillé avec l'acétate de soude, le sulfovinate de baryte fourni par le gaz oléfiant a produit de l'éther acétique ; avec le butyrate de potasse, de l'éther butyrique ; avec le benzoate de potasse, de l'éther benzoïque :

$$C^7 H^6 O^2 . C^2 H^4.$$

On unit ainsi par double décomposition l'hydrogène bicarboné aux acides.

Voici l'analyse du dernier éther :

$$C\dots\dots\dots\dots\dots\dots\dots 71,6$$
$$H\dots\dots\dots\dots\dots\dots\dots 7,0$$

La formule exige :

$$C\dots\dots\dots\dots\dots\dots\dots 72,0$$
$$H\dots\dots\dots\dots\dots\dots\dots 6,7$$

Cet éther benzoïque bout à 210 degrés. Traité par la potasse, il régénère de l'acide benzoïque et de l'alcool : liquide volatil, se mêlant à l'eau, s'en séparant par le carbonate de potasse, brûlant avec une flamme jaunâtre, d'un goût et d'une odeur caractéristiques ; fournissant, par l'action d'un mélange d'acides sulfurique et butyrique, de l'éther butyrique.

J'ai également préparé l'éther benzoïque avec les sels provenant de chacune des opérations précédentes. Cette préparation s'exécute au bain d'huile entre 200 et 250 degrés.

8. J'ai contrôlé les trois expériences qui précèdent par diverses vérifications :

1° A un volume d'air mesuré j'ai ajouté de l'éther ; le volume du gaz s'est aussitôt accru ; puis j'ai agité avec de l'acide sulfurique ordinaire. Une minute d'agitation suffit pour ramener le gaz à son volume initial. La même expérience, exécutée en remplaçant l'air par du gaz oléfiant, a fourni le même résultat. Il suffit même d'agiter l'air saturé de vapeur d'éther, avec une suffisante quantité d'eau, pour le dépouiller de tout volume appréciable de cette vapeur. Ces vérifications prouvent que le gaz oléfiant employé dans mes expériences ne retenait pas de vapeur d'éther. D'ailleurs, les résultats obtenus avec l'iodure de gaz oléfiant sont tout à fait à l'abri de cette objection.

2° D'une part, j'ai neutralisé par la craie un certain volume de l'acide sulfurique que j'employais dans mes essais ; d'autre part, j'ai agité une certaine quantité de ce même acide avec un demi-litre de mon mercure, puis je l'ai neutralisé par la craie. Ces deux opérations ont fourni, après séparation du sulfate de chaux, un résidu soluble à peine pondérable. Ces résidus, distillés avec du benzoate de potasse, n'ont pas donné d'éther benzoïque.

3° L'acide fumant employé dans la deuxième expérience a produit un sel calcaire déliquescent assez abondant, d'une grande stabilité (iséthionate ou sulféthérate). Ce sel, distillé avec du benzoate de potasse, ne fournit pas d'éther benzoïque, mais seulement de l'acide benzoïque jauni par une trace d'une substance odorante particulière, probablement sulfurée. Ce même sel, distillé avec du chlorure de baryum, ne produit pas d'éther chlorhydrique. Traité par divers agents réducteurs, il n'a fourni ni alcool ni éthers.

Ces expériences s'accordent avec celles de M. Magnus et d'autres chimistes ; elles prouvent que l'iséthionate, bien qu'isomère avec le sulfovinate, présente des propriétés chimiques toutes différentes et ne fournit pas, par les procédés connus jusqu'à ce jour, le moyen de régénérer l'alcool.

A la formation des iséthionates paraissent se rapporter les phénomènes suivants, propres à compléter certains points indiqués plus haut. Les 900 grammes d'acide sulfurique qui avaient absorbé

3o litres de gaz oléfiant dans ma première expérience, ont été neutralisés par la craie, après une ébullition prolongée avec de l'eau. J'ai obtenu par là une trace d'un sel organique, déliquescent et incristallisable, mêlé avec quelques centigrammes de sulfate de soude cristallisé. Ce dernier provenait sans doute de l'attaque par l'acide des flacons dans lesquels on l'avait conservé.

La formation d'un sel calcaire analogue s'observe également en opérant sur un mélange d'acide sulfurique et d'alcool; en effet, ce mélange, étendu d'eau, puis distillé, dégage d'abord son alcool (Hennel). En neutralisant le résidu par la craie, j'ai obtenu en petites quantités un sel calcaire déliquescent semblable à l'iséthionate : ce sel ne fournit pas d'éther benzoïque.

En résumé, l'acide iséthionique, ou un acide analogue, se produit dans la réaction de l'acide sulfurique anhydre, ou fumant, sur le gaz oléfiant, sur l'éther et sur l'alcool; il se forme également, mais en faible proportion, dans la réaction de l'acide sulfurique ordinaire, sur le gaz oléfiant et sur l'alcool; tandis que l'acide sulfovinique est le produit essentiel de la combinaison de l'acide sulfurique ordinaire avec le gaz oléfiant, l'éther et l'alcool.

J'ai encore cherché si l'acide sulfurique fumant pouvait transformer directement l'acide sulfovinique en acide iséthionique, ce qui jetterait quelque lumière sur la formation de ces deux acides dans les circonstances ci-dessus.

A cette fin, j'ai dissous à froid du sulfovinate de chaux dans une grande quantité d'acide sulfurique fumant. Après plusieurs jours de contact, j'ai saturé par la craie; mais j'ai retrouvé ainsi le sulfovinate primitif : il avait conservé la propriété de fournir de l'éther benzoïque.

Si j'insiste sur les conditions comparatives dans lesquelles se forment les sulfovinates et les iséthionates, c'est que ces composés isomères, produits dans des circonstances presque semblables, ne donnent pas lieu aux mêmes réactions : les uns, les sulfovinates, régénèrent l'alcool et les éthers; les autres, les iséthionates, n'ont jamais pu les reproduire.

Le rapport entre les sulfovinates et les iséthionates me paraît être le même que celui qui existe entre les sulfovinates et les sulfobenzinates, entre l'éther nitrique et la nitrobenzine, entre l'éther chlorhydrique et l'hydrure d'éthyle chloré, entre l'éther méthylformique et l'acide acétique, etc. En effet, parmi ces corps, formés en apparence de la même manière et par une équation chimique pareille, les uns, d'après toutes leurs réactions, semblent contenir deux groupes moléculaires distincts, tandis que les autres n'en renferment qu'un seul.

9. Désirant expérimenter un bicarbure d'hydrogène d'une autre origine, j'ai cherché à extraire le gaz oléfiant contenu dans le gaz de l'éclairage. Pour atteindre ce résultat, j'ai uni ce gaz avec l'iode, et j'ai décomposé la combinaison par la potasse.

Cette opération a été exécutée à l'usine Trudaine (¹).

Dans un ballon de 60 litres, j'ai introduit 100 grammes d'iode, puis j'ai fait passer 300 à 400 litres de gaz (mesuré au compteur); le ballon a été exposé tantôt au soleil, tantôt à la chaleur rayonnante des fours pendant 25 à 30 minutes. J'ai répété dix fois ces opérations. L'iode ayant alors presque entièrement disparu, j'ai lavé le ballon avec une dissolution froide de potasse. J'ai obtenu en grande abondance une matière noire et charbonneuse. Sans chercher à en extraire l'iodure de gaz oléfiant, j'ai chauffé cette matière avec une solution aqueuse de potasse. J'ai ainsi dégagé un quart de litre environ de gaz oléfiant pur, produisant par sa combustion 2 volumes d'acide carbonique en absorbant 3 volumes d'oxygène.

C'est la première fois que le gaz oléfiant est extrait en nature du gaz de l'éclairage. Jusqu'ici son existence a été conclue soit des nombres fournis par la détonation, soit de l'absorption par le chlore, le brome, l'acide sulfurique fumant. Mais ces diverses données ne permettent pas de le distinguer des vapeurs combustibles, benzine, naphtaline, etc., dont est chargé le gaz de l'éclairage.

Ce gaz oléfiant, traité par l'acide sulfurique, a été absorbé au moyen de 3000 secousses. Il a fourni du sulfovinate de baryte cristallisé, puis de l'éther benzoïque. Le dernier corps, traité par la potasse aqueuse à 100 degrés, s'est dissous complètement et a disparu en régénérant de l'acide benzoïque et une substance douée des propriétés de l'alcool.

Ainsi le bicarbure d'hydrogène, quelle qu'en soit l'origine, reproduit les éthers et l'alcool. C'est la première fois que l'alcool est formé sans faire intervenir une fermentation.

En résumé, par la méthode qui vient d'être réalisée, nous avons obtenu l'alcool au moyen de l'éthylène, et nous l'avons obtenu en

---

(¹) Je dois remercier ici MM. Devèze, directeurs, du concours obligeant qu'ils ont prêté à mes expériences.

nature, ce qui est un principe essentiel qu'il convient d'observer dans les reproductions synthétiques ([1]).

Nous devons maintenant comparer les propriétés du corps artificiel à celles du composé naturel. C'est là un point fondamental, dans toute recherche où l'on reproduit par l'art une substance naturelle. En effet, toutes les propriétés d'un composé doivent être identiques, quelle qu'en soit l'origine. Autrement nous ne pourrions pas dire que nous avons obtenu l'alcool; nous aurions fabriqué un corps ayant la même composition et la même formule, mais qui pourtant ne serait pas identique à l'alcool : ce serait un corps isomérique. Il n'en est pas ainsi dans le cas actuel : les deux alcools jouissent exactement des mêmes propriétés. Leur comparaison s'effectue en s'appuyant sur certains principes généraux, qui doivent être observés dans toutes les comparaisons relatives à l'identité des corps naturels et des corps artificiels. Aussi allons-nous les indiquer avec quelque détail.

Les comparaisons portent sur quatre points fondamentaux : les propriétés physiques, les formes cristallines, le cycle des transformations réciproques, les réactions caractéristiques.

1° Nous étudierons d'abord le corps obtenu en lui-même, sous le rapport de ses propriétés physiques. Nous pouvons, par exemple, mesurer sa densité, son point d'ébullition, son indice de réfraction, sa chaleur spécifique, etc. Nous pouvons encore examiner comment il se comporte à l'égard de l'eau et des dissolvants en général. Toutes ces propriétés de l'alcool artificiel, rapprochées de celles de l'alcool naturel, sont exactement les mêmes.

2° Mais nous ne devons pas nous contenter de ce genre de comparaison, fondé sur des propriétés physiques; nous devons encore étudier le corps dans ses combinaisons et d'abord dans ses composés cristallisés. La forme de ces derniers, mesurée avec précision, fournit des renseignements décisifs. Il est à remarquer, en effet, que deux corps isomères donnent des composés cristallisés qui diffèrent, en général, soit par le système cristallin, soit par la valeur des angles et la nature des modifications.

Avec l'alcool artificiel, nous préparerons donc des composés cristallisés : l'un des plus nets est l'éthylsulfate de baryte, sel que nous pouvons écrire

$$S^2O^8Ba(C^2H^5)^2,$$

<hr>

([1]) Ce qui suit est tiré de mes *Leçons sur les méthodes de synthèse;* 1864.

pour nous rapprocher de la formule que nous avons adoptée précédemment pour l'acide éthylsulfurique. Examinons ce sel, mesurons exactement la forme et les angles de ses cristaux, et nous verrons qu'ils sont identiques avec la forme et les angles des cristaux par l'alcool naturel.

3° Pour établir avec certitude l'identité des deux corps, nous pouvons encore les transformer tous les deux en deux séries parallèles de composés, et revenir ensuite aux substances primitives, en passant par un certain cycle de métamorphoses caractéristiques. Comparant alors deux à deux les composés parallèles obtenus, tous ces corps doivent être trouvés identiques.

Ainsi, par exemple, prenant l'alcool, on le combine à l'acide sulfurique, ce qui fournit l'acide éthylsulfurique (deuxième terme de la série).

Cet acide est transformé ensuite en éthylsulfate de baryte (troisième terme de la série).

Mêlons ce sel avec un autre sel, tel que le benzoate ou l'acétate de potasse, et chauffons le mélange au bain d'huile, entre 200 et 220 degrés. Il s'opère une décomposition qui produit de l'éther benzoïque, où de l'éther acétique, en un mot l'éther correspondant à l'acide du sel employé.

C'est un quatrième terme, l'éther acétique, dont on vérifie les propriétés.

Avec un benzoate on obtiendra de même l'éther benzoïque.

Enfin l'éther acétique ou benzoïque, quel qu'il soit, bouilli avec l'hydrate de potasse, régénère l'alcool et un sel correspondant à l'acide générateur.

L'alcool régénéré forme le cinquième terme de la série, identique au premier.

Ainsi nous avons obtenu cinq composés successifs, à partir de l'alcool, et ces cinq composés forment en quelque sorte un cercle régulier de métamorphoses qui nous ramène à notre point de départ. Tous ces corps sont identiques, qu'ils aient été obtenus avec l'alcool naturel ou avec l'alcool artificiel.

4° Un dernier genre de comparaison, destiné à vérifier l'identité des corps dans toutes leurs propriétés essentielles, peut être tiré de leurs réactions caractéristiques, alors même que ces réactions ne sont pas susceptibles d'être groupées suivant un cycle régulier, comme les précédentes. Avec l'alcool, par exemple, nous préparons des composés d'un autre ordre que les éthers, par exemple des corps formés par oxydation.

Tel est l'aldéhyde, C^2H^4O :

$$C^2H^6O + O = C^2H^4O + H^2O.$$

Tel est encore l'acide acétique :

$$C^2H^6O + O^2 = C^2H^4O^2 + H^2O.$$

Or ces deux corps peuvent être également obtenus identiques, soit avec l'alcool naturel, soit avec l'alcool artificiel. Ici encore nous pouvons ajouter à l'étude comparative des composés celle de leurs formes cristallines : par exemple, celle de l'aldéhyde-ammoniaque.

L'alcool artificiel ayant été soumis à toutes ces épreuves, et l'identité complète de tous les dérivés fournis, soit par le corps naturel, soit par le corps artificiel, ayant été constatée, nous devons admettre que ce dernier ne diffère en rien de l'alcool naturel.

J'ajouterai enfin que j'ai reproduit la formation de l'alcool et deux éthers avec l'éthylène préparé par synthèse totale, et spécialement avec l'éthylène obtenu soit au moyen de l'acétylène, soit au moyen du sulfure de carbone et de l'hydrogène sulfuré, soit enfin dans la distillation sèche du formiate de baryte, obtenu lui-même avec l'oxyde de carbone.

CHAPITRE II.

SYNTHÈSE DE L'ALCOOL ISOPROPYLIQUE ([1]).

1. J'ai étendu ces expériences à un autre carbure d'hydrogène, le propylène, C^3H^6.

Le propylène, dirigé dans un tube de Liebig contenant de l'acide sulfurique pur et bouilli, s'absorbe presque aussi aisément que l'acide carbonique dans la potasse, non sans dégagement de chaleur. 35 grammes d'acide peuvent absorber ainsi près de 4 litres de gaz (200 volumes; $\frac{1}{4}$ d'équivalent).

L'acide étendu d'eau ne laisse dégager aucun gaz, seulement il se trouble; il possède alors une odeur particulière analogue à celle du cyprès. Je l'ai filtré, puis distillé; j'ai obtenu un liquide spiritueux, doué d'une odeur propre et pénétrante, soluble dans l'eau, mais précipitable de ce mélange par le carbonate de potasse.

2. Ce liquide concentré, mais encore mêlé d'eau, commence à bouillir vers 81 ou 82 degrés. Dans cet état, sa densité est égale à 0,817 à 17 degrés; il se mêle à l'eau en toutes proportions; il forme avec le chlorure de calcium cristallisé, suivant la proportion de ce sel, soit une dissolution homogène, soit deux couches distinctes. L'addition d'eau réunit ces deux couches en une seule; mais si l'on chauffe le mélange ainsi rendu homogène, il se sépare encore à chaud en deux couches qui se confondent derechef après refroidissement. La solution du chlorure de calcium cristallisé dans le liquide pur, faite à froid, présente les mêmes phénomènes par l'action de la chaleur ([2]).

Ce liquide brûle avec une flamme plus éclairante que celle de

---

([1]) *Annales de Chimie et de Physique,* 3ᵉ série, t. XLIII, p. 399; 1855.

([2]) D'après M. Wurtz, l'alcool butylique dissout le chlorure de calcium; mais il est précipité par ce sel de sa solution aqueuse.

l'alcool ordinaire; il présente les propriétés de l'alcool isopropylique; il fournit du propylène, des éthers propyliques et du propyl-
sulfate de baryte.

3. Mêlé d'acide sulfurique et de sable, puis chauffé, il noircit,
se décompose brusquement et fournit en quantité notable un gaz
combustible (10 grammes produisent un $\frac{1}{2}$ litre). Ce gaz forme par
détonation 3 volumes de CO^2, en absorbant 4 $\frac{1}{2}$ volumes d'oxygène;
nombres qui répondent exactement au propylène. De plus, ce gaz
est facilement absorbable par l'acide sulfurique bouilli et par le
brome, et il forme avec l'iode un composé liquide.

Malgré ces divers caractères, ce propylène n'est pas absolument
pur; en effet, le brome et l'acide sulfurique n'en absorbent que les
$\frac{19}{20}$. Le résidu est inflammable, à peine sobluble dans le protochlorure de cuivre, assez soluble dans l'alcool absolu : l'eau le dégage
de cette dissolution, en totalité ou à peu près. Ayant fait détoner
un très petit volume de ce résidu gazeux ($0^{cc},60$), j'ai trouvé qu'il
donnait lieu à une absorption précisément égale au volume de
l'acide carbonique formé : ce volume était environ triple de celui
du gaz analysé. Ces propriétés indiquent que ce résidu gazeux est
formé par de l'hydrure de propyle, C^3H^8.

4. Si l'on distille l'alcool isopropylique avec un mélange d'acides
sulfurique et butyrique, on obtient l'éther isopropylbutyrique :

$$C^4H^8O^2.C^3H^6.$$

Ce corps renferme :

$$C\dots\dots\dots\dots\dots\dots\dots 64,5$$
$$H\dots\dots\dots\dots\dots\dots\dots 11,0$$

La formule exige :

$$C\dots\dots\dots\dots\dots\dots\dots 64,6$$
$$H\dots\dots\dots\dots\dots\dots\dots 10,8$$

C'est un liquide neutre, plus léger que l'eau, volatil au-dessous
de 130 degrés, d'une odeur analogue à l'éther butyrique ordinaire,
mais plus désagréable, d'une saveur sucrée et butyreuse. Il est
décomposé lentement, mais complètement, à 100 degrés par la
potasse, et reproduit l'acide butyrique et l'alcool isopropylique
doué des mêmes propriétés que le liquide primitif : odeur, action
sur l'eau, sur le chlorure de calcium, point d'ébullition de la sub-

stance mêlée d'eau, etc. Le poids de cet alcool régénéré monte aux $\frac{3}{4}$ environ du poids de l'éther propylbutyrique décomposé.

5. L'alcool isopropylique, distillé avec un mélange d'acides sulfurique et acétique, fournit de l'éther isopropylacétique, analogue à l'éther acétique ordinaire, mais volatil seulement vers 90 degrés.

6. Si l'on fait réagir l'iodure de phosphore sur l'alcool isopropylique, on obtient de l'éther isopropyliodhydrique, C^3H^7I. C'est un composé tout pareil à l'éther iodhydrique ordinaire, mais moins volatil (aux environs de 90 degrés). On peut, de même que ce dernier, le faire bouillir avec du mercure et de l'acide chlorhydrique, sans le décomposer. L'air le colore lentement.

7. L'alcool isopropylique, mêlé avec l'acide sulfurique et légèrement chauffé, produit un liquide semblable à la dissolution de propylène dans l'acide sulfurique. Ce liquide, préparé avec l'alcool, a été saturé par du carbonate de baryte; j'ai ainsi obtenu un sel cristallisable, l'isopropylsulfate de baryte :

$$2\,S^2O^8Ba(C^3H^7)^2 + 6\,H^2O.$$

Ce sel renferme :

SO⁴Ba	42,6
C	14,0
H	3,5
Aq	21,4

La formule exige :

SO⁴Ba	44,5
C	13,8
H	2,7
Aq	20,7

Ce sel a été préparé en hiver. Il perd son eau de cristallisation dans le vide sans s'altérer. Durant l'évaporation au bain-marie de sa solution, il s'acidifie légèrement et noircit même sur les bords de la capsule : l'évaporation a été terminée dans le vide. Je n'ai pas observé que ce sel acquît plus de stabilité par un commencement de décomposition.

Dans d'autres observations, après l'absorption du propylène par l'acide sulfurique, au lieu de distiller l'acide, je l'ai saturé par du carbonate de baryte; j'ai ainsi obtenu de l'isopropylsulfate de baryte cristallisé avec deux quantités d'eau différentes.

L'un de ces sels (préparé en hiver) est identique avec le sel que fournit l'alcool isopropylique :

$$S^2 O^8 Ba (C^3 H^7)^2 + 6 H^2 O.$$

Il renferme :

$$
\begin{array}{lr}
SO^4 Ba & 43,4 \\
C & 13,2 \\
H & 3,5 \\
Aq & 20,3
\end{array}
$$

L'autre sel (préparé en été) répond au sulfovinate :

$$S^2 O^8 Ba (C^3 H^7)^2 + 2 H^2 O.$$

Il fournit :

	Le calcul exige :
SO⁴Ba............ 52,2	SO⁴Ba............ 51,7
C............... 16,3	C............... 16,0
H............... 4,3	H............... 4,0

Ces deux hydrates se comportent de la même manière que le sel préparé avec l'alcool isopropylique : ils présentent la même stabilité, la même acidification partielle durant leur évaporation au bain-marie.

Les trois sels qui précèdent, distillés avec du benzoate de potasse, ont fourni de l'éther isopropylbenzoïque. Le dernier a également été employé à préparer l'éther propylacétique et l'éther propylbutyrique.

Cette réaction peut être employée pour caractériser le propylène dans un mélange gazeux : j'ai pu obtenir de l'éther isopropylbenzoïque suffisamment caractérisé avec 9 centimètres cubes de gaz. Mais on ne saurait distinguer ainsi le propylène des gaz homologues.

J'ai encore obtenu l'isopropylsulfate de potasse, sel très soluble et aussi peu stable que les sels de baryte qui précèdent : sa solution, même rendue d'abord alcaline, tend sans cesse à devenir acide par l'ébullition. En préparant ce sel, j'ai observé qu'au moment où l'on étend d'eau la solution sulfurique du propylène et où l'on sature par le carbonate de potasse, une certaine proportion d'alcool isopropylique est régénérée. En effet, cette solution exactement neutralisée, puis distillée dans une cornue, donne tout d'abord une quantité notable de cet alcool, avant de devenir acide. Ce fait ne permet pas de doser exactement la quantité d'acide sulfurique neutralisée pendant l'action de cet acide sur le propylène ou sur l'alcool isopropylique. Il atteste un partage immédiat du carbure entre l'acide qui l'a dissous et l'eau qu'on ajoute à cet acide.

8. J'ai rappelé plus haut que le gaz oléfiant forme avec l'acide sulfurique fumant une combinaison distincte de l'acide sulfovinique et non susceptible de reproduire l'alcool. Le propylène s'unit également à l'acide sulfurique fumant; le sel calcaire résultant de cette combinaison, pareil à l'iséthionate (propylthionate), est très déliquescent et ne forme pas davantage d'éther benzoïque.

Un sel analogue ou identique au précédent s'obtient en neutralisant par la craie la solution acide du propylène, après une ébullition prolongée. Ce sel déliquescent ne forme pas non plus d'éther benzoïque.

Enfin un sel analogue, dénué de cette même faculté, s'obtient en neutralisant par la craie le mélange d'acide sulfurique et d'alcool isopropylique, après le dégagement du propylène.

Ce caractère distingue l'alcool isopropylique de l'alcool ordinaire. En effet, le mélange de ce dernier et de l'acide sulfurique, refroidi après avoir fourni presque tout son gaz oléfiant, mais avant le boursouflement de la masse, puis dilué et saturé par la craie, produit une variété de sulfovinate de chaux susceptible de donner naissance à de l'éther benzoïque. Un mélange de 1 partie d'alcool ordinaire et de 2 parties d'alcool isopropylique, traité de même, se comporte comme l'alcool ordinaire.

Ainsi le propylène engendre l'alcool isopropylique et ses éthers, de même que le gaz oléfiant produit l'alcool ordinaire. Cette formation s'opère même plus aisément avec le propylène.

*D'après les recherches ultérieures, l'alcool ainsi obtenu n'est pas identique avec l'alcool normal, mais isomère (alcool isopropylique)

Depuis l'époque déjà ancienne des expériences qui viennent d'être décrites, on a préparé un gaz isomère du propylène, le triméthylène, et constaté que, traité par les mêmes méthodes, il engendre l'alcool propylique normal.

CHAPITRE III.

SYNTHÈSE DE L'ÉTHER ISOPROPYLCHLORHYDRIQUE
PAR LE PROPYLÈNE ([1]).

En raison de l'aptitude spéciale à la combinaison que présente le propylène, j'ai essayé de l'unir directement à l'acide chlorhydrique. Le gaz propylène, abandonné à la température ordinaire, sur une couche d'acide chlorhydrique fumant, s'absorbe lentement et disparaît au bout de quelques semaines. Cette réaction a lieu même dans un tube fermé à la lampe. A 100 degrés, trente heures suffisent pour l'accomplir. L'expérience a été répétée sur plusieurs litres, dans des ballons fermés à la lampe, que j'ai ensuite ouverts sur le mercure : le vide s'y était produit; ils renfermaient deux couches liquides; j'ai fait passer ces liquides dans une grande éprouvette renversée sur la cuve à mercure, et je les ai saturés avec de la soude. J'ai ainsi obtenu un liquide neutre, plus léger que l'eau, insoluble dans ce menstrue. Ce liquide, purifié par la potasse et distillé, s'est trouvé formé en très grande partie par un corps chloré, volatil aux environs de 40 degrés, possédant l'odeur, le goût, la flamme de l'éther chlorhydrique. Sa composition répond à la formule de l'éther isopropylchlorhydrique,

$$C^3 H^6 . HCl.$$

Car il renferme :

$$
\begin{array}{lr}
C\dots\dots\dots\dots\dots\dots\dots\dots\dots\dots\dots\dots & 45,0 \\
H\dots\dots\dots\dots\dots\dots\dots\dots\dots\dots\dots\dots & 9,0 \\
Cl\dots\dots\dots\dots\dots\dots\dots\dots\dots\dots\dots & 46,0 \\
\hline
& 100,0
\end{array}
$$

([1]) *Annales de Chimie et de Physique*, 3ᵉ série, t. XLIII, p. 404; 1855.

La formule réclame :

$$
\begin{array}{lr}
\text{C} \dots\dots\dots\dots\dots\dots\dots\dots\dots\dots & 45,8 \\
\text{H} \dots\dots\dots\dots\dots\dots\dots\dots\dots\dots & 8,9 \\
\text{Cl} \dots\dots\dots\dots\dots\dots\dots\dots\dots\dots & 46,3
\end{array}
$$

Cette expérience est l'inverse de la décomposition de l'éther chlorhydrique par M. Thénard. Elle montre que le propylène, comme l'ammoniaque, peut se combiner diréctement à l'acide chlorhydrique et le neutraliser.

CHAPITRE IV.

SYNTHÈSE DIRECTE DE L'ÉTHER IODHYDRIQUE
AU MOYEN DU GAZ OLÉFIANT ([1]).

Les carbures d'hydrogène qui diffèrent des alcools par les éléments de l'eau ont la propriété de se combiner directement avec les hydracides. Les éthers chlorhydriques, bromhydriques, iodhydriques de divers alcools se trouvent ainsi produits synthétiquement. (*Voir* le Chapitre précédent.)

Ces résultats sont faciles à constater :

Avec le propylène (*et le triméthylène)....	C^5H^6,
Avec l'amylène........................	C^5H^{10},
Avec le caprylène.....................	C^8H^{16},
Avec l'éthalène.......................	$C^{16}H^{32}$.

Mais le gaz oléfiant ou éthylène, le plus simple des carbures de cette série, le plus connu et peut-être aussi le plus important, donne lieu à quelques difficultés. En effet, le fait de sa combinaison avec les acides bromhydrique, et surtout chlorhydrique, est bien plus pénible à constater, en raison de la lenteur avec laquelle cette combinaison s'effectue. En raison de cette circonstance, j'ai cru utile de réaliser une nouvelle expérience sur le gaz oléfiant, en cherchant à l'unir avec l'acide iodhydrique.

La combinaison entre le gaz oléfiant et l'acide iodhydrique s'effectue directement, comme on pouvait le prévoir d'après les faits précédents : elle est plus aisée et plus rapide que celle des autres hydracides avec le même carbure d'hydrogène. Voici comment je l'ai réalisée.

Dans un ballon de 1 litre, à long col, on introduit un tube scellé renfermant 20 centimètres cubes environ d'une solution aqueuse saturée d'acide iodhydrique, on étrangle le col du ballon à la lampe,

---

on déplace l'air qu'il renferme, à l'aide d'un courant prolongé de gaz oléfiant sec et pur, puis on scelle le col du ballon à la lampe. On l'agite alors avec précaution, de façon à briser le tube d'acide iodhydrique qui se trouve dans son intérieur et à mettre l'hydracide en contact avec le carbure d'hydrogène. Pour effectuer la réaction, on place le ballon dans un bain-marie et on le maintient à 100° pendant cinquante heures. Au bout de ce temps, la combinaison est accomplie : le vide s'est produit à l'intérieur du vase, par suite de l'absorption du gaz oléfiant.

On ouvre le ballon, on y introduit une solution alcaline, afin de saturer l'excès d'hydracide : l'éther iodhydrique se précipite au fond du vase, sous la forme d'une couche huileuse et incolore; on la décante à l'aide d'un tube effilé. En opérant dans les conditions ci-dessus, on obtient environ 4 grammes d'éther iodhydrique, c'est-à-dire un poids aussi voisin de la théorie que le comportent les conditions d'une semblable expérience, et principalement la volatilité de l'éther dans l'atmosphère du ballon, sa dispersion à la surface intérieure si considérable de ce ballon, etc.

L'éther iodhydrique ainsi obtenu a été purifié par une distillation. Son point d'ébullition était compris entre 72° et 73°. Sa densité a été trouvée égale à 1,98 à 4°. Les propriétés précédentes, aussi bien que les autres qualités physiques et chimiques de l'éther iodhydrique obtenu au moyen du gaz oléfiant, se confondent avec celles de l'éther iodhydrique obtenu au moyen de l'alcool.

La formation de l'éther iodhydrique au moyen du gaz oléfiant est une synthèse dans le sens le plus parfait du mot: Elle s'exprime par l'équation suivante, qui rappelle la formation directe de l'iodhydrate d'ammoniaque :

$$\underbrace{C^2H^4}_{\substack{\text{Gaz}\\\text{oléfiant.}}} \quad + \quad \underbrace{HI}_{\substack{\text{Acide}\\\text{iodhydrique.}}} \quad = \quad \underbrace{C^2H^5I}_{\substack{\text{Éther}\\\text{iodhydrique.}}}$$

CHAPITRE V.

SUR L'HISTOIRE DE LA SYNTHÈSE DE L'ALCOOL ([1]).

L'histoire de cette synthèse est aujourd'hui présentée dans divers Recueils sous une forme légendaire, d'après laquelle elle aurait été faite par Hennell en 1828. Cette légende, insinuée après coup et antidatée, est erronée, ainsi que je demande la permission de le rappeler : la question est intéressante pour l'histoire des Sciences.

Elle tendrait à substituer, dans l'attribution d'une découverte fondée sur des expériences positives, une conjecture émise en passant et qui avait été écartée depuis longtemps, après examen, par les auteurs les plus autorisés des Traités de Chimie organique publiés de 1835 à 1854, tels que Liebig, Berzelius et Gerhardt, comme ne reposant sur aucune démonstration expérimentale.

Rappelons les faits.

Hennell, dans le seul Mémoire où il ait été publié quelques résultats relatifs à la combinaison du gaz oléfiant avec l'acide sulfurique, n'y consacre qu'une douzaine de lignes ([2]). Il examine une portion d'acide sulfurique à laquelle Faraday avait fait absorber du gaz oléfiant, sans s'en occuper davantage. Hennell en forme un sel de potasse, dont il se borne à dire, d'une manière vague et en une ligne, que ce sel avait les propriétés de celui qu'il avait déjà obtenu avec l'alcool, c'est-à-dire du sulfovinate, sans définir aucunement ces propriétés. Rien de plus, sans doute parce que la chose avait à ses yeux peu d'importance. En effet, Hennell n'a fait ailleurs aucune analyse, aucune étude sérieuse du sel ainsi obtenu avec le gaz oléfiant et surtout, ce qui est essentiel, il n'a en aucune façon cherché à régénérer de l'alcool avec le gaz oléfiant. Bref, *Hennell*

([1]) *Annales de Chimie et de Physique*, 7ᵉ série, t. XVI, p. 324; 1899.
([2]) *Annales de Chimie et de Physique*, 2ᵉ série, t. XXXV, p. 159; 1827.

n'a jamais fait l'expérience qu'on lui attribue gratuitement et n'a jamais prétendu l'avoir faite.

Quant au sel dont il a parlé si brièvement, ni l'origine véritable, ni la constitution n'en sont connues ; et elles ont donné lieu de la part des chimistes contemporains à des doutes, insolubles en l'absence de tous détails précis. En premier lieu, ils se sont demandé jusqu'à quel point le gaz oléfiant, tel qu'on le préparait à cette époque si éloignée de nous, était exempt de vapeur d'éther, auquel cas le sulfovinate, si c'en était, dériverait de l'éther et non du gaz oléfiant : ce doute a été soulevé dans les écrits de Chevreul et de Liebig et il ôte toute valeur concluante aux essais de Hennell.

En outre, la constitution même du sel qu'il avait entrevu a été jugée incertaine, parce que Hennell et ses contemporains ignoraient l'existence de plusieurs combinaisons sulfuriques du gaz oléfiant, autres que l'acide sulfovinique, telles que les acides éthionique et iséthionique, découverts et étudiés plus tard par Magnus et Regnault, acides analogues, mais destitués de la propriété de régénérer l'alcool sous l'influence de l'eau.

A la suite de recherches plus précises et de ses propres travaux sur la très faible solubilité du gaz oléfiant dans l'acide sulfurique (¹), Liebig supprima dans ses livres toute mention des essais imparfaits de Hennell. Berzelius depuis, et Gerhardt en 1854, en ont fait autant dans leurs *Traités classiques.*

Tel était l'état de la Science, lorsque j'ai réussi à faire là synthèse de l'alcool, en m'appuyant sur des faits jusque-là inconnus, tels que les conditions exceptionnelles d'agitation violente et prolongée, qui sont indispensables pour déterminer l'absorption, c'est-à-dire la combinaison du gaz oléfiant avec l'acide sulfurique pur ; cet acide absorbe au contraire, presque immédiatement, la vapeur d'éther. Cette première combinaison étant réalisée dans des conditions certaines, j'ai fait l'expérience décisive, c'est-à-dire que j'ai démontré expérimentalement la régénération de l'alcool au moyen du gaz oléfiant pur et j'ai établi que le corps obtenu par moi avait les mêmes propriétés physiques et chimiques que l'alcool ordinaire, et qu'il formait les mêmes éthers, ainsi que le même aldéhyde, etc.

Je l'ai confirmé d'une façon plus nette encore par la synthèse directe des combinaisons du gaz oléfiant avec les hydracides, c'est-

---

(¹) *Annalen der Chemie und Pharmacie,* t. IX, p. 8.

à-dire des éthers chlorhydrique, bromhydrique, iodhydrique, avec leurs propriétés connues, et j'en ai tiré une méthode générale de synthèse d'alcools dérivés de tous les carbures de la même série.

Enfin, la synthèse directe de l'acétylène par les éléments, carbone et hydrogène, puis la synthèse du gaz oléfiant par l'acétylène, m'ont permis de réaliser expérimentalement la synthèse totale de l'alcool par les éléments, objet fondamental de cette recherche.

Toutes ces réactions sont devenues aujourd'hui simples et évidentes : elles ne l'étaient, ni en théorie, ni en pratique, à l'époque où elles ont été réalisées expérimentalement.

CHAPITRE VI.

COMBINAISON DIRECTE DES HYDRACIDES AVEC LES CARBURES ÉTHYLÉNIQUES ([1])

1. Dans un Mémoire publié il y a deux ans, j'ai montré que le gaz oléfiant peut fixer les éléments de l'eau et devenir la source de l'alcool :

$$C^2 H^4 + H^2 O = C^2 H^6 O.$$

Le propylène, $C^3 H^6$, peut éprouver la même transformation et produire de l'alcool isopropylique, $C^3 H^8 O$. J'ai été conduit dans ces derniers temps à généraliser cette réaction et à l'étendre aux divers carbures correspondant aux alcools; mais j'ai dû recourir à des procédés nouveaux et distincts de ceux que j'avais d'abord employés : à l'acide sulfurique mis en jeu dans les premières expériences, j'ai substitué les hydracides. En effet, la transformation du gaz oléfiant en alcool, celle du propylène en alcool isopropylique, sont les plus faciles à exécuter par l'intermédiaire de l'acide sulfurique; mais cet acide ne peut être employé vis-à-vis des carbures d'hydrogène, d'un équivalent élevé, qu'avec certaines précautions : il agit sur ces corps avec trop d'énergie, et tantôt les carbonise, tantôt les modifie isomériquement. Le caprylène, par exemple, $C^8 H^{16}$, mélangé avec l'acide sulfurique concentré, donne d'abord naissance à un liquide homogène, non sans un vif dégagement de chaleur; mais bientôt le carbure modifié se sépare et surnage, tandis que l'acide ne retient en dissolution que des traces de matière organique. Ces phénomènes rappellent la réaction de l'acide sulfurique sur l'essence de térébenthine.

J'ai pensé que la transformation des carbures en éthers et en

---

([1]) *Ann. de Chim. et de Phys.*, 3ᵉ série, t. LI, 1857. — *Leçons sur les Méthodes générales de synthèse*, p. 141.

alcool pourrait être effectuée d'une manière plus générale par l'intermédiaire des hydracides.

2. Déjà j'avais observé que le propylène, chauffé à 100° pendant soixante-dix heures, avec une solution aqueuse d'acide chlorhydrique, s'absorbe entièrement et donne naissance à l'éther isopropylchlorhydrique : ce corps est formé par le propylène et l'acide chlorhydrique, unis à volumes égaux,

$$C^3 H^6 + HCl = C^3 H^7 Cl.$$

La combinaison s'opère déjà à la température ordinaire, mais beaucoup plus lentement; elle n'est pas accélérée par une agitation prolongée.

J'ai également combiné, dans les mêmes conditions, les acides bromhydrique et iodhydrique avec le propylène, l'amylène, etc.; j'ai obtenu les éthers isopropylbromhydrique, isopropyliodhydrique, etc.

Le gaz oléfiant, chauffé à 100° pendant 100 heures avec une solution aqueuse d'acide bromhydrique saturée à froid est complètement absorbé avec formation d'éther bromhydrique.

L'acide chlorhydrique s'y combine aussi, mais plus lentement encore.

Ces expériences s'exécutent en chauffant à 100°, dans des ballons scellés à la lampe, le carbure gazeux avec une solution aqueuse des hydracides *saturée à froid* et employée en grand excès. On purifie les éthers formés, en les distillant, après les avoir agités avec une solution aqueuse de potasse.

Entrons dans quelques détails sur le manuel opératoire : il varie suivant que l'on opère sur un gaz ou sur un liquide; et suivant que l'on agit à la température ordinaire, ou bien à une température plus élevée.

Soit d'abord un gaz tel que le propylène. On remplit avec ce gaz un flacon d'un litre, en évitant d'y laisser ni eau ni mercure. On y introduit ensuite un tube fermé par un bout, contenant 30^{cc} à 40^{cc} d'une solution aqueuse d'acide iodhydrique saturée à froid (densité 2,0). On ferme solidement le flacon avec un bouchon de verre et l'on abandonne le tout dans un lieu obscur, pour préserver le corps de l'action décomposante de la lumière. Un liquide huileux ne tarde pas à apparaître, et il augmente continuellement jusqu'à ce que tout le propylène ait été transformé en éther isopropyliodhydrique, conformément à l'équation suivante :

$$C^3 H^6 + HI = C^3 H^7 I.$$

On ouvre alors le flacon ; si l'on casse la pointe du ballon, un sifflement indique la rentrée de l'air dans le vide laissé par l'absorption du propylène. On verse les liquides dans un verre à pied contenant de l'eau : l'éther propyliodhydrique se précipite au fond du vase. Il ne reste plus qu'à le décanter à l'aide d'une pipette, à l'agiter avec un petit morceau de potasse et à le distiller. Il bout à 92 degrés. Nous dirons tout à l'heure comment cet éther peut être transformé en alcool propylique.

L'éther éthyliodhydrique pourrait être obtenu de la même manière, mais au bout d'un temps beaucoup plus long. Aussi est-il préférable de le préparer en opérant à 100 degrés, comme il a été dit dans le Chapitre III.

Supposons donc qu'il s'agisse de combiner avec un hydracide un gaz tel que l'éthylène, ou bien de faire réagir le propylène sur les acides chlorhydrique ou bromhydrique, avec le concours d'une température de 100 degrés. Ici il faut recourir à des vases scellés à la lampe. On prend un ballon à long col, d'un litre environ, suffisamment épais, on y introduit une grande ampoule, renfermant 20 à 30 grammes d'une solution aqueuse saturée à froid de l'acide sur lequel on veut opérer ; on étrangle le col à la lampe sur deux points, de façon à obtenir une ampoule comprise entre deux étranglements. L'un des étranglements reçoit un caoutchouc et un robinet, destinés à mettre le ballon en communication avec une machine pneumatique. On fait alors le vide dans le ballon, puis on le met en communication avec un récipient contenant de l'éthylène ou du propylène : le ballon s'emplit d'éthylène, ou de propylène, sous une pression qui doit à la fin être rendue égale à la pression atmosphérique. On le ferme alors à la lampe. En secouant le ballon avec précaution, on brise l'ampoule : celle-ci avait été fermée à l'avance, afin de pouvoir faire le vide dans le ballon, sans dégager l'hydracide de sa solution. L'ampoule brisée, l'acide et le carbure se trouvent en contact. Leur combinaison s'opère en chauffant le ballon à 100 degrés, au bain-marie, pendant un temps qui varie depuis deux cents heures, pour l'acide chlorhydrique, jusqu'à quinze ou vingt heures seulement, pour l'acide iodhydrique.

On peut simplifier les opérations précédentes, lorsqu'il s'agit de gaz qu'il est facile de se procurer en abondance. Dans ce cas, on se dispense de faire le vide ; et l'on remplit le ballon en chassant l'air par déplacement, à l'aide d'un courant du gaz mis en expérience. C'est ce que l'on fait notamment avec l'éthylène. On ferme ensuite à la lampe et l'on porte le ballon à la température voulue.

Dans tous les cas, on obtient finalement l'éther iodhydrique, ou tout autre analogue. La réaction est très simple et répond à la formule suivante :

$$C^2H^4 + HI = C^2H^5I.$$

Une formule semblable représente la formation des éthers bromhydrique et chlorhydrique.

Voilà pour les carbures gazeux : ce sont ceux dont la manipulation offre le plus de difficultés.

Ces résultats peuvent être généralisés avec des carbures liquides, qui se prêtent mieux aux expériences. En effet, l'amylène, C^5H^{10}, s'unit aux hydracides dans les mêmes conditions; de là résultent les éthers isoamylchlorhydrique, $C^5H^{11}Cl$, et isoamylbromhydrique, $C^5H^{11}Br$. Soit donc l'amylène : il suffit de placer dans un tube de verre vert très résistant une couche du carbure, puis une couche de la solution aqueuse de l'hydracide. On ferme le tube à la lampe et on le chauffe à 100 ou 120 degrés pendant un temps suffisant.

Dans le cas où les éthers que l'on se propose de préparer sont moins volatils que l'éther chlorhydrique ordinaire, on peut opérer plus rapidement, en suivant une marche un peu différente. Si, par exemple, on veut préparer l'éther isoamylchlorhydrique, $C^5H^{11}Cl$, il suffit de prendre une solution récemment saturée d'acide chlorhydrique dans l'alcool absolu; on y ajoute peu à peu de l'amylène, comme nous le faisons en ce moment. Le carbure surnage quelques instants; mais, à la suite d'une agitation ménagée, il se dissout complètement. Un vif dégagement de chaleur se produit aussitôt et la réaction s'effectue très rapidement. Ajoutons une certaine quantité d'eau au mélange et l'on verra se séparer un liquide huileux. Ce liquide est l'éther isoamylchlorhydrique, formé d'une manière presque instantanée. Cependant, pour être complétée, la réaction exigera un contact de quelques heures.

Nous avons obtenu l'éther isoamylchlorhydrique, nous le séparons par décantation et nous l'agitons avec une solution aqueuse de potasse. Après cette opération, qui le débarrasse de quelques traces d'acide demeuré en dissolution, c'est une substance neutre, qui ne précipite pas immédiatement les sels d'argent.

La réaction qui s'est produite entre l'hydracide et l'amylène est une synthèse directe,

$$C^5 H^{10} + HCl = C^5 H^{11} Cl.$$

Jusqu'ici nous avons présenté des expériences dans lesquelles le carbure et l'hydracide se combinent à molécules égales; on obtient ainsi des éthers correspondants aux alcools proprement dits ou monoatomiques. Mais la méthode s'applique également à la formation des alcools polyatomiques.

Soit l'acétylène, $C^2 H^2$. Mettons ce gaz en contact, dans un flacon, avec une solution aqueuse saturée d'acide iodhydrique. L'acétylène se combine peu à peu avec l'hydracide, dès la température ordinaire. Un liquide pesant se précipite; c'est un éther diiodhydrique, dérivé de l'acétylène :

$$C^2 H^2 + 2 HI = C^2 H^4 I^2.$$

Cet éther est neutre; il distille presque sans décomposition à 182 degrés. Il est isomérique, mais non identique avec l'iodure d'éthylène, corps cristallisé et moins stable que lui. Ce nouvel éther, traité par les mêmes procédés que l'iodure d'éthylène, fournirait sans doute des dérivés diatomiques, isomériques avec ceux du glycol.

Le caprylène, $C^8 H^{16}$, se prête aux mêmes réactions que le propylène. Mais la combinaison demeure incomplète, même au bout de 100 heures de contact à 100°; on purifie par distillation les éthers formés. On obtient ainsi les éthers isocaprylchlorhydrique, $C^8 H^{17} Cl$, et isocaprylbromhydrique. $C^8 H^{17} Br$,

$$C^8 H^{16} + HBr = C^8 H^{17} Br.$$

En particulier, si l'on met en contact, dès la température ordinaire, du caprylène et du gaz chlorhydrique, le carbure en absorbe immédiatement sept à huit fois son volume; puis l'absorption continue, en se ralentissant graduellement, et sans être activée d'une manière notable par une agitation très prolongée. Au bout de deux heures, elle était égale à 10 volumes; après cinq jours, à 12 volumes; après onze jours, à 13 volumes; après dix-sept jours, à 14 volumes; après vingt-trois jours, à 15 volumes, etc.

L'éthalène, $C^{16} H^{32}$, se comporte d'une manière analogue, soit à la température ordinaire, soit à 100 degrés.

A cette dernière température, au bout de cent heures de réaction, près de la moitié du carbure se trouve combinée à l'acide bromhydrique (ou à l'acide chlorhydrique), sous forme de composé neutre.

Les éthers formés n'ont pu être séparés de l'excès de carbure, parce que la chaleur nécessaire pour les distiller détermine leur décomposition.

Ainsi, ces divers carbures d'hydrogène, correspondant aux alcools de la série éthylique et formés par un nombre d'atomes d'hydrogène double de celui du carbone, $(CH^2)^4$, peuvent s'unir directement et à volumes égaux avec les hydracides et constituer des éthers chlorhydrique et bromhydrique. De là résulte un nouveau rapprochement entre les éthers et les sels ammoniacaux.

On sait d'ailleurs que les éthers chlorhydrique, bromhydrique, iodhydrique, décomposés par les sels alcalins, ou par les sels d'argent, fournissent les éthers composés et, par suite, les alcools. Par les méthodes que je viens d'exposer, on peut donc, en général, transformer les carbures d'hydrogène dans des éthers et dans des alcools qui leur correspondent.

CHAPITRE VII.

SYNTHÈSE DE L'ALCOOL PROPYLIQUE NORMAL ([1]).

J'ajouterai, pour compléter cet ordre de considérations, qu'il sera facile de passer de l'alcool propylique et, plus généralement, des alcools obtenus par la méthode d'hydratation, à l'alcool propylique isomère, obtenu par la méthode d'oxydation, et réciproquement. Tout se ramène en effet, comme nous allons le montrer, à la transformation réciproque des carbures C^3H^6 et C^3H^8, c'est-à-dire du propylène et de son hydrure. Or, nous savons effectuer cette double transformation.

Voici quelle est la suite des réactions auxquelles nous devrons recourir. D'une part, l'alcool d'hydratation, C^3H^8O étant donné, on le traite par l'acide sulfurique, avec le concours de la chaleur, ce qui le déshydrate et produit le propylène, C^3H^6. Le propylène ainsi obtenu forme avec le brome un bromure, $C^3H^6Br^2$, précisément dans les mêmes conditions et avec la même facilité que l'éthylène. Ce bromure, traité par les procédés que j'ai développés à l'occasion de l'éthylène, c'est-à-dire par l'iodure de potassium et l'eau, échange son brome contre de l'hydrogène et développe l'hydrure de propyle, C^3H^8. Enfin cet hydrure, oxydé indirectement par la méthode que nous appliquerons bientôt au formène, engendre l'alcool propylique d'oxydation, C^3H^8O, ou alcool propylique normal : nous avons donc réussi à changer l'alcool d'hydratation (isopropylique) dans l'alcool d'oxydation ([2]).

Réciproquement, l'alcool *normal* d'oxydation, traité par l'acide sulfurique, produit le propylène, C^3H^6 ; au moyen de ce dernier corps et de l'acide sulfurique, on obtient aisément l'alcool d'hydratation ou alcool isopropylique. Entre ces deux alcools isomériques,

---

([1]) *Leçons sur les méthodes générales de synthèse,* p. 139 ; 1864.
([2]) Ce Volume, p. 27 et 29.

nous pouvons donc établir un cycle régulier de métamorphoses réciproques.

Ces faits méritent quelque attention à un autre point de vue. Ils prouvent, en effet, que les propriétés d'un corps dépendent souvent des propriétés des substances qui l'ont engendré : deux origines différentes peuvent donner lieu à deux corps isomériques. Il en résulte donc, qu'il est indispensable, pour qu'une synthèse soit à l'abri de toute critique, de bien établir l'origine des corps avec lesquels on l'a produite; puisque cet origine peut avoir pour effet de communiquer aux corps obtenus une constitution dérivée de celle des substances employées comme matières premières, c'est-à-dire une structure qui les rende aptes à reproduire de préférence la combinaison de laquelle on les a tirés. Toute synthèse rigoureuse doit être rendue indépendante de cette considération d'origine.

CHAPITRE VIII.

SYNTHÈSE DE L'ALCOOL ISOAMYLIQUE.

Voici un autre exemple de la méthode d'hydratation et des précautions qu'elle exige : prenons un carbure liquide, l'amylène,

$$C^5 H^{10},$$

appartenant à la même série générale, $C^n H^{2n}$, que l'éthylène et le propylène.

Traitons donc l'amylène par l'acide sulfurique : pour obtenir l'alcool isoamylique, il faudra recourir à certaines précautions. En effet, si l'on met simplement l'amylène en contact avec l'acide sulfurique concentré, on n'obtient pas des phénomènes aussi simples qu'avec le propylène. Une vive réaction se développe : le liquide s'échauffe et entre en ébullition. Il se produit une solution trouble et colorée qui, peu à peu, se sépare en deux couches : à la partie supérieure, un corps huileux ; c'est un carbure d'hydrogène peu volatil, représenté par la formule $C^{10} H^{20}$, c'est du diamylène, c'est-à-dire de l'amylène condensé. A la partie inférieure, se rassemble de l'acide sulfurique, contenant seulement des traces d'un acide isoamylsulfurique, analogue à l'acide éthylsulfurique ([1]),

$$C^5 H^{10}. H^2 O. SO^3.$$

Cet acide isoamylsulfurique peut, en effet, servir à régénérer l'alcool amylique, pourvu qu'on le fasse bouillir avec de l'eau ; mais en opérant ainsi, le produit est extrêmement peu abondant.

Pour réussir dans cette préparation, il faut éviter, autant que possible, la formation du carbure condensé, qui constitue ici le produit principal. On y parvient à l'aide d'un artifice très simple.

([1]) Il se produit en outre un acide amylénosulfurique, de l'ordre de l'acide iso-thionique, et que l'eau ne décompose pas.

Il suffit de modérer l'action de l'acide sulfurique sur l'amylène, en ajoutant à cet acide une petite quantité d'eau, le tiers de son volume environ, ou même un peu davantage. On laisse refroidir l'acide, puis on y incorpore son volume d'amylène. On agite le tout, en évitant une trop grande élévation de température. Au bout de cinq minutes, on verse la liqueur dans quinze à vingt fois son volume d'eau, on laisse reposer; puis on filtre, afin de séparer un carbure huileux qui se sépare toujours. Enfin on distille : l'alcool amylique d'hydratation passe dans le récipient, en même temps que l'eau. Une partie se sépare dans les premiers produits distillés; une autre partie demeure en solution dans l'eau. On peut l'isoler complètement, soit par une addition convenable de carbonate de potasse, soit par une nouvelle distillation fractionnée.

Ces faits montrent comment la méthode d'hydratation, fondée sur l'emploi de l'acide sulfurique, est générale dans son principe; mais il faut, dans la pratique, modifier les applications de la méthode, suivant les propriétés des corps auxquels on l'applique.

CHAPITRE IX.

SUR L'ISOMÉRIE DES ALCOOLS ([1]).

Les expériences publiées dans ces derniers temps par MM. Wurtz, Wanklyn et Erlenmeyer, et Friedel, sur les alcools dérivés de l'amylène, de l'hexylène et de l'acétone, m'ont engagé à faire une nouvelle étude des alcools que j'avais obtenus synthétiquement, il y a huit ans, au moyen du gaz oléfiant et du propylène.

Entre l'alcool ordinaire et l'alcool du gaz oléfiant, je n'ai pu découvrir aucune différence, ni dans les propriétés physiques et chimiques de ces alcools, ni dans les propriétés de leurs éthers. Je rappellerai spécialement comme caractéristique l'identité mesurée de la forme cristalline de l'éthylsulfate de baryte, soit qu'il dérive de l'alcool ordinaire, soit qu'il dérive du gaz oléfiant.

A ces épreuves, déjà anciennes, j'ai ajouté des expériences d'oxydation. Traité par l'acide chromique, l'alcool du gaz oléfiant a fourni de l'acide acétique et de l'aldéhyde ordinaire, complètement caractérisé par ses propriétés et par la formation de l'aldéhyde ammoniaque, bien cristallisé, c'est-à-dire les mêmes produits que l'alcool ordinaire. Soumise à ces nouvelles épreuves, que rendaient nécessaires les progrès récents de la science, l'identité des deux alcools s'est donc entièrement vérifiée.

L'alcool propylique, au contraire, comme je l'ai fait observer à plusieurs reprises, se présente avec des propriétés différentes, selon qu'il est produit par fermentation, ou préparé au moyen du propylène. D'après M. Friedel, l'alcool obtenu au moyen de l'acétone représenterait un troisième type différent des précédents. Cependant il n'en est pas ainsi.

Pour le vérifier, j'ai examiné l'oxydation de l'alcool du propylène. Traité par l'acide chromique, il s'attaque avec une extrême

---

([1]) *Comptes rendus*, t. LVII, p. 797; 1863.

vivacité et donne naissance à une grande quantité d'*acétone* et à un acide, que je n'ai pu encore examiner suffisamment, faute de matière.

La formation de l'acétone aux dépens de l'alcool du propylène résulte d'une simple déshydrogénation

$$\underbrace{C^3H^8O}_{\text{Alcool isopropylique.}} - H^2 = \underbrace{C^3H^6O.}_{\text{Acétone.}}$$

Elle prouve que l'alcool du propylène est identique avec l'alcool obtenu en hydrogénant l'acétone.

Ainsi se trouvent corroborées les relations entre l'acétone et la série propylique, relations que faisaient pressentir mes expériences sur la formation du propylène, C^3H^6, et de son hydrure, C^3H^8, aux dépens de l'acétone traité par l'acide sulfurique ([1]), et qui ont été établies d'une manière décisive par les recherches de M. Friedel.

L'origine de l'alcool propylique, qui a engendré l'acétone, donne à mon expérience présente une signification plus générale, surtout si on la rapproche des caractères anormaux assignés par MM. Wanklin et Erlenmeyer à l'aldéhyde de l'alcool hexylique. On sait, en effet, que les acétones et divers corps pyrogénés qui les accompagnent ([2]) offrent la plupart des propriétés des aldéhydes. Cette analogie s'explique par l'expérience actuelle qui tend à établir, à partir de la série propylique, que *les acétones et les corps pyrogénés congénères représentent les aldéhydes des alcools formés par l'hydratation des carbures d'hydrogène.*

([1]) Tome II du présent Ouvrage, p. 222.
([2]) Tels que le butyral et le valéral de M. Chancel.

DEUXIÈME SECTION.

SYNTHÈSE DES ALCOOLS DÉRIVÉS DES CARBURES FORMÉNIQUES.

CHAPITRE X.

SYNTHÈSE DE L'ALCOOL MÉTHYLIQUE PAR LE FORMÈNE [1].

D'après les expériences que j'ai déjà publiées, les alcools peuvent être préparés en fixant les éléments de l'eau sur les carbures d'hydrogène analogues au gaz oléfiant

$$C^2 H^4 + H^2 O = C^2 H^6 O.$$

Cette fixation s'exécute par deux procédés : tantôt on combine le carbure avec l'acide sulfurique, puis on décompose par l'eau la combinaison ; tantôt on unit d'abord le carbure avec un hydracide, de façon à produire un éther

$$C^2 H^4 + H Br = C^2 H^5 Br.$$

Ces procédés permettent d'obtenir, au moyen des carbures d'hydrogène, les alcools éthylique, $C^2 H^6 O$, isopropylique, $C^3 H^8 O$, isoamylique, $C^5 H^{12} O$, isocaprylique, $C^8 H^{18} O$, isoéthalique, $C^{16} H^{34} O$, etc., en un mot l'alcool ordinaire et une série d'alcools dont l'équivalent est plus élevé.

Le plus simple de tous, l'alcool méthylique ou esprit de bois, ne saurait être préparé de la même manière. J'ai cru nécessaire de

---

[1] *Annales de Chimie et de Physique,* 3ᵉ série, t. LII; 1868.

compléter la série de mes expériences, en exécutant la synthèse de ce composé au moyen d'un carbure d'hydrogène formé dans des proportions différentes de celles du gaz oléfiant, je veux parler du gaz des marais ou formène.

Cette synthèse repose sur les réactions suivantes, faciles à pressentir, mais dont la réalisation offre de grandes difficultés, en raison de la nature gazeuse des substances sur lesquelles on opère.

En traitant le gaz des marais, CH^4, par le chlore, on obtient, entre autres produits de substitution, l'éther méthylchlorhydrique, CH^3Cl,

$$CH^4 + Cl^2 = CH^3Cl + HCl.$$

Cet éther, décomposé convenablement, fixe les éléments de l'eau, en perdant ceux de l'acide chlorhydrique, et se change en alcool méthylique

$$CH^3Cl + H^2O - HCl = CH^4O.$$

Voici le détail des expériences :

I. En faisant agir le chlore sur le gaz des marais, divers chimistes ont observé la formation d'un composé gazeux renfermant du chlore parmi ses éléments. Mais ce gaz n'a jamais été l'objet d'aucune analyse, ni d'aucun examen approfondi; plusieurs auteurs l'ont regardé comme devant présenter la composition de l'éther méthylchlorhydrique avec lequel il serait non identique, mais seulement isomère.

C'est ce composé que je prends pour point de départ, après en avoir fait une étude et une analyse exactes. Pour l'obtenir, je mélange à volumes égaux, dans des flacons de 1 litre, 40 litres de chlore et 40 litres de gaz des marais, purifié par l'acide sulfurique et recueilli sur l'eau. Je place les flacons, exactement bouchés, dans un lieu où ils puissent recevoir la lumière solaire réfléchie irrégulièrement, sur un mur par exemple.

Cette précaution est, sinon nécessaire, du moins fort utile. En effet, sous l'influence de la lumière diffuse, telle qu'on l'obtient dans l'intérieur d'un laboratoire, les deux gaz ne se sont pas combinés, même au bout d'une semaine (novembre). Au contraire la lumière solaire directe détermine presque toujours l'explosion du mélange, avec flamme et dépôt de charbon. Mais sous l'influence de la lumière solaire tempérée et irrégulièrement réfléchie, ou plutôt diffusée, sur un corps blanc, le mélange ne tarde pas à se décolorer entièrement, par suite de la combinaison.

On ouvre les flacons sur le mercure, pour éviter l'action dissolvante de l'eau. Puis on y introduit des fragments de potasse et quelques gouttes d'eau ; le volume gazeux se trouve ainsi réduit à peu près à moitié. Le gaz qui reste renferme de l'éther méthylchlorhydrique, qu'il est nécessaire d'isoler par une nouvelle série de manipulations. En effet, ce corps, ainsi préparé, est loin d'être pur : dans mes expériences, il n'a jamais formé plus du tiers du résidu gazeux ; le surplus consistait en gaz des marais inaltéré, et souvent en hydrogène. La conservation de cette portion de gaz des marais s'explique par une attaque irrégulière du chlore : une partie seulement s'est changée en éther méthylchlorhydrique, CH^3Cl, tandis qu'une autre partie, absorbant une plus forte proportion de chlore, a formé un produit liquide dont les propriétés se rapprochent de celles du perchlorure de carbone, CCl^4.

Il est donc nécessaire d'isoler le gaz chloré pour en établir la nature avec exactitude. Dans ce but, j'agite le mélange gazeux avec de l'acide acétique cristallisable, dans la proportion de 250 grammes du dissolvant pour 8 litres de ce mélange. Je fais passer le gaz successivement dans des flacons d'un litre renversés sur le mercure et contenant le dissolvant ; j'agite, puis je rejette le résidu gazeux dans l'atmosphère à l'aide d'un siphon renversé.

L'acide acétique est isolé ensuite et soumis à l'ébullition. Il dégage la plus grande partie du gaz qu'il a dissous ; on peut extraire le reste en saturant l'acide par une lessive de soude très concentrée.

On recueille le gaz sur le mercure, et on l'agite avec quelques morceaux de potasse humectée, pour enlever les vapeurs d'acide acétique.

On obtient en définitive un gaz doué d'une odeur spéciale, brûlant avec flamme verte caractéristique et production d'acide chlorhydrique. Il est soluble dans environ $\frac{1}{4}$ de son volume d'eau, dans $\frac{1}{35}$ de son volume d'alcool absolu, dans $\frac{1}{40}$ de son volume d'acide acétique cristallisable, liquéfiable à — 30 degrés, etc. En un mot il présente les mêmes propriétés que l'éther méthylchlorhydrique. Il en possède également la composition ; car 1 volume de ce gaz, brûlé dans l'eudiomètre, a fourni 1 volume d'acide carbonique, en absorbant très sensiblement 1 volume et demi d'oxygène :

$$CH^3Cl + O^3 = CO^2 + H^2O + HCl.$$

. Le mercure n'a pas été attaqué sensiblement dans cette combustion.

II. L'identité de l'éther méthylchlorhydrique et du composé chloré dérivé du gaz des marais étant ainsi reconnue par l'analyse et par l'étude des propriétés physiques, il restait à la contrôler en transformant ce composé en alcool méthylique. J'ai opéré cette transformation, séparément sur le gaz pur, isolé par l'intermédiaire de l'acide acétique, et sur le mélange gazeux brut qui n'avait subi l'action d'aucun dissolvant.

Trois procédés permettent de changer l'éther méthylchlorhydrique en alcool méthylique.

1° Cet éther, dissous dans l'acide acétique cristallisable, et chauffé à 200 degrés avec l'acétate de soude, se change en éther méthylacétique, $C^3H^6O^2$:

$$CH^3Cl + C^2H^3NaO^2 = C^3H^6O^2 + NaCl.$$

Mais ce procédé n'est guère applicable à des poids quelque peu considérables de matière.

2° L'éther méthylchlorhydrique, chauffé à 100 degrés pendant une semaine avec une solution aqueuse de potasse, régénère directement l'alcool méthylique :

$$CH^3Cl + KOH = CH^4O + KCl.$$

Pour isoler l'alcool méthylique, on distille la dissolution de potasse et l'on recueille un volume de liquide égal au dixième de cette dissolution. On ajoute à ce produit son volume de carbonate de potasse, en cristaux transparents : le carbonate se dissout en tout ou en partie, en s'unissant à l'eau, et l'alcool se sépare, pourvu qu'il ne soit pas renfermé dans un volume d'eau supérieur au triple de son propre volume. Dans ce dernier cas, on distille de nouveau le produit, on en recueille seulement le tiers; puis on ajoute du carbonate de potasse cristallisé dans la partie distillée.

Par ce procédé, en opérant sur 2 litres d'éther méthylchlorhydrique, j'ai pu isoler près de 2 grammes d'alcool méthylique. Cette proportion est très inférieure au poids de l'esprit de bois régénéré réellement; mais la perte s'explique par la volatilité de l'alcool méthylique et par la surface énorme des vases que réclament les expériences sur les corps gazeux, tels que l'éther méthylchlorhydrique.

Aussi ai-je cru préférable d'engager l'alcool méthylique dans une combinaison fixe, susceptible d'être isolée par l'évaporation de sa dissolution et douée de propriétés caractéristiques.

3° Pour atteindre ce but, j'ai fait agir à 100 degrés sur l'éther méthylchlorhydrique un mélange d'acide sulfurique concentré et de sulfate d'argent, ou de mercure; il se forme ainsi de l'acide méthylsulfurique.

L'emploi simultané de l'acide sulfurique et du sulfate d'argent paraît nécessaire; car l'acide sulfurique concentré ne décompose l'éther méthylchlorhydrique ni à froid, ni à 100 degrés, ni même à la température à laquelle cet acide commence à attaquer le mercure; le sulfate d'argent humide seul n'agit pas sensiblement à 100 degrés. Au contraire, un mélange d'acide sulfurique et de sulfate d'argent, ou de mercure, absorbe à 100 degrés le gaz méthylchlorhydrique dans l'espace de quelques heures. Le mélange d'acide et de sulfate de mercure agit même à froid; en six jours, l'absorption est totale. Une agitation prolongée (500 secousses) n'active pas cette absorption.

L'efficacité d'un tel mélange paraît due au concours simultané de deux affinités puissantes, celle du chlore pour l'argent, ou le mercure, et celle de l'acide sulfurique pour l'alcool méthylique qui tend à se former.

Voici comment je réalise l'expérience : Dans un ballon de 2 litres, à long col, j'introduis 20 grammes de sulfate de mercure, ou d'argent, puis 18 grammes d'acide sulfurique concentré. J'étrangle le col en deux points, de façon à obtenir un renflement compris entre deux parties effilées. Je fais le vide dans le ballon au moyen d'une machine pneumatique; puis je mets le ballon en communication avec des flacons de 1 litre, placés sur la cuve à mercure et contenant le gaz. J'en remplis le ballon jusqu'à ce que la pression y soit un peu supérieure à la pression atmosphérique; je détache les robinets et je ferme aussitôt le ballon à la lampe en étirant l'étranglement du col.

Je dispose une douzaine de ces ballons dans des chaudières pleines d'eau, et je les chauffe à 100 degrés pendant un jour. Cela fait, j'ouvre les ballons, j'en délaye le contenu dans l'eau, en évitant toute élévation notable de température, et je sature par le carbonate de baryte; j'ajoute un peu de baryte pour précipiter complètement l'oxyde métallique.

Je filtre, j'ajoute de l'acide sulfurique étendu pour saturer l'excès de baryte, puis du carbonate de baryte, pour reproduire la neutralité de la liqueur, et j'évapore avec ménagements. Le liquide concentré fournit du méthylsulfate de baryte cristallisé et parfaitement défini.

Avec ce sel, il est facile de préparer soit l'alcool méthylique, soit l'éther méthylbenzoïque, soit l'éther méthyloxalique caractérisé par sa cristallisation. J'ai pris soin d'exécuter ces trois vérifications.

L'alcool méthylique que l'on obtient ainsi par synthèse, au moyen du gaz des marais, est identique à celui que donne la distillation du bois (¹), et à celui que fournit la décomposition des éthers méthyliques, renfermés dans certaines essences naturelles. Cette identité peut être constatée à l'aide des diverses épreuves méthodiques dont nous avons signalé la nécessité. Ces épreuves sont :

1° L'étude de l'alcool méthylique lui-même : ses propriétés physiques, sa densité, sa solubilité dans l'eau pure ou chargée de carbonate de potasse, son point d'ébullition, etc., sont les mêmes, quelle que soit son origine.

2° La formation des composés cristallisés. L'identité de ces composés entre l'alcool méthylique de synthèse et l'alcool méthylique ordinaire a été constatée en préparant avec l'alcool de synthèse le méthylsulfate de baryte et l'éther méthyloxalique ; ce dernier cristallise très facilement et est très caractéristique.

3° Le cycle des transformations parallèles. Avec l'éther méthylchlorhydrique, nous avons préparé l'acide méthylsulfurique, puis le méthylsulfate de baryte. Ce sel, traité à une température de 200 degrés environ par l'oxalate de potasse, produit l'éther méthyloxalique. Enfin nous sommes revenus à l'alcool méthylique, en décomposant ce dernier éther par la potasse. Tous ces corps intermédiaires, depuis l'éther méthylchlorhydrique jusqu'à l'alcool méthylique, se produisent de la même manière et sont identiques, soit que l'on parte de l'alcool méthylique ordinaire, soit que l'on parte de l'alcool de synthèse, fabriqué avec du gaz des marais.

Tel est le type des méthodes générales à l'aide desquelles on peut réaliser la synthèse des alcools de la série grasse par l'oxydation des carbures forméniques.

Ainsi le gaz des marais, CH^4, peut être changé en alcool méthylique, CH^4O, de même que le gaz oléfiant, C^2H^4, peut être changé en alcool ordinaire, C^2H^6O, le propylène, C^3H^6, en alcool isopropylique, C^3H^8O, etc. Mais ces derniers alcools résultent de l'hydratation des

____

(¹) *Leçons sur les méthodes générales de synthèse*, p. 177.

carbures d'hydrogène; tandis que l'alcool méthylique, CH^4O, se produit en fixant de l'oxygène sur le gaz des marais, CH^4, suivant un artifice analogue à celui qui rattache l'alcool allylique, C^3H^6O, et ses éthers au propylène, C^3H^6. J'ajouterai d'ailleurs que j'ai formé au moyen des corps simples qui le constituent, carbone et hydrogène, le gaz des marais lui-même. L'alcool méthylique peut donc, aussi bien que les alcools éthylique, propylique, amylique, etc., être formé au moyen des carbures d'hydrogène dont j'ai réalisé la synthèse totale.

La synthèse de l'alcool méthylique au moyen du formène, telle que je l'ai réalisée en 1858, est devenue le type des synthèses des alcools, $C^nH^{2n+2}O$, avec les carbures saturés, C^nH^{2n+2}, synthèses réalisées postérieurement et à l'exemple de la précédente. En effet chacun de ces carbures traité par le chlore, a fourni un éther chlorhydrique, $C^nH^{2n+1}Cl$, et cet éther, par des réactions simples de double décomposition, a fourni l'alcool correspondant, $C^nH^{2n+2}O$.

TROISIÈME SECTION.

SUR LA CARACTÉRISTIQUE DES ALCOOLS PAR LA FORMATION DIRECTE DE LEURS ÉTHERS. — ALCOOLS POLYATOMIQUES.

CHAPITRE XI.

FORMATION DIRECTE DES ÉTHERS DE LA CHOLESTÉRINE, DE L'ÉTHAL ET DU CAMPHRE DE BORNÉO ([1]).

Les recherches synthétiques exécutées depuis quelques années établissent des liens généraux de plus en plus précis entre les matières carbonées les plus simples, qui avaient été jusqu'ici étudiées de préférence par les chimistes, et cette grande multitude de principes immédiats naturels, demeurés jusqu'à ce jour en dehors de toute classification. C'est ainsi que le groupe des alcools et de leurs dérivés, longtemps isolé et limité dans une série particulière, a reçu une extension immense par suite de la découverte que j'ai faite des alcools polyatomiques. Les principes les plus essentiels du règne végétal, les sucres, la mannité, la glycérine, les corps gras neutres et une foule de matières analogues se rattachent aujourd'hui, par leurs fonctions chimiques, à un petit nombre de lois et de relations fondamentales, analogues à celles qui président à la chimie des anciens alcools, mais plus variées et plus étendues. La Chimie organique tend ainsi à simplifier les idées générales sur lesquelles elle repose, en même temps que son domaine s'agrandit sans cesse.

([1]) *Annales de Chimie et de Physique,* 3ᵉ série, t. LVI, p. 51; 1859.

En poursuivant cette longue suite d'expériences, destinées à définir le rôle et la constitution des principes immédiats naturels, et à établir entre eux des liens nouveaux et plus étroits, je suis parvenu à reconnaître la fonction réelle de plusieurs de ces principes choisis parmi les plus importants, et à les rattacher directement aux composés fondamentaux. Ce sont ces expériences que je vais exposer.

Mes nouvelles recherches sont relatives à la cholestérine, au camphre de Bornéo, à l'éthal, et aux combinaisons neutres que ces divers corps forment avec les acides. L'éthal est regardé depuis longtemps comme un alcool : j'étends la même fonction chimique aux divers principes que je viens de désigner.

Dans le cours de ce Mémoire, comme dans ceux que j'ai publiés depuis quatre ans sur la glycérine, la mannite, le glucose, les diverses matières sucrées, les éthers allyliques, etc., je désigne sous le nom d'*alcool* : tout principe neutre, formé de carbone, d'hydrogène et d'oxygène, apte à se combiner *directement* à un acide quelconque, avec élimination d'eau ét formation de composés neutres particuliers, les éthers ; lesquels sont doués de la propriété de reproduire leurs générateurs en fixant de nouveau les éléments de l'eau. Bref, ce qui caractérise pour moi un alcool, c'est la propriété de former des éthers : cette propriété est aussi générale et aussi importante en Chimie organique que la propriété en vertu de laquelle, en Chimie minérale, les acides sont caractérisés par leurs sels. Les dérivés formés par déshydratation, oxydation, etc., peuvent être obtenus avec la plupart des principes oxygénés, tout aussi régulièrement qu'avec les alcools ; mais aucun de ces principes, autre que les alcools, ne forme des éthers véritables. Les allures spéciales des alcools et des éthers ne permettent d'ailleurs de les assimiler à aucune catégorie de composés minéraux : ils constituent un groupe distinct et représentent au même titre que les acides, les bases et les sels, une fonction chimique déterminée.

J'applique à la nomenclature de ces composés la même règle que j'ai suivie à l'occasion de la mannite et des autres matières sucrées, règle adoptée depuis par les savants qui se sont occupés des alcools diatomiques ; je fais suivre le nom de l'alcool générateur par un adjectif indiquant le nom de l'acide et sa proportion équivalente : *mannite tristéarique,* combinaison d'une molécule de mannite avec 3 molécules d'acide stéarique.

Cette règle conduit à des noms faciles à construire et à interpréter ; elle n'exige la création d'aucun mot nouveau ; elle peut être conservée, quelles que soient les opinions actuelles ou futures sur la constitution réelle des composés qu'elle désigne, car elle exprime simplement leurs générateurs; enfin elle prévient l'emploi des noms barbares et hypothétiques, trop souvent employés dans la désignation des combinaisons nouvellement découvertes.

Les composés nouveaux que je vais décrire se préparent par la même méthode générale qui m'a conduit à découvrir en 1854 les corps gras artificiels et les combinaisons des diverses matières sucrées avec les acides. J'ai déjà montré que cette méthode s'applique aisément à la formation des éthers correspondant aux anciens alcools ([1]).

Voici en quoi elle consiste : On chauffe à 200 degrés, pendant huit à dix heures, dans des tubes scellés, l'acide pur et le corps que l'on veut faire réagir : alcool, glycérine, mannite, éthal, cholestérine, etc.; la combinaison s'opère en général avec facilité. Non seulement les anciens alcools, tels que l'alcool méthylique, les alcools ordinaire, amylique, caprylique, s'unissent aux acides; mais un grand nombre des matières organiques oxygénées réputées neutres deviennent actives dans ces conditions. L'union de tous ces principes avec les acides s'opère ainsi, en vertu d'affinités simples et directes, sans le concours des agents minéraux puissants, des acides chlorhydrique ou sulfurique, du perchlorure de phosphore, etc.; ou des doubles décompositions, auxiliaires utiles vis-à-vis des substances stables, telles que les anciens alcools, mais susceptibles de former des corps conjugués avec toute sorte de principes oxygénés; et propres, en outre, à opérer la destruction des composés plus délicats, ou tout au moins leur modification moléculaire.

J'exposerai d'abord l'histoire des corps nouveaux que j'ai découverts; puis je chercherai à mettre en évidence leurs relations vis-à-vis de certains autres composés naturels, comme vis-à-vis des séries les plus générales de la Chimie organique.

I. — Cholestérine, $C^{26}H^{44}O$.

La cholestérine, découverte d'abord dans les calculs biliaires et retrouvée depuis dans la bile, dans le cerveau et dans la plupart des liquides normaux ou pathologiques de l'économie humaine, est remarquable par sa belle cristallisation, par ses propriétés analogues à celles des graisses et des résines.

([1]) *Annales de Chimie et de Physique,* 3ᵉ série, t. XLI, p. 440; 1854.

Sa composition, déterminée d'abord par M. Chevreul (¹), et confirmée depuis par plusieurs autres chimistes, oscille autour des nombres suivants :

$$
\begin{aligned}
&C\dots\dots\dots\dots\dots\dots\dots\ \ 83,9\\
&H\dots\dots\dots\dots\dots\dots\dots\ \ 11,9\\
&O\dots\dots\dots\dots\dots\dots\dots\ \ \ 4,2
\end{aligned}
$$

Parmi les formules diverses susceptibles de représenter ces nombres, dans les limites de l'expérience, les plus simples et les plus vraisemblables paraissent être les suivantes :

$$C^{24}H^{40}O\ (^2);\quad C^{25}H^{42}O^2;\quad C^{26}H^{44}O;\quad C^{27}H^{46}O;$$

$$C^{28}H^{48}O;\quad C^{29}H^{50}O;\quad \text{et même}\quad C^{30}H^{52}O\ (^3).$$

Ces diverses formules (et leurs multiples) conduisent à des nombres très voisins les uns des autres.

La formation, les propriétés et les analyses des éthers cholestériques permettent d'établir la formule véritable de la cholestérine avec plus de certitude. Toutefois les nombres de ces nouvelles analyses peuvent encore être représentés, dans les limites de l'expérience, à l'aide de plusieurs des formules précédentes, tant sont voisins les nombres auxquels elles peuvent conduire. Craignant d'introduire une nouvelle opinion, dont la probabilité n'eût pas été supérieure à l'ancienne, j'ai préféré la formule

$$C^{26}H^{44}O,$$

déjà proposée par Gerhardt (⁴). Cette formule se prête d'ailleurs avec une exactitude suffisante à l'interprétation de tous les résultats.

Quoi qu'il en soit, la fonction chimique véritable et les analogies

---

(¹) *Recherches chimiques sur les corps gras*, p. 153; 1823. Le carbone de l'Auteur doit être diminué de $\frac{1}{75}$ pour être ramené à C = 75.

<table>
<tr><td>(²)</td><td></td><td>Calcul.</td></tr>
<tr><td></td><td>{ C................................</td><td>83,7</td></tr>
<tr><td></td><td>{ H................................</td><td>11,7</td></tr>
<tr><td>(³)</td><td></td><td>Calcul.</td></tr>
<tr><td></td><td>{ C................................</td><td>84,1</td></tr>
<tr><td></td><td>{ H................................</td><td>12,2</td></tr>
</table>

Les autres formules répondent à des nombres intermédiaires.

(⁴) *Précis de Chimie organique*, t. II, p. 425; 1845.

réelles de la cholestérine, jusqu'ici à peu près inconnues, sont établies par les faits que je vais exposer.

J'ai préparé les combinaisons de la cholestérine avec les acides stéarique, benzoïque, butyrique, acétique. On obtient ces combinaisons en chauffant la cholestérine avec ces acides purs, à 200 degrés, pendant quelques heures dans des tubes scellés à la lampe, et on les purifie, en profitant, d'une part, de leur neutralité et de leur résistance à la saponification, laquelle permet de les séparer de l'excès d'acide non combiné ; et d'autre part, en tirant parti de la grande solubilité de la cholestérine libre dans l'alcool bouillant, opposée à la solubilité faible ou même presque nulle de ses éthers dans le même dissolvant. Les méthodes propres à obtenir chacun de ces composés seront décrites tout à l'heure, à l'occasion de leur histoire individuelle.

Les éthers cholestériques sont solides et cristallisables, plus fusibles que la cholestérine, plus ou moins solubles dans l'éther, très peu solubles dans l'alcool bouillant, presque insolubles dans l'alcool froid, tout à fait insolubles dans l'eau. Leurs propriétés physiques, aspect, viscosité, phénomènes relatifs à la fusibilité, etc., sont intermédiaires entre celles des cires proprement dites et celles des résines.

D'après l'analyse, les éthers cholestériques peuvent se représenter par l'union de 1 molécule de cholestérine et de 1 molécule d'acide avec séparation de 1 molécule d'eau :

$$C^{26}H^{44}O + \text{acide} - H^2O.$$

Ils sont neutres et n'agissent point sur la teinture de tournesol dissoute dans l'alcool bouillant. Traités à 100 degrés par les alcalis dissous dans l'eau, ces éthers résistent beaucoup plus longtemps que les corps gras neutres et se comportent à cet égard à peu près comme le blanc de baleine. Cependant au bout de huit à dix jours d'action des alcalis hydratés à 100 degrés, ces éthers se résolvent complètement en cholestérine et en acide, lequel demeure uni à l'alcali. Soumis à l'action de la chaleur, ils fondent, puis se décomposent en dégageant une odeur aromatique caractéristique, et en régénérant partiellement l'acide qui a concouru à leur formation ; par là ils se résolvent finalement en produits volatils et en charbon qui demeure en petite quantité dans le vase distillatoire.

Traités à froid par l'acide sulfurique concentré, ils se colorent en jaune orangé ; au bout de quelque temps de cette action, si l'on ajoute une petite quantité d'eau, puis de solution iodée, il arrive souvent, mais non toujours, que la masse examinée au microscope manifeste par places une coloration bleuâtre, analogue à celle de la cholestérine soumise aux mêmes agents.

D'après diverses observations, il me paraît probable que quelques-uns de ces éthers, le composé stéarique notamment, existent, soit à l'état normal, soit à l'état pathologique, dans l'économie animale.

1. Cholestérine stéarique :

$$C^{44}H^{78}O^2 = C^{26}H^{44}O + C^{18}H^{36}O^2 - H^2O.$$

La cholestérine stéarique s'obtient en chauffant à 200 degrés, pendant huit à dix heures, dans un tube scellé à la lampe, une partie de cholestérine avec 4 à 5 parties d'acide stéarique. Après refroidissement, la pointe du tube contient quelques gouttelettes d'eau. Au fond se trouve une masse cireuse homogène, mélange de cholestérine libre, d'acide stéarique libre, et de cholestérine stéarique. Aucun gaz ne se manifeste au moment de l'ouverture du tube.

On élimine d'abord l'excès d'acide stéarique, en suivant la même marche que pour les corps gras artificiels. A cette fin on introduit la matière dans un petit ballon, on la fond, on y ajoute un peu d'éther, puis de la chaux éteinte pour séparer l'acide stéarique non combiné, et on maintient le tout à 100 degrés pendant quelques minutes. Cela fait, on épuise par l'éther bouillant : le stéarate de chaux formé ne se dissout pas, tandis que la cholestérine libre et la cholestérine stéarique entrent en dissolution. On les obtient en évaporant l'éther. Le produit dissous dans l'alcool bouillant ne doit exercer aucune action sur la teinture de tournesol dissoute dans le même véhicule ; sinon, il serait nécessaire de recommencer les traitements par la chaux et par l'éther.

Reste à séparer la cholestérine libre. Dans ce dessein, on fait bouillir le produit, dans une petite capsule, avec huit à dix fois son poids d'alcool ordinaire, lequel dissout aisément à chaud la cholestérine libre et agit à peine sur sa combinaison. On décante l'alcool bouillant et on répète cinq à six fois le même traitement sur la combinaison demeurée insoluble.

La cholestérine libre est entièrement éliminée dès les premiers traitements, comme je l'ai vérifié en opérant sur des mélanges artificiels d'oléine, de margarine et de cholestérine : dans ces épreuves de contrôle, le matière grasse neutre, privée de cholestérine par des traitements semblables aux précédents, a été ensuite saponifiée complètement et je n'ai vu reparaître après la saponification aucune trace de cholestérine.

Quand les traitements par l'alcool bouillant sont terminés, la cholestérine stéarique demeure au fond de la capsule, avec l'aspect d'une matière cireuse fondue. On la dissout dans l'éther bouillant, lequel la dépose sous forme cristallisée en se refroidissant.

La cholestérine stéarique est une matière neutre vis-à-vis du tournesol dissous dans l'alcool bouillant; elle est blanche et cristallise en petites aiguilles brillantes, beaucoup plus volumineuses que la stéarine. Elle est peu soluble dans l'éther froid, presque insoluble dans l'alcool ordinaire, même bouillant.

L'analyse de ce corps a fourni :

$$C \dots \dots \dots \dots \dots \quad 82,9$$
$$H \dots \dots \dots \dots \dots \quad 12,1$$

la formule

$$C^{44} H^{78} O^2$$

exige :

$$C \dots \dots \dots \dots \dots \quad 82,8$$
$$H \dots \dots \dots \dots \dots \quad 12,2$$

Soumise à l'action de la chaleur, la cholestérine stéarique fond vers 65 degrés en un liquide transparent; par le refroidissement, elle se solidifie en conservant l'aspect d'une matière cireuse, d'un blanc mat, et privée de structure cristalline. Ses points de fusion et surtout de solidification sont difficiles à déterminer exactement, parce qu'elle participe à quelques égards des propriétés des résines.

Chauffée sur une lame de platine, elle fond, dégage une odeur aromatique, et cependant peu agréable, puis brûle avec une flamme blanche, sans laisser de résidu. Distillée, elle se décompose et s'acidifie sans laisser de charbon en quantité sensible.

Traitée à 100 degrés par la chaux éteinte en présence de l'eau, elle exige huit à dix jours pour se décomposer complètement. Elle se résout ainsi en acide stéarique, lequel demeure uni à la chaux, et en cholestérine libre. On isole cette dernière par l'éther, puis on met en liberté l'acide stéarique par l'acide chlorhydrique : les deux générateurs de la cholestérine stéarique se trouvent ainsi reproduits dans leur état primitif par le fait de la saponification.

2. *Cholestérine butyrique* :

$$C^{30}H^{50}O^2 = C^{26}H^{44}O + C^4H^8O^2 - H^2O.$$

La cholestérine butyrique s'obtient en chauffant à 200 degrés pendant huit à dix heures, dans un tube scellé à la lampe, la cholestérine avec l'acide butyrique.

Après refroidissement, on verse le contenu du tube dans une éprouvette renfermant une dissolution concentrée de carbonate de potasse, puis on agite le tout avec de l'éther. On décante celui-ci, on le filtre, on le fait digérer sur du noir animal, puis on l'évapore au bain-marie. On sépare ainsi l'acide butyrique excédant et l'on obtient un mélange de cholestérine butyrique et de cholestérine libre.

On traite ce mélange par trois à quatre fois son volume d'alcool bouillant, lequel dissout aisément la cholestérine libre et agit faiblement sur la combinaison butyrique. On décante l'alcool : la combinaison demeure insoluble au fond de la capsule; on répète quatre à cinq fois ces traitements alcooliques, mais avec ménagement, parce que la cholestérine butyrique est un peu soluble dans l'alcool bouillant. Aussi une portion notable se trouve-t-elle sacrifiée dans la purification. Cependant une autre portion demeure insoluble et purifiée. On la fait recristalliser dans l'éther.

La cholestérine butyrique est une substance neutre, blanche, inodore, assez fusible, très soluble dans l'éther, très peu soluble dans l'alcool froid, un peu plus soluble dans l'alcool bouillant.

L'analyse de ce corps a fourni :

$$
\begin{aligned}
C &\dots\dots\dots\dots\dots\dots\dots & 81,9 \\
H &\dots\dots\dots\dots\dots\dots\dots & 11,3
\end{aligned}
$$

la formule

$$C^{30}H^{50}O^2$$

exige :

$$
\begin{aligned}
C &\dots\dots\dots\dots\dots\dots\dots & 81,5 \\
H &\dots\dots\dots\dots\dots\dots\dots & 11,3
\end{aligned}
$$

Les points de fusion et de solidification de la cholestérine butyrique sont très difficiles à préciser, parce que cette matière, une fois fondue, demeure demi-molle et translucide à la manière d'une résine, presque jusqu'à la température ordinaire. Chauffée sur une lame de platine, elle fond, dégage une odeur d'abord aromatique, puis butyrique; ensuite elle s'enflamme et brûle avec une flamme rougeâtre et fuligineuse, moins éclairante que celle du composé stéarique ; elle ne laisse pas de cendres. Chauffée dans un tube, elle se décompose en s'acidifiant.

Les alcalis saponifient la cholestérine butyrique, avec régénération de cholestérine et d'acide butyrique.

3. *Cholestérine acétique :*

$$C^{28} H^{46} O^2 = C^{26} H^{44} O + C^2 H^4 O^2 - H^2 O.$$

Cette substance se prépare comme la cholestérine butyrique. Il est aisé de la priver de l'acide acétique excédant, mais la cholestérine libre n'a pu en être séparée avec certitude, parce que le composé acétique est déjà notablement soluble dans l'alcool bouillant. — Ses propriétés sont semblables à celles du composé butyrique, mais sa pureté était trop douteuse pour en rendre l'analyse utile. Saponifiée, elle régénère l'acide acétique et la cholestérine.

4. *Cholestérine chlorhydrique.*

Ce composé se prépare en chauffant à 100°, dans un tube scellé, pendant huit à dix heures, la cholestérine avec l'acide chlorhydrique en solution aqueuse saturée à froid. Au bout de ce temps, on ouvre le tube, on lave à grande eau le composé produit, puis on le dissout dans l'éther et l'on agite la liqueur avec une solution alcaline faible. On évapore l'éther, et l'on obtient la cholestérine chlorhydrique sous forme d'une résine transparente.

Ce composé est neutre et renferme de l'acide chlorhydrique combiné ; mais la proportion de cet acide diminue sans cesse durant les traitements. Cette circonstance et l'absence de cristallisation du produit ne permettent pas de donner ici ses analyses.

5. *Cholestérine benzoïque :*

$$C^{33} H^{48} O^4 = C^{26} H^{44} O + C^7 H^6 O^2 - H^2 O.$$

La cholestérine benzoïque se prépare comme les précédentes en chauffant la cholestérine avec l'acide benzoïque à 200° pendant huit à dix heures.

Le tube renferme alors un mélange de cholestérine benzoïque, d'acide benzoïque libre et de cholestérine libre.

Pour éliminer l'acide benzoïque excédant, on broie le contenu du tube avec une dissolution de carbonate de potasse, de façon à obtenir un mélange aussi exact que possible. Puis on introduit le tout dans une éprouvette et l'on agite avec de l'éther. Quand celui-ci s'est séparé en couche surnageante, on en prélève quelques gouttes avec une pipette, on les introduit dans un tube, et on les agite avec une trace de teinture de tournesol bleu et un peu d'eau ; la teinture ne doit pas être rougie. Mais c'est là un résultat difficile à atteindre, parce que le benzoate acide de potasse formé tout d'abord est insoluble dans une solution concentrée de carbonate de potasse, ce qui entrave la neutralisation. On l'obtient cependant par une agitation très prolongée, et surtout avec le concours d'un fragment de potasse caustique ajouté dans l'éprouvette.

Arrivé à ce point, on décante l'éther, on le filtre, on le fait digérer sur du noir animal et on l'évapore. On obtient comme résidu un mélange de cholestérine benzoïque et de cholestérine libre, unies parfois avec quelques traces de benzoate de potasse. On traite ce mélange par huit à dix fois son poids d'alcool bouillant, lequel dissout aisément les deux derniers corps, mais agit à peine sur la cholestérine benzoïque. On décante l'alcool bouillant de dessus cette combinaison, qui demeure insoluble sans perdre l'état solide. On réitère quatre à cinq fois ces traitements alcooliques, et l'on fait recristalliser la cholestérine benzoïque dans l'éther bouillant.

La cholestérine benzoïque est une substance neutre, cristallisée en petites paillettes blanches, légères, brillantes et micacées, assez solubles dans l'éther, très peu solubles dans l'alcool bouillant. Les cristaux, examinés au microscope, se présentent sous l'aspect de grandes lamelles, analogues à celles de la cholestérine libre, mais un peu plus épaisses et d'apparence rectangulaire, tandis que les lamelles de la cholestérine sont obliquangles d'une manière très marquée.

L'analyse de ce corps a fourni :

$$C\dots\dots\dots 82,6$$
$$H\dots\dots\dots 10,4$$

la formule

$$C^{33} H^{48} O^{2}$$

exige :

$$C\dots\dots\dots 83,2$$
$$H\dots\dots\dots 10,1$$

La cholestérine benzoïque soumise à l'action de la chaleur fond entre 125° et 130°. Chauffée plus fortement sur une lame de platine, elle dégage une odeur spéciale, aromatique sans être agréable ; puis elle brûle avec une flamme fuligineuse et sans laisser de cendres. Dans un tube, chauffée en petite quantité et avec précaution, elle se volatilise sans devenir acide et sans laisser de charbon. Si l'on opère sans précaution, ou sur une quantité un peu plus forte, elle fournit, entre autres produits, un sublimé d'acide benzoïque.

Traitée par la chaux éteinte et par l'eau à 100°, la cholestérine benzoïque se décompose très lentement et finit par se résoudre en acide benzoïque et en cholestérine.

Après avoir examiné avec détail les combinaisons de la cholestérine, venons aux relations qu'elle peut offrir, soit vis-à-vis d'autres principes de l'économie, soit vis-à-vis de l'ensemble des composés organiques.

1. Les faits que je viens d'exposer prouvent que la cholestérine est un alcool analogue à l'éthal : tous deux tirent leur origine de l'économie animale. Seulement la cholestérine a toujours été rencontrée jusqu'ici à l'état libre, et l'éthal seulement sous la forme des combinaisons éthérées qu'il produit avec les acides gras.

Cependant divers faits et notamment la présence de matières cireuses, presque insolubles dans l'alcool et très difficilement saponifiables, que j'ai observées dans des liquides pathologiques, où elles étaient associées à la cholestérine, me portent à croire que certains éthers de la cholestérine, et notamment son éther stéarique, pourraient exister dans l'organisation humaine. Peut-être leur présence joue-t-elle quelque rôle dans certaines manifestations subites de la cholestérine au sein des liquides et des tissus animaux : il suffirait d'admettre la préexistence de ces éthers et leur dédoublement sous des influences analogues à celles qui déterminent parfois la décomposition des corps gras neutres ordinaires : tandis que la glycérine sirupeuse et soluble dans l'eau ne devient pas manifeste, la cholestérine insoluble et cristallisable apparaîtrait aussitôt. Sa manifestation dans les liquides aqueux s'expliquerait de même par le dédoublement de composés solubles, analogues aux phosphoglycérates.

Mais je n'ai point encore retrouvé les matières cireuses particulières que j'avais observées autrefois, avant de connaître les éthers cholestériques. Pour en établir la nature, il suffirait de les purifier, en s'appuyant sur leur presque insolubilité dans l'alcool, et de rechercher si elles se décomposent par une saponification très prolongée en acides-gras et en cholestérine.

2. Quoi qu'il en soit de cette hypothèse, la cholestérine présente certains liens remarquables vis-à-vis de divers principes immédiats naturels, qu'elle accompagne dans l'économie : je veux parler des acides de la bile. D'après les recherches les plus récentes, ces acides peuvent être regardés comme des combinaisons de glycollamine et de taurine avec l'acide cholalique, $C^{24}H^{40}O^5 = C^{24}H^{38}O^4.H^2O$, et l'acide hyocholalique, $C^{25}H^{40}O^4$. Or les formules de ces deux acides sont assez voisines de celle de la cholestérine, $C^{26}H^{44}O$, pour qu'il soit permis d'espérer les former par son oxydation. En effet, la relation entre la cholestérine, $C^{26}H^{44}O$, et l'acide hyocholalique, $C^{26}H^{40}O^4$, semble la même que celle qui existe entre l'alcool propylique, C^3H^8O, et l'acide oxalique, $C^2H^2O^4$.

Dans les deux cas, cette relation entre l'alcool et l'acide est la suivante :

$$\text{Alcool} + O^4 - CH^2 - H^2O = \text{Acide dérivé.}$$

Ce qui donne quelque valeur à ces rapprochements de formules, c'est la coexistence dans la bile des corps qu'elles représentent, et surtout la formation d'un même produit d'oxydation caractéristique, l'acide cholestérique

$$C^8H^{10}O^5,$$

soit au moyen des acides de la bile, soit au moyen de la cholestérine.

Indépendamment des relations spéciales que je viens de signaler entre la cholestérine et divers principes immédiats de l'économie animale, cette substance donne lieu à des rapprochements beaucoup plus généraux, par sa comparaison avec les séries fondamentales de la Chimie organique.

3. La cholestérine peut être regardée comme le type d'une série d'alcools monoatomiques, représentés par la formule générale

$$C^n H^{2n-8}O.$$

A cette série appartient également l'alcool cinnamique

$$C^9H^{10}O.$$

C'est, je crois, la série alcoolique la moins riche en hydrogène qui soit encore constatée.

A côté des alcools

$$C^n H^{2n+2} O,$$

les plus anciennement et longtemps les seuls connus, série dont on a étudié aujourd'hui neuf termes

$$(n = 1, 2, 3, 4, 5, 8, 16, 27, 30),$$

est venu se ranger l'alcool allylique ($n = 3$), seul exemple découvert jusqu'ici de la série

$$C^n H^{2n} O.$$

Je fournirai plus loin le premier exemple de la série

$$C^n H^{2n-2} O,$$

l'alcool campholique ($n = 10$).

Aucun terme de la série

$$C^n H^{2n-4} O$$

n'est encore connu avec certitude.

Mais on a obtenu deux termes ($n = 7, 10$) de la série

$$C^n H^{2n-6} O.$$

Enfin à la présente série

$$C^n H^{2n-8} O$$

se rattachent déjà deux termes ($n = 9, 26$).

Trois de ces alcools jouissent du pouvoir rotatoire : ce sont les alcools amylique, campholique et cholestérique.

Ce qui caractérise tous ces alcools, ce n'est point leur formule, qui peut appartenir et appartient souvent à une multitude de corps isomères, mais c'est leur fonction chimique, conforme à la définition générale des alcools que j'ai donnée au commencement de ce Chapitre.

Bien des termes inconnus parmi ces séries alcooliques pourront sans doute être découverts, en soumettant aux méthodes d'investigation exposées dans ce Chapitre, soit les différentes matières neutres cristallisables de nature cireuse ou résineuse, dont la fonction est encore ignorée, soit les produits neutres de leur saponification.

La cholestérine constitue un alcool remarquable par le nombre élevé d'atomes de carbone contenus dans sa formule : c'est l'une des matières organiques les plus complexes qui aient été étudiées, parmi celles qui ne résultent point de l'union de principes plus simples. Les alcools cérotique, $C^{27}H^{56}O$, mélissique, $C^{30}H^{62}O$, et leurs dérivés, sont peut-être les seules substances organiques à équivalent bien déterminé qui puissent être rapprochées à cet égard de la cholestérine.

4. Cette complication même et la relation numérique entre le carbone et l'hydrogène de la cholestérine donnent lieu à quelques remarques importantes en ce qui touche les corps produits par ses décompositions. En effet, ces corps, dans les limites de nos connaissances présentes, appartiennent à deux séries de dérivés tout à fait distincts et que peu de substances sont aptes à produire simultanément. Dans les uns, le carbone et l'hydrogène sont unis dans le rapport de 1 atome de l'un à 2 atomes de l'autre, ou à peu près, de même que dans le gaz oléfiant et dans l'acide acétique; dans les autres, au contraire, le nombre d'atomes du carbone tend à égaler ou à surpasser celui de l'hydrogène, de même que dans la benzine et dans les corps qui s'y rattachent. Bref, la cholestérine, $C^{26}H^{44}O$, se comporte comme si elle se partageait dans les réactions en deux groupes distincts, correspondant à l'équation

$$C^{26}H^{44}O = C^{n}H^{2n} + C^{52-2n}H^{44-2n}O$$

et fournissant chacun leurs dérivés particuliers.

Ainsi la décomposition par la chaleur fournit, entre autres produits :

D'une part, un carbure polymère du gaz oléfiant et volatil à 140 degrés ($C^{9}H^{18}$?), du gaz oléfiant, $C^{2}H^{4}$, et du gaz des marais, CH^{4};

Et d'autre part, un carbure volatil à 250 degrés, lequel semble être un homologue de la benzine ($C^{14}H^{22}$?), et un autre carbure, moins volatil et plus carboné encore ($nC^{3}H$?) [1].

L'oxydation par l'acide azotique forme à la fois :

D'une part, de l'acide acétique et des homologues, $C^{n}H^{2n}O^{2}$,

Et d'autre part, de l'acide cholestérique, $C^{8}H^{10}O^{5}$, beaucoup moins hydrogéné.

Cette production simultanée de dérivés de la cholestérine appartenant à deux groupes fondamentaux distincts mérite d'être rapprochée de la formation de deux catégories de dérivés semblables

---

[1] HEINTZ, *Ann. der Chem. und Pharm.*, t. LXXVI, p. 366; 1850.

et simultanés dans la décomposition de l'albumine et des matières azotées de nature analogue.

II. — Éthal : $C^{16}H^{34}O$.

La nature de l'éthal, sa formule. le rôle qu'il joue vis-à-vis des acides gras dans le blanc de baleine, et ses analogies avec l'alcool, ont été établis d'abord par M. Chevreul ([1]); depuis, MM. Dumas et Peligot ont confirmé ces analogies en produisant avec l'éthal divers composés nouveaux, et notamment des éthers semblables à ceux de l'alcool ordinaire ([2]). Toutefois les éthers à oxacides organiques formés par l'éthal sont encore peu connus, malgré l'intérêt que présentent les combinaisons de ce corps avec les acides gras proprement dits, en raison de leur identité avec les principes immédiats du blanc de baleine. Aussi ai-je cru utile, tant à ce point de vue que comme application de mes procédés synthétiques, de former quelques nouveaux éthers de l'éthal et notamment son composé stéarique. J'ai préparé les éthers stéarique, butyrique, acétique et benzoïque de cet alcool. Je vais les décrire très brièvement.

1. *Éthal stéarique* :

$$C^{34}H^{68}O^2 = C^{16}H^{34}O + C^{18}H^{36}O^2 - H^2O.$$

L'éthal stéarique se prépare et se purifie exactement comme la cholestérine stéarique. On termine par une cristallisation dans l'éther bouillant. C'est une très belle substance, neutre, cristallisée en lamelles minces, larges et brillantes, semblables au blanc de baleine, presque insoluble dans l'alcool, même bouillant, fort soluble dans l'éther bouillant, mais peu soluble dans l'éther froid.

L'analyse de ce corps a fourni :

$$
\begin{aligned}
&C\dots\dots\dots\dots\dots\quad 80,0\\
&H\dots\dots\dots\dots\dots\quad 13,6
\end{aligned}
$$

La formule
$$C^{34}H^{68}O^2$$
exige :

$$
\begin{aligned}
&C\dots\dots\dots\dots\dots\quad 80,3\\
&H\dots\dots\dots\dots\dots\quad 13,4
\end{aligned}
$$

([1]) *Recherches sur les corps gras d'origine animale*, p. 171 ; 1823.

([2]) *Annales de Chimie et de Physique*, 2ᵉ série, t. LXII, p. 5 ; 1836.

L'éthal stéarique fond entre 55 et 6o degrés ; par refroidissement, il cristallise en se solidifiant. Chauffé sur une lame de platine, il brûle avec une flamme blanche et sans laisser de cendres. Dans un tube, il se volatilise en devenant légèrement acide.

Saponifié par la chaux éteinte, à 1oo degrés, il se décompose avec une extrême lenteur : huit à dix jours au moins sont nécessaires pour le résoudre en acide stéarique et en éthal. L'opération terminée, on en constate les effets, en isolant par l'éther l'éthal régénéré, puis en décomposant par un acide le savon calcaire.

La formation de l'éthal stéarique peut être considérée comme établissant la synthèse du blanc de baleine : car ce dernier corps se décompose par la saponification en formant de l'éthal d'une part, et des acides margarique, oléique, etc., d'autre part, c'est-à-dire des acides gras analogues à l'acide stéarique et dont la combinaison directe avec l'éthal s'opérera sans plus de difficulté.

2. Éthal butyrique :

$$C^{20}H^{40}O^2 = C^{16}H^{34}O + C^4H^8O^2 - H^2O.$$

Ce corps se prépare comme la cholestérine butyrique, mais il est trop soluble dans l'alcool pour être privé entièrement d'éthal libre. Aussi n'ai-je pas cru devoir en faire l'analyse. J'ai seulement constaté qu'il est neutre, beaucoup plus fusible que l'éthal, miscible avec l'éther, mais non avec l'alcool, volatil en petite quantité sans décomposition bien sensible, combustible sans résidu. Les alcalis hydratés le saponifient lentement à 1oo degrés, en régénérant de l'acide butyrique et de l'éthal.

3. Éthal acétique :

$$C^{18}H^{36}O^2 = C^{16}H^{34}O + C^2H^4O^2 - H^2O.$$

Ce corps se prépare comme le précédent ; il n'a pas pu être privé d'éthal libre. Il est neutre, miscible à l'éther, volatil, combustible sans résidu. Les alcalis hydratés le saponifient lentement à 1oo degrés, en régénérant de l'acide acétique et de l'éthal.

4. Éthal benzoïque :

$$C^{23}H^{38}O^2 = C^{16}H^{34}O + C^7H^6O^2 - H^2O.$$

Ce corps se prépare comme la cholestérine benzoïque ; seulement les traitements alcooliques doivent être exécutés avec beaucoup plus de ménagements, parce qu'il est déjà très sensiblement soluble dans l'alcool bouillant. Aussi est-il nécessaire de sacrifier la plus grande partie du produit pour en purifier une petite quantité.

C'est un composé neutre, solide, blanc, très fusible, extrêmement soluble dans l'éther, peu soluble dans l'alcool.

L'analyse de ce corps a fourni :

$$C \dots\dots\dots\dots\dots 80,1$$
$$H \dots\dots\dots\dots\dots 11,0$$

La formule

$$C^{24} H^{38} O^2$$

exige :

$$C \dots\dots\dots\dots\dots 79,8$$
$$H \dots\dots\dots\dots\dots 11,0$$

Saponifié par la chaux éteinte à 100 degrés, il se décompose lentement, en produisant du benzoate de chaux et de l'éthal. L'opération finie, on reprend par l'eau, qui dissout le benzoate de chaux, puis par l'éther, qui dissout l'éthal régénéré.

III. — Camphre de Bornéo ou camphol : $C^{10} H^{18} O$.

Le camphre de Bornéo joue le rôle d'un alcool : je le désignerai, pour abréger, sous le nom d'*alcool campholique, bornéol* ou *camphol* ([1]).

C'est le premier exemple d'une série d'alcools monoatomiques représentés par la formule générale

$$C^n H^{2n-2} O.$$

La fonction de ce principe naturel était demeurée inconnue jusqu'ici ; je vais la démontrer par la formation directe de ses éthers stéarique, benzoïque et chlorhydrique.

Cette fonction s'accorde avec les relations de formules signalées autrefois par M. Dumas entre le camphre ordinaire, $C^{10} H^{16} O$, et le carbure, $C^{10} H^{16}$ ([2]), et avec la formation artificielle du camphre ordinaire, $C^{10} H^{16} O$, au moyen de l'oxydation du camphre de Bornéo, $C^{10} H^{18} O$, réalisée par M. Pelouze ([3]). Aussi ai-je tenté les transfor-

---

([1]) J'ai opéré d'abord avec le camphre de Bornéo naturel que je dois à l'obligeance de M. de Vry ; et j'ai répété les mêmes essais avec le camphol artificiel.

([2]) *Annales de Chimie et de Physique*, 2ᵉ série, t. L, p. 232 ; 1832.

([3]) *Comptes rendus*, t. XI, p. 369 ; 1841.

mations inverses et la production du camphol, tant au moyen du camphre ordinaire qu'au moyen de l'essence de térébenthine. J'ai poursuivi ces tentatives, en me fondant surtout sur les considérations relatives à la similitude des états moléculaires. Sans ces considérations, toutes les recherches relatives aux carbures, $C^{10}H^{16}$, ou à leurs dérivés, principes dont on connaît les états isomériques si multipliés, seraient poursuivies au hasard et ne réussiraient point, si ce n'est par accident.

J'ai été ainsi conduit à regarder le camphre ordinaire comme l'aldéhyde du camphol, et à le changer, en effet, en camphol, en suivant la méthode par laquelle M. Cannizzaro a formé l'alcool benzoïque au moyen de l'aldéhyde correspondant. Cette méthode est, dans le cas actuel, d'une application beaucoup plus difficile.

Quant à la métamorphose de l'essence de térébenthine en camphre et en camphol, elle est fondée sur des expériences qui ne sont point encore tout à fait terminées : j'y reviendrai ailleurs (¹). Je donnerai seulement ici la formation d'un dérivé similaire de cette essence et du camphol, le monochlorhydrate cristallisé ou camphol chlorhydrique :

$$C^{10}H^{17}Cl = C^{10}H^{16}.HCl = C^{10}H^{18}O + HCl - H^2O.$$

J'exposerai d'abord la formation synthétique du camphol au moyen du camphre ordinaire, puis je parlerai des éthers campholiques.

1. *Formation du camphol.*

Le camphol se prépare en chauffant le camphre avec une solution alcoolique de potasse ou de soude. Dans ces conditions, les éléments de l'eau se fixent sur le camphre, $C^{10}H^{18}O$, une portion de celui-ci s'enrichit en hydrogène et devient du camphol, $C^{10}H^{18}O$, tandis que l'autre portion gagne de l'oxygène et forme un acide particulier, l'*acide camphique* ($C^{10}H^{16}O^2$), lequel demeure uni à la potasse qui en a provoqué la formation :

$$2\,C^{10}H^{16}O + H^2O = C^{10}H^{18}O + C^{10}H^{16}O^2.$$

L'expérience s'exécute, soit à 180 degrés, dans l'espace de quelques heures, soit à 100 degrés dans l'espace de quelques semaines. Elle exige une purification systématique des produits obtenus,

---

(¹) *Voir* le présent Ouvrage, t. II, p. 538.

fondée sur la formation, d'un composé défini, parce que la métamorphose du camphre en camphol n'est jamais complète.

Voici comment on l'effectue à 180 degrés, c'est-à-dire dans des
conditions où la transformation est assez rapide, mais ne fournit
que peu de produit, en raison des dimensions restreintes des vases
dans lesquels la haute tension de vapeur de l'alcool à cette température oblige d'opérer.

Dans un tube de verre vert, fermé par un bout, on introduit
10 grammes de camphre ordinaire et 5 grammes de potasse ou de
soude pure ; on étrangle l'extrémité ouverte du tube, et on l'étire,
de façon à la terminer par un entonnoir, séparé lui-même du reste
du tube par une portion effilée. On y verse 25 à 30 grammes d'alcool
ordinaire, on scelle le tube à la lampe dans la partie effilée et on le
chauffe dans un bain d'huile, entre 180 et 200 degrés, pendant huit
à dix heures. On opère sur une douzaine de tubes simultanément.

L'opération terminée et les tubes refroidis, on les ouvre avec
précaution : une très faible proportion de gaz se dégage. On verse
dans une grande quantité d'eau le liquide rougeâtre contenu dans
les tubes et l'on agite vivement ; on renouvelle deux ou trois fois l'eau
par décantation. L'eau dissout l'alcool ordinaire, le camphate alcalin et l'excès d'alcali, tandis que le camphol, mélangé de quelques
matières étrangères, surnage sous forme huileuse. Il ne tarde pas
à se solidifier partiellement : on décante la liqueur aqueuse et l'on
jette le reste sur un filtre : la portion solide demeure sous forme
d'une matière camphrée ; la portion huileuse, insoluble dans l'eau,
traverse le filtre. On la distille, et on la divise ainsi en quatre portions distinctes : 1° de l'alcool, retenu jusque-là avec opiniâtreté ;
2° une matière camphrée cristallisable ; 3° un produit liquide et
visqueux, volatil au-dessus de 230 degrés ; 4° un résidu non volatil
à 280 degrés. La matière camphrée constitue le produit principal ;
on la réunit à la matière semblable demeurée sur le filtre. On com-
prime le tout ; puis on le sublime dans une petite fiole. On obtient
ainsi le camphol, mélangé avec un peu de camphre ordinaire.

Dans une opération, le rapport entre les éléments de ce mélange
était le suivant :

9 parties de camphol et
1 partie de camphre non transformé (¹).

(¹) *Voyez*, plus loin, p. 444, la méthode employée pour déterminer ces proportions relatives.

A 100 degrés, au bout de cent soixante-dix heures, un huitième seulement du camphre était changé en camphol.

Pour séparer le camphol du camphre non transformé, on chauffe le mélange de ces deux corps à 200 degrés pendant quelques heures, dans des tubes scellés, avec deux fois son poids d'acide stéarique. Dans ces conditions, le camphre ordinaire ne contracte pas de combinaison neutre, tandis que le camphol forme une grande quantité de camphol stéarique facile à isoler et à purifier (*voyez* p. 445). Cette combinaison, décomposée ensuite par la chaux sodée à 120 degrés, met en liberté le camphol pur dans son état définitif.

Pour obtenir ce dernier résultat, j'avais, dans mes premières expériences, isolé d'abord le camphol stéarique à l'état pur par l'emploi de la chaux et de l'éther, etc., comme il sera dit plus loin. Mais je me suis aperçu que cette méthode entraîne des pertes considérables, parce que le camphol stéarique, beaucoup moins stable que les éthers stéariques des alcools ordinaires, se décompose en partie durant le traitement par la chaux et l'éther. Aussi, ai-je préféré la marche suivante :

Après avoir retiré des tubes scellés le mélange de camphol stéarique, d'acide stéarique, de camphol et de camphre, on l'introduit dans une cornue tubulée que l'on chauffe au bain d'huile entre 160 et 180 degrés pendant quelques jours : le camphre et le camphol libres se subliment; on les enlève chaque jour, jusqu'à ce que la portion sublimée en quelques heures devienne insignifiante. Cette opération préalable a pour objet de recueillir le camphol non combiné (mélangé au camphre ordinaire). Pour aller plus vite, on pourrait la supprimer et procéder sur-le-champ à la suivante :

On verse le contenu de la cornue tubulée dans une capsule, et l'on chauffe la capsule dans une étuve vers 60 degrés en se gardant d'élever la température à 200 degrés ou au-dessus : par suite de cette opération, le reste du camphre et du camphol libres se volatilisent. Quand ils ont cessé de se manifester à l'odorat, on maintient encore la capsule à 160 degrés pendant quelques heures : elle ne renferme plus alors qu'un mélange d'acide stéarique libre et de camphol stéarique. On le verse dans une cornue tubulée et l'on y incorpore rapidement la moitié de son poids de chaux sodée réduite en poudre fine; puis on chauffe la cornue au bain d'huile à 120 degrés pendant quelques heures : le camphol stéarique se trouve décomposé en stéarate de chaux fixe et en camphol libre et pur, corps volatil, lequel se sublime dans le col de la cornue et peut être recueilli aisément.

La proportion du camphol ainsi obtenu en définitive, après cette longue suite de purifications, n'a point dépassé un vingtième du poids du camphre employé. La proportion formée est très supérieure, comme on peut le conclure des nombres cités plus haut, mais la plus grande partie se perd dans les purifications; d'ailleurs, la combinaison avec l'acide stéarique est très incomplète, comme le prouvent des nombres qui seront cités tout à l'heure.

Voici l'analyse du camphol artificiel :

$$C\dots\dots\dots\dots\dots\dots\dots\dots\dots 77,6$$
$$H\dots\dots\dots\dots\dots\dots\dots\dots\dots 11,6$$

La formule

$$C^{10}H^{18}O$$

exige :

$$C\dots\dots\dots\dots\dots\dots\dots\dots\dots 77,9$$
$$H\dots\dots\dots\dots\dots\dots\dots\dots\dots 11,7$$

Le camphol artificiel présente les propriétés les plus essentielles du camphol naturel au point de vue chimique, car il possède la même composition et le même équivalent; il forme de même des éthers campholiques, en s'unissant aux acides, et du camphre, en s'oxydant.

Au point de vue physique, c'est de même une matière camphrée, cristalline, transparente, blanche, friable, douée d'une ténacité caractéristique, facilement sublimable à la température ordinaire, douée d'une odeur spéciale, qui rappelle à la fois celle du camphre et celle de la poussière, ou plutôt de la moisissure. Il est volatil un peu au-dessous de 220 degrés, et son point de fusion est peu éloigné de son point d'ébullition.

Il est insoluble dans l'eau, très soluble dans l'éther et dans l'alcool. Sa solution alcoolique, précipitée par l'eau, fournit une liqueur qui retient une proportion considérable de camphol, parfois même la presque totalité. Mais on peut recueillir ce dernier en agitant la liqueur filtrée avec une petite quantité d'éther que l'on évapore ensuite très rapidement.

Voici des nombres à cet égard :

2 grammes de camphol dissous dans 10 grammes d'alcool absolu ont été précipités par 100 grammes d'eau; au bout de trois jours, le dépôt formé a été recueilli : il pesait 1^{gr},2. La liqueur a été agitée avec de l'éther, et celui-ci, évaporé, a fourni encore 0^{gr},6 de camphol.

Le camphol est un peu soluble dans l'acide chlorhydrique fumant ; il s'y dissout mieux que son éther chlorhydrique, mais beaucoup moins bien que le camphre ordinaire.

La seule différence entre le camphol naturel et le camphol artificiel réside dans les pouvoirs rotatoires. En effet, celui du camphol artificiel est supérieur d'un quart environ à celui du camphol naturel.

Voici les nombres :

$p = 2^{gr},090$ de camphol, préparé à 200 degrés, ont été dissous dans une proportion d'alcool absolu telle que le mélange occupait $V = 15^{cc},8$.

On a introduit la dissolution dans un tube de 200 millimètres $= l$. La déviation de la teinte de passage a été trouvée :

Première série (six couples de lectures alternées)..... $+12°,5$
Seconde série   »   .... $+12°,5$

d'où, pouvoir rotatoire du camphol artificiel :

$$(\alpha)_j = \alpha_j \times \frac{V}{pl} = +12°,5 \, \frac{15}{2,09 \times 2} = +44°,9.$$

Or, d'après M. Biot [1], le pouvoir rotatoire du camphre de Bornéo est égal à

$$(\alpha)_j = \alpha_j \frac{1}{l \varepsilon \delta} = +9°,3 \times \frac{1}{2,66 \cdot \dfrac{4}{30+4} \times 0,888} = +33°,4.$$

Il existe encore deux autres isomères du camphol : à savoir : le camphol de garance [2], lequel possède un pouvoir rotatoire égal à celui du camphol de Bornéo, mais de signe contraire, et le camphol de succin, dont le pouvoir rotatoire est le dixième environ de celui du camphol artificiel.

Ces nombres indiquent l'existence de plusieurs camphols isomériques, dont toutes les propriétés physiques et chimiques sont identiques, à l'exception du pouvoir rotatoire. J'ai déjà signalé un cas d'isomérie tout à fait analogue entre les monochlorhydrates cristallisés des carbures $C^{10}H^{16}$. Ces faits réclament un examen plus approfondi.

[1] *Comptes rendus*, t. XI, p. 371; 1841.
[2] JEANJEAN, *Comptes rendus*, t. XLII, p. 858; 1856.

La diversité d'origine du camphol sécrété par le *Dryobalanops camphora* et de ceux qui se trouvent dans l'alcool de garance et dans le succin ; de plus, les relations semblables à celles de l'alcool vis-à-vis du gaz oléfiant que le camphol présente vis-à-vis des carbures, $C^{10}H^{16}$, si répandus dans la végétation, me portent à penser que le camphol est plus commun dans la nature qu'on ne l'a pensé jusqu'à présent. On l'aura sans doute confondu plus d'une fois avec le camphre ordinaire, auquel il est si analogue par ses apparences physiques. D'ailleurs, certains de ses éthers forment des principes immédiats contenus dans diverses substances naturelles ; c'est ainsi que, dans des recherches que je poursuis en commun avec M. Buignet, nous avons obtenu du camphol en saponifiant le succin.

.Bref, il y a lieu de rechercher l'existence de cet alcool dans toutes les substances qui forment du camphre sous l'influence de l'acide azotique. Pour faciliter de semblables recherches et permettre de reconnaître avec certitude la présence du camphol, de le distinguer et, au besoin, de l'isoler du camphre ordinaire, je vais décrire quelle marche il convient de suivre.

Pour reconnaître la présence du camphol à l'état pur ou mélangé de camphre ordinaire, on enferme la matière camphrée que l'on se propose d'étudier dans un tube scellé, avec de l'acide chlorhydrique en solution aqueuse saturée, et l'on chauffe à 100 degrés pendant huit à dix heures. Cela fait, on isole la matière insoluble dans l'eau, on la lave avec une eau alcaline, on la dissout dans une petite quantité d'éther que l'on agite avec de la potasse et que l'on évapore ensuite : on sèche le produit dans le vide et l'on y dose le chlore en le décomposant au rouge par la chaux pure. Il ne faut point le sublimer avant ce dosage, sous peine d'opérer une décomposition partielle. Dans ces conditions, le camphol se change entièrement en camphol chlorhydrique,

$$C^{10}H^{17}Cl,$$

lequel renferme 2,6 de chlore, tandis que le camphre ordinaire demeure sensiblement inaltéré. On peut donc, de la proportion de chlore ainsi fixée sur la matière camphrée, conclure la présence et même la proportion du camphol qu'elle renferme.

Si l'on soumet à la même épreuve le camphre ordinaire, on trouve cependant qu'il fixe près de 1 centième de chlore. Mais la faible proportion de chlore ainsi fixée me paraît due, non au camphre lui-même, mais à une trace de camphol qui s'y trouve mélangée dans le produit naturel lui-même. En effet, il suffit de faire bouillir le camphre avec l'acide azotique pendant quelques minutes, de façon à oxyder le camphol qu'il renferme, pour enlever au camphre ainsi purifié la propriété de fixer aucune trace d'acide chlorhydrique. On peut encore arriver à la même conclusion d'une autre manière, en constatant que la proportion du chlore ainsi fixé n'augmente pas sous l'influence d'une action plus prolongée de l'acide chlorhydrique. J'ai conservé pendant plus de quatre ans le composé liquide instable que le camphre produit en s'unissant au gaz chlorhydrique sec. Ayant ensuite détruit ce composé par la simple affusion de l'eau, j'ai trouvé que le camphre régénéré renfermait seulement la même proportion de chlore que le camphre primitif peut fixer tout d'abord. Ce fait s'accorde avec le précédent pour indiquer que la fixation de chlore s'opère sur une portion de matière accidentelle et distincte de la masse principale.

Quoi qu'il en soit, la proportion de chlore fixée répond au camphol et permet d'en estimer la proportion relative. Mais cette méthode ne permet point d'isoler cette substance à l'état pur. Pour y parvenir, il faut chauffer à 200 degrés le mélange qui la contient avec l'acide stéarique, puis procéder comme il a été dit pour la purification du camphol. Si l'on réalise cet essai dans un but qualitatif, il est utile d'extraire d'abord le camphol. stéarique à l'état de pureté, puis de le décomposer séparément à 120 degrés par la chaux sodée pour régénérer le camphol; une telle marche fournit un caractère de plus et, par conséquent, augmente la certitude. La régénération du camphol au moyen de son éther stéarique fournit un signe extrêmement sensible, en raison de la réapparition et de l'aspect du camphol. Il suffit d'introduire quelques milligrammes de camphol stéarique au fond d'un tube, d'y ajouter un fragment de chaux sodée, puis de chauffer au bain d'huile à 120 degrés pendant quelques heures, pour obtenir un sublimé caractéristique.

Enfin, pour rechercher l'existence d'un éther campholique dans un produit non volatil, on peut encore faire bouillir ce produit avec de la potasse; on condense l'eau qui distille : le camphol régénéré se sublime simultanément. On l'isole, on en détermine les propriétés et surtout l'aptitude à s'unir à l'acide stéarique en formant un composé neutre.

Je vais maintenant exposer les résultats fournis par l'étude des éthers du camphol :

Le camphol, chauffé à 100 degrés avec l'acide chlorhydrique, à 200 degrés avec les acides organiques, benzoïque, stéarique, etc., s'y

combine avec facilité. Dans le premier; la combinaison est presque
intégrale; dans le second, on sépare l'excès d'acide libre, puis on
maintient le composé neutre dans une étuve à 150 degrés pendant
une demi-journée : le camphol demeuré libre se volatilise. Lorsque
la matière est privée de toute odeur de camphre, même à 150 degrés,
l'éther peut être regardé comme pur. Ce procédé s'applique surtout
aux éthers presque fixes; les éthers volatils pourraient sans doute
être isolés par la distillation.

Les éthers campholiques sont neutres, incolores, plus fusibles
que le camphol, les uns liquides, les autres cristallisables. L'éther
ou l'alcool les dissolvent aisément; ils sont beaucoup plus solubles
dans l'alcool que les éthers correspondants de l'éthal et de la cholestérine.

Ils peuvent se représenter par la combinaison de 1 molécule de
camphol et de 1 molécule d'hydracide ou d'oxacide hydraté, avec
élimination de 1 molécule d'eau :

$$C^{10}H^{18}O + \text{Acide} - H^2O,$$

ou par l'union intégrale du carbure $C^{10}H^{16}$ avec l'hydracide ou
l'oxacide hydraté :

$$C^{10}H^{16} + \text{Acide}.$$

Les alcalis les décomposent, avec régénération des acides correspondants et du camphol. Cette décomposition est beaucoup plus
facile que celle des éthers éthaliques ou cholestériques.

2. *Camphol stéarique :*

$$C^{18}H^{52}O^2 = C^{10}H^{18}O + C^{18}H^{36}O^2 - H^2O.$$

Le camphol stéarique se prépare en chauffant l'acide stéarique
et le camphol à 200 degrés pendant huit à dix heures dans un tube
scellé. Il se sépare de l'eau dans la pointe des tubes, tandis que
les deux corps primitifs forment un mélange intime et une dissolution réciproque; au contraire le camphre ordinaire et l'acide
stéarique, dans les mêmes conditions, forment deux couches distinctes, chacune saturée de l'autre principe. — On traite par la
chaux éteinte et par l'éther avec ménagement et célérité; ce qui
sépare l'acide stéarique libre et laisse un mélange de camphol libre
et de camphol stéarique. On maintient ce mélange dans une étuve,
à 150 degrés, pendant une demi-journée, jusqu'à ce qu'il ne possède plus, même à chaud, aucune odeur camphrée; on prolonge

encore l'action de la chaleur pendant quelques heures : on obtient ainsi le camphol stéarique.

Récemment préparé, c'est une huile neutre vis-à-vis du tournesol dissous dans l'alcool bouillant ; elle est visqueuse, incolore, inodore, peu soluble dans l'alcool froid, mais fort soluble dans l'alcool bouillant et dans l'éther, volatile sans laisser de cendres.

Au bout de quelques mois, ou même de quelques jours seulement, le camphol stéarique se solidifie et se change en une belle masse cristallisée.

Chauffé à 250 degrés pendant quelques heures, soit dans un tube ouvert, soit dans un tube scellé, il n'éprouve aucune altération sensible.

L'analyse de ce corps a fourni :

Camphol stéarique préparé avec le camphol naturel.

Première préparation.		Seconde préparation.	
C	79,5	C	79,8
H	12,7	H	12,0

Camphol stéarique préparé avec le camphol artificiel.

C	80,1
H	12,7

La formule

$$C^{28}H^{52}O^2$$

exige :

C	80,0
H	12,4

Ayant souvent eu recours au camphol stéarique pour purifier le camphol, j'ai cherché dans quel rapport pondéral le camphol et l'acide stéarique s'unissaient à 200 degrés dans les conditions de mes expériences, et quelles étaient les pertes éprouvées durant l'extraction du camphol stéarique. Voici comment on arrive à ces résultats, par des méthodes analytiques susceptibles d'une application très générale :

Après avoir chauffé ensemble à 200 degrés des poids déterminés de camphol pur et d'acide stéarique, le tube renferme un mélange de camphol stéarique, de camphol libre et d'acide stéarique libre. On pèse une certaine quantité de ce mélange, $0^{gr},200$ environ, et on l'expose dans l'étuve à 150 degrés, jusqu'à ce que son poids ne

change plus sensiblement dans l'espace d'une demi-heure. La perte
de poids représente le camphol non combiné. — On dissout le
résidu dans l'alcool bouillant, on ajoute à l'alcool quelques gouttes
de tournesol et l'on dose l'acide libre avec de l'eau de baryte titrée.
Ce dosage réclame certaines précautions délicates que l'usage
indique; elles ont pour objet spécial de maintenir en dissolution
simultanée l'acide gras et le tournesol. — On connaît dès lors le
poids de l'acide libre; la différence représente le camphol stéarique.

En opérant ainsi sur un mélange formé primitivement de 1 partie
de camphol et de 2 parties d'acide stéarique, j'ai obtenu, après la
réaction à 200 degrés, sur 100 parties :

Camphol stéarique......................	31,0
Camphol libre.........................	14,0
Acide stéarique libre	55,0

Cette proportion de camphol stéarique renferme, d'après sa formule, 11,3 de camphol combiné.

On voit donc que sur 100 parties de camphol primitif, 45 environ
sont entrées en combinaison, et sur 100 parties d'acide stéarique,
27,6 se sont combinées. — Ce qui empêche la combinaison de se
produire complètement, c'est la présence de l'eau, produit nécessaire de cette combinaison, et cependant apte à la décomposer en
ses éléments, si l'on en change la proportion relative. J'ai déjà
développé ces deux influences antagonistes de l'eau formée dans la
réaction même, à l'occasion de la production des corps gras neutres
et des éthers [1].

Si l'on essaye d'extraire le camphol stéarique à l'état pur, par
l'emploi de la chaux éteinte et de l'éther, une portion plus ou moins
considérable se trouve décomposée. Cette portion varie évidemment suivant les conditions de l'expérience : dans mes préparations,
j'ai constaté qu'elle oscillait entre la moitié et les deux tiers du
camphol stéarique formé. C'est là une nouvelle preuve du peu de
stabilité du camphol stéarique : elle est d'autant plus frappante,
que dans les mêmes conditions la stéarine n'est pas sensiblement
décomposée ; j'ai reconnu ce dernier fait par des épreuves directes,
en formant des mélanges à proportions connues, et en comparant
les dosages obtenus par différence au moyen d'un essai alcalimétrique, aux dosages directs opérés en séparant l'acide par la chaux
et l'éther.

---

[1] *Annales de Chimie et de Physique,* 3ᵉ série, t. XLI, p. 444; 1854.

Le camphol stéarique, saponifié par la chaux à 120 degrés, régénère du camphol, qui se sublime, et de l'acide stéarique, lequel demeure uni à l'alcali, et peut être isolé en décomposant le sel formé par l'acide chlorhydrique. On reproduit ainsi, sous leur forme première, les deux générateurs du camphol stéarique.

3. *Camphol benzoïque :*

$$C^{17}H^{32}O^2 = C^{10}H^{18}O + C^7H^6O^2 - H^2O.$$

Ce corps se prépare en chauffant l'acide benzoïque avec le camphol à 200 degrés pendant huit à dix heures. On sépare l'excès d'acide benzoïque par le carbonate de potasse et la potasse, comme il a été dit à la cholestérine benzoïque, puis l'excès de camphol, en suivant la même marche que pour le camphol stéarique.

On obtient un corps neutre, incolore, inodore, soluble dans l'éther et même dans l'alcool froid.

Chauffé à 120 degrés avec la chaux sodée, le camphol benzoïque régénère rapidement le camphol, qui se sublime, et l'acide benzoïque, qui demeure uni à l'alcali.

4. *Camphol chlorhydrique :*

$$C^{10}H^{17}Cl = C^{10}H^{18}O + HCl - H^2O.$$

Le camphol chlorhydrique se prépare en introduisant dans un tube du camphol avec huit à dix fois son poids d'acide chlorhydrique, en solution aqueuse saturée à froid. On scelle le tube et on le chauffe à 100 degrés pendant huit à dix heures; puis on ouvre le tube, on isole, on lave le camphol chlorhydrique avec une eau alcaline et on le fait recristalliser au besoin dans l'alcool.

Le composé obtenu est neutre; il possède l'aspect, la cristallisation, l'odeur et la plupart des propriétés physiques du monochlorhydrate cristallisé, $C^{10}H^{16}.HCl$, désigné autrefois sous le nom impropre de *camphre artificiel*. Sa composition est la même, car il renferme

$$Cl \dots\dots\dots\dots\dots\dots\dots\dots\dots\dots\dots\dots 20,0$$

La formule

$$C^{10}H^{17}Cl$$

exige :

$$Cl \dots\dots\dots\dots\dots\dots\dots\dots\dots\dots\dots\dots 20,6$$

Ce composé dévie à droite le plan de polarisation : son pouvoir rotatoire est beaucoup plus faible que celui du camphol primitif.

Chauffé, il fond; puis il se sublime en perdant un peu d'acide chlorhydrique.

Il se combine à froid avec le bichlorhydrate cristallisé d'essence de térébenthine, $C^{10}H^{16}.2HCl$, et forme immédiatement un composé fusible à la chaleur de la main : j'ai montré ailleurs ([1]) que la formation de ce composé est un caractère spécial au monochlorhydrate solide d'essence de térébenthine, $C^{10}H^{16}.HCl$.

Ce monochlorhydrate et le camphol chlorhydrique sont isomères et presque identiques; leur pouvoir rotatoire constitue la seule différence essentielle.

Ceci m'a conduit à tenter de transformer le monochlorhydrate solide d'essence de térébenthine en camphol en le chauffant à 180 degrés avec une solution alcoolique de soude. Mais l'expérience, exécutée dans les mêmes conditions où le camphre se change en camphol, et simultanément, n'a donné lieu à aucune décomposition sensible. L'alcool renfermait à peine des traces de chlore; et le composé camphré, précipité par l'eau de sa dissolution, retenait 19,6 de chlore, c'est-à-dire à peu près la quantité normale.

Voici encore quelques faits relatifs à la production du camphol chlorhydrique : ils ne sont pas sans intérêt au point de vue du mécanisme qui préside à la formation de cette combinaison. Elle ne s'opère nettement que dans les conditions décrites ci-dessus. En effet, le camphol, légèrement chauffé dans un courant de gaz chlorhydrique continué pendant quelques heures, a retenu seulement 4 pour 100 de chlore. Le même camphol a été dissous dans l'alcool et celui-ci saturé à froid de gaz chlorhydrique. Même après vingt-quatre heures, le camphol avait fixé seulement 6,8 centièmes de chlore. Pour former le camphol chlorhydrique, il est donc nécessaire de faire agir à 100 degrés pendant plusieurs heures une solution aqueuse saturée de gaz chlorhydrique.

Le camphol, mis en contact avec cette solution, se liquéfie aussitôt, probablement par suite de la formation d'un premier composé peu stable. Mais le vrai camphol chlorhydrique n'existe point encore en ce moment; car si on lave le produit à grande eau, il se solidifie et retient seulement 1,2 centième de chlore. Ces dernières propriétés appartiennent également au camphol naturel et au camphol artificiel. Elles prouvent le nécessité du temps et de la chaleur pour

---

([1]) *Annales de Chimie et de Physique,* 3ᵉ série, t. XXXVII, p. 228; 1853. — Tome II du présent Ouvrage, p. 467.

opérer la combinaison chlorhydrique. On a vu plus haut comment la formation de cette combinaison permettait d'opérer l'analyse qualitative et quantitative d'un mélange de camphre et de camphol.

5. — *Acide camphique* : $C^{10}H^{16}O^2$.

Cet acide se forme en même temps que le camphol dans la réaction d'une solution alcoolique de potasse sur le camphre. Quand la réaction est accomplie, si l'on veut isoler l'acide camphique, on traite d'abord par l'eau le contenu des tubes; le camphre et le camphol se précipitent, tandis que le camphate de potasse demeure en dissolution. On évapore la liqueur aqueuse; l'alcool étant chassé, on laisse refroidir la liqueur et l'on y ajoute peu à peu de l'acide sulfurique dilué, de façon à saturer la potasse presque exactement; la liqueur doit conserver cependant une légère réaction alcaline, due au carbonate de potasse plutôt qu'à l'alcali libre. On continue l'évaporation, on sépare par cristallisations successives le sulfate de potasse, et finalement on traite par l'alcool, lequel dissout le camphate de potasse, à l'exclusion du sulfate et du carbonate. On évapore la solution alcoolique au bain-marie, et l'on reprend le résidu une seconde fois par l'alcool. Celui-ci chassé, le camphate demeure sous la forme d'un sirop incristallisable et déliquescent, quoique susceptible d'être amené à l'état solide. L'addition de l'acide sulfurique dilué à ce sirop, en sépare l'acide camphique, sous la forme d'une matière résineuse presque solide, plus ou moins colorée, plus lourde que l'eau, peu ou point soluble dans l'eau, mais fort soluble dans l'alcool. Cet acide n'a pas paru offrir des garanties de pureté suffisantes pour être analysé ([1]).

Chauffé, l'acide camphique brut fournit d'abord un produit oléagineux semblable aux huiles peu volatiles de résine, puis un sublimé cristallin qui n'est point de nature acide, enfin un liquide goudronneux; dans la cornue demeure un charbon poreux et boursouflé.

Traité par l'acide nitrique bouillant, il se change en un composé nitré; mais il n'a point paru fournir d'acide camphorique.

Voici quelques réactions de son sel de soude :

Sa solution concentrée précipite les sels d'argent, de cuivre, de plomb, de zinc, de fer (peroxyde et protoxyde); elle paraît sans

---

[1] M. de Montgolfier a réussi à obtenir l'acide camphique tout à fait pur et il en a confirmé la formule.

action sur les sels terreux proprement dits. Les précipités précédents sont solubles dans l'acide acétique ; ils sont même solubles dans une grande quantité d'eau, à peu près à la façon des borates : la solution du camphate alcalin très dilué ne précipite aucun sel métallique, sauf peut-être l'azotate d'argent.

Les camphates de soude et de potasse sont presque insolubles dans une liqueur alcaline concentrée : aussi, durant l'évaporation de la liqueur très alcaline, où ils se sont formés tout d'abord, ces sels finissent par se séparer sous forme de savons résineux, facilement redissolubles dans l'eau pure.

———

Les faits qui viennent d'être exposés établissent la fonction véritable du camphre de Bornéo, et les relations qu'il présente vis-à-vis du camphre ordinaire et vis-à-vis du camphène, $C^{10}H^{16}$.

En effet, à la série des dérivés de l'alcool répondent terme pour terme les dérivés semblables du camphre de Bornéo :

I. *Série éthylique.*

1.	Alcool éthylique	C^2H^6O,
2.	Éthers	C^2H^6O + acide − H^2O,
3.	Éther éthylstéarique	$C^2H^6O + C^{18}H^{36}O^2 − H^2O$,
4.	Éther éthylchlorhydrique	C^2H^5Cl,
5.	Aldéhyde éthylique	C^2H^4O,
6.	Acide acétique	$C^2H^4O^2$,
7.	Acide oxyglycollique	$C^2H^2O^3$,
8.	Gaz oléfiant ou éthylène	C^2H^4.

II. *Série campholique.*

1.	Alcool campholique	$C^{10}H^{18}O$,
2.	Éthers	$C^{10}H^{18}O$ + acide − H^2O,
3.	Camphol stéarique	$C^{10}H^{18}O + C^{18}H^{36}O^2 − H^2O$,
4.	Camphol chlorhydrique	$C^{10}H^{17}Cl$,
5.	Aldéhyde campholique (camphre)	$C^{10}H^{16}O$,
6.	Acide camphique	$C^{10}H^{16}O^2$,
7.	Acide camphorique	$C^{10}H^{16}O^4$,
8.	Camphène	$C^{10}H^{16}$.

Ce ne sont point là d'ailleurs de simples rapprochements de formules, toujours plus ou moins arbitraires, mais des comparaisons fondées sur les transformations expérimentales.

Dans les deux séries, les fonctions chimiques et les métamorphoses sont tout à fait parallèles ; les différences résultent surtout de la stabilité, beaucoup plus faible dans les composés campholiques que dans les composés éthyliques.

Le camphol est le type d'une série d'alcools représentée par la formule

$$C^n H^{n-2} O.$$

La série campholique présente un intérêt tout particulier par ses relations avec divers composés naturels, tels que le camphre de Bornéo, le camphre, et surtout l'essence de térébenthine et ses isomères. En effet, les éthers campholiques peuvent se représenter par l'union des acides hydratés et des hydracides avec le carbure $C^{10} H^{16}$, c'est-à-dire avec ce carbure si répandu dans la nature et dont les états isomériques multiples constituent la plupart des essences végétales. A ce même carbure semblent se rattacher un grand nombre d'autres essences oxygénées : les liens que le présent Travail établit entre ce carbure et l'alcool campholique étendent singulièrement à cet égard le champ de nos espérances : car on sait combien sont délicates et variées les métamorphoses auxquelles se prête un alcool. Seulement, il est essentiel de remarquer ici l'introduction dans ces problèmes d'un élément nouveau, à peine sensible dans l'étude des alcools plus simples, je veux parler des modifications moléculaires si nombreuses et si faciles à produire que peuvent offrir tous ces composés.

Quoi qu'il en soit, les résultats relatifs au camphol, à la cholestérine, etc., joints à ceux que j'ai déjà obtenus sur les matières sucrées envisagées comme alcools polyatomiques, tendent à faire rentrer la plupart des matières ternaires oxygénées dans un petit nombre de groupes fondamentaux : acides, alcools, aldéhydes et corps conjugués, formés par l'union réciproque de ces principes. Telles sont les catégories auxquelles on doit chercher désormais (1859) à rattacher la plupart des principes organiques ternaires oxygénés.

C'est ainsi que les méthodes d'analyse deviennent chaque jour plus étendues et plus précises : elles permettent de donner aux investigations une base définie, et d'en réduire les résultats sous un petit nombre de points de vue très féconds et très généraux.

Ces points de vue, fondés sur l'analyse, conduisent à la synthèse...

En effet, on sait que les composés azotés résultent de l'union de l'ammoniaque où de l'acide azotique avec les principes oxygénés : ces principes oxygénés peuvent à leur tour être formés au moyen des alcools dans un grand nombre de cas, sinon dans tous ; enfin, la synthèse, aujourd'hui réalisée, des alcools au moyen des carbures d'hydrogène, ramène en principe la synthèse de tous les composés organiques à celle des carbures d'hydrogène, c'est-à-dire à une synthèse dont les bases définitives reposent maintenant sur l'expérience : car le gaz des marais, le gaz oléfiant, le propylène, le butylène, l'amylène, la benzine, etc., ont été formés dans la suite de mes études avec les éléments.

CHAPITRE XII.

LES ALCOOLS POLYATOMIQUES. — ALCOOL TRIATOMIQUE :
GLYCÉRINE ET CORPS GRAS NEUTRES.
ALCOOLS HEXATOMIQUES : MANNITE, DULCITE ; GLUCOSES ;
SACCHAROSES ; HYDRATES DE CARBONE.

Dans les Livres précédents j'ai exposé d'abord la synthèse totale par les éléments des carbures d'hydrogène, puis la synthèse par les carbures des alcools les plus simples, c'est-à-dire des alcools forménique et éthylique ; j'ai montré ensuite comment la formation des éthers, par la combinaison directe des acides et des alcools, permet de caractériser ceux-ci et d'en reconnaître de nouveaux, parmi les principes immédiats dont la fonction était demeurée jusque-là inconnue. En appliquant la même méthode de combinaison directe, j'ai découvert les alcools polyatomiques, fonction toute nouvelle en 1854, et qui a pris aussitôt une immense extension en Chimie organique.

Jusqu'à cette époque la plupart des substances organiques constitutives des êtres vivants : végétaux et animaux, étaient demeurées en dehors de toute classification méthodique et il était alors impossible d'exposer l'ensemble de la Chimie organique en la fondant sur sa seule base solide. celle de la synthèse.

Cependant, avant même d'avoir accompli le premier pas décisif dans cet ordre par la synthèse totale des carbures d'hydrogène, j'avais réussi à construire par la méthode synthétique directe toute une classe de principes immédiats de la plus haute importance dans l'économie des êtres vivants, à savoir les corps gras naturels. Je les ai formés, je le répète, par la combinaison directe des acides gras avec la glycérine, et j'ai démontré en même temps que celle-ci était un alcool triatomique, type inattendu de toute une classe de corps de même fonction. La glycérine est en effet susceptible de s'unir aux acides suivant trois proportions différentes, je veux dire

une molécule de glycérine avec une molécule d'acide, deux molécules d'acide, trois molécules d'acide, — ces deux et trois molécules
acides pouvant être celles d'un même acide, ou de deux acides
différents, ou même de trois acides distincts. De là une multitude
indéfinie d'éthers nouveaux, dont j'ai réalisé tout d'abord tous les
types fondamentaux.

Ce n'est pas tout : la glycérine, en tant qu'alcool triatomique ou
trivalent, peut éprouver les mêmes réactions qu'un alcool ordinaire,
ces réactions étant développées une seule fois, ou répétées deux
fois, ou réitérées jusqu'à trois fois. Chacune de ces réactions peut
être identique à celles déjà accomplies, ou dissemblable. Dans le
premier cas, on engendre des composés à fonction simple : éthers,
aldéhydes, acides, alcalis. Dans le second et le troisième cas, on
engendre des corps à fonction mixte : éthers dérivés d'acide et
d'alcools; éthers-aldéhydes, acides-alcools, acides-éthers, acides-
aldéhydes, alcalis-éthers, acides-alcalis, acides-éthers-alcalis, etc.

J'ai développé seul et avant tout autre chimiste l'ensemble précis
de cette théorie, de 1854 à 1856.

En même temps et par des expériences directes, j'ai rattaché la
glycérine, en fait comme en théorie, au propylène, c'est-à-dire à
un carbure fondamental appartenant à la série grasse et renfermant le même nombre d'atomes de carbone que la glycérine : ce
qui a fourni le premier lien connu entre les nouveaux alcools polyatomiques et les carbures d'hydrogène.

Guidé par les analogies et les théories générales que je venais de
découvrir, M. Wurtz a obtenu plus tard, en 1856, le premier des
alcools diatomiques, le glycol, et depuis il en a développé brillam-
ment le système propre.

Cependant, dès 1855, j'avais donné à la fonction des alcools polyatomiques une extension nouvelle et plus considérable encore, en
constatant que les matières sucrées, qui formaient jusque-là un
groupe isolé en Chimie, dérivent d'alcools polyatomiques d'un ordre
plus élevé : telles sont, en effet, d'après mes travaux, la mannite, la
dulcite, types des alcools hexatomiques; telle est l'érythrite; tels
sont les glucoses, alcools polyatomiques à fonction complexe; les
saccharoses, dont le sucre de cannes est le représentant le plus
simple, principes résultant de l'association de plusieurs glucoses;
tels enfin les hydrates de carbone, constitutifs des tissus végétaux :
dextrines, amidon, celluloses diverses, tous composés auxquels j'ai
attribué le caractère, aujourd'hui universellement admis, de glu-
cosides complexes.

Toute cette théorie, fondée en 1855, et développée dans les années qui ont suivi, a établi entre les divers groupes de principes organiques des liens compréhensifs, qui ont réellement constitué les cadres généraux de la Chimie organique, jusque-là disséminée, à la façon d'une histoire naturelle, dans l'étude de groupes divers, entre lesquels n'existaient aucuns liens, autres que ceux de leur origine commune au sein des êtres organisés.

C'est la découverte de la synthèse des carbures d'hydrogène et des alcools, et la découverte des alcools polyatomiques qui fondèrent l'unité définitive de la Science; préludant par là aux travaux accumulés des nouvelles générations de chimistes, qui ont réussi depuis lors à en décupler l'étendue.

J'ai pensé toutefois que ce serait sortir des limites du présent Ouvrage, destiné spécialement aux carbures d'hydrogène, que d'y insérer mes nombreux Mémoires consacrés à l'étude de la glycérine, de ses éthers, de la mannite, des principes sucrés et de leurs dérivés. Il suffira de renvoyer le lecteur aux Ouvrages suivants, où j'ai exposé le détail de mes expériences et de leurs déductions :

Chimie organique fondée sur la synthèse, 2 volumes; 1860;

La Synthèse chimique, dont les éditions se sont succédé depuis cette époque;

Leçons sur les principes sucrés, professées en 1862 devant la Société chimique de Paris;

Thermochimie : Données et lois numériques : t. I, *Lois numériques,* etc.

On y verra comment la synthèse et la classification de tous les composés organiques reposent en fait sur la synthèse des carbures d'hydrogène et s'en déduisent.

FIN DU TOME III ET DERNIER.

TABLE DES MATIÈRES

DU TOME III.

LIVRE V.

HYDROGÉNATION DES CARBURES D'HYDROGÈNE.

LIVRE VI.

OXYDATION DES CARBURES D'HYDROGÈNE, ALDÉHYDES ET ACIDES.

SECTION UNIQUE.

FIN DE LA TABLE DES MATIÈRES DU TROISIÈME ET DERNIER VOLUME.

PARIS. — IMPRIMERIE GAUTHIER-VILLARS,

29993   Quai des Grands-Augustins, 55.